LE
CHEVAL ANGLAIS

EXTRAIT

DU MANUEL DU SPORT, PUBLIÉ A LONDRES EN 1856

Par STONEHENGE

AVEC TABLES GÉNÉALOGIQUES

TRADUIT DE L'ANGLAIS

PAR LE COMTE J. DE LAGONDIE

COLONEL D'ÉTAT-MAJOR

PARIS

E. DENTU, LIBRAIRE-ÉDITEUR

PALAIS-ROYAL, GALERIE D'ORLÉANS, 13

1860

PARIS.

IMPRIMERIE FRANÇAISE ET ANGLAISE DE E. BRIÈRE,

Rue Saint-Honoré, 257.

PRÉFACE

Scribitur ad docendum,
non ad narrandum.

Les pages que l'on va lire ne sont que des extraits d'un ouvrage compacte et complet intitulé *British Rural Sports* (amusements ruraux en Angleterre), comprenant chasse, pêche, jeux de paume, courses, natation, fauconnerie, lévriers, etc., véritable *vade mecum* du sportsman anglais.

Pour un Français, plusieurs de ces chapitres ne présentent qu'un intérêt de curiosité, car ils traitent de choses inconnues ou dirigées en France sur d'autres principes.

Mais la question chevaline, telle qu'on l'entend en Angleterre, est pleine d'intérêt pour les producteurs et les connaisseurs de toute nation. J'ai tout lieu de présumer qu'elle n'a encore jamais été traitée complétement dans un ouvrage français. Le livre de Stonehenge contient pour le lecteur des détails pleins d'intérêt sur toutes les espèces de chevaux en usage chez nos voisins; sur leur production, leur éducation, leur dressage, et enfin les divers modes d'entraînement. Il n'y a que la partie vétérinaire qui ne diffère guère de ce qui se pratique en France, et pour éviter les longueurs, nous nous sommes abstenus de la traduire. L'ouvrage de Bracy Clarke et autres, traduits en notre langue, suffisent pour éclairer cette partie de la science.

Nous avons longtemps hésité a soumettre notre traduction à l'impression. Elle a été commencée à grande course de plume, pour mettre sous les yeux d'un connaisseur éminent des documents inconnus en France, et nous avons voulu rendre aussi littéralement que possible le texte anglais, sans le dégager des allures particulières à un idiome étranger, de peur de porter la moindre altération à la pensée ou à l'ordre des raisonnements de l'auteur. Des amis voués aux travaux littéraires nous ont conseillé de refondre l'ouvrage et de publier des extraits plutôt qu'une traduction.

Par respect pour la science hippique, et pour l'œuvre publiée sous le nom de Stonehenge par un sportsman anglais, nous avons rejeté cette méthode. Les véritables amateurs aimeront mieux débrouiller la pensée sous les périphrases que de la voir écourtée et habillée à la française.

Des officiers généraux, qui ont passé leur vie à approfondir les questions chevalines, nous ont assuré avoir appris bien des choses nouvelles à la lecture de notre manuscrit, et en le livrant à la publicité, nous croyons rendre à la science un véritable service. Un abrégé aurait peut-être convenu au lecteur superficiel, mais nous espérons que les véritables connaisseurs préféreront avoir le texte en entier.

Souvent nous avons, pour l'intelligence du texte, opéré nous-même la conversion des mesures anglaises en mesures françaises ; cependant il est utile, pour ceux qui voudront faire du sujet une étude approfondie, d'avoir à leur portée tous les documents nécessaires pour se rendre compte de chacune des assertions de l'auteur. Nous allons donc faire un tableau des mesures et monnaies anglaises réduites en unités décimales françaises.

1 pied, 0^{m}3048.
1 pouce, 0^{m}0254.
1 yard impérial (3 pieds), 0^{m}9144.
1 furlong (220 yards), 201^{m}1644.
1 mille (8 furlongs), 1609^{m}3149.
1 mille nautique, 1853^{m}74.
1 pole (perche), 5^{m}0291.

1 acre (160 perches carrées), 40 ares 4671.

1 pinte (1/8 de gallon), en litres, 0,5679.

1 gallon impérial, 4^{l}5435.

1 peck (deux gallons), 9^{l}0869.

1 bushel (boisseau de 8 gallons), 36^{l}3477.

1 quarter (8 bushels), 290^{l}7816.

1 stone (14 livres), 6 k. 3476.

1 livre (avoirdupois), 0 k. 4534.

1 once (16e de la livre), 0 k. 0283.

1 quintal (112 livres), 50 k. 78.

1 tonne (20 quintaux), 1015 k. 65.

1 guinée (21 schellings), 26 fr. 47.

1 souverain (20 schellings), 25 fr. 21.

1 crown ou couronne, 5 fr. 81.

1 schelling, 1 fr. 16.

POIDS DES JOCKEYS ET DES CHASSEURS DE RENARD.

6 stones,		38 k.	0856.
7	—	44	4332.
8	—	50	7808.
9	—	57	1284.
10	—	63	4760.
11	—	69	8236.
12	—	76	1712.
13	—	82	5188.
14	—	88	8664.
15	—	95	2140.
16	—	101	5616.
17 ·	—	107	9092.
18	—	114	2568.
19	—	120	6044.
(1) 20	—	126	9520.

TAILLES EN PIEDS ANGLAIS.

5 pieds, · 1^{m}5240.

5 p. 1 p.   1^{m}5494.

(1) Un nommé Daniel Lambert, mort en 1809 à Stampford, pesait
52 st. 2 lb., savoir 331 k. 0752.

5 p.	2 p.	1^{m}5748.
5	3	1^{m}6002.
5	4	1^{m}6256.
5	5	1^{m}6510.
5	6	1^{m}6764.
5	7	1^{m}7018.
5	8	1^{m}7272.
5	9	1^{m}7526.
5	10	1^{m}7780.
5	11	1^{m}8034.
6 pieds,		1^{m}8288.
6 p.	1 p.	1^{m}8542.
6	2	1^{m}8796.
6	3	1^{m}9050.
6	10	2^{m}0828.

Cette dernière taille était celle du boxeur américain Free-
man, qui vint combattre en Angleterre en 1842. Son poids dans
l'arène était de 18 stones.

TAILLE DES CHEVAUX.

Elle se compte en *mains* de quatre pouces chacune, ce qui
fait 0^{m}1016.

13	mains font	1^{m}3208.
14	—	1^{m}4224.
15	—	1^{m}5240.
16	—	1^{m}6256.
17	—	1^{m}7272.

Tous les chevaux de service sont compris entre ces limites.

Nous croyons devoir ajouter quelques résultats (performances) constatés en Angleterre.

En 1856, l'on considérait comme la plus belle prouesse au
trot, celle de Flora Temple, battant Tacony, en parcourant un
mille (1609^m) en 2 minutes 24 secondes et demie ; mais le
9 août, cette même jument, luttant contre Princess, a gagné
trois manches d'un mille chacune : la première en 2 minutes

23 secondes et demie, la seconde en 2 minutes 22 secondes, et la dernière en 2 minutes 23 secondes et demie. Ces vitesses n'ont été obtenues que sur les hippodromes d'Amérique.

En Angleterre, Jacky, dans sa course au trot contre Tinker, a parcouru cinq milles en moins de 15 minutes.

Au galop de course, Childers, à Newmarket, a parcouru 7,420 yards en 7 minutes et demie, et 6640 yards en 6 minutes 40 secondes.

La course du Derby, qui est de 2414^m, a été fournie en 1857 en 2 minutes 45 secondes par Blink Bonny, surpassant de 3 secondes la vitesse de Cymba, citée dans cet ouvrage. Dans les douze dernières années, le vainqueur qui a mis le plus de temps à parcourir cette distance, l'a fait en 3 minutes.

Champion fut le premier cheval qui ait gagné le Derby et le Saint-Léger. Cela se passa en 1800, et depuis cette époque le charme ne fut pas rompu. Mais, en 1848, Surplice obtint les deux triomphes ; en 1849 et en 1850, The Flying Dutchman et puis Voltigeur en firent tout autant.

En 1853, West Australian gagna le prix de deux mille guinées, puis le Derby et enfin le Saint-Léger. Depuis cette époque le Saint-Léger est échu à d'autres qu'aux vainqueurs du Derby.

En 1801, Eleanor, tout comme Blink Bonny en 1857, enlevèrent le Derby et les Oaks, et en 1835, Queen of Trumps gagna les Oaks et le Saint-Léger.

A Leamington, Chandler a franchi 39 pieds d'un seul bond.

Les hommes ont fait constater des résultats aussi surprenants. Ainsi Howard, natif de Bradford, franchit d'un seul bond 28 pieds et demi, en se servant d'une planche légèrement relevée sur le devant.

Wantling, de Derby, a parcouru 100 yards en neuf secondes.

George Seward a parcouru 200 yards en 19 secondes et demie.

Jusqu'en 1858, le mille n'avait jamais été couru par un

pedestrian en moins de 4 minutes 28 secondes, mais le 12 juillet 1858, Hosspool a battu Smith pour cette distance d'un mille en 4 minutes 23 secondes.

Le même Hosspool fut battu pour un demi-mille par un nommé Reed, qui arriva en 1 minute 58 secondes, vitesse la plus grande que l'on ait constatée pour un demi-mille.

Enfin, dix milles ont été franchis en 52 minutes 53 secondes par Levett, battant Frost de 2 yards.

Maxfield a parcouru 20 milles en 1 heure 58 minutes.

Pour donner une idée du fonds que l'on peut acquérir par l'entraînement, je signalerai Bill Hayes et Mike Madden, boxeurs de Londres, qui combattirent 6 heures 3 minutes le 17 juillet 1849 ; mais ceci est trop étranger à notre sujet, et il est temps de clore cette énumération de prouesses.

COMTE J. DE LAGONDIE,

Colonel d'État-Major.

LE CHEVAL ANGLAIS.

LIVRE I.

COURSES DE CHEVAUX.

CHAPITRE Ier.

REMARQUES GÉNÉRALES SUR LES COURSES DE CHEVAUX.

1. — En Angleterre, de l'aveu général, le seul objet pour lequel les courses de chevaux furent établies dans le principe et patronées par les puissants du siècle, c'est comme encouragement à la production chevaline.

Sous aucun autre point de vue les courses ne pourraient se maintenir sur le terrain des plaisirs nationaux en raison des fâcheuses conséquences qu'elles entraînent aux yeux de ceux qui veulent moraliser le peuple ; mais tant que les guerres resteront inévitables dans ce bas monde, une cavalerie bien montée sera essentielle à notre existence comme nation.

Or, à moins que l'on n'accorde de grands encouragements à nos éleveurs, nous perdrons bientôt cette prééminence en qualité de chevaux, qui nous a toujours distingués.

Tant que l'exportation des chevaux sera permise, il est certain que d'autres nations participeront à notre avantage ; mais cependant, dans le cas d'une lutte avec une puissance voisine, cette source de remontes pourrait lui être fermée. Il est facile de démontrer qu'une race de chevaux supérieure est nécessaire pour la défense nationale, et les courses seules maintiennent les chevaux de race en nombre et dans leur pureté primitive ; il faut donc, jusqu'à ce qu'on ait trouvé quelque autre expédient, que tout Anglais patriote aide à la prospérité des courses, ou évite au moins de leur faire opposition. Il n'en est pas de même des actes frauduleux et des vols manifestes qui sont trop communs sur le turf, parce qu'il ne peut exister de raison acceptable pour que l'habitude de faire courir des chevaux soit accompagnée de plus de fraudes et de déceptions que tout autre sorte de concours. La cause des maux présents est assez connue, et il appartient au public de les encourager ou de les supprimer. Ceci néanmoins est un sujet qu'il sera plus opportun d'étudier quand nous viendrons à examiner les détails du système. Il est seulement nécessaire, pour le moment, de se bien persuader que l'existence de notre race supérieure de chevaux dépend de la conservation du plaisir des courses. Pour entrer pleinement dans cette question, il faut faire deux observations préliminaires. D'abord, c'est que le cheval de pur sang est comparativement inutile pour tout autre usage que les courses ou la procréation du demi-sang, et que cette race se restreindrait promptement à des nombres fort limités si l'on supprimait le véhicule actuel. Secondement, la vitesse et la vigueur ne peuvent s'éprouver que par une lutte qui doit prendre sous une forme quelconque l'aspect d'une course, car, sans cette épreuve, l'éleveur ne pourrait se faire aucune opinion sur la bonté des étalons dont il doit faire choix. Tous les producteurs savent que la forme extérieure ne suffit pas, et qu'avec ce seul guide ils seraient constamment exposés à produire des animaux de bel aspect, mais sans vigueur. Si ces deux points peuvent être démontrés, il s'en suit qu'il faut maintenir les courses sous une forme quelconque pour guider l'éleveur dans le choix de son haras, et qu'elles doivent être encouragées par les prix royaux, etc., afin de donner aux riches et aux nobles du pays la tentation de saisir les occasions de produire cette race au plus haut degré de pureté et de perfection.

2. — INTRODUCTION DES HANDICAPS.

Les mauvaises tendances dans les courses sont aujourd'hui tellement inséparables de leur existence, qu'il faudrait un vigoureux acte législatif pour en triompher. La cause du mal est assez évidente, mais le remède n'est pas aussi facile, à moins de détruire presqu'en entier le système sur lequel est basé ce genre de sport. Je vais essayer de l'expliquer brièvement. Jusqu'aux trente dernières années, toutes les courses avaient lieu sous des poids fixés relativement à l'âge ou à la taille des chevaux concurrents; mais il fut trouvé à cette époque qu'au moyen de caravans (1), et depuis par chemin de fer, un petit nombre de bons chevaux balayaient tout devant eux, et par conséquent il y avait grande difficulté à créer assez d'amusement pour les spectateurs ou à procurer de bonnes mises dans les poules, même pour les bons chevaux. Quand on apprenait, en effet, qu'un cheval supérieur pouvait paraître dans un lieu de courses, personne ne se donnait la peine de faire entrer d'autres concurrents, et le résultat était une promenade autour de l'hippodrome, et pas même quelquefois cela, quand le prix n'était pas fondé des deniers publics. Pour faire face à ces difficultés, plusieurs comités hippiques se décidèrent à adopter le système des handicaps, bien connus auparavant, mais auxquels alors on avait bien rarement recours. Il est dans la nature de ce mode de concours d'offrir une prime constante à la fraude et à la tromperie, car sans y avoir recours aucun cheval n'a de chances pour gagner un seul handicap, quand même il les courrait tous de mars à septembre. La raison en est assez apparente, puisque ce n'est qu'en trompant le commissaire (2) que le cheval victorieux a reçu un poids au-dessous de la force réelle, et a été ainsi mis en mesure de vaincre. Pour les non initiés, il est peut-être nécessaire d'expliquer que la course en handicap est ouverte aux chevaux de tout mérite, dont les propriétaires paient une certaine entrée, après quoi le juge, ou plutôt handicapeur, leur fixe à chacun un poids qui doit les amener *ex æquo* au poteau d'arrivée. Après cette fixation, le propriétaire a le droit de renoncer à son entrée ou d'y ajouter une certaine somme. Il s'ensuit que si la théorie pouvait être exécutée en perfection, tous les chevaux arriveraient nez à nez ; mais la pratique est sujette à l'erreur, parce que le juge, pour se faire une opinion sur leurs moyens, est guidé par leur manière antérieure de courir en public ; il devient donc désirable, pour le propriétaire d'un cheval engagé dans un handicap d'importance, de le faire courir dans les courses antérieures de façon à perdre, ou, en langage de turf, *de se retirer du poids*. Par suite, tous ceux qui sont engagés dans ces pratiques perverses essaient constamment de faire croire aux handicappers que leurs chevaux sont plus mauvais qu'ils ne le sont en réalité, et quelquefois un cheval court pour toute une saison

(1) Sorte de voiture pour le transport des chevaux.

(2) **Le handicapper**, en anglais.

et même plus d'une, dans toutes sortes de courses, sans que son maître le laisse gagner, dans le but de lui retirer du poids pour le moment où il faudra faire un grand coup. A d'autres époques cette conduite aurait paru éminemment déshonorante, et plus d'un acte semblable a encouru le blâme du Jockey Club, même quand l'ordre de « retenir les ficelles » avait été donné par un motif moins indigne; mais maintenant cet acte est si commun, qu'au contraire c'est le propriétaire d'un cheval maladroitement engagé qui est l'objet du mépris du monde hippique. Cette circonstance ne doit pas non plus causer de surprise, quand on songe que les conditions mêmes de la course sont une tentation permanente au manque d'honneur. L'homme est assez enclin au vice sans stimulants extraordinaires, mais c'est le comble de l'absurdité et de la folie de lui en fournir plus que la nature ne lui en suggère.

Cette malversation est tellement reconnue sur le turf, qu'il est aujourd'hui passé en proverbe qu'un mauvais cheval engagé adroitement vaut mieux qu'un bon cheval maladroitement produit, et il est en effet assez clair qu'il rapporte plus d'argent. Par suite, si l'argent est le but désiré, comme cela n'arrive que trop fréquemment, le proverbe ci-dessus trouve son application, et un cheval inférieur est souvent plus profitable au propriétaire que le meilleur produit de son écurie dans la même année. Bien des exemples pourraient être présentés dans lesquels des chevaux de trois ou quatre ans ont été engagés pendant toute une saison seulement pour leur procurer une bonne entrée dans les handicaps du printemps de l'année suivante, et alors il les ont gagnés avec la plus grande facilité. Mais ces faits sont si notoires qu'il est inutile de s'étendre plus longtemps sur ce sujet. Il suffit de répéter qu'il est universellement admis par tous les initiés aux secrets du Turf, que continuellement des chevaux paient leur entrée et courent uniquement pour engager le handicapper à les charger faiblement, et qu'enfin cette pratique est devenue si notoire, que le but finit par n'être plus atteint. Car, puisque tous, ou du moins presque tous, jouent le même jeu, le handicapper est obligé d'avoir recours à d'autres moyens de reconnaître le mérite relatif des chevaux, et il n'est pas toujours guidé pour le poids à donner par la place obtenue dans les courses. Mais ce n'est encore qu'une exception à la règle qui domine dans les courses publiques, et quoique dans des cas scandaleux des chevaux puissent être hors de concours par surcharge, cependant dans la majorité des circonstances avec une patience et une finesse ordinaire (ou prudence, comme on dit), le handicapper est induit à la fin à accorder un poids si minime que le succès convoité se trouve assuré, sauf les accidents pendant l'entraînement. Il peut être allégué en faveur de ces courses, qu'elles donnent quelque encouragement aux éleveurs, parce que si le résultat de leurs soins et peines n'est pas un animal de premier ordre, il peut encore dans un handicap gagner un prix important. A nos yeux le pis de l'affaire est que le succès ne dépend pas de la bonté relative des chevaux, mais de la perversité relative de ceux qui les engagent. Rien ne serait plus aisé que de donner encouragement à des chevaux de second ou troisième ordre, en offrant des poules à ceux qui n'auraient jamais gagné plus d'une certaine somme. C'était l'usage dans les petits centres de courses, mais quoique cela encourageât l'éleveur, cela ne faisait pas l'affaire des book-makers (gens qui ont un registre de gageures) (1), qui demandent un champ plus nombreux pour parier à la ronde (*betting round*), ni des comités des courses, qui veulent beaucoup de monde à leurs réunions. De là provient l'énorme succès des handicaps, qui conviennent à tant de personnes composant la confrérie des parieurs, les propriétaires des chevaux inférieurs et les comités de courses, tandis qu'ils ne nuisent aux hommes qu'au point de vue de la moralité, et à la race de chevaux qu'au point de vue de l'aptitude à supporter du poids. Si les races de chevaux n'avaient que ces courses pour encouragement, elles se détérioreraient promptement, et l'animal vif et brillant pouvant porter au plus 6 stone (38 k. 08) deviendrait le *summum bonum* rêvé par l'éleveur.

3.—Le *Derby*, les *Oaks* et le *Saint-Léger* ont cependant heureusement été conservés et ont fourni les moyens d'éviter les tendances destructives des handicaps à l'égard des chevaux, quoique malheureusement ces prix soient presque autant livrés aux pratiques des spéculateurs. Ces grandes courses sont des épreuves vraies du mérite du cheval, et plusieurs seigneurs ou gentlemen d'honneur irréprochable ont réussi à les gagner, et même dans les annales de ces prix, le succès d'un cheval appartenant à un spéculateur (book-maker), est un événement rare. Leur grand défaut est de trop dépendre des fluctuations

(1) On entend par book l'ensemble des paris inscrits.

de la spéculation, et que, quand les sommes engagées par le public prennent des proportions si énormes, les tentations vers la fraude, sous une forme quelconque, sont assez fortes pour la rendre fréquente. Être assez droit et candide pour avouer les qualités d'un animal supérieur suffirait pour assurer son insuccès dans presque tous les cas. De là la nécessité de tout le secret qui règne ou que l'on essaie de faire régner dans les écuries de course. Dès qu'un cheval de Derby est à courtes chances (1), il est l'objet des tentatives de plusieurs vagabonds d'hippodrome qui sont tous prêts à détruire sa santé ou ses jambes s'ils peuvent en saisir l'occasion. Cela est souvent arrivé, et quand on possède un favori bien en vogue, la peur de semblables accidents nécessite une vigilance constante et la précision d'un Argus. Il est vrai que plusieurs échappent à la règle fatale, mais un plus grand nombre succombe, et le meilleur plan est sans contredit de tenir autant que possible le public dans l'ignorance relativement aux qualités d'un cheval.

3.—— MAUVAISES TENDANCES DANS LES PARIS.

Comme on l'a déjà remarqué, les courses précitées servent souvent aux parieurs pour faire de l'argent, et souvent des chevaux sont engagés et deviennent des favoris uniquement afin de pouvoir parier contre eux et de réaliser de la sorte une grosse somme, moins forte il est vrai que celle que l'on obtiendrait par la victoire, mais encore suffisante pour faire une bonne spéculation. Dans quelques cas, deux ou trois chevaux sont engagés par la même personne, l'un est destiné à courir et est tenu fort bas dans les paris, les autres, au contraire, ne sont jamais destinés à gagner des prix, mais souvent à la réalisation d'une somme qui paiera toutes les dépenses, et peut-être un peu plus, lors même que celui qui a la mission de gagner éprouverait un échec. Toutes ces pratiques de chicane sont sans doute fort répréhensibles, mais elles ne sont pas une conséquence nécessaire des courses, et ne sont point, comme dans le handicap, encouragées par les règles fondamentales. Partout où l'on parie d'une façon importante, on est sûr de voir naître l'excès, soit à la course, soit au tripot, au marché du houblon ou

---

(1) Courtes chances quand il est coté 4, 5 ou 6 contre un ; longues channes quand on parie 50, 60, 100 contre un. Il y a maintenant pour le Derby de deux à trois cents chevaux engagés.

sur le turf; mais ceci n'a aucun rapport avec la légitimité des événements sur lesquels on parie.

On pourrait alléguer avec autant de raison que la culture du houblon est immorale, parce que l'on fait des spéculations incessantes sur ce commerce, tout comme pour les courses de chevaux. Sans doute il y a du mal des deux côtés, et si l'on pouvait se passer de houblon et de chevaux, peut-être y aurait-il quelque petite difficulté à trouver pour les remplacer des objets aussi incertains et sujets à autant de fluctuation ; mais tant qu'on pourra compter les pailles d'une meule ou faire courir des vers sur une assiette, on pourra établir des paris qui satisferont les assistants, et l'on ne peut même espérer que la disparition des chevaux et du houblon réussît à déraciner notre penchant au jeu.

5.—La réforme des courses est maintenant devenue une nécessité du siècle ; et leur suppression serait hautement préjudiciable. Puisqu'il faut en supporter la continuation d'une façon ou d'une autre, la seule chose qu'il y ait à faire, c'est de les débarrasser des vices qui souillent leur réputation actuelle. Les paris doivent s'accomplir en liberté, aucune disposition législative ne pouvant empêcher les hommes de risquer de l'argent à l'appui de leurs opinions. La seule question à décider est de savoir si les lois doivent assurer l'exécution d'un semblable contrat. L'avis publié dernièrement par certains membres du Jokey Club, de leur intention de proposer un règlement portant qu'à l'avenir aucun pari ne sera payé d'avance, est un pas dans la vraie direction ; si cette détermination s'accomplit, elle empêchera beaucoup de pratiques frauduleuses fort communes aujourd'hui. Cela serait certainement une véritable révolution dans le monde des parieurs et mettrait fin au système actuel de faire un livre (*book*), puisque chacun sera incertain des paris qui resteront bons et de ceux qui seront annulés, parce que les chevaux qui en faisaient l'objet n'auront pas couru. Il restera néanmoins un champ suffisant pour l'exercice du jugement du véritable amateur, et celui qui parie par spéculation peut être laissé de côté.

Mais tout en laissant quelque chose à la spéculation, il n'y a pas de raison pour ne pas relever les courses de l'état d'atonie où elles se trouvent ; la tâche est difficile, et je n'ai pas la présomption de supposer que cela puisse être effectué par les efforts d'un individu isolé ; mais cependant cette plaie doit disparaître avec le temps, car il faut qu'il soit mis fin au système corrompu qui prévaut aujourd'hui. Dès que l'on verra que les fraudes n'ont pas de chances de succès, on cessera de les entreprendre, et quand tous essayent la même tromperie, le résultat doit être que personne ne doit réussir. Le mal se guérira de lui-même, et les handicaps sur terrain plat suivront le sort des steeple-chases établis sur les mêmes principes, qui deviennent annuellement moins fréquents et moins importants. Si, par quelque moyen, ces traits indignes pouvaient être rayés de la carte, un grand coup serait porté à la confrérie des parieurs, qui vivent en grande partie de ce qu'ils peuvent accrocher sur les handicaps. Trois grandes courses par an ne fourniraient pas un aliment suffisant à leurs vastes mâchoires, et ils sentiraient cruellement la perte des handicaps.

Quoique je ne demande pas leur cessation pour écarter cette classe de gens, cependant cet effet serait loin de m'être désagréable ou préjudiciable aux intérêts du monde équestre. Rien ne peut excéder la beauté des chevaux engagés, et l'on ne peut imaginer de scène plus excitante que celle d'un terrain de course bien emménagé, avec un grand champ de chevaux de race ; mais le concours de la horde des spéculateurs n'est certainement pas de mon goût. Je n'ai, toutefois, point de guerre déclarée avec eux, les regardant comme un mal nécessaire, et une soupape de sûreté pour l'exubérance des poches trop bien garnies et l'excès de santé de la jeunesse et de l'inexpérience. Laissez la direction des courses à quelque comité général nommé par le ministre de l'intérieur, que toutes primes données à la fraude sous la forme de handicap disparaissent ; alors on pourra espérer les vrais avantages du système, sans l'affreux alliage maintenant inhérent à son essence même. Les comités de courses s'étendent si loin dans le pays, et sont si souvent en concurrence, que l'on ne peut espérer les voir se réformer eux-mêmes ; mais s'ils étaient obligés de soumettre leurs programmes à un fonctionnaire public responsable, si on leur traçait certaines règles de conduite, ils seraient obligés de se conformer à ses décisions et de suivre ses règlements. Tous actes de fraude, comme de faire courir un cheval destiné à perdre, devraient être punis, soit par l'exclusion des courses, soit par une peine sévère.

Bien que l'on ne puisse pas les empêcher entièrement, ces supercheries diminueraient singulièrement de fréquence et d'importance. Personne ne peut être puni pour parier contre son cheval, avec l'intention bien décidée de voler le public ; mais on devrait formuler, s'il est possible, quelque loi qui taxât d'infamie de pareils actes, si elle ne réussissait pas à les empêcher entièrement. Tel est le plan qui sera tôt ou tard imposé à la législature, si le turf doit être remis en voie d'utilité pour le perfectionnement des races chevalines tel qu'il était autrefois. Les circonstances que l'avenir nous réserve décideront du moment où l'on pourra opérer cette réforme.

6. — Les courses sont divisées en courses plates, courses de haies, steeple-chase, chasse à courre, et luttes au trot. La première est maintenant pratiquée dans toute l'étendue des trois Royaumes. La seconde est aussi assez commune, mais ses deux subdivisions ne sont pas aussi suivies qu'autrefois. Les courses de haies sont quelquefois mêlées aux courses plates dans les réunions d'été, mais elles appartiennent plutôt à la catégorie du steeple-chase qu'à la course plate, puisque dans les deux cas il faut que le cheval ait la puissance et la volonté de franchir les obstacles que l'on met devant lui. La chasse aux chiens courants est maintenant complétement une course, et peut prendre rang parmi les catégories déjà énumérées, quoiqu'elle ne soit suivie d'aucun prix déterminé ; cependant ses adeptes luttent les uns contre les autres aussi ardemment que les jockeys sur l'hippodrome.

La poursuite du renard est en beaucoup de contrées bien plutôt un steeple-chase quotidien que la pratique d'une chasse. Les luttes au trot sont maintenant presque abolies, mais comme on les pratique encore quelquefois, nous devons donner quelques détails sur la manière de les exécuter en Angleterre. Les chevaux en usage dans ces différentes espèces de courses sont :

1° Le cheval de pur sang, qui est à peu près maintenant le seul cheval en usage sur le terrain plat ; le demi-sang ou cocktail (1), qui est généralement de 15 seizièmes de pur sang, et est employé pour courir les haies, les steeple-chases ou les chasses à courre.

Plusieurs des chevaux employés à cet exercice sont tout à fait de pur sang, mais les chevaux à grands succès dans le steeple-chase ont généralement quelque tache dans leurs généalogies, quoique pas plus d'un seizième, ou même d'un

____

(1) Cocktail (queue retroussée.)

trente-deuxième. Les hunters et les trotteurs sont plus fréquemment de sept huitièmes de sang, mais plusieurs ont moins de cette qualité précieuse, tandis que d'autres encore sont tout à fait de pur sang. Ce sujet sera traité plus complétement dans les différents chapitres du cheval de course, du cheval de steeple-chase, du coureur de haies, du hunter capable de porter du poids, et du trotteur destiné à concourir à son allure.

CHAPITRE II.

LE CHEVAL DE COURSE DE PUR SANG.

Section Ire. — *Définition du cheval de pur sang.*

Ce n'est point un sujet aussi simple qu'on le suppose, car quoique le pur sang passe pour être uniquement du sang oriental, le fait n'est point exact, si l'on remonte au temps où l'on a commencé à enregistrer les faits. Dans la généalogie d'Eclipse on trouve les noms de non moins de 13 juments de sang non tracé, et la même quantité de sang impur ou presque autant se trouve dans tous les chevaux de son époque, c'est-à-dire éloignés au même degré des sources primitives de nos meilleurs familles chevalines. La définition est donc insuffisante, puisqu'elle ne trouve pas son application à un étalon dont le sang coule dans presque toutes les races actuelles, et bien d'autres chevaux sont dans le même cas que lui. La seule appréciation qui puisse tenir lieu d'une définition, c'est l'inscription au stud-book destiné à enregistrer les chevaux de pur sang.

Tous les chevaux issus des juments qui y sont signalées et des étalons figurant dans ses pages sont qualifiés de pur sang, et tous les autres sont communément désignés comme des demi-sang, bien qu'ils soient composés de demi pur, ou de trois quarts ou de sept huitièmes, ou de toute autre proportion. Beaucoup de nos étalons de demi-sang sont bien près d'être purs ; mais rien maintenant ne peut effacer la tache qu'autrefois on considérait comme lavée par quelques croisements avec le sang oriental.

Section II.—*Origine du cheval de pur sang.*

9.— Nous sommes redevables aux Stuarts du premier grand perfectionnement apporté aux races de nos chevaux. En effet,

Jacques Ier et Charles Ier ont introduit le sang arabe, et Charles II a jeté les bases de nos races modernes en important quatre juments (appelées juments royales, en raison de leur maître), auxquelles on peut faire remonter les chevaux célèbres de la fin du siècle dernier, et quelques-unes de nos meilleures familles chevalines actuelles. Plusieurs chevaux Orientaux furent aussi importés à diverses époques, tels que Turc Stradling, ou Lister père de Snake, les turcs blanc et alezan de D'Arcey, le turc Acaster, l'arabe Alcock, le barbe bai de Curwen, le barbe de Toulouse, l'arabe blanc de Honeywood, l'arabe de Cullen, le vieux Greyhound, né en Angleterre, mais conçu en Barbarie, l'arabe de Damas, les turcs de Helmsley, Belgrade, Selaby et Strickland, les arabes bais Oglethorpe et Lonsdale, l'arabe alezan de Wilson et l'arabe bai de Newcome, l'arabe de Coomb, l'arabe Litten d'Hamptoncourt, les barbes de Cole et de Tarran, l'arabe de Lord Oxford à l'épaule tachée de sang, le turc blanc de Place, l'arabe de Bethell, le turc Holderness, le barbe de Compton appelé ensuite l'arabe gris de Sedley, les arabes de Northumberland, Golden, Bell's et Saanah, le barbe bai de Hutton, les arabes gris et bais de Newton, l'arabe de Panton, et plusieurs juments arabes, entre autres celle de l'amiral Keppel, l'arabe de Wym, et le barbe marocain de lord Fairfax.

10.—Mais les racines principales de nos meilleurs chevaux peuvent être désignées par les trois chevaux orientaux suivants : d'abord le turc de Byerley, dont on ne sait autre chose que d'avoir été le cheval de guerre du capitaine Byerley en Irlande, en 1689 ; secondement l'arabe de Darley, importé par M. Darley de Yorkshire, de bonne heure dans le 18e siècle, on suppose vers 1712, et l'arabe ou barbe Godolphin, importé quelques années après, et employé comme père en 1731, en conséquence de l'impuissance de Hobgoblin, près duquel il remplissait le rôle ignoble de boute-en-train. De ces trois derniers chevaux, sont dérivées toutes nos meilleures races, dans la généalogie desquelles on trouvera leurs noms mêlés à plus ou moins des descendants des autres chevaux et juments dont nous avons donné une première liste. En se reportant aux tables généalogiques contenues dans cet article, on reconnaîtra que Godolphin prédomine à un haut degré, car quoiqu'il n'ait paru que vingt ans après l'arabe de Darley et qu'on puisse le considérer comme plus rapproché de nous de deux générations, cependant sa descendance prévaut beaucoup plus que cette légère différence ne peut l'expliquer. En examinant nos tables généalogiques, il est usuel de tracer la provenance spécialement par la ligne mâle ; de là différents chevaux sont considérés comme descendants de l'un ou l'autre de ces trois chevaux, souvent lorsqu'ils ont en réalité plus du sang de l'un ou même des deux autres dont on ne fait pas mention. Ainsi Eclipse passe généralement pour un descendant de l'arabe de Darley, et il l'était en effet, étant fils de Marske, qui était fils de Squirt, lui-même petit-fils de l'arabe de Darley par Bartlett's Childers ; mais, d'un autre côté, Eclipse venait de Spilletta, issue de Régulus, fils de Godolphin, il avait donc un huitième de sang de Godolphin et un seizième de l'arabe de Darley. Il a été prétendu par quelques écrivains hippiques, et entre autres par Hanckey Smith, que l'excellence des deux Childers provient plutôt des étalons de la première liste que de l'arabe de Darley. Mais je ne puis m'empêcher de croire que c'est une illusion, par la raison suivante : En consultant les tables généalogiques, l'on verra que le sang de l'arabe de Darley avec celui du turc de Byerley et Godolphin se rencontre dix fois aussi souvent que tout autre, tel que l'une des juments royales ou le turc Lister, qui sont les noms les plus fréquents après ces trois célébrités. Maintenant, si les qualités d'Eclipse étaient dues au croisement dans sa généalogie du Lister Turc ou de Hautboy, comment se fait-il que dans les familles qui ont suivi, nous ne trouvons pas ce sang prédominant parmi les chevaux de première qualité? Si, au contraire, nous trouvons nos animaux de choix inondés du sang de Godolphin, Byerley Turc et l'arabe de Darley, à l'exception de quelques gouttes éparses venant de la longue liste énumérée plus haut, nous sommes obligés de donner le premier rang à ces trois, et la seule question qui se présente est, si cette persévérance exclusive des mêmes unions, bien que cause originelle de supériorité, ne nécessite pas aujourd'hui une importation de sang nouveau. L'examen va bientôt nous démontrer que ces trois étalons forment les grosses branches de l'arbre généalogique. Toutefois, à l'époque actuelle, il est à peine désirable en théorie et tout à fait impossible en pratique de séparer ces origines et de les évaluer en comparaison l'une de l'autre, parce que la génération présente est trop éloignée de l'époque ou vivaient ces trois coursiers. Peu de chevaux modernes sont seulement à sept générations de Godolphin. Cotherstone et sa sœur Mowerina sont, je crois, les seuls chevaux de quelque distinction qui le comptent comme ancêtre au sixième degré. La distance du Darley Arabian et de Byerley Turc est encore plus grande, quoique dans quelques cas elle ne soit que de deux degrés en plus. Pour plus de commodité, je donnerai une liste des chevaux et juments les plus remarquables, éloignés des animaux modernes de six ou sept degrés. J'y joindrai une description de leurs généalogies et particularités, et ensuite je veux décrire la filiation en remontant de nos bêtes modernes jusqu'à eux, de manière à reconnaître la valeur relative de ces éléments, et l'opportunité d'y avoir recours ou de les éviter dans le choix des sujets destinés à la reproduction. Rien n'est plus difficile à faire que ce calcul sans avoir toute la généalogie devant les yeux, parce qu'il est impossible de saisir tous les détails en ayant recours à la méthode d'inscription employée dans le studbook. Mais par une recherche faite avec plus de soin, il résultera, je crois, que certains chevaux et juments qui ne remontent qu'à cette distance, sont à mettre au premier rang, tandis que d'autres s'éteignent graduellement. Selon la prédominance des premiers, ou leur absence, une filiation est à rechercher ou sans valeur.

Section III. — Liste des chevaux et juments dont nos races sont principalement dérivées.

11. — Une liste de chevaux et juments à six ou sept générations de nos chevaux modernes, c'est à dire d'environ 100 ans, sera avantageuse à l'éleveur, en ce sens que cela lui fera comprendre les listes ci-jointes de nos chevaux et juments actuellement le plus en évidence. A la tête de cette liste je placerai le père célèbre dont le nom suit.

12. — *Herod*, ou, comme on l'appelait autrefois, le roi Hérode, fut mis bas en 1758 et fut élevé par le duc de Cumberland, puis vendu à sir John Moore, entre les mains duquel il fut un grand coureur sur l'hippodrome, quoique point constamment victorieux comme son fils Highflyer, ou ces foudres de vitesse Childers et Eclipse. C'était à l'extérieur un fort beau cheval, avec beaucoup de vitesse et de moyens, mais sa réputation repose maintenant sur sa descendance, qui, dans sa première génération, produisit 497 vainqueurs et réalisa plus de 200,000

livres st. En se reportant à sa généalogie, donnée dans la table 2, l'on verra qu'il provenait presqu'entièrement de sang oriental, mais cependant avec plusieurs taches dont une seule aujourd'hui déshonorerait une généalogie. Il est ordinairement considéré comme représentant le Byerley Turc, mais en réalité, il est moitié plus près du Darley Arabian, ayant une infusion du premier et deux du second. Flying Childers est inscrit son grand-père, et c'est à lui, je suppose, qu'est dû le mérite dont jouit Hérode, d'être l'ingrédient le plus précieux dans la composition de nos familles chevalines actuelles. En parcourant les tables généalogiques, on le rencontre plus souvent qu'aucun cheval de son temps, et j'espère montrer comme règle (avec exceptions bien entendu) que la valeur d'un cheval comme coureur, dépend de la quantité du sang d'Hérode contenue dans sa généalogie. Spanker ne forme pas tout à fait un seizième du sang d'Hérode, en faisant le calcul de la réunion en une des trois sources les plus éloignées. L'arabe de Bethel peut prétendre à une part imposante, puisqu'il entre pour un huitième dans la composition d'Hérode, mais comme il n'a pas grande réputation provenant d'autres sources, l'on peut à peine supposer que la bonté du sang d'Hérode dépende de lui.

13. — *Matchem* viendra le second en importance, aussi bien qu'en date, bien qu'à cet égard il dût précéder Hérode, étant né en 1748 ; mais comme je crois qu'il ne prévaut pas autant dans les généalogies de nos chevaux, je l'ai classé au-dessous de ce célèbre animal. Quoiqu'il soit en descendance mâle le seul représentant de Godolphin vivant de son temps, il a l'honneur d'avoir transmis ce sang par la ligne femelle avec Miss Ramsden, Molly Longlegs, Rachel, Lisette, Folly, etc., etc. Cette dernière était par Blank, fils de Godolphin, avec une jument sœur de Régulus et fille de Godolphin. La généalogie de Matchem est donnée dans la table I, qui montrera que sa composition est en grande partie due à Godolphin et présentant peu de mésalliances. Le barbe Saint-Victor, le turc Acaster, le turc de Byerley, et l'arabe Oglethorpe font chacun un seizième, proportion que prend aussi le barbe de Curwen avec une petite portion additionnelle par Crab. Spanker paraît aussi dans cette généalogie, mais à un moindre degré que dans celle d'Hérode. Matchem était un très-bon cheval de course, presque toujours victorieux. Comme étalon, il ne s'éleva pas jus-

qu'à Hérode, mais il fut père de 354 vainqueurs, dont les gains réunis montèrent jusqu'à 150,000 liv. sterl.

14. — *Eclipse*, l'honneur et l'orgueil de l'hippodrome, est ordinairement rangé parmi les descendants de Darley Arabian dont il est le seul représentant dans la ligne mâle qui puisse être tracé jusqu'à nos familles modernes, mais en examinant sa généalogie (table IV), il paraîtra qu'il a deux fois autant du sang de Godolphin que de celui de l'arabe de Darley, le premier composant un huitième, et l'autre un seizième. Outre ces deux, nous trouvons le turc de Lister pour près d'un huitième, le turc blanc de d'Arcy un peu plus d'un seizième, et les juments royales dans la même proportion. Il fut élevé, comme Hérode, par le duc de Cumberland, et à la mort de ce seigneur vendu à M. Wildman, qui le revendit à M. Kelly, qui le produisit aux courses à cinq ans, avec les résultats extraordinaires qui sont familiers à tous ceux qui connaissent les annales du Turf. Il ne fut jamais battu, et gagna onze plats royaux (1), outre d'autres prix. De forme, il était long et très-bas du devant, et d'un si mauvais caractère, qu'il était fort difficile de le monter. Les gains de sa progéniture furent à peu près les mêmes que pour Matchem, ainsi que le nombre de chevaux, savoir 344 vainqueurs, qui gagnèrent 158,000 liv. sterl.

15. — *Rachel, Folly, Miss Ramsden, Principessa, Lisette* et *Molly Longlegs* furent toutes petites-filles de l'arabe Godolphin, et la plupart de nos meilleurs chevaux montrent un cu plusieurs de leurs noms dans leur généalogie, quelques-uns même les combinent presque absolument toutes. Leurs généalogies sont données en totalité dans les tables ci-après, où l'on trouvera ainsi celles de Snap, Bay Bolton, Gipsey, Babraham, la grande et la petite jument de Hartley, aussi le Foxhunter de Cole, Young Belgrade, Giantess, Soreheels et Careless, noms qui reviennent constamment au sixième ou septième degré de nos chevaux actuels. La première table montre parmi les ancêtres de Matchem, Partner, la sœur de Mixbury, the Bald Galloway, Crab, Basto et Spanker ; dans la seconde table, avec la généalogie d'Hérode, on trouve celles de Blaze, Childers, Fox et Merlin; et dernièrement, dans la table d'Eclipse, on donne celles de Spilletta, Régulus, Mother Western, Snake et Hautbois.

(1) Les plats royaux étaient des prix pour des courses de longue haleine.

16. — *Trentham*, élevé par sir John Moore, en 1766, fut vendu à sir John Ogilvie et réalisa en prix plus de 8,000 guinées, somme énorme pour le temps. Il fut ensuite employé comme étalon par lord Egremont et paraît dans les généalogies de Melbourne, Lanercost, Alarm, etc., comme le père de Camille, fille de Coquette, jument élevée par lord Bolingbroke, et provenant du barbe de Compton avec la sœur de Régulus, voir table 47.

17. — *Syphon*, né en 1750, combine plusieurs courants de sang ancien par Squirt, fils de Darley Arabian, Bay Bolton, fils de Grey Hautboy, deux fois, et la sœur de Mixbury, fille du barbe de Curwen. Sa généalogie est dans la table 6.

18. — *Crab*, fils de l'arabe Alcok et d'une sœur de Soreheels, se trouvera transmettant ce sang à plusieurs de nos meilleures familles ; toutefois il n'est pas représenté dans la ligne mâle par aucun cheval moderne.

19. — *Childers*, mieux connu sous le nom de Flying Childers, n'est pas représenté dans la ligne mâle ; mais son sang prévaut à un haut degré par Lisette, Elfrida, Hyena, Curiosity, Papillon et Promise, toutes filles de Snap, son petit fils ; leurs noms se trouvent constamment dans le 5e ou 6e degré, en compagnie de celui de Herod, aussi arrière-petit-fils de Childers, comme on l'a déjà remarqué dans le paragraphe 12. Sa carrière dans l'hippodrome fut très-remarquable, même à cette époque où l'on faisait comparativement peu d'usage d'un cheval de premier ordre. Il ne fut jamais battu et passe pour avoir porté 9 st. 2 liv. (57 k. 95) sur la course ronde de Newmarket, 3 milles 4 furlongs 93 yards (5,717^{m}64) en 6^{m}40, ce qui est aussi près que possible de 14 secondes le furlong, la plus grande vitesse avec laquelle de nos jours on ait parcouru le Derby avec un stone (1) de moins en poids et une distance plus que moitié moindre ; mais je montrerai plus loin que cette vitesse a été surpassée par West Australian et Kingston, à un moment plus complet de leur développement, c'est-à-dire respectivement âgés de 4 et 5 ans.

20. *Sportsmistress*, née en 1765, sera toujours remarquable comme mère de Pot-8-os par Éclipse ; elle était arrière petite-

---

(1) Le stone est de 6 k. 3466.

fille de Godolphin, et donna ainsi une nouvelle infusion de ce sang déjà prédominant dans Éclipse. Outre Godolphin, elle était largement imbue du sang de Crab, l'un des ancêtres de Cade (son grand-père, et aussi grand-père du côté paternel et maternel de Goldenlocks, sa mère. Aussi Sportsmistress fut incestueusement croisée avec Crab, et par son union avec Eclipse, rencontra le sang de Godolphin, et aussi avec celui de Crab, qui·paraît dans Bald Galloway, dans Cade, dans Éclipse et deux fois dans la généalogie de Sportsmistress. Outre Pot-8-os, qui fût son premier produit, elle eut dix autres poulains, mais aucun d'une grande valeur. (Voir Généalogie, table 40).

21. — *Brunette*, mère de Trumpator, Cantator, Pipator, naquit en 1771. Elle combine le sang de Godolphin Arabian avec celui du Turc Byerley, Darley Arab, Bloody Buttocks, Greyhound, Ancaster Starling et Newton Bay Barb ; elle ne provenait point de croisements rapprochés. (Généalogie, page 42.)

22. — *Rachel*, née en 1763, par Blank, fils de Godolphin, et par une petite fille du même cheval, est remarquable comme mère de Highflyer, par Herod, et Mark Anthony, par Spectator. Dans le premier cas, il y avait un croisement bien rapproché vers Godolphin, et une alliance au dehors dans le sang d'Herod, produisant l'invincible Highflyer, et dans l'autre cas, une continuation assez répétée d'alliances rapprochées produisit un cheval inférieur à Highflyer, mais fort au-dessus de la moyenne. Ici le sang de Soreheels était dans le père et la mère.

23. — La célèbre *Prunella* ne doit pas passer inaperçue, comme mère de deux des plus célèbres poulinières qui aient jamais existé. Savoir : 1° *Pénélope*, par Trumpator, mère de Whalebone, Whisker, Woful, Web et Wire ; 2° *Parasol*, fille de Pot-8-os et mère de Partisan. On verra qu'elle avait reçu une seconde infusion du sang de Childers, par sa mère, fille de Snip, son père étant par Hérode. Elle descendait ainsi de ce cheval célèbre par la ligne collatérale de Cypron, fille de Blaze, autre de ses fils. Comme la plupart des meilleures juments de son temps, elle a hérité de chacun des trois grands étalons orientaux, la prépondérance restant comme à l'ordinaire à Godolphin Arabian.

24. — La poulinière la plus étonnante qui figure dans tout le

stud-book, est la jument Alexander, dont la généalogie est donnée à la 55e table de ce livre ; elle fut mère de non moins de trois étalons de premier ordre , savoir : Castrel, Selim et Rubens, dont le sang est considéré comme tout à fait de la plus haute classe, Castrel étant maintenant représenté par Pantalon, Selim par Bay Middleton, Flying Dutchmann, Cowl, Pyrrhus Ier et une foule de célébrités, tandis que Rubens, maintenant éteint dans la ligne mâle, est encore maintenant en réputation par les produits de Défense, qui était du côté de sa mère petit-fils de ce cheval. De cette façon la plus grande partie de nos chevaux les plus en renom remontent à la jument fille d'Alexander.

Section IV. — Série de tables généalogiques.

25. — Les séries de tables suivantes contiennent les généalogies de nos chevaux modernes les plus remarquables, tracées jusqu'au point le plus reculé donné par le stud-book. Chacun sera divisé en deux sections ou plus, afin d'éviter les répétitions sans fin qui arriveraient sans cette précaution ; mais comme dans tous les cas on fait un renvoi aux tables où l'on donne la généalogie tout entière ; il devient facile de pousser les investigations jusqu'au bout, en ayant recours à la table indiquée par le chiffre. La plupart de nos chevaux modernes dérivent d'à peu près vingt-quatre juments, presque toutes fort proche parentes ; ainsi, en donnant une fois la généalogie de ces juments, il devient inutile de la répéter dans chaque cas particulier. Le grand point, en examinant une généalogie, est d'avoir à la fois sous les yeux toutes les ramifications récentes, de manière à faire saisir d'un coup d'œil toutes les ramifications, et d'être à même d'estimer l'importance relative de chacun de ses éléments. Ainsi, en examinant la généalogie de Bay Middleton, on devrait nous dire qu'il est fils de Sultan par Cowl, fille de Phantom, mais en ayant recours à la table contenant sa généalogie et celle de son fils Andover, l'on verra qu'il est descendu du même sang que plusieurs de nos meilleurs chevaux ; par exemple Williamson's Ditto, Julia, sœur de Cressida (mère de Priam) Web, sœur de Whalebone, etc., etc., et ainsi non-seulement nous pourrions acquérir quelque connaissance de ses éléments propres, mais encore quelques conclusions sur son aptitude à le combiner avec d'autres espèces de sang. Cette règle

est applicable à chacune des tables que nous publions, mais on entrerait dans d'interminables discussions si l'on voulait faire voir tous les traits saillants que l'on peut observer. Qu'il suffise de dire que l'on y peut voir d'un coup d'œil, dans chaque cas, les sources dont sont dérivés nos chevaux modernes les plus estimés, et que l'éleveur y peut faire son choix avec toutes les chances de ne pas oublier le cheval le plus approprié à son intention.

26. — En comparant ces tables, quelques noms frappent continuellement le regard, comme par exemple Éclipse et ses fils Alexander, Pot-8-os, Joe, Andrews, Saltram, Dungannon, Mercury et King Fergus, Herod et son fils Highflyer. Matchem se rencontre encore constamment, quoique pas aussi fréquemment que Herod, Highflyer et Éclipse, et il est remarquable que quoiqu'en total le sang de Godolphin l'emporte sur celui de Byerley Turc ou Darley Arabian, cependant il est répandu dans un plus grand nombre de canaux! La valeur de ces noms est telle que je crois que la bonté d'une famille peut s'estimer par la quantité de sang d'Herod et d'Eclipse dans sa généalogie, surtout du premier. Highflyer combinant le sang d'Herod avec celui de Godolphin Arabian, a aussi une valeur particulière comme ancêtre, et peut-être même plus qu'Herod, quand on le mêle à d'autres courants ; mais prenant en total que ce sang nous vienne par lui, ou par Maria, mère de Waxy, ou par d'autres sources, je crois que l'on peut ériger en règle que la proportion du sang d'Herod trouvée dans les 64 ancêtres d'un cheval au sixième degré, formera sa valeur comme cheval de course, et quand cette proportion est grande, avec une libérale addition du sang de Godolphin et celui de Darley Arabian à travers Barlett's Childers et Eclipse, la combinaison est d'une qualité que rien ne peut exceller. Que celui qui scrute les arcanes de la production calcule et compare par lui-même ces éléments tels qu'ils sont exposés dans les tables ci-jointes, et je crois qu'il est difficile de ne pas adopter cette conclusion. Mais indépendamment de la valeur de ces tables, pour donner une idée des diverses combinaisons de sang qui composent chaque généalogie, elles sont aussi d'un grand usage pour juger de la convenance des alliances rapprochées ; sans un guide comme celui que nous présentons, il est impossible de faire même une conjecture sur les parentés cu-

rieuses qui existent entre les ancêtres de nos chevaux célèbres. Toutes les fois que la généalogie est donnée au complet, si l'œil parcourt les diverses colonnes, il y a à parier que le même nom paraîtra plusieurs fois de suite, et l'on est ainsi mené à conclure que les alliances rapprochées ont toujours été adoptées jusqu'à un certain point. Cela était presque inévitable, puisque tous les chevaux de distinction proviennent actuellement des même sources, quoique souvent croisés avec beaucoup de variété, et tenus d'autres fois pendant plusieurs générations successives dans un courant particulier. Toutes ces distinctions demandent à être étudiées avec soin, et nous leur ferons allusion quand nous entrerons dans la question de la production et les lois qui règlent cette occupation mystérieuse et intéressante.

TABLE DE GÉNÉALOGIE DES CHEVAUX PUR SANG.

(1)   MATCHEM (1748).

```
MATCHEM
 ├─ Code (1734)
 │   ├─ Godolphin Arab (1724)
 │   └─ Roxane (1718)
 │       └─ Sœur de Chanter
 │           ├─ Bald Galloway
 │           │   ├─ St Victor's Barb.
 │           │   └─ Une fille de ─ Why Not ─ Crab ─ Alcock's Arab ─ Basto ─ Byerley Tk / Bay Peg, 2
 │           │                                     Sœur de Soreheels ─ Sœur de Mixbury.
 │           │                     Une fille de ─ Fox, 2. / Gipsey, par Bay Bolton. 31.
 │           │                     Royal Mare
 │           └─ Acaster Turk (1689)
 │                 —
 └─ Une fille de
     ├─ Partner (1716)
     │   └─ Jig
     │       ├─ Byerley Turk (1689)
     │       └─ Une fille de ─ Spanker ─ D'Arcys Yellow Tk. ─ Morocco Barb
     │                                    Une fille de ─ Old Bald Peg Arab
     │                              —
     └─ Une fille de ─ Sœur de Mixbury
         ├─ Curwens' Bay Barbe.
         └─ Sœur de ─ Old Spot Selaby Turk
                       Sœur de White-Legged, par Vintner Mare
     └─ Une fille de ─ Makeloss de
         ├─ Oglethorpe Arab, la mère de Trumpet
         ├─ Brimmer ─ D'Arcy's Yellow Turk / Royal Mare
         └─ Fille de ─ Place's White Turk, Dodswoorth Arab
                       Fille de Layton's Violet Barb Mare.
```

(2)   HÉROD (1758).

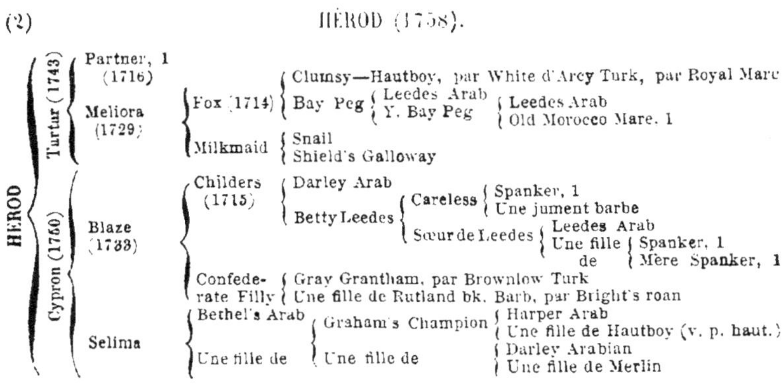

```
HEROD
 ├─ Turtur (1743)
 │   ├─ Partner, 1 (1716)
 │   └─ Meliora (1729)
 │       ├─ Fox (1714)
 │       │   └─ Bay Peg ─ Clumsy—Hautboy, par White d'Arcy Turk, par Royal Mare
 │       │                 Leedes Arab ─ Leedes Arab
 │       │                 Y. Bay Peg ─ Old Morocco Mare. 1
 │       └─ Milkmaid ─ Snail / Shield's Galloway
 └─ Cypron (1760)
     ├─ Blaze (1733)
     │   ├─ Childers (1715)
     │   │   ├─ Darley Arab
     │   │   └─ Betty Leedes
     │   │       ├─ Careless ─ Spanker, 1 / Une jument barbe
     │   │       └─ Sœur de Leedes ─ Leedes Arab
     │   │                           Une fille de ─ Spanker, 1 / Mère Spanker, 1
     │   └─ Confederate Filly ─ Gray Grantham, par Brownlow Turk
     │                          Une fille de Rutland bk. Barb, par Bright's roan
     └─ Selima
         ├─ Bethel's Arab ─ Graham's Champion ─ Harper Arab
         │                                       Une fille de Hautboy (v. p. haut.)
         └─ Une fille de ─ Une fille de ─ Darley Arabian
                                          Une fille de Merlin
```

(3)   RANTHOS (1763) — *Brother to Maiden.*

```
RANTHOS
 ├─ Matchem. 1
 └─ Une fille de ─ Squirt, 4
                   Une fille de ─ Mogul (frère de Babraham, 35)
                                  Une fille de ─ Bay Bolton, 31
                                                 Une fille de Pullens's Chestnut Arab.
```

(4) **ÉCLIPSE (1764).**

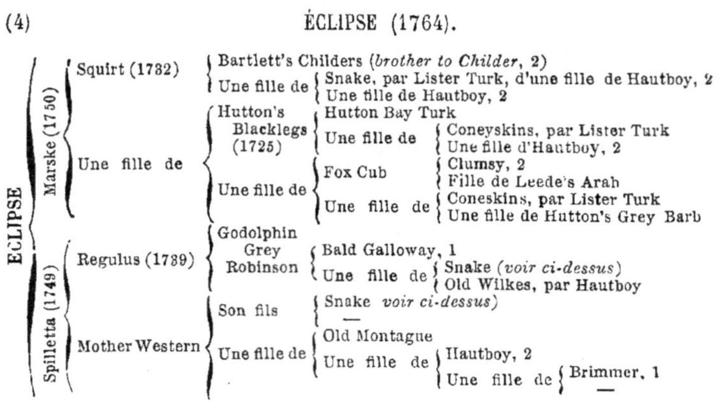

ÉCLIPSE
- Marske (1750)
  - Squirt (1732)
    - Bartlett's Childers (*brother to Childer*, 2)
    - Une fille de
      - Snake, par Lister Turk, d'une fille de Hautboy, 2
      - Une fille de Hautboy, 2
  - Une fille de
    - Hutton's Blacklegs (1725)
      - Hutton Bay Turk
      - Une fille de
        - Coneyskins, par Lister Turk
        - Une fille d'Hautboy, 2
    - Une fille de
      - Fox Cub
        - Clumsy, 2
        - Fille de Leede's Arah
      - Une fille de
        - Coneskins, par Lister Turk
        - Une fille de Hutton's Grey Barb
- Spilletta (1749)
  - Regulus (1739)
    - Godolphin Grey Robinson
      - Bald Galloway, 1
      - Une fille de
        - Snake (*voir ci-dessus*)
        - Old Wilkes, par Hautboy
  - Mother Western
    - Son fils
      - Snake *voir ci-dessus*)
    - Une fille de
      - Old Montague
      - Une fille de
        - Hautboy, 2
        - Une fille de Brimmer, 1

(5) **MARK ANTHONY (1767).**

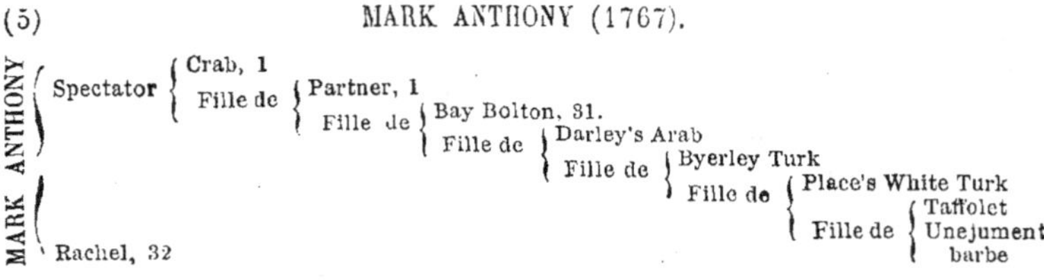

MARK ANTHONY
- Spectator
  - Crab, 1
  - Fille de
    - Partner, 1
    - Fille de
      - Bay Bolton, 31.
      - Fille de
        - Darley's Arab
        - Fille de
          - Byerley Turk
          - Fille de
            - Place's White Turk
            - Fille de
              - Taffolet
              - Une jument barbe
- Rachel, 32

(6) **CONDUCTOR (1767).**

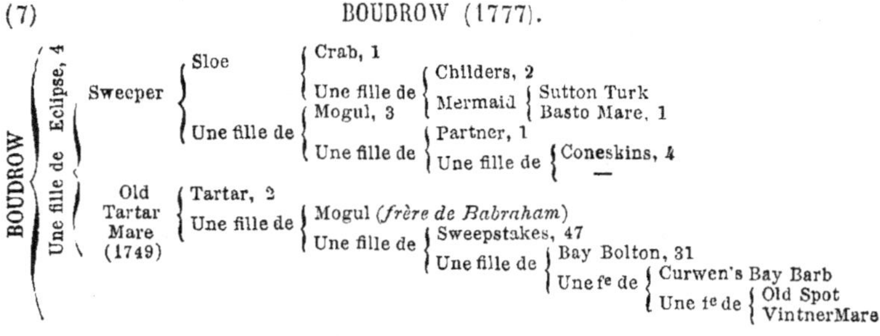

CONDUCTOR
- Matchem, 1
- Une fille de
  - Snap, 36
  - Une fille de
    - Cullen Arab
    - Lady Thigh, 33

(7) **BOUDROW (1777).**

BOUDROW
- Une fille de Eclipse, 4
  - Sweeper
    - Sloe
      - Crab, 1
      - Une fille de
        - Childers, 2
        - Mermaid
          - Sutton Turk
          - Basto Mare, 1
    - Une fille de
      - Mogul, 3
      - Une fille de
        - Partner, 1
        - Une fille de
          - Coneskins, 4
  - Old Tartar Mare (1749)
    - Tartar, 2
    - Une fille de
      - Mogul (*frère de Babraham*)
      - Une fille de
        - Sweepstakes, 47
        - Une fille de
          - Bay Bolton, 31
          - Une f^e de
            - Curwen's Bay Barb
            - Une f^e de
              - Old Spot
              - Vintner Mare

(8) **MERCURY (1778) ET VOLUNTEER (1780)**

MERCURY
(*Frère de Volunteer*)
- Eclipse, 7
- Old Tartar Mare, 7

(9)   DIOMED (1777).

DIOMED
- Florizel
  - Herod, 2
  - Une fille de
    - Cygnet
      - Godolphin
      - Une fille de
        - Crab. 1
        - Une fille de
          - Childers, 2
          - Miss Belvoir, par Grantham.
- Une fille de
  - Spectator, 5
  - Une fille de
    - Blank, 32
    - Une fille de
      - Childers. 2
      - Miss Belvoir, par Grantham

(10)   HERMES (1773).

HERMES
- Chrysolite
  - Blank, 32
  - Blossom
    - Crab, 1
    - Une fille de
      - Childers, 2
      - Miss Belvoir, par Grantham
- Juno
  - Spectator, 5
  - Une fille de
    - Blanck, 32
    - Une fille de
      - Childers, 2
      - Miss Belvoir, par Grantham

(11)   ANVIL (1779).

ANVIL
- Herod, 2
- Une fille de
  - Feather
    - Godolphin
    - Une fille de
      - Childers, 2
      - Miss Belvoir, par Grantham
  - Une fille de
    - Lath (frère de Cade, 1)
    - Sœur de Snip, 36

(12)   PHENOMENON (1780).

PHENOMENON
- Herod, 2
- Frenzy (1774)
  - Eclipse, 4
  - Une fille de
    - Engineer
      - Sampson
        - Blaze, 2
        - Hip Mare
      - Une fille de
        - Y. Greyhound
        - Curwen Bay Barb Mare
    - —

(13)   DELPINI (1781).

DELPINI
- Highflyer
  - Herod, 2
  - Rachel, 32
- Une fille de
  - Blank, 32
  - Une fille de
    - Blaze, 2
    - Une fille de
      - Greyhound
      - Curwen Bay Barb Mare

(14)   CHANTER (1782).

CHANTER
- Eclipse, 4
- Une fille de
  - Herod, 2
  - Sœur de Rachel, 32

(15)   WHISKEY (1789).

WHISKEY
- Saltram (1780)
  - Eclipse, 4
  - Virago
    - Snap, 36
    - Une fille de
      - Régulus, 4
      - Sœur de Black and all Black, 39
- Calash
  - Herod, 2
  - Teresa
    - Matchem, 1
    - Une fille de
      - Regulus, 4
      - Sœur de Ancaster Starling

(16)   BOB BOTTY (1804)

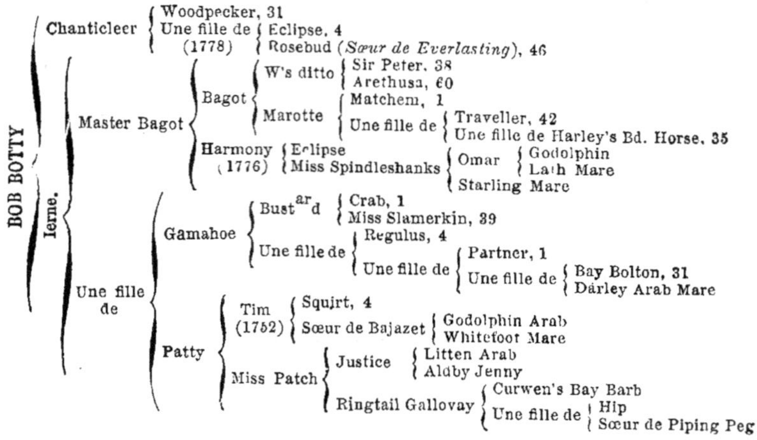

```
                              ( Woodpecker, 31
              Chanticleer     { Une fille de { Eclipse, 4
                              (  (1778)       { Rosebud (Sœur de Everlasting), 46
                                            ( W's ditto { Sir Peter, 38
                                            {           { Arethusa, 60
                              ( Bagot {     ( Matchem, 1
              Master Bagot {  {       { Marotte { Une fille de { Traveller, 42
                              {                                { Une fille de Harley's Bd. Horse, 35
                              ( Harmony ( Eclipse
BOB BOTTY                       (1776)  { Miss Spindleshanks { Omar { Godolphin
   Ierne.                                                    {      { Lath Mare
                                                             ( Starling Mare
                                            ( Bust^ard { Crab, 1
                              ( Gamahoe {              { Miss Slamerkin, 39
                              {         { Une fille de { Regulus, 4
                              {                        { Une fille de ( Partner, 1
              Une fille                                              { Une fille de { Bay Bolton, 31
                de {                                                                { Darley Arab Mare
                              {           ( Tim   ( Squirt, 4
                              ( Patty {     (1752) { Sœur de Bajazet { Godolphin Arab
                                      {                             { Whitefoot Mare
                                      {           ( Justice { Litten Arab
                                      ( Miss Patch {        { Aldby Jenny
                                                  {                 ( Curwen's Bay Barb
                                                  ( Ringtail Gallovay { Une fille de { Hip
                                                                                    { Sœur de Piping Peg
```

(16 A)   THE SADDLER—WAVERLEY (1817).

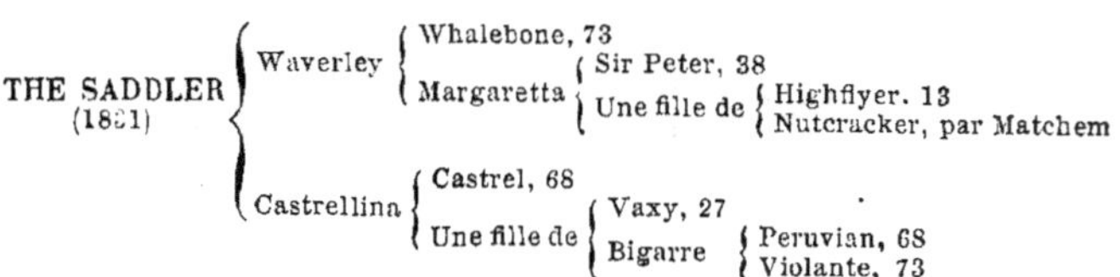

```
                      ( Waverley    ( Whalebone, 73
                      {             { Margaretta ( Sir Peter, 38
  THE SADDLER {       {                          { Une fille de { Highflyer, 13
     (1821)           {                                         { Nutcracker, par Matchem
                      {             ( Castrel, 68
                      ( Castrellina {              ( Vaxy, 27
                                    ( Une fille de { Bigarre { Peruvian, 68
                                                            { Violante, 73
```

(16 B)   SAFEGUARD,

WITCHCRAFT, FAIR ELLEN (*Mère de Lilias, par Interpreter*).

```
                  ( Defence, 27
                  {
  SAFEGUARD {     { Selim Marc, 1822 ( Selim, 27 ( Witchcraft ( Vandyke Jun.
     (1841)       { (mère de Antler  {           {           { Miss Witch { Sorcerer, 28
                  ( par Venison).    ( Euryone   {                         { Rosette
                                                 {           ( Wellesley Grey Arab
                                                 ( Fair Ellen { Maria { Highflyer, 13
                                                                      { Nutcracker
```

(17)   **PLENIPOTENTIARY** (1831)

EMILIUS, ORVILLE, PERICLES, BENINBROUGH, STAMFORD, EVANDER, etc.

PLENIPOTENTIARY	Emilius (1820)	Orville (1799)	Beninbrough 1761	King Fergus (1775)	Eclipse	Marske, 4 / Spilletta, 4
					Polly	Blk, all Blk., 39 / Fanny, 39
				Une fille de	Herod	Tartar, 2 / Cypron, 2
					Pyrrha	Matchem, 1 / Duchess, 43
			Evelina (1791)	Highflyer (1774)	Herod	Tartar, 2 / Cypron, 2
					Rachel	Blank, 32 / Regulus M., 32
				Termagant (1772)	Tantrum	Cripple, 47 / H. Ct. Chld. M., 53
					Une fille de	Sampson, 57 / Régulus M., 57
		Emily (1810)	Stamford (1819)	Haphazard (1797)	Sir Peter	Highflyer, 13 / Papillon, 38
					Miss Hervey	Eclipse, 4 / Clio, 45
				Bess (1806)	Waxy	Pot-8-os 40 / Maria, 36
					Vixen	Pot-8-os 40 / Cypher, 59
			Une fille de	Whiskey (1789)	Saltram	Eclipse, 4 / Virago, 15
					Calash	Hérode, 2 / Térésa, 15
				Grey Dorim (1781)	Dorimant	Otho, 53 / Babraham M., 53
					Dizzy	Blank, 32 / Ancas. Dizzy, 53
	Harriet (1819)	Pericles (1809)	Evander (1791)	Delpini (1781)	Highflyer	Herod, 2 / Rachel, 32
					Une fille de	Blank, 32 / Blaze Mare, 13
				Caroline (1793)	Phenomenon	Herod, 2 / Frenzy, 12
					Faith	Pacolet, 50 / Atalanta, 50
			Une fille de (1796)	Precipitate	Mercury	Eclipse, 4 / Tartar Mare, 7
					Une fille de	Herod, 2 / Maiden, 3
				Sœur de Osprey	Highflyer	Herod, 2 / Rachel, 32
					Une fille de	Snap, 36 / Barb Mare
		Une fille de	Selim (1802)	Buzzard (1787)	Woodpecker	Herod, 2 / M. Ramsden, 31
					Misfortune	Dux, 43 / Curiosity, 43
				Une fille de (1790)	Alexander	Eclipse, 4 / Gre. Princess, 55
					Une fille de	Highflyer, 13 / Alfred Mare, 55
			Pipylina (1803)	Sir Peter (1784)	Highflyer	Herod, 2 / Rachel, 32
					Papillon	Snap, 36 / M. Cleveland, 38
				Rally (1799)	Trumpator	Conductor, 6 / Brunette, 52
					Fancy	Florizel, 9 / Sœur de Juno, 10

3

(18)   HARKAWAY, Economist, Naboclish, Miss Tooley, Octavian, Reigantino.

HARKAWAY (1834)				
Economist (1825)	Whisker (1812)	Vaxy (1790)	Pot-8-os (1773)	Eclipse, 4 / Sportsmistress, 40
			Maria	Herod, 2 / Lisette, 36
		Penelope	Trumpator	Conductor, 6 / Brunette, 42
			Prunella	Highflyer, 13 / Promise, 49
	Floranthe	Octavian (1807)	Stripling	Phenomenon, 12 / Laura, 25
			Une fille de	Oberon / Sœur de Sharper
		Caprice	Anvil	Herod, 2 / Feather Mare, 11
			Madcap	Eclipse, 4 / Delpini's (mère), 13
Une fille de	Naboclish (1811) Grand Vainqueur en Irlande	Reigantino (1803)	Beninbrough	King Fergus, 17 / Herod Mare, 17
			Une fille de	Highflyer, 13 / Fencer's (mère de)
		Butterfly	Master Bagot	Bagot, 16 / Harmony, 16
			Une fille de	Bagot, 16 / Mother Brown
	Miss Tooley	Teddy the Grinder	Asparagus	Pot-8-os, 40 / Justice Mare, 16
			Stargazer	Highflyer, 13 / Miss West
		Lady Jane	Sir Peter	Highflyer, 13 / Papillon, 38
			Paulina	Florizel, 9 / Captive pr Matchem

(19)   ALARM, Venison, Partisan, Walton, Whalebone, Defence, X Y Z, Gohanna.

ALARM (1842)				
Venison (1833)	Partisan (1811)	Walton (1799)	Sir Peter	Highflyer, 13 / Papillon, 38
			Arethusa	Dungannon, 60 / Prophet Mare, 60
		Parasol (1800)	Pot-8-os	Eclipse, 4 / Sportsmistress, 40
			Prunella	Highflyer, 13 / Promise, 49
	Fawn	Smolensko (1810)	Sorcerer (1796)	Trumpator. 42 / Young Giantess, 35
			Wowski	Mentor / Maria, 36
		Jerboa (1803)	Gohanna (1790)	Mercury, 8 / Herod Mare, 25
			Camilla	Trentham, 47 / Coquette, 47
Southdown	Defence (1827)	Whalebone (1807)	Waxy	Pot-8-os, 40 / Maria, 36
			Penelope	Trumpator, 42 / Prunella, 49
		Defiance (1816)	Rubens (1805)	Buzzard, 68 / Alexander Mare, 55
			Little Folly	Highland Fling, 61 / Harriet, 61
	Feltona	X Y Z (1808)	Haphazard (1797)	Sir Peter, 17 / Miss Hervey, 45
			Une fille de	Spadille, 61 / Sylvia, 16 A
		Janetta	Beninbrough	King Fergus, 17 / Herod Mare, 17
			Une fille de	Drone, 62 / Contessina

(20) **SWEETMEAT** (1842). Gladiator, Partisan, Starch, Waxy, Pope.

SWEETMEAT:

Gladiator (1833)	Partisan (1841)	Walton	Sir Peter	Highflyer, 13 Papillon, 38
			Arethusa	Dungannon, 60 Prophet Mare, 60
		Parasol	Pot-8-os	Eclipse, 4 Sportsmistress, 40
			Prunella	Highflyer, 13 Promise, 49
	Pauline (1826)	Moses	Whalebone	Waxy, 27 Penelope, 27
			Une fille de	Gohanna, 19 Grey Skim, 24
		Quadrille (1815)	Selim	Buzzard, 68 Alexander Mare, 55
			Canary Bird	Whiskey, 15 Canary, 65
Lollypop (1836)	Starch	Waxy Pope (1806)	Waxy	Pot-8-os, 40 Maria, 36
			Prunella	Highflyer, 13 Promise, 49
		Miss Stavely	Shuttle	Y. Marske, 58. Vauxhall Snap Mare
			Une fille de	Diomed, 9 Matchem Mare
	Belinda	Blacklock	Whitelock	Hambletonian, 23 Rosalind. 67
			Une fille de	Coriander, 65 Wildgoose, 67
		Wagtail	Prime Minister	Sancho Miss Hornpipe
			Une fille de	Orville, 17 Miss Grimstone

(21) **COSSACK** (1814), Hetman Platoff, Brutandorf, Blacklock.

COSSACK:

Hetman Platoff (1836)	Brutandorf (1821)	Blacklock (1814)	Whitelock (1803)	Hambletonian, 23 Rosalind, 67
			Une fille de	Coriander, 65 Wildgoose, 67
		Mandane	Pot-8-os	Eclipse, 4 Sportmistress, 40
			Young Camilla	Woodpecker, 68 Camilla, 47
	Une fille de	Comus (1809)	Sorcerer (1796)	Trumpator, 42 Young Giantess, 35
			Houghton Lass	Sir Peter, 38 Alexina, 58
		Marciana	Stamford	Haphazard, 59 Besse, 59
			Marcia	Coriander, 65 Faith, 50
Joannina	Priam (1812)	Emilius (1820)	Orville	Beninbrough, 17 Evelina, 57
			Emily	Samford, 59 Whiskey Mare, 76
		Cressida	Whiskey	Saltram, 15 Calash, 15
			Young Giantess	Diomed, 9 Giantess, 35
	Joanna (1830)	Sultan (1816)	Selim	Buzzard, 68 Alexander Mare, 55
			Bacchanté	W's Ditto, 16 Sœur de Calomel
		Filagree (1815)	Soothsayer (1808)	Sorcerer, 28 Goldenlocks, 27
			Web (1808	Waxy, 27 Penelope, 27

(22)   **VAN TROMP (1844),**

LANERCOST, LIVERPOOL, TRAMP, CATTON, SANDBECK, BARBELLE, ET FLYING DUTCHMAN.

VAN TROMP

Lanercost (1835)	**Liverpool (1820)**	Tramp (1810)	Dick Andrews (1797)	Joe Andrews (1778)	Eclipse, 4 / Amaranda
				Une fille de	Highflyer, 13 / Cardinal Puff M.
			Une fille de	Gohanna	Mercury, 8 / Herod Mare, 25
				Fraxinella	Trentham, 47 / Woodpecker Mare
		Une fille de (1804)	Whiskey (1789)	Saltram	Eclipse, 4 / Virago, 15
				Calash	Herod, 2 / Teresa, 15
			Mandane (1800)	Pot-8-os	Eclipse, 4 / Sportsmistress, 40
				Y. Camilla	Woodpecker, 68 / Camilla, 47
	Otis (1818)	Bustard (1801)	Buzzard (1787)	Woodpecker	Herod, 2 / Miss Ramsden, 31
				Misfortune	Dux, 43 / Curiosity, 43
			Gipsey (1789)	Trumpator	Conductor, 6 / Brunette, 42
				Une fille de	Herod, 2 / Snap Mare, 36
		l'Orient (1805)	Election (1804)	Gohanna	Mercury 8 / Herod Mare, 25
				Chestnut Skim	Woodpecker, 68 / Silver's (mère), 24
			Sœur de Sky-sweeper	Highflyer	Herod, 2 / Rachel, 32
				Une fille de	Eclipse, 4 / Rosebud, 16
Barbelle (Mère de Flying Dutchman, par Bay Middleton)	**Sandbeck (1818)**	Catton (1809)	Golumpus (1802)	Gohanna (1790)	Mercury, 8 / Herod Mare, 25
				Catherine	Woodpecker, 68 / Camilla, 47
			Lucy Gray (1804)	Timothy	Delpini, 13 / Matchem Mare
				Lucy	Florizel, 9 / Frenzy, 12
		Orvillina (1804) (sœur d'Orville)	Beninbrough	King Fergus	Eclipse, 4 / Polly, 39
				Une fille de	Herod, 2 / Pyrrha, 17
			Evelina (1791)	Highflyer	Herod, 2 / Rachel, 32
				Termagant	Tantrum, 57 / Sampson Mare, 57
	Darioletta (1822)	Amadis (1807)	Don Quixote (1793)	Chanter	Eclipse, 4 / Herod Mare, 25
				Une fille de	Highflyer, 13 / Cardinal Puff M.
			Fanny	Sir Peter	Highflyer, 13 / Papillon, 38
				Une fille de	Diomed, 9 / Desdemona, 41
		Selima (1810)	Selim (1802)	Buzzard	Woodpecker, 68 / Misfortune, 43
				Une fille de	Alexander, 55 / Highflyer M., 55
			Une fille de	Pot-8-os	Eclipse, 4 / Sportsmistress
				Editha (1781)	Herod, 2 / Elfrida, 37

(29)

VOLTIGEUR (1847)

VOLTAIRE. MARTHA LYNN. FILHO DA PUTA, ETC.

VOLTIGEUR						
VOLTIGEUR	Voltaire (1826)	Blacklock (1814)	Whitelock (1803)	Hambletonian	King Fergus	Eclipse, 4 Polly, 39
					Une fille de	Highflyer, 13 Matchem Mare
				Rosalind	Volunteer	Eclipse, 4 Old Tartare Mare, 7
					Eyebright (s. de Conductor)	Matchem, 4 Snap Mare, 6
			Une fille de	Coriander	Pot-8-os	Eclipse, 4 Sportsmistress, 40
					Lavender	Herod, 2 Snap Mare, 44
				Wildgoose	Highflyer	Herod, 2 Rachel, 32
					Coheiress	Pot-8-os, 40 Manilla, 62
		Une fille de	Phantom (1810)	Walton	Sir Peter	Highflyer, 13 Papillon. 38
					Arethusa	Dungannon, 60 Prophet Mare, 60
				Julia	Whiskey	Saltram, 15 Calash, 15
					Y. Giantess	Diomed, 9 Giantess, 35
			Une fille de	Overton	King Fergus	Eclipse, 4 Sportsmistress, 40
					Une fille de	Herod, 2 Snip Mare, 36
				Gratitude's (mère)	Walnut	W's Ditto, 16 Maiden, 3
					Une fille de	Ruler, 74 Piracantha
	Martha Lynn (1837)	Mulatto (1823)	Catton (1809)	Golumpus	Gohanna	Mercury, 8 Herod Mare, 25
					Catherine	Woodpecker, 98 Camilla, 47
				Lucy Grey	Timothy	Delpini, 13 Matchem Mare
					Lucy	Florizel, 9 Frenzy, 12
			Desdemona (1811)	Orville	Beninbrough	King Fergus, 39 Herod Mare, 25
					Evelina	Highflyer, 13 Termagant, 57
				Fanny	Sir Peter	Highflyer, 13 Papillon, 38
					Une fille de	Diomed, 9 Desdemona, 41
		Leda	Filho da puta (1812)	Haphazard	Sir Peter	Highflyer, 13 Papillon, 38
					Miss Hervey	Eclipse, 4 Clio, 45
				Mrs. Barnett	Waxy	Pot-8-os, 40 Maria, 36
					Une fille de	Woodpecker, 68 Heinel, 73
			Camillus	Hambletonian	King Fergus, 67 Highflyer Mare, 67
			Treasure		Faith	Pacolet, 50 Atalanta, 50
				Une fille de	Hyacinthus	Spadille, 61 Rosalind, 67
					Flora	King Fergus, 39 Atalanta, 50

TEDDINGTON (1848)

ORLANDO, TOUCHSTONE, CAMEL, VULTURE, ROCKINGHAM, LANGAR ET ELECTION.

TEDDINGTON	Orlando (1841)	Touchstone (1831)	Camel (1822)	Whalebone (1807)	Waxy (1790)	Pot-8-os, 40 Maria, 36
					Penelope	Trumpator, 42 Prunella, 49
				Une fille de	Selim	Buzzard, 68 Alexander M. 55
					Maiden	Sir Peter, 38 Phenomenon, M., 12
			Banter	Master Henry (1815)	Orville (1809)	Beninbrough, 17 Evelina, 57
					Miss Sophia (1805)	Stamford, 17 Sophia, 54
				Boadicea (1807)	Alexander (1752)	Eclipse, 4 Grec. Princess, 55
					Brunette	Amaranthus Mayfly
		Vulture	Langar (1817)	Selim	Buzzard	Woodpecker, 68 Misfortune, 43
					Une fille de	Alexander, 55 Highflyer Mare, 55
				Une fille de	Walton	Sir Peter, 38 Arethusa, 60
					Y. Giantess	Diomed, 9 Giantess, 35
			Kite	Bustard	Castrel	Buzzard, 68 Alexander, 55
					Mishap	Shuttle, 20 Sr de Haphazard, 59
				Olympia	Sir Oliver	Sir Peter, 38 Fanny
					Scotilla	Anvil, 11 Scota, 74
	Miss Twickenham	Rockingham (1831)	Humphrey Clinker (1822)	Comus	Sorcerer	Trumpator, 42 Y. Giantess, 95
					Houghton Lass	Sir Peter, 38 Alexina, 58
				Clinkerina	Sir Peter	Highflyer, 13 Papillon, 36
					Hyale	Phenomenon, 12 Rally, 17
			Medora (1813)	Swordsman (1797)	Prizefighter	Florizel, 9 Promise, 49
					Zara	Eclipse, 4 Squirrel Mare, 42
				Une fille de	Trumpator	Conductor, 6 Brunette, 42
					Peppermint (sr de Prunella)	Highflyer, 13 Promise, 49
		Electress (1819)	Election (1804)	Gohanna	Mercury	Eclipse, 4 Tartar Mare, 7
					Une fille de	Herod, 2 Maiden, 3
				Chestnut Skim (sœur de Grey Skim)	Woodpecker	Herod, 2 Miss Ramsden, 31
					Une fille de	Herod, 2 Young Hag, 41
			Une fille de (1805)	Stamford	Haphazard	Sir Peter, 38 Miss Hervey, 45
					Bess	Waxy, 27 Vixen, 59
				Miss Judy (1784)	Alfred	Matchem, 1 Snap Mare, 6
					Manilla (1777)	Goldfinder, 62 Old England, 32

KINGSTON (1849), VENISON, SLANE, PARTISAN, SMOLENSKO, GOHANNA, WALTON.

(25)

KINGSTON	Venison (1833)	Partisan (1811)	Walton (1799)	Sir Peter	Highflyer, 13 / Papillon. 38
				Arethusa	Dugannon, 65 / Prophet Mare, 60
			Parasol	Pot-8-os	Eclipse, 4 / Sportsmistress, 40
				Prunella	Highflyer, 13 / Promise, 49
		Fawn	Smolensko (1800)	Sorcerer (1796)	Trumpator, 42 / Y. Giantess, 35
				Wowski	Mentor / Marla, 36
			Jerboa (1803)	Gohanna (1790)	Mercury, 8 / Herod Mare, 25
				Camilla (1778)	Trentham, 47 / Coquette, 47
	Queen Anne	Slane (1833)	Royal Oak (1823)	Catton (1809)	Golumpus, 22 / Lucy Gray, 22
				Une fille de	Smolensko, 25 / Beninbrough, M. 17
			Une fille de	Orville	Beninbrough, 17 / Evelina, 57
				Epsom Lass	Sir Peter, 38 / Alexina, 58
		Garcia (1823) (sœur de Octaviana)	Octavian (1807)	Stripling	Phenomenon, 12 / Laura, 70
				Une fille de	Oberon. 70 / Sœur de Sharper 70
			Une fille de	Shuttle	Y. Marske, 58 / Vauxhall Snap M.
				Catherine	Delpini, 13 / Flora

WEATHERGAGE, WEATHERBIT, SHEET ANCHOR, ZINGANEE, MORISCO, MISS LETTY.

(26)

WEATHERGAGE	Weatherbit	Sheet Anchor (1832)	Lottery (1820)	Tramp (1810)	Dick Andrews, 22 / Highflyer Mare, 58
				Mandane (1800)	Pot-8-os, 40 / Y. Camilla, 47
			Morgiana	Muley (1810)	Orville, 17 / Eleanor, 74
				Miss Stephenson (1810)	Sorcerer, 28 / Sœur de Petworth
		Miss Letty (1834)	Priam (1827)	Emilius (1820)	Orville, 17 / Emily, 17
				Cresida (1807) (sœur d'Eleanor)	Whiskey, 15 / Y. Giantess, 35
			Miss Fanny's (mère)	Orville (1799)	Beninbrough, 17 / Evelina, 17
				Une fille de (1800)	Buzzard, 68 / Hornpipe
	Taurina	Taurus (1826)	Morisco (1819)	Muley (1810)	Orville, 17 / Eleanor, 74
				Aquillina (1807)	Eagle / Sœur de Petworth
			Katherine (1821)	Soothsayer (1808)	Sorcerer, 28 / Golden Locks, 27
				Quadrille (1815)	Selim, 27 / Canary Bird, 20
		Esmerilda	Zinganee (1825)	Tramp (1810)	Dick Andrews, 22 / Highflyer Mare, 56
				Folly (1808)	Young Drone / Regina
			Pastille (1819)	Rubens (1805)	Buzzard, 68 / Alexander Mare, 55
				Parasol (1800)	Pot-8-os, 40 / Prunella, 49

(27)   **ANDOVER (1851)**
BAY MIDDLETON, SULTAN, COBWEB, DEFENCE, SELIM, BACCHANTE, PHANTOM, etc.

ANDOVER

- **Bay Middleton (1843)**
  - **Sultan (1816)**
    - **Selim (1802)**
      - Buzzard (1787)
        - Woodpecker — Herod, 2 / Miss Ramsden
        - Misfortune — Dux, 43 / Curiosity, 43
      - Une fille de
        - Alexander — Eclipse, 4 / Gre. Princess, 55
        - Une fille de — Highflyer, 13 / Alfred Mare, 55
    - **Bacchante (1809)**
      - Willamson's Ditto *(un frère de Walton)*
        - Sir Peter — Highflyer, 13 / Papillon, 38
        - Arethusa — Dungannon, 60 / Prophet M. 60
      - Sœur de Calomel
        - Mercury — Eclipse, 4 / Tartar Mare, 7
        - Une fille de — Herod, 2 / Folly, 34
  - **Cobweb (1821)**
    - **Phantom (1810)**
      - Walton
        - Sir Peter — Highflyer, 13 / Papillon, 38
        - Arethusa — Dungannon, 60 / Prophet M., 60
      - Julia
        - Whiskey — Saltram, 15 / Calash, 15
        - Young Giantess — Diomed, 9 / Giantess, 35
    - **Filagree (1815)**
      - Soothsayer
        - Sorcerer — Trumpator, 42 / Y. Giantess, 35
        - Goldenlocks — Delpini, 13 / Violet, 54
      - Web
        - Waxy — Pot-8-os, 40 / Maria, 36
        - Penelope — Trumpator, 42 / Prunella, 49
- **Sœur d'Egis**
  - **Defence (1827)**
    - **Whalebone (1807)**
      - Waxy
        - Pot-8-os — Eclipse, 4 / Sportsmistress
        - Maria — Herod, 2 / Lisette, 36
      - Penelope
        - Trumpator — Conductor, 6 / Brunette, 42
        - Prunella — Highflyer, 13 / Promise, 49
    - **Defiance (1816)**
      - Rubens
        - Buzzard — Woodpecker, 68 / Misfortune, 43
        - Une fille de — Alexander, 55 / Highflyer M. 55
      - Little Folly
        - Highland Fling — Spadille, 61 / Herod Mare, 61
        - Harriet — Volunteer, 8 / Alfred Mare, 61
  - **Soldiers's Joy**
    - **Colonel (1830)**
      - Whisker
        - Waxy — Pot-8-os, 40 / Maria, 36
        - Penelope — Trumpator, 42 / Prunella, 49
      - My Lady's *(mère)*
        - Delpini — Highflyer, 13 / Blank Mare, 13
        - Tipplecyder — King Fergus, 39 / Sylvia, 27
    - **Galatea**
      - Amadis
        - Don Quixote — Chanter, 22 / Highflyer M., 22
        - Fanny — Sir Peter, 30 / Diomed M., 22
      - Paulina
        - Sir Peter — Highflyer, 13 / Papillon, 38
        - Pewet — Tandem, 48 / Termagant, 48

(28)

WEST AUSTRALIAN (1850),
COTHERSTONE, MELBOURNE, HUMPHREY, CERVANTES, WHISKER, ETC.

WEST AUSTRALIAN	Melbourne (1834)	Humphrey Clinker (1822)	Comus (1809)	Sorcerer (1796)	Trumpator	Conductor, 6 / Brunette, 42
					Y. Giantess	Diomed, 9 / Giantess, 35
				Houghton Lass (1801)	Sir Peter	Highflyer, 13 / Papillon, 38
					Alexina	King Fergus, 39 / Lardella, 58
			Clinkerina	Sir Peter (1784)	Highflyer	Herod, 2 / Rachel, 32
					Papillon	Snap, 38 / Miss Cleveland, 38
				Hyale	Phenomenon	Herod, 2 / Frenzy, 12
					Rally	Trumpator, 42 / Fancy, 17
		Une fille de	Cervantes (1806)	Don Quixote (1793)	Chanter	Eclipse, 4 / Herod Mare, 14
					Une fille de	Highflyer, 13 / Cardinal Puff M.
				Evelina (1791)	Highflyer	Herod, 2 / Rachel, 32
					Termagant	Tantrum, 57 / Sampson Mare, 57
			Une fille de	Golumpus (1802)	Gohanna (1790) (f. Precipitate)	Mercury 8 / Herod Mare, 25
					Catherine	Woodpecker, 68 / Camilla, 47
				Une fille de	Paynator	Trumpator, 42 / Mk. Anthony M., 5
					Sœur de Zodiac	St. George / Abigail
	Mowerina (sœur de Cotherstone)	Touchstone (1831)	Camel (1822)	Whalebone (1807)	Waxy	Pot-8-os, 40 / Maria, 36
					Penelope	Trumpator, 42 / Prunella, 39
				Une fille de	Selim	Buzzard, 68 / Alexander M., 55
					Maiden	Sir Peter, 38 / Phenomenon M., 12
			Banter	Master Henry (1815)	Orville	Beninbrough, 17 / Evelina, 57
					Miss Sophia	Stamford, 17 / Sophia, 59
				Boadicea (1807)	Alexander	Eclipse, 4 / Grec, Princess, 55
					Brunette	Amaranthus, 73 / Mayfly, 73
		Emma	Whisker (1822)	Waxy	Pot-8-os	Eclipse, 4 / Sportsmistress, 40
					Maria	Herod, 2 / Lisette, 36
				Penelope	Trumpator	Conductor, 6 / Brunette, 42
					Prunella	Highflyer, 13 / Promise, 9
			Gibside Fairy (1811)	Hermes (1790)	Mercury	Eclipse, 4 / Tartar Mare, 7
					Rosina	Woodpecker, 68 / Petworth
				Vicissitude (1800)	Pipator	Trumpator, 42 / Brunette, 42
					Beatrice	Sir Peter, 38 / Pyrrha, 17

4

STOCKWELL (1849), Rataplan, The Baron, Birdcatcher, Sir Hercules, Glencoe, etc.

(29)

STOCKWELL (sœur de Rataplan).					
The Baron (1842)	Irish Birdcatcher (fr. de Faugh-a-Ballagh)	Sir Hercules (1829)	Whalebone (1817)	Waxy, 27 Penelope, 27	
			Peri	Wanderer Talestris	
		Guiccioli	Bob Booty	Chanticleer, 16 Ierne, 16	
			Flight	Escape, 63 Y. Heroine, 63	
	Echidna	Economist (1825)	Whisker	Waxy, 27 Penelope, 27	
			Floranthe	Octavian, 18 Caprice, 18	
		Miss Pratt	Blacklock	Whitelock, 23 Coriander Mare, 23	
			Gatabout	Orville, 17 Minstrel	
Pacahontas	Glencoe (1831)	Sultan (1816)	Selim	Buzzard, 68 Alexander Mare, 55	
			Bacchante	W.'s Ditto, 16 Sœur de Calomel. 27	
		Trampoline	Tramp	Dick Andrews, 22 Highflyer Mare, 56	
			Web (sœur de Whalebone)	Waxy, 27 Penelope, 27	
	Marpessa	Muley (1810)	Orville	Beninbrough, 17 Evelina, 57	
			Eleanor	Whiskey, 15 Y. Giantess, 35	
		Clare	Marmion	Whiskey, 15 Y. Noisette	
			Harpalice	Gohanna, 25 Amazon	

WILD DAYRELL (1852), Ion, Cain, Malek, Paulowitz, etc.

(30)

WILD DAYRELL					
Ion (1835)	Cain (1822)	Paulowitz (1818)	Sir Paul (1802)	Sir Peter, 38 Pewet, 48	
			Evelina	Highflyer, 13 Termagant, 57	
		Une fille de (1810)	Paynator (1791)	Trumpator, 52 Mark Anthony, M, 68	
			Une fille de	Delpini, 13 Y. Marske M., 58	
	Margaret (1824)	Pyramus (1810)	Meteor	Velocipede, 67 Dido, 68	
			Passionflower (1806)	Sir Peter, 38 Sr de John Bull, 78	
		Euphrasia (1815)	Rubens	Buzzard, 68 Alexander Mare, 55	
			Witch of Endor	Sorcerer, 28 Delpini Mare, 13	
Ellen Middleton	Bay Middleton (1835)	Sultan (1816)	Selim	Buzzard, 68 Alexander Mare, 55	
			Bacchante	W.'s Ditto, 16 Sœur de Calomel, 27	
		Cobweb (1821)	Phantom	Walton, 27 Web, 27	
			Filagree	Sootsayer, 27 Julia, 27	
	Myrrha	Malek (frère de Velocipede (1824)	Blacklock	Whitelock, 23 Coriander M., 23	
			Une fille de (1816)	Juniper, 67 Canidia, 67	
		Bessy	Young Gouty	Gouty, 66 Dungannon M., 65	
			Grandiflora	Sir Harry Dimsdale Pipator Mare	

(31)   MISS RAMSDEN (*Mère de Woodpecker et d'Herod.*)

```
                  Cade, 1
MISS RAMSDEN                                          Grey Hautboy, par Hautboy, 2
   1760                         Bay Bolton            Makeless, 1
               Une fille de                  Flle de              Brimmer, 1
                                                           Flle de         Diamond
                            Flle de                                Flle de  Sr de Merlin's
                                          Darley Arab                        (mère)
                                                        Byerley Turk
                            Flle de   Flle de           Place's White Turk
                                                Flle de            Taffelet Barb
                                                        Flle de   Natural Barb M.
```

(32)   RACHEL (*Sœur de Ruth*).

```
                         Godolphin
           Blank (1740)                   Bartlett's Childers, 4
           (r. O. Eng.)  Little Harley M.              Woodstock Arab
RACHEL                    Flying Whig          Une fille de  St. Victor's Barb
  1763                                                       Why Not Mare, 1
                         Regulus, 4
           Une fille de               Soreheels, 1
                         Une fille de             Makeless, 1
                                      Une fille de  D'Arcy Royal Mare
```

(33)   PRINCIPESSA (1762)

```
               Blank (1740), 32
PRINCIPESSA                  Cullen Arab
               Une fille de             Partner, 1
                            Lady Thigh              Greyhound
                                        Une fille de  Sophonisba's   Curven's Bay Barb
                                                       (mère)        D'Arcy's Arab Mare
```

(34)   FOLLY (1764).

```
FOLLY    Blank, 37
         Sœur de Regulus, 4
```

(35)   GIANTESS (1769)

```
                  Matchem 1
GIANTESS                                  Godolphin
(Mère de Y. Giantess,                                    Holderness Turk
 par Diomed.)             Babraham                Hartley's Blind              Makeless
              Molly Long-legs  (1740)    Large Hartley M.   Horse     Black   D'Arcy
                 (1753)                                     Flying Whig, 22  M.  Royal M.
                                         Cole's Foxhunter  Brisk (fils de Darley Arab)
                            Une fille de                   Rutland Brown Betty
                                         Sœur de Cato      Partner, 1
                                                           Sœur de Roxana
```

(36)   LISETTE (1772)

```
LISETTE                           Childers, 2
(m. de Maria par Herod      Snip (1736)   Sœur de Soreheels, 1
 et sœur de Signora.)  Snap (1750)        Fox, 2
                                   Une fille de         Bay Bolton, 31
                                            Gipsey      Une fille de  Newcastle Turk
                                                                      Une fille de Byerley Turk
                                   Godolphin                      Belgrade Turk
                       Miss Windsor                  Y. Belgrade               Bay Bolton, 31
                          1754      Sœur de Volunteer  Une fille de  Scarborough Mare
                                                     Une fille de   Bartlett's Childers, 4
                                                                    Flle de Devonshire Chestnut Arab
```

(37)   ELFRIDA (1768)

ELFRIDA
  Snap, 36
  Miss Belsca
    Regulus, 4
    Une fille de
      Bartlett's Childers, 4
      Une fille de
        Honeywood's Arab
        Mère des deux True Blues

(38)   PAPILLON (1769)

PAPILLON
(*mère de Sir Peter,*
(*par Highflyer*).
  Snap, 36
  Miss Cleveland
  (1758)
    Regulus, 4
    Midge
      Fils de Bay Bolton, 31
      Une fille de
        Bartlett's Childers, 4
        Flle de
          Honeywood's Arab
          Mre des deux True Blues

(39)   POLLY (1756)

POLLY
(*m. de King Fergus,*
par Eclipse.)
  Black et all Black
    Crab, 1
    Miss Slamerkin
      True Blue
      Une fille de
        Lord Oxford's Dun Arab
        Black-legged Royal Mare
  Fanny
    Tartar, 2
    Une fille de
      Starling
        Bay Bolton, 31
        Petite-fille de Brownlow Turk
      Une fille de
        Roundhead
        Grantham Mare

(40)   SPORTSMISTRESS (1765).

SPORTSMISTRESS
(*mère de Pot-8-os par Eclipse*).
  Sportsman
  (1753)
    Cade, 1
    Silvertail
    (1738)
      Heneage's Whitenose
      (1722)
        Hall's Arabian
        Mère de Jig
      Une fille de
        Rattle
        Une fille de
          Darley Arab
          Une fille de
            Gresley's Bay Arab
            Vixen
              Helmsey Turk
              Dodworth's
              (mère).
  Goldenlocks
    Oronooko
    (1745)
      Crab, 1
      Miss Slamerkin, 39
    Une fille de
      Crab, 1
      Une fille de
        Partner, 1
        Thwaits's Dun Mare

(41)   DESDEMONA (1770).

DESDEMONA
  Marske (1750), 4
  Young Hag (1762)
    Skim
      Starling, 39
      Une fille de Bartlett's Childers, 4
    Hag
      Crab, 1
      Ebony
        Childers, 2
        Old Ebony, par Basto, 1

(42)   BRUNETTE (1771).

BRUNETTE (*m. de Trumpator,*
par Conductor).
  Squirrel (1754)
    Old Traveller
      Partner, 1
      Une fille de
        Almanzor
          Darley Arab
          Hautboy Mare, 2
        Une fille de
          Grey Hautboy
          Makeless Mare, 1
    Une fille de
      Bloody Buttocks
      Une fille de
        Greyhound
        Makeless Mare, 1
  Dove (1764)
    Matchless
      Godolphin
      South's (mère), 47
    Flle de
      Ancaster Starling
        Starling, 36
        —
      Une fille de
        Grasshopper
        —
      Bandy
        Cade, 1
        Flle de
          Partner, 1
          Greyhound M
      Alipes

(43)   MISFORTUNE (*Mère de Buzzard, par Woodpecker*).

```
                      ( Dux       ( Matchem, 1
                      |           |           ( Whitenose ( Godolphin
MISFORTUNE (1775) {   |           ( Duchess   |           ( Sœur de Blaze, 2
                      |                       ( Miss Slamerkin, 39
                      ( Curiosity (sœur d'Elfrida, 37)
```

(44)   LAVENDER (1778).

```
              ( Herod, 2
LAVENDER  {   |              ( Snap, 36
              ( Une fille de ( Une fille de ( Cade, 1
                                            ( Bloody Buttocks Mare
```

(45)   MISS HERVEY (1775).

```
              ( Eclipse, 4
              |       ( Y. Cade (frère de Matchem, 1
              |       |             ( Starling, 39
MISS HERVEY { | Clio  ( Une fille de ( Une fille de ( Bartlett's Childers, 4
              |                                      ( Une fille de ( Bay Bolton. 31
              |                                                     ( Une fille de ( Byerley Turk
              (                                                                    ( Bustler Mare
```

(46)   EVERLASTING (1775).

```
                 ( Eclipse, 4
EVERLASTING  {   |
                 ( Hyena (sœur d'Elfrida, 37)
```

(47)   CAMILLA (1778).

```
                       (            ( Sweepstakes ( Gower Stallion (fils de Godolphin)
                       |            |             ( Une fille de ( Partner, 1
                       |            |                            ( Sœur de Matchem (mère), 1
                       | Trentham   |             ( Regulus, 4
                       | (1776)     |   ( South   ( Une fille de ( Soreheels, 1
                       |            |   |                        ( Une fille de ( Makeless
CAMILLA                |            |   |                                       ( D'Arcy Royal Mare
(mère de Y. Camilla, { | Miss South ( |                         ( Bald Galloway, 1
par Woodpecker.)       | (1758)         ( Une fille de ( Cartouch ( Flle de ( Cripple (fils de Godolphin)
                       |                               |                     ( Sr de Matchem's (mère). 1
                       |                               ( Ebony, 41
                       ( Coquette   : Compton Barb
                         (1764)     ' Sœur de Regulus
```

(48)   PEWET (1786).

```
              (            ( Syphon       ( Squirt, 4
              |            |              |              ( Patriot ( Bay Bolton, 31
              |            |              ( Une fille de ( (1729)  ( Une fille de ( Jig, 1
              | Tandem     |                                                     ( Old Lady, par Pullen's Arab
              | (1773)     |                             ( Une fille de ( Crab, 1
              |            |                                            ( Une fille de ( Bay Bolton. 31
              |            |              ( Regulus, 4                                 ( Sœur de Mixbury, 1
PEWET     {   |            ( Une fille de ( Une fille de ( Snip, 36
              |                                          ( Cottingham Mare ( Cottingham ( Hartley's Bd.
              |                                                            |            ( — [Horse, 25
              |                                                            ( Warloch Galloway ( Snake, 4
              | Termagant  ( Eclipse, 4                                                      ( Sœur de Car-
              ( (1772)     ( Leopardess ( Merlin                                             ( lisle Gelding
                                        ( —
```

(49)   PRUNELLA (*Mère de Penelope, par Trumpator, de Parasol, par Pot-8-os,
          et de Pope, par Waxy.*

```
              ( Highflyer ( Herod. 2
PRUNELLA  {   |           ( Rachel, 32
(1788)        |           ( Snap, 36
              ( Promise   ( Julia ( Blank, 32
                                  ( Spectator's (mère), 5
```

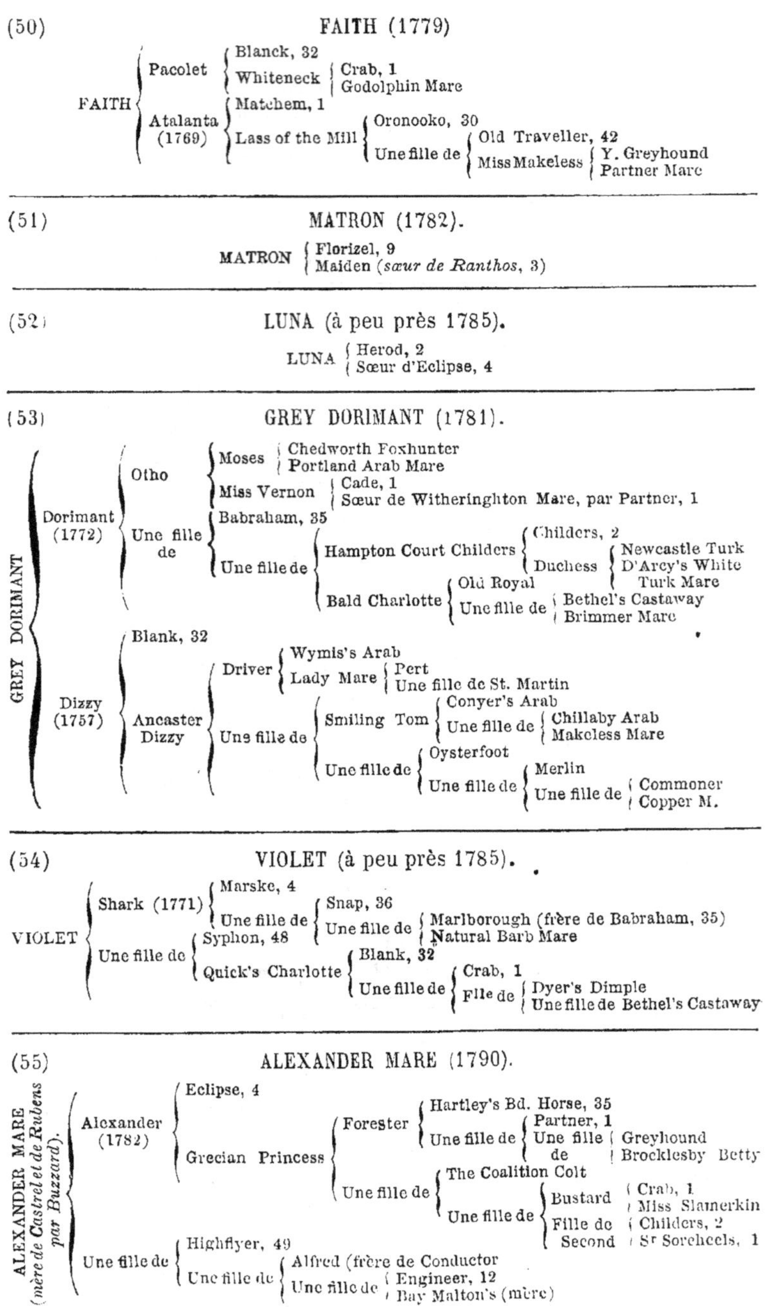

(50)

FAITH (1779)

```
        ┌ Pacolet  ┌ Blanck, 32
        │          │ Whiteneck ┌ Crab, 1
        │          └ Matchem, 1 └ Godolphin Mare
FAITH ┤ Atalanta  ┌
        └ (1769)   └ Lass of the Mill ┌ Oronooko, 30
                                      └ Une fille de ┌ Old Traveller, 42
                                                     └ Miss Makeless ┌ Y. Greyhound
                                                                     └ Partner Mare
```

(51)

MATRON (1782).

```
MATRON ┌ Florizel, 9
       └ Maiden (sœur de Ranthos, 3)
```

(52)

LUNA (à peu près 1785).

```
LUNA ┌ Herod, 2
     └ Sœur d'Eclipse, 4
```

(53)

GREY DORIMANT (1781).

```
                        ┌ Otho ┌ Moses ┌ Chedworth Foxhunter
                        │      │        └ Portland Arab Mare
            ┌ Dorimant  │      └ Miss Vernon ┌ Cade, 1
            │ (1772)    │                    └ Sœur de Witheringhton Mare, par Partner, 1
            │           └ Une fille ┌ Babraham, 35
            │             de        │
            │                       └ Une fille de ┌ Hampton Court Childers ┌ Childers, 2
GREY        │                                      │                        └ Duchess ┌ Newcastle Turk
DORIMANT ┤  │                                      │                                  └ D'Arcy's White Turk Mare
            │                                      └ Bald Charlotte ┌ Old Royal
            │                                                       └ Une fille de ┌ Bethel's Castaway
            │                                                                      └ Brimmer Mare
            │           ┌ Blank, 32
            │ Dizzy     │            ┌ Driver ┌ Wymis's Arab
            │ (1757)    │ Ancaster   │        └ Lady Mare ┌ Pert
            └           └ Dizzy      │                    └ Une fille de St. Martin
                                     └ Une fille de ┌ Smiling Tom ┌ Conyer's Arab
                                                    │             └ Une fille de ┌ Chillaby Arab
                                                    │                            └ Makeless Mare
                                                    └ Une fille de ┌ Oysterfoot
                                                                   └ Une fille de ┌ Merlin
                                                                                  └ Une fille de ┌ Commoner
                                                                                                 └ Copper M.
```

(54)

VIOLET (à peu près 1785).

```
          ┌ Shark (1771) ┌ Marske, 4
          │              └ Une fille de ┌ Snap, 36
          │                             └ Une fille de ┌ Marlborough (frère de Babraham, 35)
VIOLET ┤                                               └ Natural Barb Mare
          │ Une fille de ┌ Syphon, 48
          └              └ Quick's Charlotte ┌ Blank, 32
                                             └ Une fille de ┌ Crab, 1
                                                            └ Fille de ┌ Dyer's Dimple
                                                                       └ Une fille de Bethel's Castaway
```

(55)

ALEXANDER MARE (1790).

```
ALEXANDER MARE
(mère de Castrel et de Rubens par Buzzard).

        ┌ Alexander  ┌ Eclipse, 4
        │ (1782)     │             ┌ Forester ┌ Hartley's Bd. Horse, 35
        │            │ Grecian     │          └ Une fille de ┌ Partner, 1
        │            │ Princess   ┤                          └ Une fille de ┌ Greyhound
        │            │            │                                         └ Brocklesby Betty
        │            └            └ Une fille de ┌ The Coalition Colt
        │                                        └ Une fille de ┌ Bustard ┌ Crab, 1
        │                                                       │         └ Miss Slamerkin
        │                                                       └ Fille de ┌ Childers, 2
        │                                                         Second   └ Sr Soreheels, 1
        │ Une fille de ┌ Highflyer, 49
        └              └ Une fille de ┌ Alfred (frère de Conductor
                                      └ Une fille de ┌ Engineer, 12
                                                     └ Bay Malton's (mère)
```

(56)   HIGHFLYER MARE (1790).

HIGHFLYER MARE
(m. de Dick Andrews,
par Joe Andrews,
et Don Quixote, par
Chanter.)

- Highfilyer, 49
- Une fille de
    - Cardinal Puff
        - Babraham, 35
        - Une fille de , Snip, 36 / Lady Thigh, 33
    - Une fille de
        - Tatler (frère de Julia, 49)
        - Flle de
            - Snip, 36
            - Flle de
                - Godolphin
                - Une fille de ; Whiteneck, 50 / Pelham Barb Mare

(57)   EVELINA (1791).

EVELINA
- Highflyer, 49
- Termagant
    - Tantrum (1760) ; Cripple (fils de Godolphin). / Une fille de Hampton Court Childers, 53
    - Une fille de
        - Sampson, 12
        - Une fille de ; Regulus / Marske's (mère), 4

(58)   ALEXINA (1788).

ALEXINA
- King Fergus (1775)
    - Eclipse, 4
    - Polly, 39
- Lardella, 39
    - Y. Marske ; Marske, 4 / Clio's (mère), 45
    - Une fille de ; Cade, 1 / Beaufremont's (mère).

(59)   MISS SOPHIA (1805).

MISS SOPHIA
- Stamford
    - Haphazard ; Sir Peter, 38 / Miss Hervey, 45
    - Bess
        - Waxy ; Pot-8-os, 40 / Maria. 86
        - Vixen
            - Pot-8-os, 40
            - Cypher ; Squirrel, 32 / Regulus Mare, 4
- Sophia
    - Buzzard ; Woodpecker, 31 / Misfortune, 43
    - Huncamunca ; Highflyer, 49 / Cypher (voir ci-dessus)

(60)   ARETHUSA (1792).

ARETHUSA
- Dungannon (1780)
    - Eclipse, 4
    - Une fille de
        - Herod, 2
        - Une fille de
            - Blanck. 32
            - Helen
                - Spectator, 5
                - Daphne ; Godolphin / Fox Mare
- Une fille de
    - Prophet
        - Regulus, 4
        - Jenny Spinner ; Partner, 1 / Greyhound Mare
    - Virago, 15

(61)   LITTLE FOLLY (1806).

LITLLE FOLLY
- Highland Fling (1806)
    - Spadille
        - Highflyer, 49
        - Flora ; Squirrel, 42 / Angelica (sœur de Miss Belsra. 37
    - Cœlia ; Herod, 2 / Proserpine (sœur d'Eclipse)
- Harriet ; Volunteer. 8 / Une fille d'Alfred (frère de Conductor, 6,

(62)   **RIVAL (1800).**

RIVAL
- Sir Peter, 38
- Hornet (1790)
  - Drone
    - Herod, 2
    - Lilly
      - Blank, 32
      - Peggy
        - Cade, 1
        - Lady Thigh, 33
  - Manilla
    - Goldfinder
      - Snap, 36
      - Une fille de
        - Blank, 32
        - Regulus Mare
    - Old England Mare, 32

(63)   **FLIGHT (à peu près 1810).**

FLIGHT (*mère de Guiccioli*).
- Escape (1802)
  - Commodore (1793)
    - Tug
    - Smallhopes
      - Scaramouch
      - Une fille de
        - Blank, 32
        - Fille de Traveller, 42
  - Buffer's (*mère*)
    - Highflyer, 13
    - Shift
      - Sweetbriar
      - —
- Y. Heroine
  - Old Bagot, 16
  - Old Heroine
    - Hero (*fils de Cade*)
    - —

(64)   **CHESNUT SKIM.**

CHESTNUT SKIM (*sœur de Grey Skim*)
- Woodpecker, 31
- Silver's (*mère*)
  - Marske, 4
  - Y. Hag, 41

(65)   **CANARY (à peu près 1805).**

CANARY
- Coriander
  - Pot-8-os, 40
  - Lavender, 44
- Miss Green
  - Highflyer, 13
  - Harriet
    - Matchem, 1
    - Flora
      - Regulus, 4
      - Une fille de   Bartlett's Childers, 4 / Bay Bolton Mare

(66)   **SYLPH (*mère de Lugwardine, Newcourt, et Lady Lift*), SPECTRE, GOUTY, etc.**

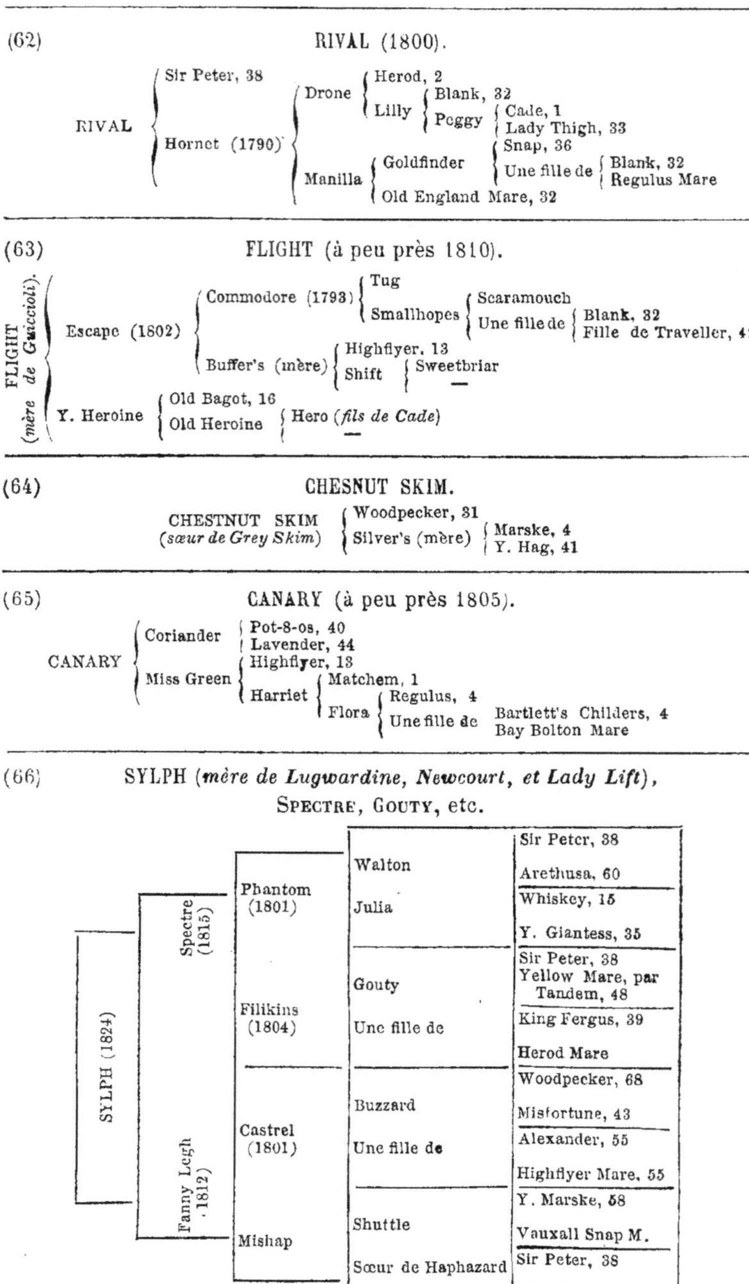

SYLPH (1824)				
Spectre (1815)	Phantom (1801)	Walton	Sir Peter, 38	
			Arethusa, 60	
		Julia	Whiskey, 15	
			Y. Giantess, 35	
	Filikins (1804)	Gouty	Sir Peter, 38 / Yellow Mare, par Tandem, 48	
		Une fille de	King Fergus, 39	
			Herod Mare	
Fanny Legh (1812)	Castrel (1801)	Buzzard	Woodpecker, 68	
			Misfortune, 43	
		Une fille de	Alexander, 55	
			Highflyer Mare, 55	
	Mishap	Shuttle	Y. Marske, 58	
			Vauxall Snap M.	
		Sœur de Haphazard	Sir Peter, 38	
			Miss Hervey, 45	

67.

QUEEN OF TRUMPS (1832),
VELOCIFEDE, MALEK, JUNIPER, DIAMOND, etc.

Queen of Trumps						
QUEEN OF TRUMPS	Velocipede (1825) (frère de Malek)	Blacklock (1814)	Whitelock (1803)	Hambletonian (1792)	King Fergus	Eclipse, 4 Polly, 39
					Une fille de	Highflyer, 13 Matchem Mare. 39
				Rosalind	Volunteer	Eclipse, 4 Old Tartare Mare. 7
					Eyebright (s. de Conductor)	Matchem, 1 Snap Mare, 6
			Une fille de	Coriander	Pot-8-os	Eclipse, 4 Sportsmistress, 40
					Lavender	Herod, 2 Snap Mare, 44
				Wildgoose	Highdyer	Herod, 2 Rachel, 32
					Coheiress	Pot-8-os, 40 Manilla, 62
		Une fille de (1816)	Juniper (1805)	Whiskey	Saltram	Eclipse, 4 Virago, 15
					Calash	Herod, 2 Teresa, 15
				Jenny Spinner (1797)	Dragon (1787)	Woodpecker, 68 Juno. 10
					Sœur de Soldier	Eclipse, 4 Miss Spindleshanks
			Canidia	Sorcerer	Trumpator	Conductor, 6 Brunette. 42
					Y. Giantess	Diomed, 9 Giantess, 35
				Orange Bud	Highdyer	Herod. 2 Rachel. 32
					Orange Girl	Matchem, 1 Red Rose
	Princess Royal (1818)	Castrel (1801)	Buzzard (1787)	Wodpecker	Herod	Tartar, 2 Cypron. 2
					Miss Ramsden	Old Cade, 1 Fille de L. Lonsdl's B. A
				Misfortune	Dux	Matchem, 1 Duchess. 43
					Curiosity	Snap. 36 Regulus Mare. 43
			Une fille de	Alexander	Eclipse	Marske, 4 Spilletta. 4
					Gre. Princess	Forester. 55 Coalition Colt M., 55
				Une fille de	Highflyer	Herod. 2 Rachel. 32
					Une fille de	Alfred. 55 Engineer Mare. 55
		Queen of Diamonds (1809)	Diamond (1792)	Highflyer	Herod	Tartar, 2 Cypron, 2
					Rachel	Blank, 32 Regulus Mare. 32
				Une fille de	Matchem	Cade. 1 Partner Mare. 1
					Barbara	Snap. 36 Cade Mare, 1
			Une fille de	Sir Peter	Highflyer	Herod. 2 Rachel, 32
					Papillon	Snap. 36 Miss Cleveland. 38
				Lucy	Florizel	Herod, 2 Cygnet Mare. 9
					Une fille de	Eclipse. 4 Engineer Mare. 55

(67 A)   VERBENA (*mère d'Ithuriel, par Touchstone*) ;

ITHURIEL, MILO, etc.

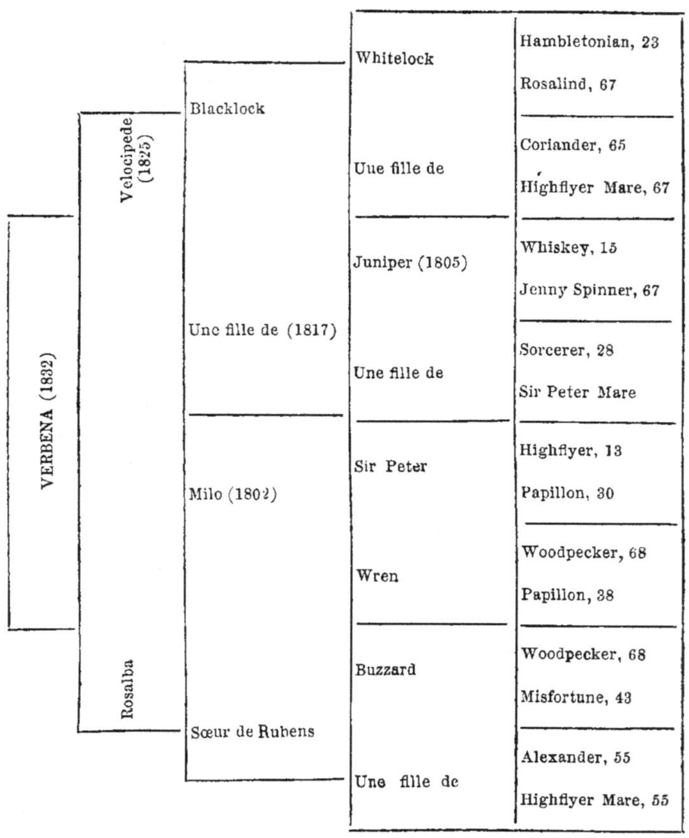

(67 B)   HELEN

(*mère de St. Lawrence, par Skylark, fils de Waxy Pope ou Lapwing.*)

HELEN	Blacklock	Whitelock	Hambletonian, 23 / Rosalind, 23
		Une fille de	Coriander, 23 / Wildgoose, 23
	Helena	Rubens	Buzzard, 68 / Alexander Mare, 55
		Sprightly	Whiskey, 15 / Romance

(67 C) BEESWING

(*mère de Newminster et Nunnykirk, par Touchstone, et de Old Port, par Sir Hercules*) ;

DOCTOR SYNTAX, ARDROSSAN, JOHN BULL, NEWMINSTER ET OLD PORT.

BEESWING (1833)	Doctor Syntax (1811)	Paynator (1791)	Trumpator	Conductor, 6
				Brunette, 42
			Une fille de	Mark Anthony, 7
				Signora, 68
		Une fille de	Beninbrough (1791)	King Fergus, 17
				Herod Mare, 17
			Jenny Mole	Carbuncle
				Prince T'Quassaw M.
	Une fille de	Ardrossan (1809)	John Bull (1789)	Fortitude, 73
				Xantippe (*sœur d'A-lexandre*, 55)
			Miss Whip (1793)	Volunteer
				Wimbledon
		Lady Eliza (13)	Whitworth (1805)	Agonistes
				Jupiter Mare
			Une fille de	Spadille, 61
				Sylvia, 16 ▲

(67 D) SYLPHINE.

SYLPHINE $\begin{cases} \text{Touchstone} \begin{cases} \text{Camel, 73} \\ \text{Banter, 73} \end{cases} \\ \text{Une fille de} \begin{cases} \text{Whalebone, 73} \\ \text{Camel's mère, 73} \end{cases} \end{cases}$

(67 E) LUCETTA (*mère de Phlegon, par Sultan ou Beiram*) ;
REVELLER, HEDLEY, etc.

LUCETTA (1826)	Reveller (1815)	Cornus (1909)	Sorcerer, 28
			Houghton Lass, 28
		Rosette	Beninbrough, 17
			Tandem Mare, 48
	Luss (1817)	Hedley	Gohanna, 22
			Catherine, 22
		Jessy	Totteridge
			Highflyer Mare

(68)

GHUZNEE (1838),
PANTALOON, CAIN, PERUVIAN, PAULOWITZ, POULTON, etc.

GHUZNEE (mère d'Assault, par Touchstone)						
GHUZNEE (mère d'Assault, par Touchstone)	Pantaloon (1824)	Castrel (1801)	Buzzard (1787)	Woodpecker (1773)	Herod	Tartar, 2 Cypron, 2
					Miss Ramsden	Cade, 1 Lnsdl. Bay Bb M.31
				Misfortune	Dux	Matchem, 1 Duchess, 43
					Curiosity	Snap, 36 Regulus Mare, 43
			Une fille de	Alexander	Eclipse	Marske, 4 Spilletta, 4
					Grec. Princess	Forester, 65 F^lle Coalition C., 55
				Une fille de	Highflyer	Herod, 1 Rachel, 32
					Une fille de	Alfred, 55 Engineer Mare, 55
		Idalia (1815)	Peruvian	Sir Peter	Highflyer	Herod, 2 Rachel, 32
					Papillon	Snap, 36 Miss Cleveland, 38
				Une fille de (1788)	Boudrow	Eclipse, 4 Sweeper Mare, 7
					Escape's (mère)	Squirrel, 42 Babraham Mare, 35
			Musidora (1804)	Meteor	Velocipede	Blacklock, 23 Juniper Mare
					Dido	Whisker, 18 Miss Gosforth
				Maid of all Work	Highflyer	Herod, 2 Rachel, 32
					Sœr de Tandem	Syphon, 48 Regulus Mare, 48
	Languish	Cain (1822)	Paulowitz (1813)	Sir Paul (1803)	Sir Peter	Highflyer, 13 Papillon, 38
					Pewet	Tandem, 48 Termagant, 48
				Evelina (1791)	Highflyer	Herod, 2 Rachel, 32
					Termagant	Tantrum, 57 Sampson Mare, 57
			Une fille de	Paynator (1791)	Trumpator	Conductor, 6 Brunette, 42
					Une fille de	Mark Anthony, 5 Signora
				Une fille de	Delpini	Highflyer, 13 Blank Mare, 13
					Une fille de	Y. Marske, 50 Gentle Kitty
		Lydia (1822)	Poulton (1805) (frèr de Fyldener et de Sir Oliver)	Sir Peter	Highflyer	Herod, 2 Rachel, 32
					Papillon	Snap, 36 Miss Cleveland, 38
				Fanny (1790)	Diomed	Florizel, 9 Spectator Mare, 9
					Ambrosia	Woodpecker, 68 Sœur de Rachel, 32
			Variety (1808)	Hyacinthus (1797)	Coriander	Pot-8-os, 40 Lavender, 44
					Rosalind	Phenomenon, 12 Atalanta, 50
				Sœur de Swordsman	Prizefighter	Florizel, 9 Promise, 49
					Zara	Eclipse, 4 Squirrel Mare, 42

69) **CYPRIAN**

(mère de Joe Lovel, par Velocipede; de Songtress, par Birdcachter; de Meteora,
par Melbourne ; et de Cypriana, par Epirus).

```
                 ( Partisan  ( Walton          ( Sir Peter, 38
                 (  (1811)   (                 ( Arethusa, 60
   CYPRIAN       (           ( Parasol         ( Pot-8-os, 40
    (1853)       (                             ( Prunella, 49
                 (           ( Filho da Puta   ( Haphazard, 59
                 ( Frailty   (    (1812)       ( Mrs. Barnett, 73
                 (  (1821)   ( Agatha (1814)   ( Orville, 17
                 (                             ( Star Mare
```

(70) **CRUCIFIX**

(mère de Surplice, Pontifex, Rosary et Cardinal, par Touchstone ; de Cowl,
par Bay Middleton; de Crozier, par Lanercost ; de Constantine, par
Cotherstone : et de Chalice, par Orlando).

```
           ( Priam. 21
           (              ( Octavian   ( Stripling      ( Phenomenon, 12
   CRUCIFIX (             (  (1807)    (                ( Laura'
    (1837) (              (            ( Une fille de   ( Oberon, 18
           (             (             (                ( Sœur de Sharper, 18
           ( Octaviana  (              ( Shuttle        ( Y. Marske, 58
           (             ( Une fille de (               ( Vauxhall Snap M.
           (             (   (1807,    ( Zara (1801)    ( Delpini, 13
           (                                            ( Flora. 18
```

(71) EMPRESS *(mère d'Autocrat, par Bay Middleton).*

```
              (            ( Orville  ( Beninbrough, 17
              ( Emilius    (          ( Evelina, 57
              (            ( Emily    ( Stamford. 17
   EMPRESS    (                       ( WhiskeyMare, 17
              (            ( Merlin (1815)  ( Castrel, 55
              (            (               ( Miss Newton, par Delpini
              ( Mangel Wurzel (           ( Sorcerer. 28
              (            ( Morel        ( Hornby Lass
```

(72) ALICE HAWTHORN *(mère d'Oulston, par Melbourne).*

```
                     ( Muley Moloch ( Muley (1810) ( Orville, par Beninbrough, 17
                     (   (1830)     (              ( Eleanor, 74
   ALICE HAWTHORN    (              ( Nancy        ( Dick Andrews, 22
      (1838)         (              (              ( Spitfire
                     (              ( Lottery      ( Tramp. 22
                     ( Rebecca      (              ( Mandane, 21
                     (              ( Une fille de ( Cervantes. 28
                     (                             ( Anticipation
```

(73) PHRYNE (*mère de Elthiron, Windhound, Miserrima, Hobbie Noble, le Reiver et Rambling Katie, par Pantaloon*); DECOY, FLATCACHTER, CAMEL, FILHO DA PUTA, TOUCHSTONE, LAUNCELOT ET MASTER HENRY.

PHRYNE (sœur de Flatcachter)	Touchstone (1831) (frère de Launcelot)	Camet (1822)	Whalebone (1807)	Waxy (1790)	Pot-8-os	Eclipse, 4
						Sportsmistress
					Maria	Herod, 2
						Lisette, 36
				Penelope	Trumpator	Conductor, 6
						Brunette, 42
					Prunella	Highflyer, 13
						Promise, 49
			Une fille de	Selim (1802)	Buzzard	Woodpecker, 68
						Misfortune, 43
					Une fille de	Alexander, 55
						Highflyer M. 55
				Maiden	Sir Peter	Highflyer, 13
						Papillon, 38
					Une fille de	Phenomenon, 12
						Matron, 51
		Banter (1826)	Master Henry (1815)	Orville (1799)	Beninbrough	King Fergus, 39
						Polly, 39
					Evelina	Highflyer, 13
						Termagant, 57
				Miss Sophia	Stamford	Haphazard, 59
						Bess, 59
					Sophia	Buzzard, 68
						Huncamunca, 59
			Boadicea (1807)	Alexander (1782).	Eclipse	Marske, 4
						Spilletta, 4
					Gr. Princess	Forester, 55
						Coalition Colt M.
				Brunette	Amaranthus	Old England, 32
						Lit. Hartley M., 32
					May-fly	Matchem, 1
						Anc. Star, M., 42
Decoy		Filho da Puta (1812)	Haphazard (1797)	Sir Peter (1784)	Highflyer	Herod, 2
						Rachel, 32
					Papillon	Snap, 36
						Miss Cleveland, 38
				Miss Hervey	Eclipse	Marske, 4
						Spiletta, 4
					Clio	Y. Cade, 45
						Starling Mare, 4
			Mrs. Barnett	Waxy (1790)	Pot-8-os	Eclipse, 4
						Sportsmistress, 40
					Maria	Herod, 2
						Lisette, 36
				Une fille de	Woodpecker	Herod, 2
						Miss Ramsden, 31
					Heinel	Squirrel, 42
						Principessa, 33
		Finesse (1815)	Peruvian (1806)	Sir Peter (1784)	Highflyer	Herod, 2
						Rachel, 32
					Papillon	Snap, 36
						Miss Cleveland, 38
				Une fille de (1788)	Boudrow	Eclipse, 4
						Sweeper Mare, 7
					Mère Escape's	Squirrel, 42
						Babraham Mare
			Violante (1802)	John Bull (1789)	Fortitude	Herod, 2
						Snap Mare
					Xantipe	Eclipse, 4
						Gre. Princess, 55
				Sœur de Skyscraper	Highflyer	Herod, 2
						Rachel, 32
					Everlasting	Eclipse, 4
						Hyena, 46

(74)   VIRAGO (1851),
PYRRHUS, I., EPIBUS, ELIS, LANGAR, ROWTON, MULEY.

VIRAGO						
Pyrrhus I. (1843)	**Epirus** (*fr. de Elis*) **(1834)**	**Langar (1817)**	**Selim (1802)**	Buzzard	Woodpecker, 68 Misfortune, 43
				Une fille de	Alexander, 55 Highflyer Mare, 55
			Une fille de	Walton	Sir Peter, 38 Arethusa, 60
				Y. Giantess	Diomed, 9 Giantess, 35
		Olympia	Sir Oliver (1800)	Sir Peter	Highflyer, 13 Papillon, 38
				Fanny	Diomed, 9 Ambrosia, 68
			Scotilla	Anvil	Herod, 2 Feather Mare
				Scota	Eclipse, 4 Herod Mare
	Fortress	**Defence (1827)**	Whalebone (1807)	Waxy	Pot-8-os 40 Maria, 36
				Penelope	Trumpator, 42 Prunella, 49
			Defiance	Rubens	Buzzard, 68 Alexander M. 55
				Little Folly	Highland Fling, 61 Harriet, 61
		Jewess	Moses (1819)	Whalebone	Waxy, 27 Penelope, 27
				Une fille de	Gohanna, 25 Grey Skim, 24
			Calendulæ (1815)	Comerton	Hambletonian, 23 Precipitate, 28
				Snowdrop	Highld. Fling, 61 Daisy
Virginia	**Rowton (1826)**	**Oiseau (1809)**	Camillus (1803)	Hambletonian	King Fergus, 39 Highflyer M.. 23
				Faith	Pacolet, 50 Atalanta, 50
			Une fille de	Ruler	Y. Marske, 70 Laura, 70
				Une fille de	Pontac Silvia Mare
		Katherina	Yoful (1809)	Waxy	Pot-8-os 40 Maria, 36
				Penelope	Trumpator, 42 Prunella, 49
			Landscape	Rubens	Buzzard, 68 Alexander, 55
				Iris	Brush Herod Mare
	Pucelle	**Muley (1810)**	Orville (1799)	Beninbrough	King Fergus, 39 Herod Mare, 17
				Evelina	Highflyer, 13 Termagant, 57
			Eleanor (1798)	Whiskey	Saltram, 15 Calash. 15
				Young Giantess	Diomed, 9 Giantess, 35
		Medora (1811)	Selim (1802)	Buzzard	Woodpecker, 68 Misfortune, 43
				Une fille de	Alexander, 55 Highflyer M.. 55
			Une fille de (1803)	Sir Harry	Sir Peter, 38 Matron, 51
				Une fille de	Volunteer, 36 Herod Mare

(75)   WHIM (*mère de Chanticleer, par Birdcatcher*) ;

DRONE, WAXY POPE, MASTER ROBERT et BUFFER.

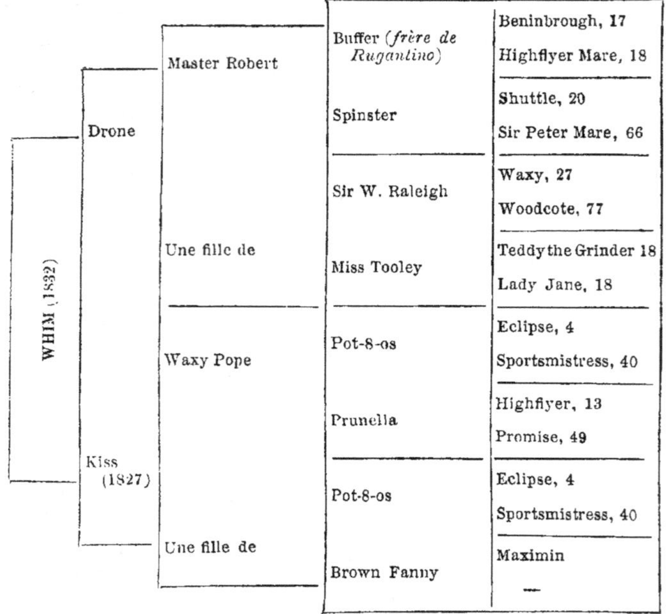

(75 A)   PRIMA DONNA (*mère de Drayton, par Muley*) ;

DRAYTON, TIPPITYWITCHET.

(76) MARGRAVE MARE — *mère de Sir Tatton Sykes (1843) par Melbourne.*

MARGRAVE MARE	Margrave (1829)	Maley	Orville	Beninbrough	King Fergus. 39 Herod Mare. 17
				Emily	Stamford. 17 Whiskey Mare. 17
			Eleanor	Whiskey	Saltram. 15 Calash. 15
				Y. Giantess	Diomed. 9 Giantess. 35
		Election Mare 1815	Election	Gohanna	Mercury. 8 Herod Mare. 25
				Chestnut Skim	Woodpecker. 68 Mère Silver's
			Fair Helen	Hambletonian	King Fergus. 39 Highflyer Mare. 39
				Helen	Delpini. 13 Rosalind, 67
	Petty Primrose	Confederate 1821	Cornus	Sorcerer	Trumpator. 42 Y. Giantess. 35
				Houghton Lass	Sir Peter. 38 Alexina, 58
			Maritornes (1813)	Cervantes	Don Quixotte, 22 Evelina. 57
				Sally	Sir Peter. 38 Diomed Mare. 9
		Sybil 1822	Interpreter	Soothsayer	Sorcerer. 28 Golden Locks. 27
				Blowing	Buzzard. 68 Pot-8-os Mare. 40
			Galatea (1816)	Amadis	Don Quixotte, 22 Fanny. 22
				Paulina	Sir Peter. 38 Pewet. 48

(77) GRACE DARLING — *mère d'Hero (1843) par Chesterfield (1834)*

GRACE DARLING	Defiance (1827)	Whalebone 1807	Waxy	Pot-8-os	Eclipse. 4 Sportsmistress. 40
				Maria	Herod, 2 Lisette. 36
			Penelope	Trumpator	Conductor. 42 Brunette. 42
				Prunella	Highflyer. 68 Promise. 49
		Defiance	Rubens	Buzzard	Woodpecker. 68 Misfortune. 43
				Alexander Mare	Alexander. 55 Highflyer Mare. 55
			Little Folly	Highland Fling	Spadille. 61 Cœlina. 61
				Harriet	Volunteer. 8 Alfred Mare. 61
	Une fille de	Don Cossak (1810)	Haphazard	Sir Peter	Highflyer. 13 Papillon. 38
				Miss Hervey	Eclipse. 4 Clio. 45
			Alderney	Skyscraper	Highflyer. 13 Everlasting. 46
				Cœlia	Volunteer. 8 Sœur de Pharamond
		Mistake	Waxy	Pot-8-os	Eclipse, 4 Sportsmistress. 40
				Maria	Herod, 2 Lisette, 36
			Woolerton	Mentor	Justice, 16 Spakspeare M.
				Marcia	Herod. 2 Shakspeare M.

(78) RUBY (*Mère de Coronation, par Sir Hercules*).

RUBY
(1838)
- Rubens, 27
- Une fille de
  - Williamson's Ditto, 16
  - Agnes
    - Shuttle, 20
    - Highflyer Mare
      - Highflyer, 13
      - Une fille de
        - Goldfinder, 62
        - Lady Bolinbroke

---

(79) PASQUINADE (*Sœur de Touchstone et mère de Libel,
par Pantaloon*).

---

(80) RUFINA (*Sœur de Velocipede et mère de Ratcatcher,
par Langar*).

---

(81) LOUISA (*Mère de Jerry, par Smolensko*)

LOUISA (1813)
- Orville, 17
- Thomasina
  - Timothy
  - Violet, par Shark, 54

---

(82) VAT (*Mère de Vatican, par Venison, et de Windfall, par Fitz Orville*).

VAT (1826)
- Langar, 74
- Wire (*sœur de Whalebone*)

---

(83) IOLE (*Mère de Idleboy, par Harkaway*).

IOLE (1839)
- Sir Hercules, 29
- Cardinal Cape
  - Sultan, 27
  - Dulcinea
    - Cervantes, 27
    - Regina
      - Moorcock
      - Rally, 28

---

(84) HESTER (*Mère de Chatham, par Colonel*).

HESTER (1832)
- Camel, 73
- Monimia
  - Muley, 26
  - Sœur de Petworth, par Precipitate

---

(85) TAGLIONI (*Mère de Retriever et de Pride le Kildare, par Recovery, son fils
Emilius; de Tearaway, par Voltaire; de Fireaway, par Freney ; de Clear-the-way
et Danceaway, par Harkaway*).

TAGLIONI (1836)
- Whisker, 18
- Une fille de
  - Catton, 22
  - Une fille de
    - Paynator, 68
    - Violet, par Shark, 54

GUIDE POUR LES TABLES GÉNÉALOGIQUES.

(Les chiffres inscrits dans la dernière colonne de chaque table désignent les nᵒˢ des tables.)

CHAPITRE III.

VITESSE ACTUELLE ET USAGES DES CHEVAUX DE COURSE MODERNES.

Section I. — *Vitesse actuelle.*

27. En examinant les chroniques des courses telles qu'elles sont tenues dans les années qui viennent de s'écouler, l'on verra que de 13 1/2 à 14 secondes par furlong, est la plus grande vitesse obtenue dans aucune de nos courses de plus d'un mille de longueur, et avec 8 st. 7 lb. (1) portés par les chevaux de trois ans. En 1846, Surplice et Cymba gagnèrent le Derby et les Oaks, chacun courant la distance en 2 minutes et 48 secondes, exactement 14 secondes par furlong (2). Ce train n'a jamais été atteint depuis cette époque, cependant the Flying Dutchman en a bien approché, en restant 2 secondes de plus, ce qui met son train à 14 secondes 1/6 par furlong. Mais la plus magnifique prouesse d'un cheval de trois ans est celle de Sir Tatton Sykes, sur l'hippodrome du Saint-Léger, qui a 1 mille 6 furlongs 132 yards (3) de longueur, qu'il parcourut en 3 minutes et 16 secondes à un train qui donne à très-grande proximité 13 secondes 1/2 par furlong (4). Avec une année de plus et le même poids, cette vitesse a été légèrement dépassée par West Australian, même sur un espace plus étendu, quand il battit Kingston seulement d'une tête, courant 2 milles et 4 furlongs (5) en 4 minutes 27 secondes, aussi près que possible de 13 secondes 1/3 par furlong. Cette course est la meilleure de l'époque moderne, en considérant le poids, l'âge et la distance, et elle soutient bien la comparaison avec l'exploit souvent cité de Childers sur le terrain de Beacon, quand à six ans il battit Almanzor et Brown Betty, portant 9 st. 2 livres (5), et faisant la distance en 6 minutes et 40 secondes, ou au train de 14 secondes 1/3 par furlong (6). Ainsi, en lui passant son

(1) 8 st. 7 = 53 k. 947.

(1) 1 mille vaut..... 1609m3149. — 1 yard, 0m9144. — 1 furlong (220 yards) 201m1644. — 2′48″ à 14″ le furlong font 2413m9728 pour le Derby (pour 2 ki'., 2m19″.)

(3) 2937m0021.

(4) Pour 2000m. Sir Tatton aurait mis 2 m. 13 s.

(5) 4023m28, ou pour 4000m. 4 m. 25 s. (West Australian et Kingston).

(6) Furlong, 201m16.

année pour le mille de plus qu'il avait à courir et pour les deux livres qu'il portait de plus que Kingston, il aurait été dépassé à Ascot de 1 seconde par furlong, et aussi par New Australian avec ses conditions d'âge. Si nous comparons encore ces résultats sur le turf anglais avec les exploits récemment vantés des chevaux américains, l'on trouvera qu'il n'y a aucune raison de craindre que nos rivaux, dans le jeu du progrès, ne viennent à nous dépouiller de nos lauriers. Le 2 avril 1855, l'on a fait courir à la Nouvelle-Orléans une course de longueur à Lecomte et Lexington, tous les deux de quatre ans. Le dernier, qui gagna, parcourut les 4 milles portant (7 st. 5) (1) en 7 minutes 19 secondes 3/4, ou à une grande approximation 13 secondes 3/4 par furlong. Cette course passe en Amérique pour la meil‑ leure que l'on ait enregistrée, et c'est sans contredit un résultat estimable, quoique (si l'on considère combien le poids était lé‑ ger) il ne soit pas aussi près de nos meilleures vitesses anglaises que l'on pourrait le croire au premier coup d'œil. Le 14 avril dernier, Brown Dick et Arrow coururent 3 milles sur le même hippodrome en 5 minutes 28 secondes, ou au train de 13 secondes 2/3 par furlong ; le premier, âgé de trois ans, portait 6 st. 2 lb. et le dernier, qui avait cinq ans, 7 st. 12 lb. (49 k. 75). D'où l'on verra que Kingston, du même âge que Arrow et portant 9 st. (57 k. 05) au lieu de 7 st. 12 lb. (2) courut 2 milles 1/2 à un meilleur train que Arrow ses 3 milles, et cela à 1/3 de seconde par furlong (201^{m}16), et nous venons en outre de montrer que, l'année dernière, deux chevaux ont excédé le plus beau résultat des anciens temps de 1 seconde par furlong, et surpassé la plus grande vitesse de l'Amérique actuelle de 1/3 de seconde par mille (1609^m). Ainsi, il n'y a aucun fonde‑ ment dans l'assertion qui attribue à nos chevaux d'être dégé‑ nérés dans leurs moyens de courir une bonne distance avec du poids sur le dos, puisque j'ai montré qu'en prenant pour exact le temps pris par Childers, temps sur lequel il y a encore du doute, ce cheval avait été récemment très-considérablement surpassé par West Australian et Kingston. Plusieurs assertions hasardées ont été faites sur la vitesse, pour un mille, de chevaux du dernier siècle, mais on ne peut leur accorder aucune con‑

---

(1) 7 st. 5 font 46 k. 624.
   6 st. 2   38 k. 864.
   4 mi les, 6437^{m}2596.
(2) 7 st. 12 lb. 49 k. 7971.

fiance. C'est une fiction absurde de supposer que jamais cheval
de course ait pu parcourir un mille dans une minute, et il n'est
pas supposable que Childers, qui ne pouvait mieux faire que nos
chevaux modernes sur l'hippodrome de Beacon, eût réussi à les
surpasser pour une plus courte distance. Le fonds était incontestablement le *forte* des premiers coureurs ; ils étaient petits,
nerveux et près de terre, indubitablement ils bravaient la distance, et pouvaient courir successivemeut pendant des mois et
des années, d'une façon bien rarement imitée de nos jours ;
mais que, dans leur petite forme compacte, ils pussent fournir
une petite course aussi vite que nos chevaux de trois ans modernes, c'est une illusion, qu'un homme de quelque expérience
des courses n'admettra jamais un seul instant.

28. — La taille et la forme du cheval de pur sang moderne sont supérieures à celles des anciens temps, si nous en
pouvons juger par les portraits que nous en a laissés Stubbs,
qui était de beaucoup le plus fidèle des peintres d'animaux dans
le dix-huitième siècle. En élégance de formes, nous surpassons
considérablement les chevaux de cette époque, surtout par la
beauté de la tête et la forme de l'épaule, dont les éleveurs se
sont beaucoup occupés. Pour la taille aussi l'on a fait un pas
immense, la taille moyenne du cheval de course ayant été augmentée d'au moins *une main* (1) dans le siècle qui vient de s'é-
couler. Cet accroissement est, je crois, principalement dû à
l'arabe Godolphin, qui fut le père de Babraham, le seul cheval
de son temps qui atteignît 16 mains, et aussi père et grand-
père de plusieurs qui dépassèrent 15 mains, très-au-dessus de
la moyenne des chevaux de l'époque, comme par exemple,
Fearnought, Genius, Gower Stallion, Infant, Denmark, Bolton, Cade, Chub, Lofty et Amphion. Sans doute l'on trouvera,
en examinant les chevaux de ce temps, qu'entre 130 vainqueurs
dans le milieu du dix-huitième siècle, il y en avait seulement
dix-huit de 15 mains et au delà, parmi lesquels dix-huit, onze
étaient par Godolphin et ses fils, trois par Darley Arabian,
deux par le turc de Byerley, et deux d'autres provenances.
L'on peut donc assurer, avec quelque degré de probabilité, que
l'accroissement de taille est en grande partie dû à Godolphin,

(1) 1 main, 0m1016.
   15 mains, 1m5240.
   16 mains. 1m6256.

sans compter ce que l'on a dû aux soins excessifs et à l'attention dont la race de chevaux a été l'objet. Toutefois, il n'y a point de soins ni d'efforts qui puissent accroître la taille de certaines races, et s'il n'y eût eu cette aptitude à l'accroissement, aucune masse d'attentions n'aurait pu porter le cheval à la moyenne actuelle, qui peut être mise aux environs de 15 mains 3 pouces (1^{m}60).

Section III. — La maturité prématurée est incompatible avec la durée.

29.— Les lois qui règlent la croissance et la décadence sont immuables, et l'on peut toujours proclamer qu'en proportion de la rapidité de l'accroissement on trouvera le dépérissement prématuré de l'être animal ou végétal. Ainsi le chêne est plus durable que le mélèze, et l'éléphant vit plus que le cheval ; de même l'on trouvera dans les levriers, les chevaux, les moutons ou les bœufs, que ceux qui viennent les premiers à maturité sont les premiers à décroître ou du moins à en donner des signes palpables, car dans l'état de domesticité la véritable décrépitude est rarement tolérée. Il faut en conclure que quand l'éleveur s'attache à produire des poulains qui, à deux ans, soient formés comme de vieux chevaux et soient en état de lutter avec eux pour de courtes distances, il en résultera toujours qu'il atteindra son but en sacrifiant en grande partie leur durée, comme se manifeste la diminution de force dans la constitution et la nature faible et peu résistante des organes de la locomotion. Le bois dont on les fait n'est plus du chêne, mais du sapin, et ne peut pas plus être comparé aux matériaux dont on faisait les chevaux à l'ancienne mode que l'on ne peut assimiler ces bois de construction. Il est vrai que même aujourd'hui l'on peut présenter quelques exceptions qui semblent provenir de matériaux comparables au fer, aussi bien qu'autrefois Eclipse, Childers et leurs contemporains ; nous pourrions citer Rataplan, qui la saison dernière a couru 29 fois, gagnant 18, et Angelo, qui a couru 35 fois, mais n'a été que 10 fois vainqueur. Cependant ce sont des exceptions, et la grande majorité de nos chevaux ne peuvent paraître sur l'hippodrome plus de 8 ou 10 fois, et beaucoup n'approchent pas de ce nombre. Childers et Eclipse avaient l'un et l'autre cinq ans quand on leur fit subir l'entraînement, et c'était l'usage ordinaire de l'époque. Pour en citer un exemple, Miss Neesham naquit en

1720, et courut pour la première fois pour le Plat royal, à York, en 1726, elle continua à courir tous les ans jusqu'en 1731, où elle fut employée comme poulinière pendant deux saisons, produisant miss Patty. En 1733, Miss Neesham, maintenant sous le nom de Mère Neesham, gagna un plat à York, et ensuite, en 1734, gagna deux poules sur le même hippodrome dans sa quatorzième année. L'on ne connaît rien de pareil de nos jours, et même un cheval courant à 8 ans est une rareté. Beeswing, il est vrai, courut et gagna de bons prix dans sa neuvième année, mais c'était une *rara avis*, et nous devons attendre quelque temps avant de retrouver sa pareille.

30. — Les chevaux de course ne doivent pas néanmoins être considérés comme réellement dégénérés simplement parce qu'ils sont plus tôt mûrs qu'autrefois, mais il n'y a pas de doute que leur type n'ait été modifié par l'attention que l'on a mise à produire cette particularité. Le type du cheval de course est maintenant plus rapproché de la forme du poulain de deux ans; il est devenu plus vite, mais il perd du fonds en proportion. Cela se comprend facilement, parce qu'il est impossible qu'un cheval puisse maintenir une haute vélocité pour un aussi long temps et pour une distance comparable à celle qu'il franchirait à un galop moins rapide. J'ai montré qu'il pouvait faire et faisait maintenant la même distance en moins de temps que Childers, mais qu'il puisse maintenir son fonds de train aussi longtemps que le cheval à la mode d'autrefois, je suis loin de le croire. Un cheval lent peut maintenir le train qu'il peut atteindre pendant longtemps si on le compare au cheval vite, et on peut le mener ventre à terre pendant toute la distance, à moins qu'elle ne soit fort longue. Encore faut-il qu'il ait assez bon caractère pour s'y prêter. Mais le cheval vite se crèverait promptement si on lui permettait de s'étendre ou si on l'excitait à le faire pour n'importe quelle distance d'hippodrome ; il faut donc le ménager à un certain degré, de peur des conséquences. Ici, nous devons d'abord prendre en considération ce type poulain, puis l'état des os et des muscles à l'âge de deux ans, puis l'épreuve à laquelle on met tout cela par l'entraînement prématuré. De sorte que toutes choses concourent à la production d'animaux tarés et de faible complexion, et l'on ne peut s'étonner si la proportion des boiteries et autres infirmités s'en accroît. Il est vrai aussi que nos hunters et autres chevaux arrivent aussi plus tôt à leur entière croissance, cela procure sans doute

un avantage, mais je crains qu'il ne soit plus que contre-balancé par leur décadence prématurée et le manque de durée de leurs jambes et de leurs pieds, comme le témoigne la fréquence des cas d'articulations enflammées et de pieds malades qui prévalent maintenant chez les chevaux de chasse et de route. Ainsi, ce que l'on gagne de trois à cinq ans se perd de dix à quinze, et il y a surcroît de perte, je le crains, car il est hors de doute qu'il faut élever plus de chevaux pour un temps donné qu'il n'était autrefois nécessaire, soit pour la chasse, la route ou le harnais. Toutefois, et comme je l'ai dit précédemment, le changement n'est pas entièrement en mal, et l'utilité anticipée du cheval est une légère compensation de son usure prématurée.

31.—Le grand objet de nos jours est la production d'un grand nombre de chevaux de pur sang en état de produire de solides chevaux de route et de chasse. Maintenant, ce but est incompatible avec le système actuel; on doit s'attendre à les voir de jour en jour plus délicats et plus frêles. Pour plusieurs objets, le cheval oriental est tout à fait impropre, comme, par exemple, pour tirer du poids et donner dans le collier ; là, son courage, sa légèreté et la vivacité de son tempérament sont l'inverse de ce que la besogne réclame, et il est de beaucoup surpassé par le vieux cheval de charrette anglais ou par l'espèce moderne perfectionnée pour le gros trait. Aucun cheval de pur sang ne voudrait faire des efforts successifs à plein collier comme les chevaux de nos bonnes espèces charretières, et, par conséquent, il n'a pas été formé pour une œuvre qui doit être accomplie par des efforts lents et persévérants. Le cheval oriental et ses descendants tirent par saccades, et, quoique l'habitude puisse les modifier jusqu'à un certain point, jamais on ne les élèvera pour le trait au niveau du cheval de charrette anglais, même si l'on pouvait augmenter suffisamment leur poids, la grosseur et la force de leurs membres.

33.—Il a été ainsi démontré que le cheval de pur sang tel qu'on le produit est seulement utile pour améliorer les races de nos hunters et de nos chevaux de selle un peu légers, et que, par son accroissement et son usure prématurés, il porte préjudice à leur résistance au travail sur nos routes, qui deviennent de plus en plus dures et éprouvent plus les membres et les pieds. Il est assez clair, toutefois, qu'il a servi à perfectionner ces races sous tous les autres rapports, et nous possédons des chevaux parfaits à cet égard, excellents hacks, hunters et légers chevaux de voiture, souvent tout cela à la fois dans le même individu. Ceci est la perfection, et si l'on pouvait en produire beaucoup, ce serait un grand avantage, car la plupart des gens aimeraient un cheval qui pût servir à tout, si pareil animal pouvait s'obtenir. Sans beaucoup de sang, la chose est impossible, et encore avec nos races les plus pures, quand le résultat est atteint, cela n'est pas pour longtemps, en conséquence des effets que la dureté des routes produit sur leurs membres délicats et leurs pieds contractés. En conséquence, ainsi que je l'ai déjà remarqué, il y a nécessité que le gouvernement intervienne pour aider, par des choix attentifs, à la production d'une race de chevaux de pur sang qui nous donnent les trois espèces des hacks, hunters et carrossiers légers, utiles dans la vie civile, et dont on pourrait au besoin tirer des remontes abondantes pour la cavalerie. Les mêmes qualités sont requises pour le cheval de guerre que pour la vie civile ; ce qui convient bien pour un de ces services sera avantageux pour l'autre.

Section IV.—Chevaux de pur sang uniquement élevés pour les courses.

34.—Mais en outre du service d'amélioration de notre population chevaline, le cheval de pur sang est employé à un usage qui n'est profitable en lui-même ni à la nation ni aux individus, et que l'on suit en partie comme un plaisir et trop souvent par spéculation. Comme néanmoins c'est le seul moyen d'encourager cette espèce de chevaux essentielle à l'amélioration des espèces utiles à notre existence et à notre bien-être, le mal peut être supporté en raison du bien qui l'accompagne, et nous devons des remerciments à ceux qui, pour un but quelconque, jettent des sommes considérables pour la production de ces admirables spécimens de l'espèce chevaline que l'on présente tous les ans au poteau. Ils ne sont peut-être pas les meilleurs pour la production ; j'ai déjà indiqué qu'on la voudrait autrement dirigée ; mais jusqu'à ce que le gouvernement s'empare de la question et nous donne des animaux encore plus parfaits, nous devons nous contenter de ce que nous pouvons avoir et faire l'éloge du pont avec lequel nous traversons l'eau, bien qu'il ne soit pas construit en cœur de chêne.

CHAPITRE IV.

POINTS ESSENTIELS POUR LES SUCCÈS DE COURSE DANS LE CHEVAL DE PUR SANG.

Section I. — Pureté du sang.

35.—La pureté du sang est un *sine quâ non* pour l'objet des courses; mais il est nécessaire de comprendre ce que l'on entend par le terme « sang. » On ne doit pas supposer qu'il y ait aucune différence réelle entre le sang du cheval pur et celui de demi-sang. Personne ne pourrait, par aucun moyen connu, faire la moindre distinction entre les deux. Le terme sang est ici synonyme de race, et, par pureté du sang, nous entendons pureté relative dans la généalogie de l'animal, c'est-à-dire que le cheval qui provient d'une source est pur de tout mélange avec d'autres et peut être un pur Suffolk Punch (1), ou un pur Clydesdale, ou un pur Thorough-bred. Mais tous ces termes sont relatifs, puisqu'il n'existe aucun animal parfaitement pur dans aucune race, soit cheval de trait, de selle ou de course. Tous ont été produits par un mélange avec d'autres espèces, et, bien que maintenant on les garde aussi purs que possible, cependant originellement ils ont été formés d'éléments composés; même les meilleurs et plus purs Thorough-breds sont tachés de quelques légères imperfections. Ainsi, ce n'est donc que comparativement qu'on emploie l'expression de *pur* pour ces chevaux ou pour d'autres. Mais depuis que de longue date le Thorough-bred a été produit pour les courses et que les choix ont été faits uniquement dans ce but, il est raisonnable de supposer que cette race est la meilleure pour cet effet et de considérer une mésalliance comme une déviation de la source la plus claire dans une autre plus trouble et par conséquent impure. Il faut en conclure que l'animal provenant de la source impure est défectueux sous quelques points caractéristiques de la race pure, et aussi qu'il est impropre à l'objet particulier des courses. Maintenant, le fait se retrouve dans la pratique, car en toutes circonstances il s'est trouvé que le cheval produit avec la moindre déviation des sources indiquées dans le *stud-book* est

(1) Suffolk Punch, bidet du Suffolk; Clydesdale, race de carrossiers; Thorough-bred, pur sang.

incapable de lutter de fonds avec ceux qui sont entièrement de cette race. De là il est passé en règle que, pour les courses, tout cheval doit être de pur sang, savoir, comme je l'ai déjà expliqué, issu d'un père et d'une jument dont le nom se trouve au *stud-book*.

Section II.— *Forme extérieure.*

36.—La forme extérieure du cheval de course a une grande importance, mais il est hors de doute que l'axiome suivant est dans le vrai : « Le cheval peut courir sous toutes les formes. » Les exemples qui le vérifient sont toutefois exceptionnels, et il y a une autre bonne règle qui établit que, *cæteris paribus*, tel cheval sera le meilleur coureur s'il est formé dans le modèle le plus semblable aux meilleurs chevaux de course. Ainsi, supposons que l'on trouve que sur 50 bons chevaux 49 ont de jolies têtes, des encolures légères, des poitrines profondes, des épaules obliques, de longs rayons articulaires à la croupe, des jarrets vigoureux, etc., la présomption sera qu'un cheval semblable de formes à ces 49, leur ressemblera pour la vitesse et pour le fonds. D'un autre côté, il est admis sur le turf que la pureté de la race l'emporte sur la forme extérieure, et que de deux chevaux, l'un parfait de forme, mais d'un courant de sang inférieur, et l'autre d'un sang habituellement victorieux, mais inférieur pour les formes, c'est ce dernier qui a le plus de chances de se comporter sur l'hippodrome à la satisfaction de son maître. De ce principe découle le proverbe qui nous vient de nos pères : « Q'une once de sang vaut une livre d'os, » et avec l'explication ci-dessus la chose est réellement ainsi. En dépit de cette supériorité reconnue pour le sang, il est incontestable que pour les succès de premier ordre il ne faut pas seulement une grande pureté de sang provenant des sources les plus victorieuses, mais encore une charpente de l'espèce la plus utile, sinon la plus élégante. Plusieurs de nos meilleurs chevaux ont été laids et même communs, comme par exemple presque tous les Melbournes, et particulièrement ce cheval si vite Sir Tatton Sykes; mais en dépit de leur laideur, tous les détails étaient bons et utiles. Rien ne peut surpasser la bonté de charpente des produits de l'étalon Melbourne; leur largeur de hanches et leurs amples proportions étaient de nature à leur donner une puissance énorme et une grande masse de muscles, ce qui est particulièrement utile dans les juments issues de ce père, classe d'animaux plus souvent défectueux sous ces rapports que les mâles. Concluons de là qu'il faut toujours distinguer l'utilité de l'élégance, et souvenons-nous que si celle-ci plaît à l'œil, elle n'est pas la cause réelle de la victoire, tandis que d'un autre côté, les hanches saillantes et les formes osseuses de quelques chevaux ne sont pas si élégantes à l'œil, mais elles donnent de fortes attaches aux forces motrices, et permettent au système musculaire de s'établir solidement sur une pareille base. Voici les points essentiels par lesquels on distingue du troupeau vulgaire le cheval de course de haute caste.

37.—La hauteur du cheval de course varie de 15 mains à 15 1/2 (1), mais la taille moyenne de nos meilleurs chevaux est à peu près 15 mains 3 pouces. Peu de coursiers de première classe ont excédé la taille de Surplice, qui est de 16 mains 1 pouce, comme l'est aussi Wild Dayrell, vainqueur du Derby de cette année. Sir Tatton Sykes a 15 mains 1/2 (2), et entre sa taille et celle de Surplice on peut ranger tous les grands vainqueurs, depuis 10 à 12 ans. L'on peut donc poser cette moyenne comme la meilleure taille pour le cheval de course, quoique l'on ne puisse nier que pour quelques petits hippodromes rétrécis, comme celui de Chester, par exemple, un cheval plus petit, n'ayant guère plus de 15 mains, se trouve avoir une meilleure chance, comme étant mieux en état de tourner les angles et les courbes qui se présentent sans cesse.

38.—La tête et le cou doivent être caractérisés par la légereté, qui est essentielle dans ces parties. Tout ce qui est inutile de ce côté est un poids mort, et nous savons quel est l'effet que peut produire un poids de 7 livres pour retarder un cheval sur une distance un peu sensible. Or, sept livres se répartissent facilement sur l'étendue d'un cou qui peut en allant d'un extrême à l'autre varier de 20 à 30 livres. Ainsi l'on peut considérer comme indubitable que tout ce que l'on rencontre dans la tête et le cou qui n'est pas nécessaire aux mouvements du cheval dans la course, est autant de poids superflu imposé à l'animal. Voilà les caractères généraux, mais en détail la tête doit être

____

(1) 15 mains, 1ᵐ524.
16 mains 1/2, 1ᵐ676.
15 mains 3 pouces, 1ᵐ600.
16 mains 1 pouce, 1ᵐ651.

(2) 1ᵐ574 (15 mains 1/2).

PORTRAIT DE KINGSTON

mince vers la mâchoire, cependant avec un développement complet du front, qui doit être convexe et large, de manière à contenir dans le crâne un bon volume de cervelle. Dès que vous avez obtenu plénitude en cette partie, tout le reste de la tête peut être aussi fin que possible; les mâchoires se réduisant à un museau étroit, avec un léger creux en dehors en face, mais avec un espace entre les deux côtés de la mâchoire inférieure à la jonction avec le cou, de manière à donner une large place pour la partie supérieure du tuyau respiratoire, quand l'encolure est pliée. Les oreilles doivent être droites et fines, pas trop courtes; les yeux pleins et animés; les narines larges et capables de se bien dilater à l'allure extrême, ce qui se vé-rifie facilement après une poussée au galop. Elles doivent saillir avec fermeté, de manière à montrer en plein la membrane intérieure. Le *cou* doit être musculeux et cependant léger, le conduit respiratoire libre et séparé du cou, c'est-à-dire pas trop bridé par le *fascia* ou membrane du cou; le sommet doit être mince et nerveux, pas épais et chargé, comme on le voit dans les étalons communs et même chez quelques juments. Entre les extrêmes de l'encolure de brebis et le défaut contraire, il y a bien des degrés, mais pour les courses je préférerais le premier des deux, car peu de chevaux peuvent bien marcher avec l'encolure assez pliée pour mettre le menton sur la poitrine; mais ici comme partout c'est le heureux milieu qu'il faut rechercher, comme on le voit dans le portrait de Kingston qui accompagne cet article, quoique peut-être il soit encore un peu plus chargé qu'il ne faut le désirer ou que l'original. Sa tête et sa forme générale sont celles qui peuvent être choisies comme modèle du cheval de course; car quoiqu'il soit considéré comme trop léger de coffre, il est dans mon opinion juste ce qu'un cheval de course doit être dans cette partie, qui est plus souvent trop profonde que trop petite, et la solidité connue de ce producteur, comme celle de ses parents et descendants, vérifie cette assertion.

39. — Le corps ou la région du milieu devrait être modéremment long dans l'ensemble, et pas trop court entre la dernière côte et l'os de la hanche. Tant que les dernières côtes ont de la profondeur, il y a peu d'importance à ce qu'elles soient très rapprochées de la hanche, car cette forme raccourcit les enjambées, et quoiqu'elle permette au cheval de porter un grand poids, cependant elle l'empêche d'atteindre un haut de-

gré de vitesse. Le dos lui-même doit être musculeux et les hanches assez larges, pour permettre un bon développement du système musculaire. Le garrot doit avoir une légère saillie, mais sans cette élévation en rasoir que plusieurs qualifient de belle épaule, mais qui dans le fait est sans rapport avec cette partie, et n'est qu'un embarras pour le sellier, puisqu'elle empêche l'épaule d'être pincée par la selle. La poitrine elle-même devrait être bien développée, mais pas trop large et profonde. Aucun cheval ne peut bien parcourir une distance, s'il n'a une bonne place pour les soufflets ; mais si le cœur est sain et de bonne qualité, il y aura assez de poumons dans une poitrine de dimensions moyennes ; tout ce qui est au-dessus est superflu, c'est du poids additionnel. Plusieurs de nos chevaux à longue haleine ont eu des poitrines moyennes, et quelques·uns des plus mauvais avaient de l'espace pour faire jouer une paire de soufflets de forge. Si le cœur fait bien son devoir, les poumons peuvent toujours fournir assez d'air, et nous savons que quand il est renouvelé fréquemment et avec assez d'énergie, le sang est aéré aussitôt que chassé, et la grande difficulté réside dans ce pouvoir de propulsion qui réside seulement dans le cœur. Si le poitrail est trop large, cela affecte matériellement l'action des jambes de devant ; par conséquent, à tout point de vue théorique et pratique, il y a un heureux milieu entre la trop grande contraction dans cette région, et la poitrine lourde, large, encombrante, que l'on trouve quelquefois même dans le cheval de pur sang, surtout quand on l'élève dans des herbages trop riches, trop succulents, plus propres à l'élève du bœuf que du cheval oriental. Dans la forme des *hanches*, le point essentiel est la longueur et la largeur de l'os pour l'attache musculaire, et il importe peu si la croupe est un peu avalée ou si elle est élégamment droite et horizontale, pourvu qu'il y ait une bonne longueur entre la hanche et la pointe de l'ilion. La ligne entre ces deux points peut être presque horizontale ou former avec le terrain un angle considérable. Dans tous les cas, ce doit être une longue ligne, plus elle sera longue, plus il y aura dessus de substance musculaire, et plus les muscles auront de bras de levier. Toutes ces parties sont mieux expliquées dans l'anatomie du cheval, la voir pour les détails.

40. — *L'avant-main* (1) consistant en épaule, bras et avant-

______

(1) *Fore quarter*, en anglais, ne répond pas absolument à l'avant-main.

bras, canon et pied, doit être fixée sur la poitrine, et l'omoplate doit être couchée obliquement sur le côté avec un développement complet des muscles qui doivent la mouvoir et la pousser en avant dans la course. L'obliquité est de la plus grande
importance, puisqu'elle agit comme un ressort qui annule le
choc de la course ou du saut, et donne aussi une plus longue
attache aux muscles qui, de leur côté, peuvent agir avec un
grand bras de levier sur le bras et le canon. On verra, en examinant le squelette, que l'omoplate n'atteint pas le sommet du
garrot, et que les os qui forment cette partie n'ont rien à faire
avec l'épaule elle-même; de là provient que beaucoup de chevaux à garrot élevé ont les épaules faibles et mauvaises, tandis
que d'un autre côté beaucoup de chevaux à garrot bas ont des
épaules obliques et puissantes qui donnent la plus grande facilité et la plus grande souplesse aux extrémités antérieures.
L'*épaule* doit être très musculeuse sans excès, et formée de manière à jouer librement dans l'action (1) du cheval. La pointe
de l'épaule, articulation correspondante à l'épaule humaine, ne
doit pas être trop saillante, mais pas trop plate en même temps.
L'on doit désirer un certain développement de la pointe osseuse, mais tout excès est un défaut et gêne l'action de cette
partie importante. L'*avant-bras* entre cette jointure et le coude
doit être long et bien revêtu de muscles, le coude établi tout
droit et ne rentrant pas dans la poitrine, le *bras* long et musculeux, les genoux larges et forts avec la saillie osseuse postérieure bien développée, les jambes plates et montrant le ligament suspenseur large et libre, les paturons assez longs sans
être faibles, les pieds sains, ni trop grands ni trop petits, et sans
le moindre degré de contraction, ce qui est le point délicat du
cheval de pur sang.

41.— *L'arrière-main* est le principal agent de la locomotion et
se trouve par suite d'une grande importance pour atteindre
une grande vitesse. L'on a souvent avancé que l'épaule oblique
est la particularité la plus désirable pour cet objet, que c'est la
forme d'où dépend la vitesse et dans laquelle on peut dire
qu'elle réside. Cela est vrai jusqu'à un certain point, parce
qu'il n'y a point de doute qu'avec une épaule chargée, la haute
vitesse est impraticable ; car, quelque puissante impulsion que
reçoive le corps, si, au moment où les membres antérieurs tou-

(1) Le mot *action* signifiant le mouvement d'épaule et de hanche commence à être admis en français.

chent la terre, la masse ne rebondit pas aussi vigoureusement qu'elle le devrait, l'allure devient lente. L'on peut assimiler cette position à l'expérience faite avec deux balles, l'une de caoutchouc et l'autre, de même taille et même poids, faite de matériaux sans élasticité, comme la cire. Maintenant, supposez ces deux balles lancées avec une force égale sur un champ de gazon bien uni, avec un angle qui les fasse rebondir plusieurs fois après avoir rencontré la surface, la balle élastique commencerait avec une vitesse égale à l'autre, mais elle la dépasserait bien vite, parce que son élasticité lui permettrait de conserver la puissance motrice, tandis que la nature inerte et sans élasticité de la balle de cire la ferait promptement adhérer à la terre. Il en est de même de l'épaule élastique, elle reçoit la résistance de la terre, mais réagit sur elle et perd peu de la puissance engendrée par le coup des jambes de derrière, qui doit être fort et rapide, sans quoi l'épaule ne recevrait ni ne transmettrait aucune force. Pour la pleine et entière action de l'arrière-main deux choses sont nécessaires, savoir : d'abord, longueur et volume de muscle, et puis longueur du bras de levier sur lequel le muscle doit agir. Il s'ensuit que tous les os formant l'arrière-main doivent être longs, mais la longueur relative doit beaucoup varier, pour que les parties sur lesquelles les muscles reposent soient longues plutôt que celles qui correspondent aux tendons, qui ne sont que des cordes et n'ont aucun pouvoir propulseur, mais ne font que transmettre celui qu'ils tirent des muscles eux-mêmes.

Ainsi l'os de la hanche doit être long et large, et les deux parties supérieures du membre et le fémur doivent être longs, forts et complétement développés. Dans cette forme, le grasset est porté bien avant, et il y a un angle considérable entre ces deux parties. Le jarret doit être osseux et fort, sans jardon ni éparvin ; la pointe doit être longue et établie de façon à être exempte de faiblesse à l'endroit où se produit la courbe. En examinant l'arrière-main pour juger de son développement musculaire, le cheval ne doit point être examiné de côté, mais on doit lui lever la queue et l'on doit s'assurer que les muscles des deux membres se rencontrent au-dessous de l'anus, qui doit être bien supporté par eux et non laissé lâche dans un creux profond et flasque. La ligne de la partie extérieure de la cuisse doit être pleine, et dans les chevaux ordinaires le muscle doit saillir au-delà du plan de la pointe de la hanche. Néanmoins, cette plénitude n'est pas souvent remarquée dans le cheval de pur sang jusqu'à ce qu'il soit soit arrivé à l'âge mûr et retiré de l'entraînement. Les os sous le jarret doivent être plats et sans adhésions, les ligaments et tendons pleinement développés et faisant librement saillie sans adhérence à l'os, les articulations bien formées et larges, mais sans grossissement maladif, les paturons modérément longs et obliques, les os de bonne dimension, et en dernier lieu, les pieds doivent correspondre à ce que nous avons déjà dit pour les extrémités antérieures.

L'ensemble de ces points doit être en proportion relative, c'est-à-dire que la forme du cheval doit être |« vraie (1). » Il ne doit pas avoir une arrière-main longue et bien développée avec une avant-main à épaule verticale faible ou chevillée. L'inverse ne vaudrait pas mieux, car quelque bien conformée que soit l'épaule, le cheval ne marchera pas bien si les propulseurs n'ont pas la même valeur. Il est donc de grande importance que le cheval de course ait toutes ses parties en parfaite harmonie, et que l'on ne trouve pas l'arrière-main d'un long et rapide coursier avec une épaule épaisse et courte qui conviendrait à des enjambées moins étendues.

Section III.— *La robe, la peau, le crin.*

43.—La robe du cheval de pur sang est maintenant généralement le bai, le bai brun, ou l'alezan ; l'une ou l'autre de ces robes paraîtra 99 fois sur cent. Le gris n'est pas commun, mais paraît quelquefois, comme dans le cas récent de Chanticleer et quelques-uns de ses descendants. Le noir paraît aussi quelquefois, mais pas plus souvent que le gris. Les rouans, les isabelles, les alezans lavés sont maintenant hors de cause, et les cinq robes mentionnées ci-dessus peuvent être considérées comme complétant les couleurs que l'on voit sur l'hippodrome. Quelquefois ces robes sont mélangées de beaucoup de blanc, soit en lices sur la face, soit en balzanes plus ou moins chaussées ; quelquefois les jambes et les pieds sont si blancs que le cheval n'a guère que son corps bai, bai brun, ou alezan. Presque tout le monde préfère les couleurs franches avec aussi peu de blanc que possible, et il n'y a que les grands succès des produits d'un étalon qui engageront les éleveurs à avoir recours à lui, s'il fait des poulains largement marqués de blanc.

(1) Nous dirions *suivie.*

Les poils gris mêlés dans la robe, comme chez Venison, sont plutôt approuvés qu'en défaveur, mais ils n'arrivent jamais au rouan, dans laquelle robe les gris sont en quantité égale ou en majorité.

44.—Le tissu de la robe et de la peau est un grand indice de race, et en absence de généalogie on y fait fort attention, mais quand la généalogie est satisfaisante, il est inutile d'attacher de l'importance à cette preuve secondaire. Aussi n'examine-t-on guère la peau, excepté comme signe de santé. Toutefois, dans les chevaux de pur sang, la peau est plus fine et le poil plus soyeux que dans les espèces communes. Les veines sont plus apparentes, partie en raison de la finesse de la peau, partie en raison de leur grosseur et de celle de leurs nombreuses ramifications. Ce réseau de veines est important, en ce qu'il permet à la circulation de continuer au milieu des plus violents efforts ; car si le sang ne pouvait pas s'accumuler dans ce système veineux, souvent il engorgerait les gros vaisseaux du cœur et des poumons, tandis qu'en se concentrant à la surface, il donne beaucoup de soulagement, et le cheval se trouve en état de maintenir une vitesse énorme et prolongée qui serait impraticable sans leur secours. Ainsi ces parties ne sont pas seulement utiles comme marques de race, mais encore essentielles pour le but même pour lequel la race a été créée.

45. — La crinière et la queue doivent être soyeuses et non frisées, bien que l'on voie souvent une legère ondulation. Quand elles sont décidement frisées, c'est presque universellement un signe d'avilissement qui indique, aussi clairement qu'un signe extérieur peut le faire, une tache dans la généalogie. Là encore, comme dans d'autres cas, le titre authentique de généalogie doit prévaloir sur tout raisonnement fondé sur des données moins certaines. L'attache de la queue est aussi regardée comme de grande importance, mais c'est principalement pour l'apparence, car pour les allures et le fonds, le cheval ne dépend nullement de ces accessoires. La force du tronçon n'a aucune valeur comme indice, j'ai connu bien des chevanx trés énergiques avec des queues flasques et tombant lâchement.

Section IV. — *Variétés de forme.*

46.—Entre la forme de West Australian et celle d'un cheval qui court pour un prix de province, il y a une vaste différence, et aucun poids inférieur à celui qui écraserait jusqu'à terre le noble coursier ne pourrait les faire arriver ensemble au but. Il y a des cas très-nombreux dans lesquels 4 stone (25 k. 38) peuvent être portés par un cheval de première classe au-dessus de la plume que l'on fait porter à un cheval très lent, et cependant le cheval aux formes distinguées laissera derrière lui l'animal inférieur, qui ne peut, par aucun moyen, parcourir le terrain plus vite qu'au train où il peut supporter le poids ordinaire. En examinant nos listes de handicaps, l'on verra que du haut en bas il y a généralement une différence de quatre ou cinq stone (de 25 k. 38 à 31 k. 73), et bien que cette différence réussisse souvent à tenir en arrière les meilleurs chevaux, elle ne permet pas toujours aux poids les plus légers d'emporter le prix, c'est seulement à ceux qui sont légèrement chargés relativement à leur puissance réelle. Mais il est aussi bien connu que certains chevaux peuvent courir un demi-mille (804 m.) à fond de train, mais pas plus; d'autres, un mille (1,608 m.); d'autres encore, un mille et demi (2,014 m.) à deux milles (3,218 m.), tandis qu'une autre classe, maintenant moins commune qu'autrefois, demande une distance de trois à quatre milles (de 4,828 à 6,437 m,) pour pouvoir développer des moyens supérieurs aux chevaux ordinaires. Ces particularités sont généralement héréditaires, quoique pas toujours; mais cependant, quand le sang est connu, il peut être généralement préjugé d'avance si l'animal pourra ou non supporter une distance. Quand le croisement est solide d'un côté et brillant de l'autre, il n'est pas aisé de deviner de quel côté penchera le jeune rejeton; mais dans le cas où un cheval est produit par un étalon et une jument tous les deux de sang résistant, ou bien dans le cas inverse, l'homme expérimenté pourra presque toujours décider quelles seront les qualités de fonds que présentera le produit. Il y a encore quelques chevaux de charpente forte et compacte, avec des reins courts et des croupes puissantes, que l'on peut espérer voir monter une côte sans difficulté, surtout s'ils sont de sang résistant; et de même il y en a de formes brillantes, avec des lignes longues mais faibles et beaucoup d'air entre les jambes, qui peuvent gagner sur le terrain plat une course d'un mille ou un mille un quart (de 1,609 à 2,012 m.), mais ne peuvent grimper une côte, ou sur le terrain plat dépasser la distance précitée. Tous ces détails doivent être soigneusement étudiés par l'éleveur en faisant choix de ses étalons et poulinières, ainsi que par le propriétaire, pour décider dans quel genre de course il engagera ses jeunes produits.

CHAPITRE V.

L'ÉTABLISSEMENT D'UN HARAS DE CHEVAUX DE COURSE.

Section II. — Comparaison entre l'élévage et l'achat.

47. — Quand une fois on a pris la résolution de suivre la carrière pleine d'excitation que nous allons considérer, la première chose à discuter sont les moyens d'exécution. Il y a deux moyens de former un stud (1). La premiere consiste à élever les chevaux nécessaires pour le sport, et l'autre à les acheter à l'âge de deux, trois ou quatre ans, selon les circonstances. Le choix doit être guidé principalement par l'espèce du prix auquel on aspire et par le jugement du propriétaire ou de son conseiller habituel. Il y a aussi à considérer les facilités pour l'élevage dont il peut disposer, car sans ferme d'élevage contenant les terres propres à l'éducation des chevaux, il est inutile d'avoir recours à ce mode de procéder. Chacune de ces méthodes demande beaucoup d'habilité et de jugement, et il est rare que l'on puisse atteindre ces qualités sans dépenser de grosses sommes et sans que le désir du succès ne soit refroidi par la conviction qu'il n'est pas toujours la récompense du mérite. Néanmoins, pendant que la passion dure, il est juste de lui donner tout son développement, et si l'hippodrome pouvait seulement être débarrassé de ceux de ses habitués qui le déshonorent, les façons honorables pourraient reparaître et les gens de bien seraient encouragés à entrer dans le cercle magique et à s'y disputer les honneurs. Si l'ambition du jeune Turfite est élevée et qu'il veuille devenir un des cordons bleus de l'ordre, sans doute il faut qu'il élève pour lui-même, car rien n'est plus rare que le succès avec des chevaux achetés, après l'âge des épreuves. Quelques poulains de l'année sont

(1) Stud, écurie de chevaux destinés aux courses.

vendus par suite de circonstances particulières, mais la grande
majorité de vainqueurs du Derby ont été élevés par les propriétaires qui les ont fait courir. En outre, quand un beau
poulain d'un sang à la mode est en vente, il est généralement
acheté à un prix qui rendrait un stud ainsi recruté d'un prix
exorbitant, et, cependant, sans un stud (1) rien ne peut réussir
dans ce genre d'entreprise. Un homme peut avoir élevé, entraîné et fait courir pour seule chance un Wild Dayrell, vainqueur du Derby en 1855, c'est un cas exceptionnel, et tous
ceux qui ont l'habitude de l'arène conviennent qu'il faut avoir
plus d'une corde à son arc. Mais si les luttes auxquelles on
le destine sont seulement ces réunions de campagne pour quelque but local ou autres petits concours de ce genre, un petit
nombre de chevaux estimés propres à ce jeu peuvent être trouvés à des prix comparativement bas et avec de belles chances de
succès. Différent en cela du levrier, le cheval peut toujours
être essayé avec une approximation ne différant guère de
son vrai mérite, parce qu'en toute occasion, il fera de son
mieux pour l'état d'entraînement dans lequel il se trouvera,
et il n'y a point de chance (à moins que le caractère soit mauvais) pour que le cheval se montre plus tard différent de ce
qu'il était le jour de l'essai. Il faut savoir aussi que pour les
prix ordinaires, on peut trouver un cheval dont la vitesse n'est
pas tout à fait de première classe, mais dont la constitution et
les jambes lui permettront de paraître dans l'arène beaucoup
plus fréquemment que son compétiteur d'une riche organisation, avec une forme plus brillante et un tempérament plus
irritable. Ainsi le débutant sur l'hippodrome peut, avec une
faible dépense relative, satisfaire son goût pour les excitations
en concourant dans des courses de campagne avec des écuries
limitées, et cependant avec de jolies chances de succès, et avec
certitude d'éviter ces lourdes dépenses qu'entraînent les écuries
nombreuses et tout ce qu'il faut pour réussir à Epsom ou à
Newmarket. Peu de personnes voudraient entreprendre de se
procurer ces satisfactions dispendieuses avant d'avoir gagné
de l'expérience dans les voies secondaires, et je conseillerai
toujours fortement aux commençants de se tenir dégagés de
ces manifestations extravagantes qui sont nécessaires pour

---

(1) Stud, haras, écurie, signifie ici un certain nombre de chevaux de
course de divers âges.

réussir dans les hautes régions de l'hippodrome. Qu'il se rende maître de l'alphabet de la science, et aujourd'hui il trouvera encore à qui parler, même quand les prix secondaires sont disputés par le rebut des grandes courses. Car il est extraordinaire combien sont bien préparés les chevaux de nos réunions secondaires, et combien il y a peu de différence apparente entre les chevaux qu'on y rencontre et ceux qui courent à Epsom et à Doncaster.

48. — Pour les courses de second ordre, il suffira donc de choisir des chevaux vendus comme impropres aux prix principaux, auxquels on ne reproche guère que de la lenteur et qui sont toutefois vigoureux et francs, avec les membres et les pieds bons et solides. Ces chevaux seront bons à tout en société de leurs pareils, et recueilleront des prix réservés aux animaux qui n'ont pas gagné plus d'une certaine somme, ou ils conviendront aux selling stakes (1), où on peut les entrer et s'engager à les vendre pour une somme assez faible, proportionnée, d'ailleurs, au prix d'achat et à la valeur qu'on leur attribue. Quand ces poulains ou pouliches ont couru en public et *ne sont pas tarés*, on peut estimer leur valeur précise, mais si on ne peut les essayer qu'en particulier, c'est une parfaite loterie, à moins que l'on ne puisse faire une épreuve avec un cheval dans les mêmes conditions d'entraînement et dont la valeur est bien connue. Si par quelqu'un de ces modes d'appréciation l'on peut se rendre compte de la valeur de l'emplette que l'on veut faire et qu'il n'y ait aucun doute sur l'absence des tares, le jeune adepte du turf peut hasarder à investir de 50 liv. st. à 2 ou 300 (2), suivant l'estimation qu'il a faite et l'avis de son entraîneur, car il est bien entendu qu'il ne se reposera pas uniquement sur son propre jugement. Les chevaux de course sont vendus sans garantie et sont pris avec tous leurs défauts, de sorte qu'il faut bien de la prudence pour apprécier leur valeur sous ce point de vue particulier. Peu de chevaux de tout genre sont sans un vice quelconque (3), et cela est particulièrement vrai des chevaux de course, pour lesquels toutes les parties de l'économie ani-

---

(1) Selling stakes, poules dans lesquelles on fait connaître le prix pour lequel on veut céder son cheval. Il est chargé en conséquence du prix annoncé.

(2) La livre sterling, en anglais £, *pound*, vaut 25 fr. 21 c. à peu près.

(3) En anglais *une vis relachée*.

male doivent être aussi parfaites que possible. Rien n'éprouve davantage qu'une préparation sévère sur la terre desséchée par les chaleurs de l'été, et les courses que l'on fournit sur quelques-uns de nos hippodromes suffisent pour détruire tous les membres qui n'ont pas la dureté de l'acier. Il ne faut donc pas s'étonner si beaucoup succombent, et il importe à l'acheteur de prendre soin de ne pas mal employer son argent et de ne pas s'embâter d'une brute infirme qui ne peut supporter une préparation sévère et encore moins les épreuves continuelles en public dans lesquelles le propriétaire voudrait la produire. Quand il a fait tout ce qui était en son pouvoir pour reconnaître l'aptitude du cheval et que les résultats sont satisfaisants, l'amateur peut l'acheter avec un ou plusieurs autres du même acabit et les donner à un entraîneur public ou à son serviteur particulier.

Section II. — Ce qu'il faut pour une écurie peu nombreuse.

49. — *Un cheval pour conduire les galops préparatoires* sera nécessaire dans tous les cas, et si l'établissement d'entraînement est particulier, un animal propre à ce service doit être acheté et employé uniquement à cet effet ; mais dans les écuries publiques ce cheval fait partie des engagements de l'entraîneur, qui ordinairement trouve un cheval pour mener votre petit groupe, ou si on lui confie un seul cheval, il l'associe à d'autres pour les exercices de galop. Toutefois, dans toutes les occasions importantes, dans les écuries publiques ou particulières, un cheval de cette sorte doit être mis spécialement de côté pour conduire les autres ; le propriétaire le trouve, et l'entraîneur public fait un prix particulier pour son entretien.

50. — *Un garçon pour chaque cheval* est également nécessaire, et selon les conventions peut être choisi par le propriétaire ou par l'entraîneur ; mais dans tous les cas, chaque cheval a un enfant à son service, qui prend de lui un soin exclusif, lui met ses couvertures et le monte pour les exercices. Il est étonnant de voir ces légers gamins avec leurs chevaux, les monter et les tenir ensemble. Par une éducation précoce et une pratique constante, et aussi en partie par l'habitude d'être toujours avec les animaux confiés à leurs soins, de façon à leur faire croire qu'ils font partie de leur être, ils parviennent à faire plus que l'on n'eût osé espérer. Il est désirable d'avoir des enfants aussi légers que possible, à cause des effets du poids sur les membres du cheval, mais quelquefois le caractère du cheval est assez mauvais pour nécessiter des mains de bride plus fortes et plus expérimentées, et alors ses jambes doivent supporter les conséquences de cette surcharge. Après quelque temps, toutefois, le poids léger peut être remis en selle et s'y maintenir sans difficulté. C'est ici que les grands établissements ont de l'avantage, ils peuvent changer les garçons pour les accommoder aux chevaux, et dans le nombre il se trouve généralement quelques gamins en état de monter n'importe quel quadrupède.

51. — *Cette petite écurie de courses* peut donc être considérée comme devant consister en quelques produits des grands établissements d'élevage choisis avec grand soin avec l'avis de l'entraîneur et aussi d'un bon vétérinaire, qui peut être consulté relativement à la netteté du cheval. J'examinerai maintenant leur préparation aux courses, ordinairement appelée entraînement, et je supposerai qu'il est entrepris en particulier avec un bon groom entraîneur et un terrain convenable pour cet objet.

CHAPITRE VI.

DE L'ENTRAINEMENT.

Section I. — Le terrain nécessaire.

52.—Sans un bon terrain d'entraînement, il ne peut pas être question d'amener au poteau des chevaux en état de courir. Les ignorants peuvent supposer que la condition peut se perfectionner sur tous les terrains ; mais ceci est une illusion, puisque l'état des jambes et des pieds doit être une source d'anxiété continuelle pour l'entraîneur, et à moins qu'il ne puisse maintenir ces parties en bon état, il est impossible de régler le travail d'une façon normale. Des difficultés se trouvent jetées dès le principe sur la tâche à accomplir, et le cheval n'est pas amené au poteau dans l'état voulu. N'épargnez donc pas vos peines pour vous procurer un terrain convenable et assez varié pour qu'il y en ait toujours une portion en état de servir aux exercices de l'entraînement. Il y a des terrains qui ne deviennent à peu près jamais durs, sans cependant se détremper, et ceci est un avantage sans prix, mais ces genres de terrain sont généralement en exploitation en raison de leur grande

valeur, et peu d'écuries particulières peuvent en avoir à leur
disposition. Dans plusieurs régions, il y a des plateaux de
bonne qualité pendant les saisons humides, terre sèche et élevée, il y a aussi souvent à portée un espace de terre bas et
mousseux propre à faire courir pendant la sécheresse.

Un semblable arrangement est aussi commode pour l'entraînement que le meilleur terrain du monde. La seule objection
que l'on puisse présenter, c'est que l'on n'y trouve point de col-
lines et qu'il est moins commode pour le galop préparatoire,
qui demande pour la fin une élévation graduelle. L'entraîneur
toutefois fera son choix, et s'il ne peut pas avoir tout ce qu'il
désirerait, il fera pour le mieux. Pour les gelées et les grandes
sécheresses, il faut des pistes préparées au tan ou en terre labourée, ou bien une piste en fumier consistant dans de la vieille
litière, établie dans un endroit commode, pour faire trotter et
même donner les suées; mais cela ne répond pas au but comme le tan, qui est plus élastique que la paille, et peut être mis
à la profondeur nécessaire, de manière à faire disparaître le
choc qui se produirait sur la terre glacée.

Section II. — Les écuries.

53. — Les écuries d'entraînement sont de première nécessité,
et si on n'en trouve pas sous la main de toutes construites, elles
peuvent être établies avec peu de dépense. A peu près 30 livres
par cheval suffiront pour l'indispensable, à moins que les matériaux ne dépassent le prix usuel, ou que les goûts du propriétaire ne le portent vers le style des salons. Cette somme
doit couvrir le nécessaire ; mais pour des écuries de fantaisie,
il faut en certain cas pousser jusqu'à 200 ou 300 livres par
cheval. Une partie de l'écurie doit être divisée en boxes distinctes et séparées; mais les chevaux qui ont de rudes travaux
font mieux en compagnie, et, par suite, devraient être soit en
stalles ordinaires, mais plus profondes, soit séparés par des
planches hautes au plus de cinq ou six pieds et se terminant,
dans la partie supérieure, par des barreaux de fer, de manière
à leur laisser une société qui les dispense de l'ennui de l'em-
prisonnement solitaire. L'expérience démontre que dans bien
des cas un cheval qui aime la compagnie prendra au moins
un repas d'avoine de plus par jour en stalle qu'en liberté dans
une box. Avec un cheval qui se nourrit peu, ceci est un point de
grande importance, puisqu'il arrive souvent que leur condition

dépend principalement de la quantité de grain qu'ils veulent manger. En arrangeant les écuries de façon à combiner les avantages des deux méthodes, ainsi que je viens de le proposer, c'est-à-dire par la grille de fer dans le haut des séparations, chaque espèce de cheval trouvera son compte, et la box en li· berté ne sera utile que quand le repos et l'isolement deviendront nécessaires, comme dans le cas de maladie contagieuse ou demandant seulement le repos et l'absence de tout dérangement. Beaucoup de gens sont d'avis que les écuries ne peuvent être trop claires et trop aérées, mais je crois que c'est une grande erreur, et au contraire, je pense qu'elles sont rarement trop sombres et trop renfermées, en conservant toutefois une bonne ventilation. Si elles sont très·élevées, il faut les chauffer artificiellement ou empêcher l'introduction de l'air frais, mais quand elles sont modérément petites et basses, c'est·à-dire hautes de dix à onze pieds, elles sont juste au point où la chaleur naturelle des chevaux peut les tenir chaudes tout en admettant l'air frais lorsqu'il est nécessaire, et laissant échapper l'air vicié par un ventilateur en forme d'entonnoir établi au plafond. Je suis convaincu que l'obscurité est avantageuse au cheval qui travaille beaucoup, et il profitera deux fois autant dans une écurie modérément sombre que si elle était très éclairée. Le cheval au régime de l'entraînement est au moins quatre heures par jour en plein air et se trouve disposé au repos quand il rentre. En pleine lumière, il ne jouit pas d'une tranquillité complète, mais avec une écurie obscure il se couche, se repose et permet à ses jambes de se remettre des effets du travail, ce qu'elles font bien plus tôt quand l'animal est couché que quand elles supportent le poids du corps et sa pleine colonne de sang. Pour ces raisons et parce que j'ai toujours trouvé que les écuries les plus saines étaient sombres et modérément basses, je conseille d'en faire choix pour l'œuvre de l'entraînement, ayant toujours soin qu'elles soient parfaitement nettoyées, que les conduits soient bien recouverts et avec une pente convenable. Il doit y avoir toute facilité dans la sellerie pour chauffer de l'eau pour laver et sécher les couvertures imbibées de sueur, et les garçons doivent être logés dans les chambres au-dessus des écuries, de manière à être toujours à portée de leurs chevaux, pour le cas d'une prise de longe ou autre accident. La bonne eau est fort à désirer, et la situation de l'écurie par rapport au terrain d'entraînement est de grande

importance ; elle devrait être à moins d'un quart de mille de
l'endroit où finit le galop pour les suées, afin que le cheval
puisse être rentré séché, et que tout soit terminé avant que la
sueur ait le temps d'être réabsorbée. Si l'on ne peut obtenir
cette proximité, une box isolée doit être construite à l'extrémité
du terrain de course pour que chaque cheval y puisse être bou-
chonné à son tour et sorti encore pour faire un temps de petit
galop avant d'être enfermé dans l'écurie. Voilà les conditions
requises pour l'écurie de course ordinaire, celles qui ont rapport au dressage et à la préparation du cheval de deux ans
seront examinées quand nous verrons l'écurie d'élevage, qui
demande à elle seule tant d'arrangements additionnels. Je suppose maintenant que l'on s'occupe de l'espèce d'entraînement
le plus simple, le seul qu'un novice puisse entreprendre s'il
veut éviter un fiasco complet, car on aura tout le temps après
avoir pénétré les arcanes de l'écurie de courses ordinaire, d'essayer de sonder les mystères encore plus profonds de l'élevage
et la mise à l'œuvre du cheval de deux ans.

Section III. — Sellerie.

54. — En outre des selles d'exercice et des brides mises à la
charge du garçon et tenues dans la sellerie ordinaire, il faut des
selles supplémentaires pour les essais, qui doivent être chargées de façon diverse de manière à produire ce que l'on veut
faire porter dans les épreuves particulières. Celles-ci doivent
être sous le contrôle seul de l'entraîneur et gardées sous clef,
quoique, en dépit de tous les efforts de déguisement, les
gamins de nos jours aient généralement le talent d'estimer
correctement les moyens de leur cheval, et qu'il y en ait beaucoup qui ont l'esprit plus malin que leurs maîtres ne le sup-
posent, quoique incapables de sortir de leur spécialité et assez
courts d'appréciation pour tout ce qui n'est pas chair de cheval. Mais comme il est inutile de leur fournir plus qu'il est
nécessaire les moyens d'apprécier l'importance de la charge et
que l'entraîneur doit seller lui-même les chevaux avant les
épreuves, ils ne manient même pas les selles, et s'il le veut il
peut garder entièrement pour lui le poids mis sur chaque cheval. Ces selles doivent être tenues dans une caisse à part, et si
on n'a pas une chambre exprès pour les mettre, la caisse peut
être mise dans une cuisine ou tout autre emplacement sec et
chaud. Comme de raison, l'entraîneur aura soin de tenir re-

gistre des épreuves, et beaucoup y inscrivent aussi la somme du travail fait par chaque cheval, tenant en un mot un journal régulier de leur travail.

55.—Mais en surplus de ces selles d'épreuve particulière, il faut, pour des écuries d'entraînement, une foule d'objets, tels que peignes, brosses, gants de crin doux; on se sert mainte-nant beaucoup et avec succès des bandes de laine et de calicot, des éponges, des couvertes ordinaires, des couvertes d'été, des tapis de bure ordinaires et d'autres pour les suées; des selles d'exercice pesant sept livres, des bridons ordinaires et doubles, des mors à la Pelham, des martingales, enfin cette variété d'ustensiles que l'entraîneur jugera utiles suivant le caractère de son cheval; des guêtres pour exercice et voyage, genouillè-res de voyage, couvertes imperméables pour les jours de pluie, des époussettes, des courroies, couteau de chaleur, tornez, ci-seaux pour le poil, et les remèdes les plus employés dans les écuries, tels que purgatifs, cordiaux, nitre, boules pour l'en-traînement, dont la plupart des entraîneurs font usage à leur gré. Des emplâtres pour les efforts ou coups supportés par les membres, doivent être tenus toujours prêts, en raison de la fré-quence des accidents; mais leur emploi sera donné plus tard au chapitre des maladies du cheval. A l'exception des remèdes, vous trouverez ci-dessus une liste à peu près complète des objets employés pour l'entraînement du cheval de course.

Section IV.—Examen indispensable de chaque cheval.

56.—Avant de commencer l'entraînement, il sera néces-saire d'examiner individuellement chaque cheval et de consi-dérer à quel degré il se trouve à l'égard de l'état d'entraîne-ment, et aussi sa force de constitution, sa généalogie, et, comme une conséquence de ces prémisses, sa puissance de travail. En faisant cette estimation, l'entraîneur est guidé par les observa-tions suivantes, qui, pour un œil expérimenté, mènent à une conclusion avec assez de certitude. D'abord, la race ou le cou-rant de sang qui a une grande importance, car certaines fa-milles s'entraînent notoirement mal, tandis que d'autres sup-portent n'importe quelle quantité de travail; secondement, l'état des jambes, dont il faut tenir compte dans tous les cas, parce qu'un cheval préparé à moitié sur des jambes saines vaut mieux que celui qui est tout à fait prêt, mais qui est infirme et boiteux au point de ne pouvoir faire un temps de galop; troisièmement, la fermeté de la chair au toucher et l'apparence générale qui indique soit un animal robuste qui se nourrit bien et de tout, ou bien un cheval délicat, à constitution molle, toujours difficile à entraîner. Naturellement, ces trois variétés demanderont des exercices très-différents. La première est assez aisée à mettre en état et ne demande que du travail régulier avec une suée par semaine et beaucoup de promenade au pas, etc. La seconde demande toujours la surveillance de l'entraîneur, et il faut pour monter ces chevaux un enfant soigneux, puisqu'un seul galop donné sans précaution arrêtera le cours de l'entraînement et le mettra de côté pour quelque temps, si ce n'est pour toujours. La troisième variété peut avoir ou non de bonnes extrémités; mais, dans tous les cas, elle demandera autant de soin que le n⁰ 2, de peur qu'un travail exagéré ne lui ôte l'appétit et ne détruise sa santé. Chacune de ces classes d'animaux doit travailler séparément, relativement aux suées et aux courses; mais dans la promenade au pas, tous les chevaux peuvent être mis en file. Sans ces différences en constitution, caractère, membres, race et âge, l'entraînement serait un procédé fort simple, parce qu'il consiste théoriquement à donner tout simplement au cheval assez d'exercice pour mettre ses muscles et son haleine dans la condition la plus énergique et aussi à retirer toute graisse superflue, tant de la surface que de l'intérieur du corps. En fait, entraîner, c'est faire travailler le cheval; mais le point délicat consiste à donner la quantité de travail convenable dans chaque cas particulier et à donner ce travail au moment opportun. Il faut se souvenir que ces conseils s'appliquent seulement aux chevaux de pur sang, l'entraînement des demi-sang se conduisant tout à fait différemment, comme nous le ferons voir aux chapitres des steeple-chases et des chasses au renard.

57. — Les considérations suivantes sont celles qui pèsent principalement dans l'esprit d'un entraîneur savant, dans ses décisions et modes de traitement relatifs à chacun des hôtes de ses écuries. La première grande essentielle est une bonne constitution et une santé robuste dès le commencement. Personne ne peut entraîner un cheval déjà réduit par la mauvaise nourriture ou les mauvais traitements au point d'être faible et probablement malade jusqu'à un certain point. Un pareil animal doit être mis de côté pendant un certain temps, et aucune tentative d'entraînement ne doit être faite à son égard jusqu'à ce

qu'il soit en chair, en bonne santé, et plutôt corpulent que maigre. Il ne devrait y avoir aucune partie souffrante, au moins aucune de quelque importance. Surtout faut-il que les poumons et les membres ne souffrent point, car si l'un de ces agents principaux des efforts actifs est en défaut, toute chance d'amélioration par l'entraînement est perdue. Il était de coutume autrefois d'entraîner les chevaux au moyen des purgatifs et des suées jusqu'à ce qu'ils fussent aussi maigres et effilés que possible, et aucun cheval n'était considéré comme en état de courir s'il ne montrait sur son corps chaque muscle superficiel. Mais maintenant un meilleur système a prévalu ; l'on a trouvé qu'aussitôt que l'haleine est assez complète pour permettre au cheval de parcourir sa distance sans être essoufflé pour plus d'une seconde ou deux, il est assez débarrassé de graisse, et il ne faut plus que du temps pour le mettre en état de perfection. Ainsi, l'on ne peut poser aucune règle quant à l'apparence et à la somme de travail, et aucune autre épreuve ne sera concluante. C'est à l'expérience et au jugement à décider le travail auquel chaque cheval doit être soumis.

58. — La durée de l'entraînement doit varier très considérablement, d'après l'état premier du cheval, son âge et la distance d'hippodrome qu'il aura à parcourir. Six mois peuvent être pris comme moyenne approximative du temps nécessaire pour mettre dans sa meilleure forme un cheval de trois ans, en supposant qu'il ait été préalablement entièrement débourré, qu'il ait eu des promenades au pas journalières ; qu'il se trouve en bonne santé et net dans ses membres et dans sa respiration. Beaucoup de chevaux ont été amenés au poteau bien plus tôt, même à partir du temps où ils quittaient les herbages, mais c'est, je crois, la moyenne habituelle, et dans beaucoup de cas l'on a mis encore plus de temps à produire ce haut état de santé, qui est le résultat d'une nourriture riche et d'un fort exercice, mais qui peut rarement être maintenu longtemps.

59. — Mais tout ce laps de temps n'est pas entièrement occupé à un genre de travail constant. Marcher aujourd'hui, courir demain, suer après demain, et ainsi de suite. L'on a adopté le plan de diviser l'opération en deux ou trois degrés appelés préparatoires, et dans les intervalles l'on donne une dose médicinale et quelques jours, jusqu'à une semaine entière de repos. Il est connu qu'un cheval qui a cessé de travailler pendant longtemps, ou qui n'a encore rien fait, demande de

l'habitude graduelle avant que ses os, ses muscles et ligaments, aussi bien que son cœur et ses poumons, soient en état de supporter des exercices violents. C'est pourquoi, en supposant que l'on se propose de mettre six mois à entraîner un cheval pour une occasion particulière, divisant cet espace en trois préparations, la première sera occupée par un travail lent et léger, la seconde par un travail un peu plus vite, et la troisième par le plus haut degré de vitesse auquel vous puissiez soumettre votre cheval. Ainsi le travail d'entraînement peut être classé en première, seconde et troisième préparation, chacune plus sévère et à plus vives allures que la précédente.

Section I. — *Première préparation.*

60.—L'objet principal de cette partie de l'entraînement est de durcir les membres et les articulations, de débarrasser l'intérieur de la graisse superflue et encombrante, et d'accoutumer le cheval à un long exercice au pas. Il est rare que l'haleine puisse être menée à perfection dans ce degré, car les allures très rapides ne pourraient être endurées, soit à l'intérieur, soit à l'extérieur, et la toux chronique ou des articulations enflammées suivraient immanquablement toute tentative de précipitation dans l'œuvre à accomplir. Quelques chevaux robustes pourraient peut-être supporter l'effort avec impunité, mais dans tous les cas le préjudice serait fort grand, et il faudrait arrêter l'entraînement pour réparer l'erreur première. « La précipitation est la pire des vitesses. » Ici ce proverbe trouve pleine confirmation, et toute tentative de commencer par la fin rendrait certainement le cheval plus lent, au lieu de produire le résultat opposé.

61. — Une médecine légère sera généralement indispensable une ou deux fois pendant le cours de cette première préparation, mais si le cheval n'est plus dans les mains de ceux qui ont eu soin de sa santé et lui ont donné un exercice régulier, l'on peut s'en dispenser le premier mois, après quoi cela deviendra nécessaire. La dose variera d'après la taille et l'âge depuis 3 drachmes jusqu'à 5 et même plus, si un vieux cheval a été mis au vert, ce qui le rend toujours moins sensible à l'effet des purgatifs. Quand cette dose aura complétement opéré on peut sortir l'animal régulièrement et lui faire commencer la routine du travail journalier. (Pour les boules purgatives, voir aux maladies des chevaux.)

62. — En ouvrant la porte de l'écurie à quatre heures dans l'été, ou à six ou sept au commencement du printemps et dans l'automne, le garçon commence par attacher son cheval au râtelier de sorte qu'il ne puisse se coucher, mais soit à portée de sa mangeoire ; ensuite on lui donne à manger ordinairement un quarteron d'avoine et peut-être une seule poignée de paille s'il mâche mal son grain, mais s'il se nourrit bien, on ne lui donnera pas de paille du tout. Pendant ce repas l'on met la litière en ordre, retirant tout ce qui est tombé dans la nuit ; la litière doit être propre et égale, nette de crottin ou d'urine, en prenant soin d'enlever toute la paille salie d'une façon ou de l'autre. Les gens d'écurie les plus minutieux retournent la litière chaque jour et retirent le fumier de la stalle, et tout homme soigneux le fait au moins deux fois par semaine. Quand le cheval va finir son repas, les garçons peuvent déjeuner, car comme ils vont être deux ou trois heures sans descendre de cheval, il leur faut quelque chose dans l'estomac. Pendant ce temps l'avoine se mange, le garçon donne à son cheval sa petite ration d'eau, l'attache court au râtelier, lui met sa muselière et le panse légèrement, puis il le r'habille, le selle, le guêtre, et ensuite met la bride. Après avoir retourné le cheval dans la stalle, on le laisse un moment suivant les ordres, en attendant que les autres chevaux soit prêts. Quand tous sont prêts, le cheval est monté dans sa stalle et attend son tour pour sortir, ce qu'il fait assez patiemment à l'écurie par l'habitude de rester tranquille en cet endroit, ce qui serait difficile à lui persuader en tout autre lieu.

63. — L'allure du pas est l'élément de ce degré d'entraînement, et en fait, peu de chevaux sont bons pour autre chose avant d'avoir terminé leur première préparation. Une petite suée lente ou peut être même deux ou trois peuvent être désirables quand il y a une grande quantité de graisse, mais dans la plupart des cas il sera mieux d'assujétir le cheval, au moins pour le premier mois, presque uniquement à l'exercice du pas. Si les chevaux sont jeunes ou tout à fait neufs il faut les faire marcher à peu près une demi-heure autour de la cour ou de quelques enclos de ce genre, de peur qu'il ne s'emporte avec leurs gamins sur le dos ; mais s'ils sont âgés ou tout à fait tranquilles de caractère, on peut les mener tout de suite au terrain d'entraînement. Là on les fait marcher sur un grand cercle ou ovale, ou toute autre ligne convenable d'après le terrain, pendant une, deux ou trois heures, quelques-uns faisant un petit

temps de galop de manège ou de chasse, si l'entraîneur juge qu'ils peuvent supporter cet exercice, mais il ne faut pas les laisser aller assez vite pour souffler ou suer, mais seulement de manière à varier la monotonie de l'allure et à leur conserver leur facilité de locomotion en empêchant la fatigue des jambes, que le pas non interrompu ne manque pas de produire. Avec cette légère variante, l'allure du pas peut-être soutenue pendant trois heures en moyenne. Chaque cheval qui se vide doit être arrêté, et tous les autres à la fois avec lui. M. Darvill, qui est le seul écrivain de quelque renom sur le cheval de course, blâme l'exercice du pas dépassant l'absolu nécessaire, et il mesure cette quantité par le temps qu'il faut d'abord donner au cheval pour se vider, pour donner de la souplesse à son système musculaire et pour affermir les jambes; secondement, pour calmer les animaux trop chauds ou trop amateurs de gambades; troisièmement, pour donner aux chevaux délicats et capricieux de l'appétit pour leur ration, tout en calmant leur ardeur. Mais, en opposition à son opinion, nous trouvons la pratique de la plupart de nos entraîneurs qui emploient l'exercice du pas avec le petit temps de galop dans la main par occasion, à un degré auquel M. Darvill n'avait jamais songé. Sans doute on peut le porter jusqu'à excès comme toutes les choses utiles, et en surmenant le cheval on peut rendre les articulations raides et les muscles lents à agir et rigides au lieu d'être élastiques. Mais à un certain degré c'est le pivot de l'entraîneur, surtout avec les chevaux dont les jambes sont disposées à manquer, comme il n'arrive que trop fréquemment dans les races actuelles.

64. — La première suée ne devrait jamais se donner avant que le cheval ait été tenu à un travail lent pendant une quinzaine, et s'il n'est pas très en chair ou ne se nourrit pas bien, on fera fort bien de la différer encore. Quelques chevaux ne devraient jamais suer sous des couvertures, mais perdront leur graisse superflue sans cet auxiliaire. Certes, avec des animaux irritables, à caractère susceptible, la difficulté est quelquefois de les empêcher de suer à tout propos; ils perdent trop en galopant avec leurs couvertes ordinaires et on est obligé de es faire travailler sans vêtements. La façon d'administrer la suée est la suivante. Nous en sommes à l'heure de la matinée où elle doit se donner, et c'est le moment de la décrire. Dans la pratique l'on retient trois chevaux en outre de celui qui doit ner, pour que leurs garçons puissent prêter la main, car

c'est une opération qui demande beaucoup d'aide, comme on va le comprendre. Quand la suée doit être générale et qu'aucune partie en particulier n'est surchargée, il est en usage de mettre d'abord une vieille couverte ou un drap appelée sweater (1), et un camail et pièce de poitrail en surplus, ensuite une pièce de croupe et par-dessus tout un vêtement complet de cheval avec la selle comme à l'ordinaire. Mais quand on veut réduire spécialement certaines parties, comme par exemple les épaules ou les parties voisines du brechet ou du poitrail, l'on plie une couverte en supplément et on la boucle sur le garrot avec les courroies de la pièce du poitrail, ou en l'engage sous la selle si l'on ne veut faire suer que le brechet. Toutes ces particularités exerceront l'habilité de l'entraîneur, et suivant les circonstances, il mettra un surcroit de vêtements sur les parties qu'il voudra réduire et laissera sans charge celles qu'il jugera assez amincies. Quand tout est bien fixé, le cheval est monté sur le terrain, et après l'avoir fait marcher fort peu de temps pour lui permettre de se vider, on le fait partir pour parcourir sa distance, qui est généralement quatre milles, et on le tient à un galop régulier pendant les trois quarts de cet espace, après quoi on le fait aller un peu plus vite, et à la fin on le pousse à fond de train s'il est en plein entraînement, et à une allure presque rapide s'il est à sa seconde préparation. En disant fond de train, nous n'entendons pas l'allure tout à fait extrême que l'on peut tirer du cheval, mais une course qui en approche, sans faire perdre la vigueur de l'impulsion, et qui ne surmène pas le cheval de façon à briser sa structure musculaire ou tendineuse. Dans sa première préparation le cheval doit être rarement allongé, il est meilleur d'augmenter la distance que d'accélérer l'allure au delà de la course régulière, mais peu de chevaux se refusent à suer à ce train dans cette phase de l'entraînement. Aussitôt que le coursier a parcouru la distance, l'entraîneur examine son état et décide s'il l'enverra au pas ou au trot au lieu du pansage, qui doit être une box mise à part pour cet usage, soit au terrain d'entraînement, soit aux écuries ordinaires. Le bénéfice de la suée ne se réalise pas, à moins que le fluide ne soit enlevé avec le couteau de chaleur avant d'être réabsorbé par la peau, ce qui a lieu si la sueur reste sur la peau après que celle-ci a cessé d'en four-

(1) Qui fait suer.

nir. Alors le tissu cutané passe d'un extrême à l'autre et s'approprie la sueur par son pouvoir d'absorption, perdant ainsi le principal avantage que l'on attendait de la suée.

Quand la main de l'entraîneur, appliquée à l'épaule du cheval sous la couverte de poitrail, lui apprend que la sueur vient généreusement, le cheval peut être chargé de deux couvertes supplémentaires, et laissé en transpiration encore quelques minutes ; mais si la sueur ne coule pas librement, on doit mettre trois ou quatre couvertes et attendre un quart d'heure ou vingt minutes avant de commencer à racler. Si elle vient librement, le garçon chargé de la tête peut frotter les oreilles et essuyer les yeux, de manière à rafraîchir légèrement l'animal; mais s'il y a quelque difficulté à produire la sueur, cela ne ferait que retarder l'opération, et il faut laisser le cheval tranquillement debout, et sans essayer aucunement de le rafraîchir par les petits soins déjà mentionnés, ni même en frottant les jambes ou essuyant les cuisses ou le poitrail. Au commandement de l'entraîneur, le camail s'enlève et la tête et le cou sont séchés rapidement ainsi que le poitrail dont la couverture est retirée, et les morceaux qui couvrent le corps et l'arrière-main rejetés de manière à ce que toute l'encolure et la pointe des épaules demeure à nu. Quatre garçons peuvent être employés à racler et à sécher cette partie, sans compter celui qui tient la bride, mais si le cheval est assez tranquille on peut ôter la bride, et la tête n'en sera que plus efficacement essuyée. Trèspeu de minutes suffisent pour sécher cette moitié du cheval. Alors on remet la bride, on enlève les couvertes de suée et la pièce de croupe, les quatre garçons se mettent à travailler avec leurs couteaux de chaleur et leurs *gants à friction*, deux aux flancs et deux aux jambes postérieures ; par ce moyen on est bientôt débarrassé de la dernière goutte de sueur, et la robe reste parfaitement sèche et unie. La période de l'entraînement influe beaucoup. Dans la première partie la sueur est abondante, épaisse, savonneuse, plus difficile à sécher, tandis que dans les derniers degrés, quand le cheval commence à devenir prêt, elle est aqueuse et rare ; le couteau de chaleur n'enlève presque rien, et l'on peut sécher le cheval sans la moindre difficulté. Ceci est un bon signe de condition d'entraînement, et la nécessité de répétition des suées se reconnaît généralement par l'apparence du fluide, qui, lorsqu'il est épais et mousseux, montre qu'il y a dans le système beaucoup de mauvaise graisse à retirer ; mais aussi cet indice apprend qu'il faut mettre beaucoup de soin dans le procédé, de peur que l'on n'arrive à mal en faisant trop rapidement appel à dame nature pendant que le cheval est dans cet état de graisse et sujet à toutes sortes d'inflammations. Après avoir séché la robe et l'avoir unie avec le gant de peau, l'on remet les couvertures ordinaires et l'on mène le cheval sur le terrain pour prendre ses exercices avec les autres chevaux comme de coutume, prenant toujours bien garde qu'il n'attrape point de froid si la température est basse. La raison pour faire encore sortir le cheval, c'est que si on le laissait dans une écurie chaude il continuerait à suer, et si l'écurie était froide il ne manquerait pas de s'enrhumer. En conséquence, on a adopté la promenade au pas avec un court temps de galop, afin d'éviter ces fâcheuses alternatives ; mais ce travail ne doit être continué que le temps nécessaire pour rafraîchir l'animal et remettre ses nerfs et ses vaisseaux sanguins dans leur état usuel. La nature du terrain à parcourir et l'allure pour les suées varie avec l'âge, la condition et la distance de l'hippodrome pour laquelle le cheval est entraîné, le maximum étant de six milles et le minimum de deux ou trois avec une allure variable, selon chaque cas individuel et dépendant de l'âge, de la race, de l'action du cheval, aussi bien que de sa constitution, de ses jambes et de l'état de préparation auquel il est arrivé. Les suées sont données à des périodes qui varient depuis une par semaine jusqu'à une fois par quinzaine après la première préparation, mais rarement aussi souvent pendant cette période. Quand les suées sont données sans couvertes, elles se pratiquent sous tout autre rapport juste comme nous l'avons décrit plus haut, et les garçons d'écurie doivent sécher le cheval avec la même promptitude, d'une manière analogue. Toutefois, la quantité de sueur n'est pas à beaucoup près aussi grande, et deux enfants actifs suffiront généralement à la tâche. Dans presque tous les cas, même quand on ne se sert pas de couvertes dehors, on les entasse sur le cheval quand il vient à l'écurie de séchage, afin d'encourager la transpiration.

65. — En revenant du travail, l'on mène le cheval à l'eau, et ensuite on le couvre bien pour au moins trois quarts d'heure, prenant soin qu'il ait sous lui une litière suffisante ; car il sera disposé à piétiner pendant qu'on le soignera et ne fera pas de bien à ses pieds et à ses jambes, s'il s'amuse à frapper sur les briques nues. Cependant l'heure du repas de dix à onze heures

arrivera sur ces entrefaites, et l'on peut donner à manger aux chevaux ; après quoi on les enferme, on rend à leur tête toute sa liberté et on les laisse sous clé sans les déranger jusqu'à l'heure du nouveau repas, généralement vers trois ou quatre heures. On leur redonne à manger, on leur accorde quelques gorgées d'eau ; ensuite on les selle et on les exerce pendant une heure ou une heure et demie ; après quoi on les rentre, on les fait boire pour la dernière fois ; on les habille légèrement, on les laisse jusqu'à sept heures où on leur donne l'avoine pour la dernière fois, en la mélangeant avec un peu de paille. A ce moment, le foin destiné à ce cheval est mis dans le râtelier, et l'on ferme les écuries à clé jusqu'au lendemain matin, à moins qu'il ne survienne quelque accident nécessitant la présence des garçons ou de l'entraîneur. La quantité de foin allouée au cheval en voie d'entraînement varie de six à huit livres par jour. Il doit être de la meilleure qualité, récolté dans les hauts terrains, bien sec et avoir au moins un an de récolte. Le foin vert, qui n'a jamais bien fermenté, ne convient nullement au cheval de course.

Le système que nous venons de décrire varie légèrement selon les écuries ; par exemple, les uns donnent à boire dans l'écurie, et les autres dans les auges, qui, autrefois, étaient le seul moyen d'abreuver le cheval. La facilité d'empoisonner les auges à en grande partie empêché qu'on s'en servît, et l'eau se donne dans l'écurie, souvent d'un réservoir fermé à clé. Ces précautions sont maintenant devenues nécessaires à cause de la fréquence des empoisonnements, qui s'effectuent si facilement au moyen de l'eau, presque sans aucune chance raisonnable de découverte ; toutefois, la présence du poisson vivant est une assez bonne garantie de la pureté du liquide. Les heures varient aussi dans les différentes écuries, mais celles indiquées ci-dessus sont le plus ordinairement suivies ; elles conviennent aux habitudes du cheval et à la nature de son estomac, qui demande à être souvent rempli de petites quantités de nourriture, et non gorgé, comme dans la tribu des chiens et chats.

66. — La somme de suées et de galops pendant la première préparation peut être augmentée très-graduellement, si l'entraîneur trouve que les premiers essais sont suivis de progrès, c'est-à-dire si le cheval paraît léger et dispos après une suée ou une course, s'il se nourrit bien et si ses jambes restent fraîches. Quelquefois, l'on remarque des résultats inverses ; le

cheval est tout à fait abattu et demande un barbotage au son ou une légère dose de médecine pour se remettre ; après quoi il faut lui accorder un temps considérable avant d'essayer encore d'améliorer sa condition. Tous ces différents points demandent le plus grand soin, et c'est ici que l'on éprouve l'expérience de l'entraîneur. Rien n'est plus facile que de produire au poteau un cheval parfaitement sain et vigoureux ; mais amener à l'hippodrome en haute vigueur un cheval naturellement mou et de frêle charpente, voilà une tâche qui ne demande pas seulement de l'expérience, mais beaucoup de jugement et de réflexion, puisqu'il y a fort peu de ces sortes d'animaux qui se ressemblent exactement, et constamment l'on voit survenir de nouvelles complications auxquelles il faut remédier sur-le-champ. Si, en effet, on leur laisse une fois prendre le dessus, elles nécessiteront des mesures si sévères que le cheval sera rejeté fort loin dans sa préparation.

67. — Une seconde ou troisième dose de médecine douce sera presque toujours nécessaire à la fin de cette première préparation, et le cheval devrait toujours être mis au barbotage avant d'administrer le remède, et ensuite livré au repos et à la promenade au pas, avec diminution d'avoine et un barbotage ou deux, jusqu'à conclusion d'une semaine, jours de médecine compris ; après quoi commence le degré suivant.

Section VI. — Seconde préparation.

68. — A la fin du stage que nous venons de décrire, les muscles du cheval commencent à se durcir, ses fibres et jointures deviennent fermes et solides, et l'on peut avec sécurité lui faire courir à bonne allure une distance modérée. Sa ration d'avoine peut être augmentée d'un quarter (2 litres 90) en passant de un peck par jour (9 litres 08), à cinq quarters (11 l. 60), quantité qui continuera pendant toute cette période, en variant toutefois selon les circonstances. Les heures d'écurie continuent à être les mêmes et la longueur du travail n'est pas augmentée ; mais la principale différence consiste dans la rapidité du galop et la fréquence, ainsi que la durée des suées. Celles-ci sont généralement données tous les huit ou dix jours, et la distance de la course est presque toujours de 4 milles (6,436^{m}25), excepté avec les très-jeunes poulains dont nous ne nous occupons pas en ce moment. Pendant la suée elle-même, l'allure doit être assez allongée, surtout à la fin,

et si le cheval est le moins du monde disposé à la corpulence, on le lance ventre à terre pendant le dernier mille, et vers la fin, on l'éperonne et on le pousse jusqu'aux derniers efforts, de façon à le faire souffler considérablement et à ouvrir ses tuyaux respiratoires d'une bonne façon. La suée, dans la première préparation, est seulement adoptée comme une manière de se débarrasser de la graisse intérieure superflue, mais maintenant, bien qu'elle ait en partie le même objet, elle est aussi destinée à améliorer la respiration. Le garçon qui donne la suée, devrait être un connaisseur en fait d'allure, et il est rare que ceux que l'on emploie ordinairement méritent confiance à cet égard. Presque toujours il faudra avoir recours à une tête plus mûre, et l'on devrait faire dans l'écurie choix de celui qui juge le mieux l'allure. Dans les galops d'exercice, le garcon (1) de tête conduit ordinairement et règle ainsi l'allure pour ceux qui le suivent; mais dans une suée, cela ne peut se passer ainsi, parce que le cheval qu'on y soumet va, avec son faix de couvertures, à une allure tellement différente de celle du cheval nu, qu'il est difficile de le régler et d'éviter de le forcer. Personne ne peut exactement dire comment on doit mener un cheval soumis à une suée, excepté le cavalier qu'il a sur le dos ; si on ne laisse pas l'allure à sa discrétion, il arrivera certainement malheur. En conséquence, à moins que les écuries ne soient assez garnies pour que l'on ait trois ou quatre chevaux à suer à la fois, il est plus expédient de laisser le garçon de tête donner toutes les suées ; mais s'il y a un nombre d'animaux suffisant, il peut aisément régler l'allure pour tous ceux que l'on fera suer à la fois. L'usage du couteau de chaleur et l'exercice qui suit est juste, tel que nous l'avons décrit au paragraphe 64, si ce n'est que l'on peut terminer avec avantage par un léger temps de galop.

69. — *L'exercice au galop* peut maintenant être pratiqué, indépendamment des suées, en prenant bien soin que ni les membres ni la constitution ne souffrent par une augmentation trop rapide dans la longueur et la cadence du galop. Pendant la première préparation, surtout vers la fin, le cheval a été accoutumé à de petits temps de galop, et l'entraîneur a été mis à même d'en conclure aussi bien que des suées à courte allure, jusqu'à quel point il peut augmenter la vitesse et donner des

(1) Head lad.

suées plus longues et plus pénibles. Pendant le cours des trois préparations, chaque degré successif doit être réglé par le précédent, et les étages supérieurs doivent être construits selon l'effet que les étages inférieurs ont produit sur les fondements de l'édifice. Si, par exemple, le travail d'une semaine a été supporté avec peine, celui de la semaine suivante doit être plutôt moins sévère ; tandis que, si l'entraînement marche et que le cheval profite sous tous les rapports, les distances et l'allure peuvent être graduellement augmentées, tout va comme sur des roulettes à la satisfaction de l'entraîneur. Qu'il soit bien entendu que l'on ne peut donner de règle plus précise que la suivante : tant que le cheval est vif, à l'air brillant et gai, qu'il se nourrit bien, il peut être considéré comme au-dessus de sa besogne et elle peut être augmentée, avec précaution, jusqu'au degré le plus élevé auquel il puisse atteindre, d'après l'opinion de l'entraîneur. C'est le moment de faire la différence entre la suée et le galop d'exercice ; la première est un procédé de réduction pour se débarrasser de substances inutiles et même nuisibles ; l'autre est un procédé d'éducation pour établir une structure musculaire puissante et pour montrer au cheval comment il doit employer et économiser ses moyens. Cette différence doit toujours être attentivement observée, et l'entraîneur doit toujours se rappeler que non-seulement il a de la graisse à détruire, mais encore à créer des matériaux solides et élastiques à la fois, et accoutumer le cheval à faire valoir ses moyens de la façon la plus rapide et la plus efficace. Telle est la théorie de ces deux procédés ; nous reviendrons plus loin aux moyens pratiques. A l'égard des suées, aussitôt que le fluide devient tout à fait aqueux et que toute la graisse superflue de la surface paraît enlevée, on ne doit plus les appliquer avec surcroît de couvertures, mais on doit faire suer l'animal avec une simple couverte ou nu, selon que l'entraîneur le jugera préférable, d'après son apparence et sa race, ce qui est un guide important pour celui qui connaît les particularités des divers courants de sang.

70. — L'arrangement des galops préparatoires dépend en grande partie du nombre de chevaux que l'entraîneur a dans la main et de leur nature et dispositions. Quelques-uns conduisent mieux, d'autres n'y mettent pas de bonne volonté, et quand on les met en tête, sont toujours en suspens et se préparent à un écart hors de la piste. Ces animaux devraient être

toujours maintenus seconds ou troisièmes dans une file, et doivent, dans tous les cas, avoir un cheval pour les conduire, afin de les étendre et de développer leurs moyens, qui souvent finissent par être de premier ordre. De là la nécessité d'un cheval mis à part pour conduire les galops, parce qu'il y a des chances pour qu'aucun dans la file n'ait un assez bon caractère pour être mis en tête avec avantage pour lui-même, et en même temps suffisamment vite pour développer les moyens de ceux qui marchent après.

Si toutefois l'on tombe sur un cheval de cette disposition, l'on n'en a pas besoin d'autre, et l'on peut économiser cette acquisition. Mais il est bien rare qu'un cheval, même d'un bon caractère, mène une longue file sans perdre de sa vitesse ; cependant il y a des exceptions, et, dans quelques cas, le cheval ne pourra s'entraîner ailleurs et se débattra derrière un autre, en se tourmentant d'une telle façon qu'il ne fera aucun progrès. Néanmoins, un animal ainsi disposé réussira rarement sur l'hippodrome, parce qu'on ne pourra pas l'y mener exactement de la même façon que dans les galops préparatoires, et le jockey de son compétiteur, découvrant cette particularité, le tourmentera, l'excitera et lui fera montrer dans la course les mauvaises qualités que l'entraîneur avait neutralisées en le mettant en file. De sorte qu'après tout, le mauvais jour est seulement reculé jusqu'à une époque où sa venue est accompagnée des dépenses et de l'humiliation inséparables d'une défaite publique. Ces animaux sont souvent utiles à l'entraîneur ; mais souvent aussi ils sont indignes de l'affection de leur maître, auquel presque toujours ils ont fait croire à des moyens supérieurs par leur travail en particulier, idée qui ne se rectifie qu'après leur insuccès en public.

71. — La conclusion de la seconde préparation sera une suée sévère, puis un barbotage pour deux nuits consécutives, après quoi, si le crottin est assez mou, une dose de médecine, et pour le reste de la semaine, réduction d'avoine et seulement promenade au pas. Ceci nous mène au dernier stage de l'entraînement.

Section VII. — La préparation finale.

72. — *Muselage.* — Excepté avec des animaux fort goulus, qui persistent à manger leur litière, la muselière n'est pas employée avant l'époque que nous allons considérer ; mais pour

de tels animaux on peut être obligé de la mettre pour la seconde préparation ; cependant les exemples de cette nécessité sont assez rares. C'est pour empêcher le cheval de manger du foin ou de la litière que l'on met cette muselière ; car on a trouvé par l'expérience qu'une course rapide attaque la respition quand l'estomac contient autre autre chose que du grain, et nuit à l'haleine plutôt que d'augmenter cette importante qualité. Suivant la constitution des divers chevaux, ils sont muselés en conséquence à certaines heures. Quelques-uns devant l'être pour la nuit après avoir eu leur foin, d'autres sont assez frêles pour qu'il vaille mieux ne les museler que le matin à bonne heure ; quelques gros mangeurs doivent avoir la muselière immédiatement après leur dernier repas du soir, sans qu'on leur donne leur ration de foin, ou bien en ne donnant que demi-ration. Dans tous les cas, cette précaution n'a aucun rapport avec la ration d'avoine, qui reste la même.

Les suées, pendant la troisième préparation, sont données à des intervalles et avec une charge de couvertures calculées d'après ce que l'entraîneur aura appris par l'expérience de la deuxième préparation. Tous ces détails varient selon chaque cas particulier, et il serait ridicule d'essayer de donner des règles fixes à cet égard. Déjà, dans le paragraphe 68, j'ai décrit l'augmentation d'importance dans les suées de la deuxième préparation ; je ne puis qu'ajouter que c'est d'après leurs résultats que l'entraîneur décidera ce qu'il y a maintenant à faire. Pendant la dernière préparation, la quantité d'exercice au pas peut être réduite en proportion exacte du degré de durée donnée aux galops et aux suées. Il est vrai, sans doute, que la répétition à la longue de l'exercice lent de la marche est à un certain degré contraire à une grande vélocité, et le cheval qui n'aurait jamais fait que de courtes distances au pas arriverait probablement au plus haut degré de rapidité qu'il puisse atteindre pour une petite distance. Mais, comme en général on veut lui demander plus que cela, et que ses jambes lui permettront rarement de faire toute la besogne aux grandes allures, l'on a recours à un compromis, et l'entraînement consiste en mélange de pas et de galop variant en longueur suivant les particularités de chaque cas. Toutefois, comme nous l'avons déjà remarqué, les suées ont un objet différent ; elles doivent suppléer au travail au galop, qui est inutile au-delà de ce qu'il faut pour former les muscles et l'haleine. Par ces

soins, les jambes ne souffrent que l'indispensable, et cependant
le cheval est maintenu léger et dispos, le cœur et organes inté-
rieurs conservant tout leur jeu. Il n'y a pas de doute, néanmoins, que si les jambes voulaient le permettre, et si l'animal
n'avait qu'une graisse ordinaire, l'on pourrait se dispenser des
suées, et l'exercice au galop pourrait remplir le but; mais la
pratique a fait reconnaître que la quantité de travail nécessaire
pour cet objet ruinerait presque infailliblement les jambes, et
l'on n'a trouvé d'autre expédient que de ralentir l'allure et de
faire, à l'aide de couvertures, l'œuvre des courses rapides et répétées. L'on peut donc poser en règle que dans tous les cas,
durant la préparation finale, un galop prolongé et modérément rapide, appelé une suée, avec ou sans couvertures, deviendra nécessaire tous les huit ou dix jours, pour faire tomber
la chair et la graisse superflue, et cela sans nuire aux membres
de l'animal.

74. — Les galops que l'on fait faire au cheval dans cette
dernière préparation ont principalement pour but de l'accoutumer à s'étendre à la meilleure allure et d'une façon régulière,
sans se dérober ou se défendre, et aussi pour acquérir la puissance de parcourir la distance pour laquelle il doit concourir.
Les procédés à employer dépendront beaucoup de la distance
que l'on doit tirer du cheval, ou en langage ordinaire, qu'il
doit parcourir, et aussi de son caractère, de son âge et de sa généalogie. Il y a des chevaux qui supportent mal l'entraînement, et ne peuvent jamais sans danger courir la distance pour
laquelle ils sont engagés, au train auquel ils seront probablement mis sur l'hippodrome. En fait, il faut les dorloter et ne
leur demander que ce qu'ils peuvent faire, et les animaux de
cette nature sont difficiles à mettre sur l'hippodrome, et seront
peut-être deux ou trois mois avant de pouvoir recommencer à
à courir par suite de l'effet produit sur eux par un effort auquel ils sont nécessairement inaccoutumés. Cette difficulté peut
provenir, soit d'un état extrême d'irritation nerveuse, ou de délicatesse de constitution, ou des deux à la fois. Dans beaucoup
de cas, un cheval qui a été durement poussé, forcé ou autorisé
à faire les derniers efforts, est si excité qu'il refuse de manger
pendant plusieurs jours, ne prenant qu'une poignée de foin ou
quelques grains d'avoine, et perdant plus de sa condition en
peu de jours que l'on ne peut lui en rendre en deux ou trois
mois. Il est évident que si l'on hasardait souvent ce degré d'ex-

citation pendant l'entraînement, toute chance de succès serait entièrement détruite, et l'on a en conséquence adopté le plan de toujours tenir le cheval en dedans de ses moyens dans les galops d'exercice, et quoi qu'il arrive, on ne lui permet pas d'allonger assez pour arriver aux tristes résultats que nous venons de décrire. Tout cela ne peut se découvrir que par l'expérience, et ce n'est que quand le mal est fait qu'il est possible de découvrir qu'un cheval doit éprouver ces tristes effets. Dans tous les cas, c'est un terrible échec, et ce n'est que pour des chevaux très supérieurs sous d'autres rapports qu'il y a lieu de persévérer avec un semblable tempérament. Cette disposition du cheval de course n'a aucun rapport avec le défaut de n'avoir tous ses moyens qu'en particulier, bien que l'on trouve souvent les deux réunis. Souvent un cheval paraissant de premier ordre quand on l'essaie en particulier, ne peut souffrir la foule. On le trouve disposé à faire une dure besogne quand il n'y a ni bruit ni tumulte, mais qu'il entende les cris de la multitude même loin devant lui, son énergie semble l'abandonner, au point même qu'il cesse de lutter, *ne se livre plus*, comme on dit, vers le poteau de distance ou même plus près, quand il avait *gagné en main* selon toute apparence. Il n'y a d'autre remède à cette faiblesse de nerfs que des épreuves répétées en public, puisque naturellement on ne peut réunir ni imiter des foules en particulier. Il faut ainsi persévérer jusqu'à ce que le cheval s'accoutume à cette excitation, ce qui du reste ne réussira pas toujours. C'est presque un défaut de constitution, mais il peut provenir aussi chez les jeunes poulains du manque d'habitude des foules et du bruit. Quand on dresse de jeunes chevaux de grande valeur, souvent on les dorlote et on les tient à l'écart par crainte des accidents ; il en résulte qu'ils s'alarment aisément quand on leur fait voir du monde et deviennent impropres à l'objet pour lequel on les a si soigneusement conservés. Ici les soins ont tourné contre leur but, et c'est une des applications du proverbe « le mieux est l'ennemi du bien. » Quelquefois on a adopté avec succès l'expédient de tromper le cheval en le faisant courir avec couverture et camail, mais ce moyen est surtout employé quand dans une occasion préalable on a fort maltraité le cheval à la fin de la course, ce qui l'a rendu nerveux et peut-être vicieux en même temps.

Alors il faut avoir soin aussi d'ôter les éperons et de faire courir sans réminiscence de la sévérité employée précédemment; mais pour neutraliser les effets de la foule un semblable expédient est de peu de valeur.

75. — La longueur des temps de galop est généralement en proportion de la course projetée, et l'on ne parcourt pas constamment la distance entière, mais seulement une, deux ou trois fois par semaine, suivant le caractère et la force du cheval. Ces longs temps de galop dépassent en général d'une bagatelle la distance à parcourir, à moins qu'elle ne soit très longue et que le cheval n'ait pas beaucoup de fonds, comme pour la distance des prix de la Reine, (1) cas où l'on doit compter sur les suées pour préparer l'animal et ne lui faire faire au plus que des galops de deux milles (3,218^m). Si cependant il paraît fort, il est toujours préférable de l'envoyer à la distance entière et quelque chose de plus, au moins une ou deux fois par semaine. On adoptera aussi souvent que l'entraîneur le jugera à propos des petits parcours de trois quarts de mille ou d'un mille et un quart, et on donnera tous les jours un ou deux galops de ce genre avec vitesse variant avec les circonstances, excepté le jour qui suivra une suée, où l'on ne devra guère travailler qu'au pas. A la fin du galop les derniers chevaux de la file auront permission d'atteindre et même de dépasser le cheval de tête, mais cela par occasion et nullement chaque fois. L'entraîneur donne ses ordres à l'avance au garçon qui conduit, et qui généralement a été mis là parce qu'il est connaisseur en allure et que l'on peut compter sur lui. Il donne aussi des instructions aux autres, soit de garder leurs places ou d'arriver jusqu'à hauteur des sangles du cheval de tête vers un certain point de la course, ou même de se porter tout à fait à sa hauteur à la fin... le tout conformément aux désirs de l'entraîneur, qui indiquera aussi si l'on se portera à hauteur du garçon de tête en lui faisant retenir son cheval ou autrement. La nécessité de tous ces soins est claire et évidente pour les moins expérimentés et ne demande pas d'autres explications.

76. — *La décadence* (2) est l'effet produit sur la constitution du cheval aussi bien que sur les membres, par l'excès de travail et de nourriture. Sous ce point de vue le cheval peut-être comparé à un arc, qui peut être tendu jusqu'à un certain point, mais au-delà il cesse d'avoir toute sa portée, et en fait finira par

(1) *Quen's plate*, plats de la Reine, les distances sont à Goodwood de milles 5 furlongs 97 yards.

(2) *Over-marking*. L'action de dépasser le but.

se briser si on le tend outre mesure, ou s'il ne se rompt pas complétement, il perdra pour toujours sa puissance et son élasticité. Il en est de même du cheval, jusqu'à un certain degré qui varie dans chaque cas particulier. On peut le faire galo per, suer et le pousser de nourriture ; mais dans tous les cas il y a un point de rebroussement qui doit être observé avec soin, et que l'on peut éviter en diminuant au lieu d'augmenter la nourriture et le travail de manière à éviter l'écueil redouté. Le cheval en décadence se reconnaît à son œil triste et pesant, à son poil piqué, à ses jambes délabrées et à son air inquiet. En même temps il faut savoir qu'un cheval de fonds ne doit pas arriver au poteau plein de vivacité, mais, quoique florissant et bien musclé, être tranquille et plutôt triste qu'en l'air. Telle est l'apparence d'un cheval de race résistante bien entraîné, mais d'un autre côté le même degré de travail qui produirait cet état de quiétude sur le cheval de fonds détruirait toutes les chances d'un animal plus faible de cœur et de complexion ; aussi est-il fréquent de voir même dans la même écurie deux chevaux dont l'un paraît triste et endormi et l'autre plein de vie et d'irritabilité, et cependant tous les deux ont été justement traités, entraînés avec le plus grand soin, quoique avec une somme de travail très-différente.

77. — *Le pansage à la main* sur les jambes doit être pratiqué pendant tout le cours de l'entraînement, mais il est maintenant plus nécessaire que jamais, et chaque jambe doit être frottée au moins un quart-d'heure tous les jours. Il est étonnant de voir quelle différence produit ce procédé pour la durée des mem bres, car l'on trouve par expérience qu'ils supportent bien mieux les chocs sur les terrains durs en les frottant avec soin à la main que si on s'abstient ou si on ne le fait qu'imparfaite- ment. Nous donnerons à l'article des soins de l'écurie, auquel il faut se reporter pour plusieurs renseignements utiles, les soins à donner à chaque espèce de cheval ; ceux qui sont particu- liers pour le cheval de course sont donnés ici, pour éviter des répétitions sans fin.

Section VIII. — L'Epreuve.

78. — *Une épreuve* sera nécessaire dans la plupart des cas avant la course réelle, et on l'entreprend généralement une quinzaine à l'avance et même beaucoup plus tôt pour des courses très-importantes comme le Derby et le Saint-Léger. Il

est d'usage d'essayer les chevaux à peu près deux jours avant leur suée ordinaire, de façon à ne pas déranger la progression régulière de l'entraînement ; mais si le cheval n'est pas très en chair et que l'épreuve doive être courue très-sérieusement, souvent l'on peut dispenser l'animal de la suée et l'épreuve en tient lieu. L'on ne peut compter sur aucune épreuve particulière si les chevaux ne sont pas montés par des cavaliers aussi bons que ceux qui auront à monter en dernier lieu. Si l'on met un jockey de premier ordre sur le cheval à essayer et un gamin employé à l'entraînement sur le cheval connu, comme on le fait souvent, c'est une dérision et un piége qui ne mène qu'à une déconvenue. Un système beaucoup meilleur est de mettre des gamins ordinaires sur les deux ; mais quelquefois on peut obtenir deux jockeys de profession, et alors, si les chevaux sont réellement également en état, l'on peut jusqu'à un certain point se baser sur le résultat. Après tout, l'épreuve particulière ne peut donner confiance entière, pour la raison que j'ai donnée dans le paragraphe 74, surtout dans les chevaux qui n'ont jamais vu un hippodrome, et tels sont ceux que l'on éprouve généralement de la sorte, puisque ceux qui ont paru en public sont bien essayés par cela même, et que moins on les bouscule mieux cela vaut. Rien ne diffère plus d'une course véritable que ce galop soigneusement ménagé de l'entraînement pendant lequel les chevaux vont pendant une certaine distance à une bonne et régulière allure, et puis font un seul effort et finissent sans une lutte prolongée. Mais dans une course sur l'hippodrome il arrive souvent que d'abord un cheval se porte à hauteur du concurrent redouté et le fait allonger, puis un second vient essayer ses moyens, peut-être même un troisième ; rien de tout cela ne se fait dans une épreuve particulière. Il est rares que deux courses se fassent de la même façon en raison de ces circonstances variables ; ainsi l'on ne doit pas s'étonner si le propriétaire ou l'entraîneur s'y trompent et s'attendent à des résultats bien différents de ce qui a lieu réellement. Il est vrai que si la course se menait comme l'épreuve, le cheval se montrerait peut-être aussi bien que la première fois. Dans tous les cas d'épreuves particulières, l'on place sur le cheval type un poids qui (dans le principe du handicap) le rend l'égal des chevaux contre lesquels on aura à lutter en public. Le cheval type ne peut donc servir que si ses moyens sont bien connus de l'entraîneur, et il doit avoir couru très-récemment, de façon à avoir donné par des résultats actuels la mesure de ce qu'il peut faire dans sa forme et condition du jour ; mais sans ce criterium, autant vaut le laisser à l'écurie. Si cependant on a observé tous ces points et que la victoire du débutant ait été satisfaisante et complète, il est raisonnable d'espérer que la chose peut se renouveler, sauf toutes les vicissitudes auxquelles nous avons déjà fait allusion.

Section IX. — *Travail de la dernière semaine.*

79. — Une suée, avec ou sans couverte, commence ordinairement la dernière semaine avant la course, et l'intensité qu'on lui donnera sera toujours en rapport avec l'embonpoint et l'état général du cheval. Si l'entraîneur est d'avis que son élève doit être réduit aux plus fines proportions, il donnera le dernier coup de pinceau en administrant une suée sévère ; mais s'il pense qu'une condition plus pleine convienne mieux, il adopte le plan de la suée très·légère, peut-être sans couvertures. Dans tous les cas, le long temps de galop régulier qui produit la suée a son utilité dans ce moment, et devrait rarement être pratiqué plus tard que sept jours avant la course ; il est vrai que pour les chevaux extrêmement portés à s'engraisser et qui ne mettent que peu de temps à se rétablir d'une suée, on peut en pratiquer une aussi rapprochée que le quatrième jour avant de paraître sur l'hippodrome. Après la suée, l'on donne les galops comme à l'ordinaire, et tous les jours jusqu'à la veille de la course. Ce jour-là, le galop sera léger ou prolongé, suivant la nature, l'âge et le tempérament du cheval. Toutefois, habituellement, on donne un bon galop rapide deux jours avant la course, et la veille seulement un galop modéré quant à la durée et à la vitesse, seulement pour ouvrir les tuyaux respiratoires et rien de plus. Ce sont d'ailleurs des détails où l'auteur ne peut entrer au-delà des prescriptions les plus fréquentes et des principes qui servent à les déterminer.

Section X. — *La nourriture.*

80. — La nourriture pendant toute la troisième préparation est calculée sur l'échelle la plus libérale, allant depuis quatre quarterons d'avoine par jour dans la première préparation jusqu'à cinq dans la seconde, et jusqu'à six dans la troisième, quelquefois en y ajoutant un demi-quarteron de fèves fendues à répartir entre les quatre repas. Les pois étaient autrefois fort en vogue pendant l'entraînement, mais on s'en sert rarement maintenant. L'on a découvert qu'ils convenaient moins au cheval que les fèves et *qu'ils* nuisaient aux rognons, tandis que les fèves sont entièrement à l'abri de cette objection et ne nui-- sent qu'à la condition de l'animal, en ce sens qu'elles échauffent, prédisposent à la fièvre et à l'inflammation des membres. Il vaut donc mieux restreindre la plupart des chevaux à l'avoine et au foin. Avec de bonne avoine anglaise ayant tout son poids, et du bon foin de prairies hautes, la condition peut généralement être obtenue aussitôt et gardée beaucoup plus longtemps qu'avec toute autre espèce de nourriture. Quelques chevaux néanmoins sont fort difficiles pour la nourriture, et sans fèves mangeront à peine le nécessaire d'avoine. Dans des cas pareils, il faut bien avoir recours à cette dernière denrée ; mais il faut s'en servir plutôt pour exciter les chevaux à manger l'avoine que comme lest solide et principal. Dans la troisième prépara- tion, il faut, s'il est possible, s'abstenir de donner de la paille.

Section XI. — Résumé de l'entraînement.

81. — Des remarques précédentes il peut être recueilli que l'entraînement, et la production sur l'hippodrome d'un cheval est un procédé beaucoup plus simple que l'œuvre correspon- dante appliquée au levrier. En même temps il y a occasion de déployer plus de talent, parce qu'il y a moins d'incertitude, et le réellement bon entraîneur a plus de chances de recueillir le fruit de ses peines qu'avec un pupille de la race canine. Dans le cheval, l'entraîneur doit certainement prendre en considéra- tion que quelques-uns des animaux à lui confiés, quoiqu'en état de courir avec avantage, ne feront pas tout ce qu'ils pour- raient; mais pour l'entraîneur de levriers c'est une source con- tinuelle d'inquiétude, et continuellement ses opérations sont paralysées par la crainte que tous ses chiens ne montrent la même mauvaise volonté. Avec un cheval de bonne race et de bon caractère, l'entraîneur peut également calculer, avec cer- titude, que l'animal fera demain comme il a fait aujourd'hui, et se trouve par là guidé dans ses opérations; mais il n'en est pas de même avec le levrier, dix fois plus incertain, et qui bou- leversera tous les calculs de son entraîneur, et cela même quand il est pour le mieux en condition et en énergie générale. La grande chose à éviter par l'entraîneur du cheval, est la ten- dance à le lancer trop souvent à fond de train, car il a été re-

connu que peu de chevaux peuvent le supporter sans perdre de leur vitesse, et quand on les tient à lutter les uns contre les autres ils perdront courage, à moins qu'ils ne soient résistants comme l'acier. Par suite le bon entraîneur, quand il connaît les particularités de son cheval, le tient en deça de ses moyens et lui donnera de la vitesse par des poussées occasionnelles, courtes et vives, sans rien exiger qui puisse faire perdre de l'allure ou détruire son goût pour la course, que presque tous les chevaux généreux aiment passionément. Il étudiera le tempérament particulier de chaque animal de son lot, et dans le cours de l'entraînement découvrira non-seulement comment l'animal aime à être traité dans son travail, mais aussi quel genre de course convient à chaque individu, si on peut le faire courir du commencement à la fin ou s'il ne peut durer que pendant une courte lutte finale. D'après les vues qu'il se sera formées, il donnera ses instructions au jockey le jour où il paraîtra en public. Ces réflexions peuvent être considérées comme renfermant tout ce qui est nécessaire pour un entraînement ordinaire, en commençant avec un cheval acheté d'un stud où on a voulu le réformer. On ne peut pas s'attendre à ce que beaucoup de gens réussissent comme M. Parr, avec un Weathergage ou un Mortimer; mais si l'on opère dans ces vues, tout amateur pourra comprendre les principes qui guident son entraîneur et peut-être faire la différence des essais grossiers d'un *ignoramus* avec les efforts heureux d'un véritable artiste.

CHAPITRE VII.

L'ÉLEVAGE.

Section Ire.— La Ferme.

82.—*La nécessité d'avoir une ferme spéciale* avec tous les bâtiments accessoires pour l'élevage des chevaux de course est de toute évidence, quand on songe à la valeur des poulinières et de leurs produits. Ce sont d'ailleurs des animaux trop difficiles à manier pour que les installations ordinaires puissent suffire. Il leur faut encore des herbages particuliers, pleins de beau trèfle et cependant sans herbes grossières, le fonds du pré bien drainé, et le sous sol sablonneux ou calcaire. La réunion de ces avantages a mis le Yorkshire dans sa position proéminente comme lieu d'élevage. Ses purs-sang et ses races de rang inférieur ont toujours été en grande réputation. D'un autre côté, les endroits bas et marécageux sont défavorables au développement du cheval et le rendent lourd, maladroit et taré. Dans le choix de la ferme d'élevage, le point à considérer tout d'abord comme absolument essentiel, c'est la nature du sol, et par suite l'herbage. La surface doit être ondulée, mais pas très-montueuse, justement assez accidentée pour montrer aux poulains la différence de la montée et de la descente, et les mettre à même d'apprendre à se tirer d'affaire dans les deux variétés de pentes. La dimension des enclos peut être facilement modifiée si elle se trouve trop grande ou trop petite ; mais il serait avantageux et économique de trouver une ferme divisée en petits enclos par des talus surmontés de fortes haies d'épines, sans fossés profonds, qui sont toujours une source de dangers pour le poulain et sa mère. Les murs sont de bonnes clôtures, s'ils sont assez élevés et la terre relevée à leur pied ; mais rien ne vaut un bon talus surmonté d'une haie d'épines.

83.—*Un certain nombre de cabanes* proportionné à celui des juments doivent être élevées, si on ne ne les a pas trouvées déjà établies, et la manière la plus économique de les bâtir consiste à en placer quatre au point central de quatre enclos (paddocks). Si les pâturages sont très-vastes, l'on peut bâtir au milieu et partager le pré en quatre promenades séparées pour les juments et poulains. Mais, bien que ce plan soit souvent adopté par économie, il n'est pas bon, parce que deux des cabanes doivent s'ouvrir sur le nord et sur l'est. Ces expositions sont froides et nuisibles aux jeunes produits, étant en outre trop à l'ombre au commencement du printemps. L'on doit encore remarquer qu'au printemps les besoins de la jument sont plus grands, et elle épuisera d'autant plus vite l'herbage mis à sa disposition ; il n'est donc pas sage de lui donner un espace trop restreint, mais au contraire il faut en donner un second autour de chaque cabane, pour qu'aussitôt que la jument aura tondu la première portion, on puisse la lâcher dans la seconde. Le plan ci-contre représentant une paire de cabanes avec leurs cours et leurs enclos (paddocks) donnera une idée des meilleures dispositions à prendre. L'on peut bâtir les cabanes en briques, en pierre, en bois ou en joncs, suivant le goût et les moyens du propriétaire, et cela coûtera de 50 livres sterling (1,250) à 10 livres sterling (250) par cabane, si on les construit simplement; mais si on veux les orner, il faudra payer selon le mode de décor. Dans tous les cas, les dimensions doivent être de 15 pieds sur 12, tant pour les barraques que pour les cours, et l'entrée doit être invariablement tournée vers le sud, soit directement, soit à un ou deux quarts à l'est ou à l'ouest. La porte ne devrait jamais ouvrir dans une autre direction, parce qu'il arrive souvent au commencement du printemps que le temps est trop froid et trop humide pour laisser sortir la jument et son poulain. L'on peut cependant donner passage aux rayons du soleil en ouvrant la moitié supérieure de la porte, ce qui sera très profitable au poulain, qui a autant besoin du soleil que du lait de sa mère. Quand les matériaux sont d'un prix très-élevé et que l'on veut limiter sa dépense, une cabane de douze pieds carrés peut suffire à la rigueur, mais on trouvera bien l'emploi de trois pieds de plus en longueur ; cela est toujours désirable sans être indispensable. Quant à la hauteur, je dirai que huit pieds suffisent, parce que ces baraques n'étant jamais hermétiquement fermées, il n'est pas important de leur donner une grande élévation; si on les fait trop hautes elles deviennent très-froides dans les longues nuits d'hiver, tandis qu'en les limitant à huit pieds, la chaleur du corps de la jument élève assez la température pour préserver le poulain pendant les gelées. Dans tous les cas, la toiture doit être en chaume, c'est frais en été et chaud en hiver, et comme ces cabanes sont toujours éloignées de l'habitation, l'inconvénient d'être sujet à l'incendie disparaît. Après le chaume, les tuiles donnent la température la plus égale ; mais quoique très-supérieures aux ardoises, elles ne soutiennent pas la comparaison avec le chaume. Les murs peuvent être en briques ou en pierres, qui sont les matériaux les meilleurs et les plus désirables; également bons sous tous les rapports, le choix doit dépendre du prix de la matière dans chaque localité. Les planches font de mauvais murs, il est bien difficile de tenir une habitation ainsi fermée à l'abri du froid et des courants d'air qui arrivent par des fentes très-fines sur la jument et son produit, ce qui est pire que de les laisser en plein air. Parmi les matériaux peu dispendieux, le meilleur est l'ajonc ou genêt épineux, lorsque l'on en a sous la main. Il fournit un excellent abri contre le froid et l'humidité, et n'a d'autres défauts que de tenir beaucoup de place et de ne pas durer longtemps. Il durera toutefois dix ou douze ans, et quand l'élevage n'est qu'une expérience, il est possible et même probable que les cabanes en ajonc dureront aussi longtemps que le caprice du propriétaire pour l'élevage des poulains de pur sang. Dans tous les cas, les portes doivent être larges et hautes, savoir : sept pieds et demi sur quatre pieds et demi, et tous les angles arrondis ; des bourrelets autour des montants de la porte sont un surcroît de précaution fort utile. La cour doit être entourée de planches ou par une barrière d'ajoncs jusqu'à une hauteur de sept pieds. La porte doit être en orme ou en chêne et faite en deux portions, de façon que la partie inférieure puisse se fermer indépendamment de la partie supérieure, pour pouvoir donner de l'air quand le temps ne permet pas à la jument et à son poulain de quitter la barraque : l'on doit percer dans la muraille une petite fenêtre et les mangeoires construites ainsi qu'il suit : Dans un coin l'on placera pour la jument une mangeoire de bonne hauteur, surmontée d'un anneau pour l'attacher, dans l'autre coin une plus petite pour le poulain. Par cet arrangement la mère une fois attachée ne peut manger l'avoine de son poulain. Le ratelier est mieux établi sur l'extérieur du mur, de sorte que le groom puisse le remplir de foin sans entrer dans la cabane. On obtient ce résultat en faisant saillir à l'extérieur la partie du ratelier fermée par un couvercle, de peur d'humidité, et en posant les rayons à l'extérieur. Cette disposition prévient les chances d'accident résultant des gambades du poulain qui le mènent à mal, si tout n'a pas été calculé pour en détruire les occasions. Dans le troisième coin, celui qui n'est pas occupé par la porte, se trouve un reservoir d'eau qui peut être en fer et devrait toujours être rempli d'eau fraîche et douce provenant d'une rivière, d'un étang ou de la pluie du ciel. Le sol doit être pavé en silex, en pierre ordinaire ou en briques très-dures ; au centre il doit y avoir un égouttoir bien grillé. La cour doit être pavé de la même façon, bien que ce ne soit pas essentiel. Quelquefois on la tient remplie d'argile brûlée, qui remplit le double objet d'absorber l'urine et de l'empêcher de se corrompre, propriété particulière à l'argile. On la change toutes les fois qu'elle est saturée et on la transporte loin des juments et poulains. La séparation entre les deux cours doit être ouverte en partie, afin de permettre aux poulains de faire connaissance avant de les mettre dehors ensemble, ce que l'on fait ordinairement en les sevrant ; s'ils sont étrangers l'un à l'autre ils se tourmentent de l'absence de leurs mères beaucoup plus que quand ils ont eu l'avantage de se fréquenter antérieurement. Quand on emploie l'ajonc, voici la méthode à suivre : l'on commence à fixer les montants verticaux, soit en chêne, soit en bon pin de Memel, bien solide. Ils doivent être équarris de six pouces sur quatre, espacés de six pieds et enfoncés en terre de trois pieds.

L'on établit ensuite le cadre, la sablière et les chevrons, l'on tire parti de toute la surface intérieure en clouant des lattes de mélèze ou autre bois les unes contre les autres, en travers des pieds droits, en ayant bien soin d'arrondir les extrémités qui dépassent le montant. De cette façon l'intérieur est passablement uni et il ne peut arriver d'accidents par suite de l'introduction de la jambe du poulain dans quelque fente entre les traverses, si on a eu soin de bien clouer et de ne pas laisser d'intervalles. Quand ce cadre intérieur est terminé, l'on applique les ajoncs à l'extérieur comme il suit : D'abord, on les coupe en petites branches ayant un pied ou quinze pouces de tige, puis on les couche entre les montants, les tiges tournées en haut et en dedans, et les bouts piquants en bas et en dehors. Quand, par une suite de couches de ces plantes en brosse, l'on a atteint une hauteur de dix-huit pouces, l'on prend une perche de six pieds forte et dure, à peu près de la grosseur d'un manche à balai, on l'étend sur le milieu des ajoncs, de manière à l'assujettir contre les traverses entre les montants ; les ouvriers s'agenouillent sur cette perche et, avec son aide, compriment les brins d'ajoncs dans le plus petit volume possible. Pendant qu'il est ainsi comprimé, on le fixe au châssis intérieur au moyen de cinq ou six tenons de fil de fer. Quand cela se fait convenablement, les ajoncs sont si bien fixés et tellement serrés que ni le vent ni la pluie ne peuvent y pénétrer, et toute la malice destructive du poulain ne peut en retirer un seul brin. Après avoir fixé la première couche on en établit une seconde par le même procédé. Quand cela est fait avec soin, l'extérieur est uni comme un mur de briques ; mais s'il y a quelques branches très saillantes, on peut les tondre avec les ciseaux *ad hoc* ou les couper avec la faucille employée ordinairement à niveler les haies. Quand on veut que l'extérieur soit bien uni, on emploie le couteau en usage pour mettre le foin en bottes ; mais les bouts naturels, quoique moins réguliers, protègent mieux et durent plus longtemps que les ajoncs coupés. Quelquefois les tiges projettent à l'intérieur, et, dans ce cas, doivent être égalisées avec soin. Les fermetures des

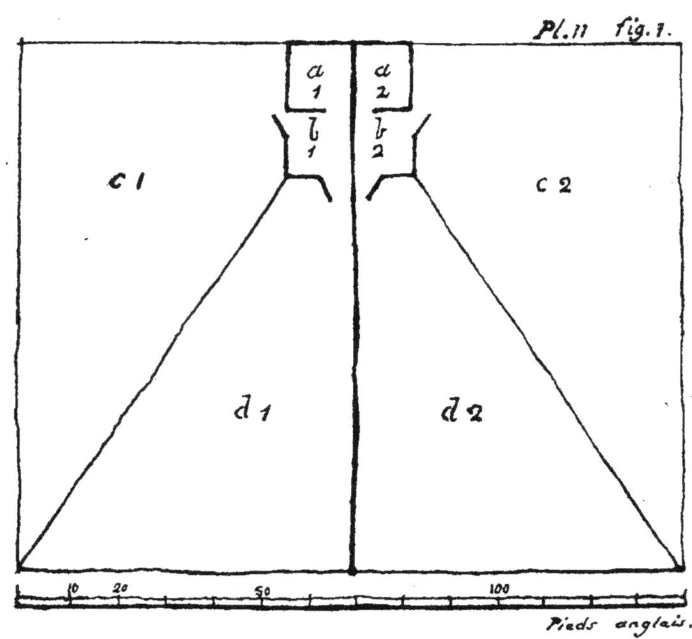

Pl. 11 fig. 1.
a 1
a 2
b 1
b 2
c 1
c 2
d 1
d 2
10 20 50 100
Pieds anglais.

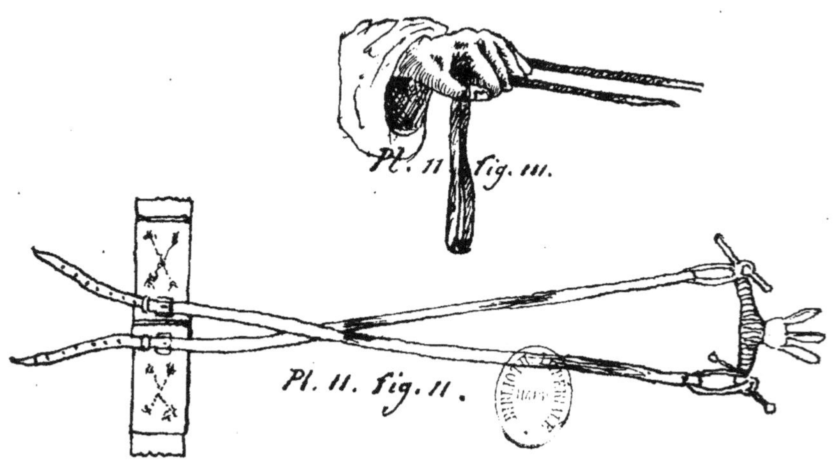

Pl. 11. Fig. III.
Pl. 11. Fig. II.

portes ne doivent point faire saillie, et rien ne répond mieux au but que le verrou ordinaire, qu'aucun poulain ne réussira à ouvrir. Toutes les pièces de bois doivent être peintes avec de la peinture commune ou mieux encore goudronnées; cette dernière méthode est la meilleure pour empêcher le jeune poulain de lécher et de mordre les parties saillantes; cette mauvaise habitude engendre souvent le tic en l'air ou sur la mangeoire. Les cours devraient avoir deux barrières, chacune ouvrant dans l'un des enclos (ou *paddocks*) séparés, de sorte que l'on puisse fermer un paddock et les laisser paître dans l'autre; cela permet à l'herbe de pousser et diversifie le pâturage. Dans le plan ci-contre, A 1 et A 2 représentent les cabanes, B 1 et B 2 les deux cours, C 1 et C 2 les deux pâturages d'en haut, D 1 et D 2 ceux qui servent à alterner. En fermant l'une des deux barrières de la cour, l'autre donnera accès dans le paddock choisi pour la jument et le poulain. Dans toutes les barrières en bois on doit, entre les barreaux, mettre beaucoup d'ajoncs ou d'épines, afin qu'un poulain qui aura glissé contre la barrière ne se blesse pas, ou même ne s'engage sous les barreaux. Cet accident en a perdu plus d'un, et la seule manière certaine de s'en garantir est de faire toutes les barrières avec ces matériaux, dont l'un ou l'autre sera toujours sous la main. (Voir Pl. II fig. 1.)

84. — Une certaine quantité de terre labourable devra toujours se trouver à côté des prairies, afin de produire de la luzerne, du seigle, des carottes et pour la nourriture des premiers temps du printemps. L'on doit se rappeler que l'on cherche à faire pouliner la jument de pur sang aussi près possible que du commencement de l'année, parce que son produit compte son âge du 1er de janvier, et avec des poulains de deux ans, un ou deux mois de plus ont une grande importance. Il y a peu de situations où l'on trouve beaucoup d'herbe pour la jument avant le 1er de mai, il faut donc donner quelque chose de hâché avec des carottes ou des navets de Suède. Cela ne peut s'obtenir économiquement que dans la ferme d'élevage elle-même, et il faut en faire provision pour en fournir dès le commencement de l'année. Le *ray-grass* italien donne généralement la récolte la plus précoce, et si le sol lui est propice il ne faut pas manquer d'en planter. Les navets de Suède sont profitables, mais pas autant que le ray-grass italien. Les carottes aussi sont utiles, mais dans tous les cas les navets et les carottes doivent se cou-

per en petits morceaux pour ne pas étouffer le poulain ou même la jument, car cet accident est arrivé plusieurs fois à l'un ou à l'autre. La luzerne vient bientôt après le ray-grass, et c'est une admirable nourriture pour la jument qui allaite. Les vesces viennent trop tard, sont trop échauffantes, et n'approchent pas de la luzerne.

Section II. — Soins à donner à la poulinière.

85.— Ici, d'après l'ordre naturel des choses, l'on doit s'attendre à des conseils sur le choix de la poulinière, sur le meilleur croisement à opérer ; mais, pour plus de simplicité, il vaudra mieux décrire les arrangements du haras d'élevage, le dressage et l'entraînement des jeunes animaux, et finalement considérer quelles sont les meilleures sources pour produire des chevaux de course, après avoir examiné à fond les divers éléments de succès sur le turf, aussi bien que le steeple-chase, la course des haies, etc. C'est, jusqu'à un certain point, mettre la charrette avant les chevaux, mais comme cela rendra plus intelligible ce sujet mystérieux, je préfère ce plan à celui plus régulier en apparence que je n'ai pas jugé à propos d'adopter.

86. — La durée de la gestation pour la jument est de onze mois, et en conséquence, elle ne devrait jamais être présentée à l'étalon avant la fin de la première semaine de février. Assurément l'on courra de grands risques en l'envoyant avant le milieu et même la fin du mois, puisque bien des poulinières mettent bas quinze jours avant le terme prévu. Si cela arrive à une jument qui a conçu le 8 ou le 9 février, le poulain naîtra dans la dernière semaine de décembre ; voilà son âge augmenté d'un an, il est hors d'état de prendre part aux luttes avec le poids pour l'âge, et, en fait, n'a plus de chances pour gagner une course. La jument devrait être laissée en liberté dans le pré pendant le jour, vu que l'exercice est fort utile à sa santé, et en outre, il faut tenir loin de sa vue tout ce qui peut l'épouvanter ou l'attrister, comme un porc que l'on égorge, ou la vue, ou seulement l'odeur du sang. Quelquefois une sorte d'épizootie cause une série d'avortements ou naissances prématurées, et presque toutes les juments de la ferme sont successivement victimes de ces accidents, sans que l'on connaisse aucun moyen de les prévenir. Quand la jument approche de son terme, on le reconnaît au gonflement des mamelles et à la dépression des muscles de chaque côté de la croupe, ce que les maréchaux ap-

pellent l'enfoncement des os. Quand ces signes apparaissent, l'on doit avoir constamment les yeux sur la jument pour pouvoir lui porter secours dans le cas où le fœtus ne se présenterait pas bien. La manière de venir au monde pour les poulains, c'est par les jambes de devant, et si, après qu'elles ont fait apparition, le nez ne tarde pas à se montrer, tout peut être considéré comme en règle, et il n'y a point d'alarmes à concevoir. Quelquefois avec un gros poulain et un pelvis peu développé, il y aura avantage à donner un peu en tirant doucement sur les jambes quand la tête est bien sortie, mais le cas est rare, et quand le fœtus se montre naturellement, il est rare qu'il y ait à s'en mêler. Si cependant l'animal ne naît pas régulièrement et que la tête se présente sans les jambes, ou les jambes de derrière les premières, ou si la tête est repliée sur le corps, il faut avoir recours au vétérinaire, à moins que le palefrenier présent ne se trouve d'une dextérité au-dessus de l'ordinaire. L'opérateur de profession cherche ordinairement à retourner le poulain, mais cela demande beaucoup de soin et d'adresse pour y réussir sans danger pour le jeune animal. Aussitôt qu'il est né, la mère doit avoir facilité pour le nettoyer, et le palefrenier retire les secondines. Il faut ensuite donner à la jument un peu de gruau chaud, et si elle est très-épuisée, une pinte environ d'ale forte (plus ou moins, selon les circonstances). Souvent, à la naissance de son premier poulain, la jument le refuse ; non-seulement elle ne le nettoie pas, mais elle ne veut pas le laisser téter. Dans ce cas, le palefrenier doit la traire et la calmer. Quand le pis commence à se vider, alors elle éprouve du soulagement et laisse ordinairement téter son petit. Il ne faut jamais les laisser seuls avant que cela n'ait eu lieu, sans quoi l'on court le danger de voir la jument blesser mortellement son produit. Avant que le poulain ne soit sec, il faut lui peigner la crinière et la faire tomber d'un côté ; avec cette précaution l'on évite ce vilain aspect hérissé que prend le jeune animal, si la moitié des crins pend à droite et le reste à gauche. Pour les premières vingt-quatre heures, rien que du gruau chaud avec fort peu de foin suffisent à la jument ; mais quand la sécrétion du lait est pleinement établie, il faut de l'avoine, des barbotages au son et à la drèche, des carottes, de la luzerne ou un vert quelconque, suivant la saison où l'on se trouve.

87.—Le meilleur moment pour ramener la jument à l'étalon est le dixième jour après qu'elle a pouliné, laissant neuf jours pleins entre les deux faits. Un éleveur d'une grande expérience m'a assuré que c'était meilleur que la monte faite le neuvième jour. Souvent il arrive toutefois que ce terme serait trop rapproché, comme quand la naissance a eu lieu au commencement de janvier ; si vous rameniez la jument à l'étalon, elle pourrait la fois suivante pouliner en decembre, ce qui est soigneusement à éviter. Il faut donc, pour cette raison, différer l'accouplement, et c'est une des causes de la fréquence des stérilités chez les juments de pur sang, dont un tiers environ chaque année se trouvent stériles et ne rapportent aucun profit à l'éleveur. Une autre cause de stérilité est l'abus de l'avoine, qui les tient dans un état d'excitation contre nature, tout l'opposé de cette fraîcheur de tout le système nécessaire pour que les organes de la génération soient à leur plus haut degré de perfection. Souvent une jument qui travaille beaucoup refuse l'étalon ; ce n'est pas qu'elle ne soit apte à concevoir, mais c'est qu'elle est trop *engrainée*, et l'on ne peut la remettre en état qu'en la mettant longtemps au vert ; cela rafraîchit le sang et cela permet à toutes les fonctions de s'opérer sans inflammation. Ce dernier état est l'antidote de la fécondation. Il est d'usage, après avoir conduit la jument à l'étalon, d'y revenir tous les neuf jours, jusqu'à ce qu'elle le refuse, alors elle est considérée comme pleine ; mais bien des juments continueront à accepter le mâle longtemps après avoir été fécondées, et quoique cette règle ne soit pas mauvaise, elle est loin d'être invariable. Si la jument éprouvait de la constipation, ce qui est rare avec le régime qu'elle doit suivre, on doit lui donner une dose d'huile de castor. La boule d'aloës, employée ordinairement, ne convient pas à la jument pendant la période de l'allaitement.

Section III.—Soins à donner au poulain.

88.—L'on doit commencer à manier le poulain aussitôt qu'il est né, parce que c'est à ce moment qu'il est plus facile de le rendre doux et indifférent à la présence du palefrenier. Celui-ci doit se faire une habitude de lui frotter la tête, de lui éplucher les pieds, longtemps avant qu'il y ait lieu de s'occuper de ces parties. Mais si l'on diffère ces pratiques jusqu'au moment où elles deviennent réellement nécessaires, le poulain est sauvage et intraitable, et l'on ne peut le médicamenter ou lui administrer toute autre chose sans un degré de violence dangereux pour son avenir. Les poulains sont très sujets à la diarrhée, et on doit l'arrêter tout de suite par un breuvage composé d'eau de riz avec une ou deux drachmes de laudanum, qui réussira presque toujours si on l'administre de nouveau après chaque défécation irrégulière. Dans tous les cas, en hiver comme en été, il faut laisser pénétrer le soleil dans la cabane, et sans cela aucun jeune animal ne pourrait conserver la santé. Si le temps est très mauvais, par suite d'humidité ou de froid, l'on n'ouvrira que la partie supérieure de la porte pendant que le soleil donne. Si au contraire le temps est sec, la mère et le poulain doivent être lâchés dans la cour; si le temps n'est pas très au froid et à la gelée, on peut les laisser aller au paddock, mais peu de temps. Au bout d'un mois le poulain commencera à manger de l'avoine concassée, qu'on peut lui mettre dans sa mangeoire basse, la jument restant attachée vis à vis de la sienne. Plus le poulain en mangera, plus il profitera, car je n'ai jamais ouï dire qu'un poulain eût voulu manger jusqu'à se faire mal de ce genre de nourriture, qui est fondamental pour le jeune cheval de course. Beaucoup des succès dépendent de l'accroissement prématuré que leur donne l'avoine, et pour la prospérité du jeune animal, ni lui ni sa mère n'en peuvent guère trop manger; mais par les raisons exposées dans le paragraphe 87, il faut user de ménagement à cet égard vis-à-vis de la jument, jusqu'à ce qu'elle soit décidément fécondée. Quand la jument est attachée, la longe ne doit pas être trop longue ni attachée à un anneau placé trop bas, car il est souvent arrivé qu'un poulain s'est enchevêtré dans une longe trop basse et s'est perdu par ses propres efforts ou ceux de sa mère. A six mois, il est d'usage de sevrer le poulain, mais auparavant il faut l'habituer à un licou léger et bien ajusté avec lequel on le conduit à l'aide d'une longe en tissu fixée par une boucle. C'est plus facile à faire avant le sevrage, parce que la mère sert à attirer le poulain, et en s'y prenant avec adresse il se trouve moitié séduit, moitié mené; si, au contraire, le petit animal est tout à fait seul, il fera résistance pour tâcher de s'échapper, et l'on n'en viendra pas si facilement à bout. Deux quarts d'avoine concassée doivent maintenant être donnés pendant le jour au poulain avec l'herbe de la belle saison, il sera en embonpoint et doit déjà être un animal d'une certaine taille. C'est par ce régime que l'on rend les poulains forts et vigoureux avant l'hiver, saison pendant laquelle leurs progrès sont loin d'être aussi rapides que dans l'été, d'autant plus qu'en dépit de toutes les précautions, il y a toujours quelque mécompte, tels que rhumes, dyssenteries, etc. C'est dans ce mode de nourriture que réside le grand secret de l'élevage du cheval de course, et bien que le lait de vache, les navets cuits à la vapeur, puissent rendre le cheval d'un an gras et charnu, vous ne verrez jamais cette apparence de race et de condition que donne l'avoine, et puis quand on met un poulain ainsi engraissé en entraînement, il ne supporte pas l'épreuve comme le font ordinairement les poulains et pouliches qui ont mangé beaucoup de grain. A cet âge et nourris de la sorte, les poulains sont malins comme des singes, et il faut avoir grand soin de ne laisser sur leur passage rien qui puisse leur faire mal : les balais, les pelles, les fourches, les seaux doivent se mettre hors de leur portée ; toutes les fermetures et haies d'enclos doivent être tenues dans un état parfait ; malgré toutes les précautions, ils se donneront des efforts en jouant, mais si l'on néglige celles que nous venons d'indiquer, il en résultera des conséquences fatales pour les membres ou pour la vie du jeune animal. En temps d'hiver, les produits de pur sang devraient être soigneusement mis à l'abri pendant la nuit, et leur ration d'avoine peut être augmentée jusqu'à trois *quarts* par jour ; dès que l'herbe vient à manquer, il faut y joindre beaucoup de bon vieux foin, et par occasion quelques carottes ou navets de Suède soigneusement coupés en tranches. Pendant ce temps, il faut encore constamment les manier et les conduire en main. Pour passer d'un pâturage à un autre, il ne faut pas manquer d'attraper son poulain et de l'y conduire à la longe; l'absence de cette précaution est une source perpétuelle d'accidents, et en l'adoptant l'on ne fait que suivre une fois de plus le précepte de toujours manier les jeunes animaux, même quand il n'y a point de déplacements à opérer. Ces remarques nous ont mené jusqu'à l'époque où il faut dresser et entraîner le poulain d'un an. A cette époque, c'est-à-dire au second été, et dès qu'il y a abondance d'herbe, le poulain d'un an doit prendre l'apparence du cheval, avec des bras et des cuisses bien développés et une bonne quantité de graisse qui, bien qu'inutile pour la course, est toujours un indice de belle santé et se montrera toujours sur les côtes d'un poulain sain et vigoureux, en dépit de tout l'exercice que son ardeur lui fait prendre sous forme de gambades et temps de galop. Dans les premiers mois du printemps l'on ne peut, en raison de la nourriture, espérer beaucoup d'enbonpoint, mais après le móis de mai, la chair doit être plutôt pleine et ronde que sèche et nerveuse ; condition qui présage une délicatesse de constitution contraire à ce que l'on attend d'un cheval de course.

89. —Il est quelquefois néc essaire de médicamenter le poulain quand il refuse sa nourriture, qu'il éprouve de la constipation, que ses yeux s'enflamment ou que tout autre symptôme indique excès d'avoine. Ces dérangements sont fort communs, et le remède est la boule usuelle d'aloès (voyez, pour la dose et la manière d'administrer, le chapitre des maladies du cheval). Le quart de la boule ordinaire est la plus petite dose qui puisse faire effet sur le poulain.

CHAPITRE VII.

LE DRESSAGE.

Section Ire.—Ecuries nécessaires pour les poulains de course.

90. — Les écuries, telles que nous les avons décrites au § 58, suffisantes pour les chevaux de course dans les conditions ordinaires, ne vaudraient rien pour le premier établissement des poulains et pouliches, qui ont besoin de plus d'air et d'espace que les vieux chevaux, et il faut un temps considérable avant qu'ils s'accoutument aux écuries plus chaudes et plus sombres qui conviennent aux chevaux qui font de la besogne un peu dure. Non-seulement il faut pour chaque poulain une vaste box, mais encore une cour ou petit paddock où ils puissent prendre naturellement en détail l'exercice que l'on ne peut pas leur donner artificiellement à assez forte dose pour maintenir leur santé. En général, le dressage commence pendant la saison d'été, et il n'y a aucun danger à laisser le poulain dehors, en liberté, aux heures qui ne sont pas employées aux leçons de l'écuyer. Il est donc nécessaire d'avoir une suite de boxes bien aérées, séparées l'une de l'autre de la même façon que celles que nous avons déjà décrites, mais de plus grande dimension, ayant au moins dix-huit pieds sur douze et avec une très-libre circulation d'air. Il vaut mieux les faire ouvertes jusqu'au toit, puisque, dans les saisons froides, on ne s'en sert jamais pour les chevaux. Elles peuvent alors être réservées en cas de nécessité pour tout autre bétail. A tout événement, dans les circonstances actuelles, il faut les aérer autant que possible. Beaucoup de

gens ne sont pas d'avis de donner de la litière en ce moment ; elle diffère trop du gazon frais auquel le poulain a été accoutumé, et on recommande le tan comme un meilleur sol à donner à une box. Je crois qu'ils sont dans le vrai, et que ce sol est celui qui prête le moins à ces contractions du pied qui arrivent si souvent au cheval soumis à l'entraînement. L'on devrait se procurer un paddock ombragé, avec un gazon aussi doux que possible. L'on peut commencer la journée en y lâchant le poulain pour une heure ou deux, et en faire autant le soir, laissant le milieu de la journée au travail du dressage. Ce système pourvoit en même temps au changement graduel de nourriture, puisque le poulain mangera toujours un peu d'herbe quand il sera dehors ; pendant toute la nuit, il n'aura que son oin. Il y a longtemps qu'il est accoutumé à l'avoine, et il continuera à la considérer comme un régal.

Section II. — La longe.

Le travail avec un caveçon doit précéder tous les autres, et il faut le continuer pendant deux ou trois semaines, sans donner aucune autre leçon, si l'on a du temps et que l'on veuille donner au poulain une éducation parfaite. On lui met un surfaix, une croupière avec de longues courroies pendant sur les hanches, qui doivent l'accoutumer à une couverture flottante, ou tout autre dérangement dans son accoutrement qui pourra survenir plus tard. Dans cet équipage, et de longues guêtres genouillères aux jambes de devant pour les garder des coups, l'on conduit le poulain à travers le pays, soit en marchant devant lui, soit en montant un hack bien calme. La première semaine, il faut ordinairement rester sur le gazon le plus doux, ce qui dispensera de le faire ferrer. Même sur un pareil terrain, il s'accoutumera graduellement aux charrettes, aux wagons, aux troupeaux de moutons, aux bœufs, etc., et tous les jours acquerra de la confiance en lui-même et en son conducteur. On ne lui met pas encore de mors dans la bouche, l'usage prématuré de cet aide pendant que le poulain est encore sournois et disposé à résister, ne fait que le rendre plus timide et moins maniable qu'avec le simple caveçon.

Section III. — Le ferrage.

92. — Le ferrage doit commencer aussitôt que le poulain est en état d'être mené sur les routes. Il arrivera souvent qu'il aura

envie de sauter et de gambader à la vue d'objets nouveaux
pour lui. Si les pieds ne sont pas ferrés, il cassera la croute et se
fera mal pour plusieurs semaines. Il vaut mieux en conséquence
lui mettre des fers courts aux pieds de devant, mais ceux de
derrière peuvent peut-être rester encore quelque temps dans
leur état naturel. Quant à moi, je ne vois pas grand avantage à
ce délai, mais il est fort en usage pour les poulains de pur
sang; avec les poulains très-sauvages ou qui ont été maltraités,
cette précaution est souvent nécessaire, en ce qu'ils résistent
beaucoup plus au maréchal pour les pieds de derrière que pour
ceux de devant. Les fers doivent être soigneusement cloués,
bien élégants et légers. Il faut régulièrement examiner la ferrure et changer les fers toutes les trois semaines. Les maréchaux ont la manie bien fréquente d'abattre les talons de ces
poulains, mais à mon avis, en ne mettant que des sortes de demi-
fers, les talons peuvent être laissés dans l'état de nature et ne
demanderont guère à être rognés jusqu'à ce que le cheval soit
ferré en entier, et qu'il faudra protéger les talons et la fourchette
du contact du sol.

Section IV. — L'attache à l'écurie.

93. — Nous arrivons au point où il faut *attacher dans une
stalle*. Les poulains ont à en contracter l'habitude ; bien qu'ils
connaissent déjà la puissance de la longe dans leurs efforts pour
éviter les objets qui les effrayaient en passant, ceci diminuera
beaucoup leur résistance à rester tranquilles à l'écurie. La têtière doit être bien ajustée, et la sous-gorge assez serrée pour
que le poulain ne puisse s'en débarrasser, car s'il y réussit une
fois il essaiera longtemps de recommencer. Quelquefois les
poulains sont très-remuants, dans ce cas il faut les forcer à se
tenir tranquilles au moyen de boules de bois attachées au paturon au moyen de courroies. Il prendra vite l'habitude de rester
tranquille pour éviter les coups qu'il ressentira toutes les fois
qu'il se démènera ou qu'il se jettera de côté et d'autre. On peut
lui mettre un poitrail comme préliminaire de la couverte de
poitrine. En outre, ce poitrail retiendra le surfaix qui tend à
couler en arrière vers le flanc, ce qui irriterait le jeune animal.
C'est le moment de l'accoutumer aux pratiques ordinaires de
l'écurie, telles que le lavage des pieds, le pansage, le frottement sur les jambes avec la main, etc. Le poulain doit appren·
dre à tourner de côté et d'autre dans la stalle à la parole de son

palefrenier. Tout cela peut être enseigné par le groom sans le
secours d'aucun écuyer de profession, à moins que le caractère
du poulain ne soit assez mauvais pour exiger un talent et une
adresse particuliers. Encore dans ce cas, le groom accoutumé
aux chevaux de pur sang est souvent plus adroit que l'écuyer
qui est occupé à dresser toute sorte d'animaux et n'a pas assez
de temps à consacrer à ces précieux poulains. Ce n'est qu'à
foice de temps que l'on soumet ces jeunes animaux ; si on les
brusque, ils deviennent vicieux et ne peuvent plus remplir le
but pour lequel ils étaient d'ailleurs très-bien organisés. Leur
nourriture est si excitante, qu'ils sont pleins d'ardeur et se dé-
fendront jusqu'à la mort si on provoque la résistance par les
mauvais traitements ou trop de précipitation dans le dressage.
C'est donc principalement par les caresses et l'éducation graduelle que l'on vient à bout de l'animal et qu'on l'amène pas à
pas à abdiquer toutes ses volontés en faveur d'un enfant de
douze ans et même moins.

Section V. — Dressage.

94. — Le travail à la longe doit maintenant commencer, et il
faudra une seconde personne pour forcer le poulain à marcher
en cercle, en le menaçant de la chambrière. On fait revêtir le
caveçon, les guêtres, le surfaix, la croupière, etc., et une
longe en tissu s'attache à l'anneau de chanfrein du caveçon,
précisément comme pour faire faire au poulain sa promenade
ordinaire. Mais au lieu de le mener en main sur la ligne droite,
on le fait marcher en cercle sur un gazon doux, et quand il le
fait volontiers, on commence à le faire galoper doucement en
cercle (à l'allure cadencée ou canter), l'aide suivant par derrière, jusqu'à ce qu'il sache aller tout seul, ce qu'il apprendra
promptement à faire. Aussitôt qu'il a fait une douzaine de
tours dans une direction, on doit le remettre sur la voie inverse,
cela prévient les étourdissements et la fatigue d'un des membres plutôt que de l'autre. Pendant le dressage l'on continue à
suivre cette méthode qui est excellente pour calmer le poulain
en lui donnant la dose d'exercice nécessaire au pas et au galop ;
mais on n'applique pas ce système de la même façon que pour
le dressage ordinaire des hacks et des carrossiers. Il sert à
mettre sur les hanches les chevaux de cette sorte, mais c'est une
modification des allures naturelles nullement à désirer chez les
chevaux de course ; il est au contraire souvent nécessaire de le

faire allonger plus qu'il ne serait porté à le faire ; moins il est sur les hanches, meilleure est son allure. C'est pourquoi l'on ne fait jamais servir le mors à l'asseoir sur les jambes de derrière, au contraire, on lui apprend à s'étendre en jouant avec le mors et en résistant à la tendance qu'il a de restreindre la tête.

95.—Maintenant l'on peut mettre le mors. Sa construction et sa forme sont d'une extrême importance pour obtenir plus tard la finesse de bouche qui est si essentielle pour l'allure du coursier. Pour aucun cheval, le bridon n'est plus avantageux que pour le cheval de course, chez lequel le mors de bride tend à raccourcir l'allure. Cependant, quand il tire très-fort, il vaut encore mieux en subir l'inconvénient que de lui voir emporter son cavalier, puis se dérober ou perdre toutes ses chances en s'étouffant par l'excès de sa rapidité au commencement de la course. Il est donc doublement nécessaire d'éviter de rendre douloureux les coins de la bouche ; car, s'ils tombent une fois dans cet état, il est à peu près certain qu'ils deviendront après plus ou moins calleux et insensibles. Or, si durant le dressage on se sert d'un bridon, n'importe de quelle sorte ou de quelle dimension, on est presque sûr d'arriver à ce résultat, soit par la résistance du cheval au mors, soit quand on le lui mettra dans l'écurie. Pour remédier à tout cela, il faut substituer au bridon le mors sans articulation, en forme de segment de cercle, avec des clefs attachées au centre, suivant l'usage. La forme du segment est meilleure que celle du mors droit sur lequel le poulain est porté à tirer d'un côté, ce qui lui rendra la bouche inégale, tandis que debout à l'écurie, avec les rênes bouclées au surfaix, il ne peut faire autrement que de tirer également sur toutes les parties de sa bouche, soit qu'il rapproche ses lèvres d'un côté ou de l'autre du mors. C'est un point important pour le dressage de tous les poulains et doublement pour ceux de course, qui doivent conserver assez de finesse de sensation pour pouvoir être tournés avec justesse dans les coins, sans perdre du terrain, et par conséquent s'éloigner du but. Mais, avec ce mors, la bouche se fait graduellement sans produire de douleur dans les parties qui plus tard doivent goûter le mors. Le trait essentiel de ce mors est là ; car, comme la langue et les gencives supportent principalement sa pression, les coins de la bouche ne le touchent qu'à la volonté du poulain ; c'est en jouant que le contact a lieu, et alors seulement assez doucement pour éviter toute douleur (v. pl. II, fig. 2). L'on peut donc se servir sans crainte de ce mors dans toute occasion, jusqu'à ce que le poulain soit en état de prendre les galops d'entraînement. Alors, il faut lui mettre un fort bridon que l'on diminue graduellement jusqu'à ce que l'on arrive à cette façon fine et élégante que l'on appelle le bridon de course. Toutefois, ce bridon n'a pas besoin d'être à beaucoup près aussi petit pour le cheval dressé avec le mors segmentaire que pour celui qui a été embouché à la manière ordinaire. Le mors doit être posé sans essayer en aucune façon d'apprendre au poulain à jouer avec; mais on peut le laisser dans la bouche pendant qu'on mène le cheval au caveçon et sans attacher les rênes. Quand cela a été fait pendant un ou deux jours, l'on met les rênes et on les attache aux boucles de surfaix croisées par dessus le garrot. D'abord, elles doivent être ajustées très-modérément, juste assez pour que le cheval n'ait pas la tête tout à fait dans sa position habituelle. Ainsi accoutré, on peut le laisser une heure dans sa box, sans compter la promenade au caveçon avec le bridon dans la bouche. Tous les jours on peut raccourcir de un ou deux trous, et cela plutôt dans la box que dehors, où il faut aller par graduations insensibles. Il y a des poulains qui commencent très-tôt à goûter le mors et à jouer avec; d'autres sont boudeurs pendant un ou deux jours et pendent constamment dessus dans l'espoir de s'en débarrasser. Tous à la fin finissent par goûter le mors, et, quand ils le font avec facilité, l'écuyer doit montrer au poulain la signification du mors en le faisant arrêter et reculer par ses effets pendant le travail du dehors. Il faut prendre avec justesse de chaque main les anneaux latéraux, et, par une pression continue, faire arrêter et reculer le poulain, mais sans l'alarmer. Encouragé par la douceur et les bons traitements, il s'accoutumera bien vite à l'usage du mors, et il ne faudra que dix ou quinze jours pour arriver au résultat que nous appelons *se faire une bouche*, qui n'est autre chose que donner un surcroît de délicatesse au sens du toucher dans la région des lèvres. Quand on en est à ce degré et que l'on a obtenu l'obéissance au mors, c'est-à-dire que le poulain se porte en avant ou en arrière, suivant que l'on amène sa tête dans l'une ou l'autre direction en tenant le mors à deux mains, le poulain peut apprendre à reculer. Pendant toute la période du dressage, un travail lent et quotidien à la longe et de la promenade au pas empêchent le poulain d'avoir une exubérance de force, de sorte que tous les jours il éprouve plus ou moins de fatigue.

96.— Avant d'enseigner à reculer méthodiquement, l'on doit mettre la selle et en choisir d'abord une grande, bien rembourrée et bien ajustée, de manière à éviter toute pression douloureuse. Une attention doit se porter sur le garrot. S'il est mince et saillant, le pommeau de la selle doit être proportionnellement relevé. Jusqu'à présent la poitrine n'a éprouvé d'autre pression que celle du surfaix, mais on a dû le resserrer graduellement, de façon à préparer le poulain à l'usage des sangles qui maintiennent la selle. Celle-ci doit d'abord être posée avec les sangles tout à fait lâches et l'addition d'une croupière. Le poulain la connaît déjà, et la queue qui la retient, sert souvent à empêcher la selle de peser sur le garrot, partie sensible et facile à blesser. Le poulain doit être promené et mis à la longe, avec la selle sur le dos, environ deux jours avant d'être monté, de façon à ce que toutes les parties s'habituent à la pression. L'on fait même très bien d'accroître le poids de la selle en y mettant quelqu'objet d'un poids modéré, tel que deux ou trois stones (de 12 k. 65 à 19 k. 00). On peut y mettre graduellement des sacs de plomb ou objets semblables, mais sans excéder en poids mort le chiffre que nous venons d'indiquer. Quand le poulain a acquis de l'habitude, on peut le sortir et faire travailler à la longe jusqu'à ce qu'il soit fatigué, toujours conservant la selle sur le dos. Pendant cet exercice, l'écuyer doit souvent peser considérablement sur l'un et l'autre étrier, faire claquer les étrivières sur les panneaux de la selle, de façon à accoutumer le jeune animal à ce bruit. Il est fort bon de faire ajuster au-dessus de la selle un surfaix en cuir et d'y fixer les boucles pour les rênes de côté, au lieu de les coudre à la selle elle-même. Quand tout est prêt et que le poulain est fatigué du travail à la longe, il peut être conduit à la maison de pansage qui est attenante au terrain d'exercice. Là l'écuyer lui-même ou l'un des gamins d'écurie se met en selle, usant de la plus grande douceur, comme il le faut en tout à l'égard des jeunes chevaux, et l'encourageant de la voix et du geste. Il est plus facile d'habituer au montoir dans l'écurie que dehors, cela alarme moins le poulain, parce qu'il est plus habitué à être manié dans cet endroit, et par conséquent, il sera moins enclin à la résistance. Le garçon ou la personne chargée du dressage devrait monter et descendre plusieurs fois, et si le poulain a un bon caractère, il laissera généralement faire tout cela sans opposer la moindre résistance. Il faut se donner peu d'élan pour monter, mais le petit garçon peut se pendre après le cheval comme pour le caresser, et faire peser son poids sur la selle, puis il met un pied à l'étrier et appuie dessus. Quand le cheval le souffre sans difficulté, l'on cesse de peser pendant une ou deux minutes et puis doucement et insensiblement l'enfant s'élève à hauteur de la selle, tourne la jambe par dessus et se trouve en selle. Quand le garçon s'est tenu tranquillement quelques minutes sur le dos du poulain, les rênes latérales bouclées au surfaix en cuir, l'on peut ajouter deux rênes supplémentaires pour son usage, quoiqu'au commencement il faille compter principalement sur l'écuyer qui conduit le poulain en main, comme par le passé, avec la longe et le caveçon. De la sorte l'on mène le poulain au dehors et on le promène au pas une heure ou même plus, puis on rentre à l'écurie, et l'enfant descend de cheval. Sous aucun prétexte, cela ne doit se faire dehors dans les premiers temps, parce qu'il arrive qu'en descendant, il y a bataille pour remonter et victoire pour le cheval. Dans l'écurie, on peut toujours descendre et remonter sans inconvenient, et avec le pur sang, on a rarement occasion de le faire ailleurs, jusqu'à ce que le cheval en ait pris l'habitude. Si la porte de l'écurie était trop petite et trop basse pour en agir ainsi, le poulain peut être monté dans le paddock, le dresseur ayant soin de s'emparer de son attention, et un troisième individu se tenant à droite pour maintenir l'animal droit et empêcher la selle de tourner quand on pèse sur l'étrier. La plupart des poulains cèdent au commencement à cette pression d'un seul côté, mais ils apprennent bientôt à y résister et finissent par ne témoigner aucun déplaisir. Mais l'on reconnaîtra que tous les poulains peuvent plus facilement être maniés par deux personnes dans une écurie spacieuse que par trois au dehors où ils ont toujours l'œil ouvert sur ce qui peut les effrayer, et sont toujours plus disposés à résister. La seule difficulté est d'avoir une porte suffisamment haute et large, mais si malheureusement elle est dans de petites dimensions, l'on se trouve obligé de renoncer au système que nous venons de décrire.

L'enfant mis en selle doit d'abord rester tranquillement et patiemment immobile, et ne doit jamais chercher à se servir des rênes. L'on pourrait bien se dispenser d'en mettre s'il n'était pas si rare de trouver des cavaliers sachant conserver leur assiette sans avoir quelque chose dans la main. Je me suis toujours bien trouvé de boucler les rênes au caveçon plutôt qu'au mors, toutes les fois que les mains du cavalier n'étaient pas très légères. En quittant l'écurie, le poulain fait le gros dos, quelquefois le saut de mouton. Cela arrive rarement dans l'écurie et moins souvent en la quittant que si l'on monte tout à coup en plein champ. Dans ce cas l'éleveur doit lui parler sévèrement et lui tenir la tête élevée ou abaissée, suivant qu'il veut ruer ou se cabrer. C'est principalement contre la ruade que le cavalier a besoin d'avoir les rênes fixées au mors, parce qu'elles peuvent servir à maintenir le poulain tranquille, en relevant promptement la tête au moment où il la baisse pour lancer la ruade. Mais si le cheval se cabre, le gamin risque fort de causer du mal en se servant des rênes, et en définitive il me paraît meilleur de ne pas courir les chances de produire un accident par de faux effets de rênes, toutes les fois que l'on ne mettra pas sur le poulain un cavalier très prudent et très habile à dresser les chevaux. Quand le poulain est tout à fait soumis et tranquille, on peut permettre au jeune garçon de tenir les rênes, mais l'écuyer doit toujours garder la longe attachée au caveçon et se tenir prêt à aider l'enfant. Celui-ci, néanmoins, doit commencer dès à présent à essayer de tourner le poulain et à l'arrêter à volonté, tenant pour cela une rêne dans chaque main, bien séparée, et s'aidant de la voix et du talon. Dès qu'il paraît probable que l'enfant pourra être maître, on peut ôter le caveçon et mettre le poulain dans une file de chevaux assez sages pour ne pas lui donner de mauvais exemples et l'engager à faire des bonds. Pendant le dressage, il est assez prudent de diminuer la ration d'avoine, et on ne commencera guère à l'augmenter avant les exercices au galop. Le tempérament de l'animal doit d'ailleurs être pris en considération : quelquefois l'animal est disposé à s'attrister, à maigrir, alors il sera bon d'augmenter la ration plutôt que de la diminuer. Néanmoins les animaux d'un mauvais caractère devront toujours être nourris légèrement pendant le dressage, et il faut leur donner plus de soins et leur consacrer plus de temps. Aujourd'hui l'on comprend beaucoup mieux cette partie qu'autrefois, et l'on gâte beaucoup moins de chevaux en les dressant. Cependant il y a encore bien des progrès à faire et le nombre de chevaux pris de travers par l'écuyer ne laisse pas que d'être considérable. En général, les chevaux de pur sang ne supportent pas les mauvais traitements ; il y en a toutefois d'un caractère si sauvage qu'il faut les dompter par la rigueur, mais c'est l'exception, et la grande majorité se dressera sans difficulté en les maniant de bonne heure, les harnachant et les montant avec prudence et précaution. S'ils se sentent gênés par le mors ou par la selle, si la croupière les blesse, ils témoignent leur souffrance en résistant, croupionnant et refusant de marcher tranquillement. Mais à moins que quelque chose n'aille de travers, ils se laisseront monter et équiper bien plus facilement que les poulains d'espèces communes, qui rarement ont eu une têtière près des oreilles, presque jusqu'au moment d'être montés. Plus d'une fois il m'est arrivé de monter avec assez de facilité des poulains de pur sang huit ou dix jours après qu'on leur avait mis pour la première fois un mors dans la bouche. Ce n'est toutefois pas un bon système, plus on leur laissera de temps pour s'accoutumer au mors, plus ils deviendront maniables par la suite. L'on sera encore plusieurs mois avant de pouvoir compter sur eux en aucune circonstance, et quand on augmente la ration d'avoine, ils ne manquent pas d'essayer quelque tour de leur façon, mais les garçons peuvent très bien résister à ces sauts de gaîté, qui sont tout autre chose que les efforts d'un poulain décidé à se débarrasser de son cavalier.

Quand toutes ces difficultés sont aplanies, l'on peut dire que le dressage est terminé et que l'entraînement du cheval de deux ans commence. Il ne reste plus qu'à faire connaître l'emploi de l'éperon et du fouet, dont on ne doit se servir que comme instrument de châtiment; c'est-à-dire que ce n'est pas une leçon de tous les jours. Tous les poulains doivent apprendre à connaître ces chatiments, et il sera bien rare que les occasions manquent de les trouver en faute.

CHAPITRE IX.

ENTRAINEMENT DU POULAIN DE DEUX ANS.

Sect. Ire — Remarques préliminaires.

97. — Une dose de médecine sera ordinairement nécessaire à la fin du dressage, et souvent dans le cours de cet exercice. Mais en donnant de temps en temps un barbotage au son et un peu de vert mêlé avec du foin, l'on pourra s'en dispenser ordinairement pendant le cours du dressage, lorsque surtout l'on ré-

duira intentionellement la ration d'avoine. Aussitôt que la
personne chargée du dressage croit pouvoir risquer une augmentation d'avoine, on revient à la ration première, et alors
une dose purgative, précédée de deux barbotages, prévien-
dra cet état fiévreux qui vient si souvent après le dressage,
quand la contrainte de l'écurie succède à la liberté des champs.
Naturellement l'entraîneur règlera la force et la quantité de sa
médecine sur ce qu'il sait de la constitution et de l'état de
santé du poulain, et aura soin de n'en faire usage que quand cela
sera nécessaire. Mais il faut qu'il se persuade bien que chez ces
animaux, auxquels on prodigue une nourriture échauffante, il y
a toujours tendance à l'inflammation surtout des yeux. C'est ce
qui justifie principalement ces purgations d'occasion. Sans doute
on pourrait éviter ces inconvénients en diminuant la ration
d'avoine ; mais les jeunes chevaux seraient moins propres aux
courses, et c'est avec pleine connaissance des inconvénients que
l'on persévère à les pousser d'avoine. La tâche qui incombe ensuite à l'entraîneur est d'enseigner à l'animal novice la plus
belle allure de galop et la plus avantageuse, avant d'essayer de
produire chez lui cet état d'entraînement qui lui permette de
durer aussi longtemps et plus longtemps dans une course que
ses compétiteurs.

98. — C'est une longue affaire que l'éducation du cheval de
un ou deux ans, elle demande au moins six ou huit mois, y compris le dressage. Il y a peu de poulains qui seront en état d'être
essayés avant un an de travail, et à moins qu'il ne soient reconnus
lents comme des tortues et en même temps avec des formes de
cheval, il ne faut jamais en désespérer avant que l'année d'éducation ne soit écoulée. L'usage habituel est d'employer trois
mois de belle saison à les débourrer et à leur donner les premières notions du canter, avec la connaissance de l'éperon, etc. ;
ensuite on les laisse reposer un peu de temps et on leur administre une ou deux médecines. Vient ensuite l'entraîneur qui
forme leurs allures pour deux ou trois mois encore, jusqu'au
milieu ou la fin de janvier, généralement jusqu'à ce qu'il commence à geler un peu fort. A ce moment un entraîneur expérimenté commence à avoir quelque idée de leur façon de courir
et à prévoir quelle sera leur forme définitive. Quand le froid
rend le terrain trop dur pour un exercice violent, généralement on laisse reposer les poulains ; on administre encore des
médecines ; on diminue l'avoine, et l'on donne quelques carottes

coupées en tranches, et par occasion un barbotage au son. Cet état d'oisiveté dure plus ou moins longtemps, suivant l'intention du propriétaire de produire les poulains sur l'hippodrome au commencement ou à la fin de la saison des courses. Il se guide à cet égard sur leur apparence. La franchise et la beauté de leur allure, qui doit être légère, élastique et adroite, c'est ce qu'il faut pour les lancer de bonne heure. Mais s'ils sont gauches, décousus, lourds, alors il faut attendre longtemps avant de les risquer sur l'hippodrome. Ainsi, c'est au mois de janvier que l'entraîneur décidera s'il continuera la préparation du poulain pour le faire concourir pour les prix du printemps, ou bien s'il le réservera pour l'automne ; ou bien enfin s'il les mettra de côté jusqu'à trois ans, comme on le fait pour des animaux grands et gauches. Quant à ceux que l'on prévoit devoir être absolument impropres aux courses, il n'y a qu'à les vendre.

Section II. — Couvertures, pansage et arrangement d'écurie.

99. — L'éducation générale des jeunes chevaux de course est, comme nous l'avons dit, basée pour tous sur les mêmes principes, et on s'en occupe à la fois dans tous les haras de poulains, d'août en novembre, pour les dresser ou plutôt les débourrer ; de novembre à janvier inclus, on leur montre à se servir de leurs jambes, à ne pas craindre la foule, le bruit et tout ce qui est de nature à effrayer sur le terrain des courses. Maintenant l'objet que l'on a en vue est de les faire galoper dans la main sans s'occuper de leur *condition*, tout en les tenant dans un haut degré de santé, pour favoriser leur croissance, le développement de leurs muscles, et dans ce but, il faudra avoir recours aux arrangements suivants :

100.—L'on fait usage de couvertures d'espèce légère aussitôt que le dressage est assez avancé pour permettre de les mettre, et que la chaleur de l'été est tombée ; on doit s'en servir d'abord dans les grandes boxes biens aérées avant de placer les poulains dans les écuries d'entraînement. A mesure que les nuits deviennent fraîches, ces boxes doivent graduellement se clore le plus possible, pour empêcher les poulains de souffrir du froid et pour que leur poil ne devienne pas long, de façon à les gêner pour le travail qu'ils vont avoir à faire. A la fin d'octobre, ils pourront généralement supporter un système complet de couvertes d'hiver dans leurs boxes aérées, et quelquefois, dans les hivers très-froids, une épaisse couverture de bure sur la croupe. L'on n'ajoute guère le camail et la couverte de poi-

trail que quand l'entraînement a commencé ; mais quand le
temps devient froid, ces accessoires sont nécessaires pour la
promenade au pas, en raison de la grande différence de température entre leurs écuries chaudes et l'air froid qui règne sur
les plateaux.

101. — Le pansage commence maintenant activement, et
le poulain reçoit les soins exclusifs d'un petit garçon, exactement comme nous l'avons décrit pour l'entraînement du cheval
de course. Le pansage sur le corps, le frottement des jambes
à la main, tout est identique. Il faut toutefois le plus grand soin
dans l'emploi du peigne et de la brosse. Ils occasionnent toujours quelque résistance de la part des purs sang, et si on s'en
sert rudement avec le poulain d'un an, il se livrera à une terrible fureur. Le pansage à la main devient maintenant particulièrement nécessaire, à cause de l'épreuve à laquelle sont soumis les membres, parce que, quelque léger que soit l'enfant
d'écurie, son poids est encore supérieur à la force que la nature
donne à un poulain de cet âge.

102. — Les écuries doivent devenir graduellement de plus
en plus chaudes et closes, mais il faut y mettre une prudence
et un soin extrêmes. Bien des yeux se perdent faute d'attention à cet égard ; mais, d'un autre côté, si l'écurie n'est pas
passablement chaude, il est impossible de conserver pendant
l'hiver la santé et la croissance. Dans cette première saison,
il faut tenir la température à plusieurs degrés au-dessous de
l'écurie d'entraînement ; il suffira qu'elle soit assez chaude
pour être confortable, sans attacher trop de soin à produire
une excessive finesse de la robe. Il en est de même de l'habillement, il ne doit pas être porté au même degré que pour les
vieux chevaux ; mais toutes ces pratiques d'écurie doivent
marcher graduellement, et, en ce moment, une seule couverture est suffisante dans une écurie modérément chaude.

Section III. — Galops et suées.

103. — Il faut maintenant montrer à *galoper*. Au commencement, il n'y a autre chose à faire que de mettre le poulain à
un galop modéré dont il s'acquittera comme il l'entendra. Il
ne faut pas s'en mêler, mais le laisser suivre le hack de l'entraîneur à un galop ordinaire et sans qu'il y ait d'autres chevaux. Un demi-mille à la fois suffit pour cet objet. Le meilleur
terrain est celui qui monte légèrement, et l'on trouvera toujours

que le poulain apprend mieux en montant que sur un terrain horizontal. Au commencement, la bouche présentera toujours quelque difficulté, l'entraîneur devra permettre au gamin de se porter à la hauteur. Il reconnaîtra si le mors convient au caractère du cheval, s'il est suffisant pour le retenir, et le changera s'il y a lieu. Dans tous les cas, il est à désirer que les chevaux de course prennent un point d'appui régulier sur le mors, sans quoi il est rare qu'ils veuillent se développer; mais moins ils tirent, tout en conservant un point d'appui régulier, mieux ils courent. Il est, en conséquence, de grande importance de les bien emboucher, et que les mors ne soient ni trop tranchants ni trop grands. Ce n'est qu'à force d'attentions sur ces objets et en évitant de presser le poulain dans ses galops d'exercice qu'on peut le faire tourner à bien et acquérir la forme nécessaire pour réussir. L'entraîneur doit donc tenir son cheval à côté de l'enfant, et lui enseigner, selon les circonstances, à rendre ou à donner plus d'appui. Quand le cheval trouve le point d'appui, il développe davantage; quand on lui rend, il s'enlève plus et galope plus court. Ceci ne doit se pratiquer qu'avec des chevaux décousus et qui embrassent beaucoup de terrain. Bientôt ces galops se donnent en file; le poulain d'un an est mis derrière des animaux de son âge ou derrière des chevaux plus âgés, mais alors avec le soin de l'arrêter à une certaine distance fixée par l'entraîneur et avant que ces chevaux n'aient pris leur grande vitesse. Ce système réussit très-bien et vaut mieux en commençant que de mettre en file de jeunes chevaux à moitié dressés, qui sont disposés à lever la croupe l'un après l'autre et à se donner de si mauvais exemples qu'ils deviennent surexcités et ingouvernables. Toutefois, quand ils sont devenus un peu malléables dans leurs galops et ne se livrent plus à une ardeur sans frein, on les entraîne et on les fait galoper mieux tous ensemble, en les faisant seulement précéder d'un vieux cheval conducteur de reprise, rôle qui convient rarement à un cheval de un ou deux ans. Ces courts temps de galop ont lieu tous les jours, dépassant rarement un demi-mille. Pendant les deux ou trois premiers mois de cette période d'entraînement et de dressage, il ne faut donner au plus que deux de ces temps de galop dans un jour. Vers les derniers temps, les poulains peuvent être mis chacun à leur tour en tête de reprise, sans vieux cheval ou au moins à hauteur de ce dernier. Jusqu'à ce que leur caractère soit au-dessus de cette épreuve, l'on ne peut peut dire que leur éducation soit complète, indépendamment de l'entraînement à venir pour mettre le poulain en *condition*. Ces courses faites ensemble occasionneront des écarts et des bonds ; il ne faut donc les entreprendre que quand les poulains ont déjà travaillé et qu'un temps de galop préliminaire leur a ôté un peu de leur feu. D'abord on doit en essayer deux de front, et s'ils s'y soumettent tranquillement, on en ajoute un ou deux autres qui ont suivi la même progression. On leur enseigne ainsi à faire en particulier ce qu'ils auront à répéter en public, et l'on imite en surcroît les cris et les bruits de l'hippodrome. Si en présence de cette foule factice l'un d'eux vient à se dérober, il faut la fois suivante lui donner un enfant plus habile, et s'il est nécessaire un homme léger. Il vaut encore mieux risquer de tarer les membres du poulain que de perdre toute chance de succès à l'avenir en lui permettant de prendre le dessus sur son cavalier. L'on doit soigneusement éviter de les faire lutter réellement de vitesse l'un contre l'autre, la condition et le caractère sont encore trop imparfaits ; il faudra pour le moins trois mois encore pour les amener-là. Somme toute, il n'est jamais avantageux de lancer le poulain à son extrême vitesse jusqu'à ce qu'il doive être éprouvé. Si l'on pouvait remettre cette épreuve à la troisième année, il y aurait sans doute tout avantage ; mais la mode est venue de courir avec des chevaux de deux ans pour des prix d'une grande valeur ; c'est une tentation à laquelle peu d'éleveurs résisteront.

104. — Les suées seront rarement nécessaires avant le printemps ; mais quelquefois le poulain d'un an est de nature obèse, tellement gras et lourd qu'il ne peut faire de galop d'aucune espèce. Il n'y a pas de promenades au pas ni de purgations qui réduiront certains poulains naturellement gros, et si on ne les fait pas suer sous les couvertures, on peut être certain que les membres souffriront du poids qu'ils auront à porter. Dans ce cas, la suée doit être courue très-doucement, et si l'on a à sa disposition une longue pente très-douce de deux milles, il est inutile de forcer l'allure au-delà du canter, et le trot suffira même dans la plupart des cas, si l'on charge bien le poulain de couverture, dans la maison du pansage. Si ces suées douces sont répétées une fois par semaine ou même tous les dix jours, sans augmenter l'allure au-delà de ce que nous venons de recommander, l'on réussira à faire tomber un peu de viande, et

le poulain sera en état de tirer plus librement parti de ses membres avec moins de chance pour les endommager. Quand une fois la graisse a été mise en mouvement par ces moyens, il est étonnant combien elle fond rapidement. Le grand point est d'empêcher le poulain d'attraper froid dans ses premières suées ; c'est ce qui occasionne trop souvent les toux chroniques, l'inflammation des yeux, l'enflure des membres, etc., etc. Il y a donc tout avantage à éviter les suées si on le peut ; mais il faut mieux les adopter que de laisser subsister un mal encore plus fâcheux, savoir : deux pouces de graisse sur les côtes et une quantité proportionnelle à l'intérieur.

Section IV. — *La ferrure*.

105. — Avant de faire galoper de n'importe quelle façon, il faut toujours faire ferrer complétement ; les demi-fers seraient loin de suffire maintenant, à cause des chocs que les talons pourraient recevoir en passant au galop sur quelque portion de terrain qui se trouverait un peu dure. Les fers de devant devraient être courts et légers, de façon à avoir peu de chances d'être arrachés ; ceux de derrière doivent être faits avec ou sans de légers crans, suivant l'état du terrain. La forme dite concave est la meilleure pour l'entraînement de la plupart des chevaux. Dans tous les cas, le fer devrait être ôté et le pied paré toutes les trois semaines.

Section V. — *Entraînement du poulain précoce ou plutôt forcé en maturité*.

106. — A Noël ou dans la première semaine de janvier, j'ai déjà dit que l'on devait exercer les poulains à côté l'un de l'autre, et bien des gens à cette époque se décident à faire une épreuve d'un demi mille à poids légers, pour pouvoir faire la différence des bons et des mauvais. L'on ne peut guère s'en rapporter à cet essai, mais cependant on y a souvent recours, et il n'y a pas besoin de grandes préparations pour cela. La distance n'est pas assez grande pour nuire à leurs organes respiratoires, et comme ils sont en même condition d'entraînement, ils sont également propres à parcourir la distance. Mais outre cette course, souvent on réclame avec insistance une épreuve contre un cheval de trois ans, mais c'est sans utilité comme mesure du mérite du poulain. Le seul guide est un œil expérimenté, c'est à son aide que le connaisseur pourra prédire quel est le poulain

qui promet le plus d'arriver à une bonne conformation et à quelle époque il y arrivera. Souvent dans le moment actuel le plus mauvais poulain aura l'air d'être le meilleur et les novices croiront à sa perfection, tandis que l'animal qui a une valeur réelle ne se montrera dans sa forme véritable qu'au printemps ou à l'automne suivant. En général, ce n'est pas le poulain ramassé, vigoureux, à forme de poney qui tournera le mieux par la suite, mais celui plus grand, plus cheval de course, qui tient plus de place, quoiqu'il paraisse n'avoir que des jambes et des rayons musculaires lorsqu'on le compare à son petit camarade bien établi. Mais six mois suffisent pour retourner les chances, les jambes et les rayons se remplissent, se couvrent de muscles, et le poulain paraît et se trouve être en réalité tout à fait supérieur à son compagnon d'écurie qui avait d'abord plus de succès. Si néanmoins l'on veut faire une épreuve, c'est bien le moment, le froid s'y opposerait plus tard, soit par la dureté du terrain, soit en gênant les exercices préliminaires. Aussitôt que l'épreuve a eu lieu, les poulains sont répartis suivant l'avenir qu'on leur prépare. Les uns sont purgés, exercés sur des pistes en paille, etc., de manière à avancer le plus possible leur condition, tandis que d'autres sont tout à fait mis de côté et réservés pour le prochain automne ou même pour le printemps de l'an prochain. Nous n'avons maintenant à considérer que ceux d'une seule espèce, savoir ceux que l'on veut présenter au printemps comme étant les plus précoces et les mieux développés. Dès que l'effet de la médecine sera terminé, il faut les faire sortir tous les jours et les tenir au moins trois heures par jour sur la piste en paille, et souvent on doit y garder quatre heures les poulains s'ils sont corpulents et de bonne constitution.

107. — Les sexes sont souvent mis à part, lorsque les animaux sont nombreux et les écuries bien disposées à cet effet. Il y a toutefois dans ce système des avantages et des inconvénients, car comme les pouliches de deux ans courent souvent avec les poulains, ils sont souvent disposés à faire voir les résultats d'une séparation trop rigide. Somme toute, je crois que le meilleur est de les tenir à part, surtout en raison des pouliches que leur nourriture échauffante met continuellement en chaleur, et qui sont alors tristes, languissantes, impropres au travail. Il faut toujours à ce moment leur accorder du repos, car elles n'ont ni la force ni la volonté de se livrer au travail. Mais une fois

entreprise, la séparation doit être absolue, les écuries absolument distinctes et les terrains d'exercice à assez grande distance pour que le vent n'amène pas les émanations des poulains du côté des pouliches et vice versa. Si l'on n'observe pas ces précautions, on peut aussi bien les laisser ensemble, car l'odorat a plus d'influence sur eux que la vue et autant que les organes de l'ouïe. Quand on fait galoper des pouliches en chaleur, il est bien difficile de les faire développer, et si on les met à hauteur d'un poulain ou même d'une pouliche elles penchent de son côté et n'essaient pas de dépasser. De là proviennent les variations si fréquentes dans leurs courses en public et la difficulté de s'assurer des véritables moyens d'une pouliche, et surtout pendant le printemps, époque où elles cèdent constamment à ces influences sexuelles, par suite de l'état d'échauffement contre nature dans lequel on les tient.

108. — Les animaux vicieux doivent être surveillés de très près, et les premiers symptômes de malice doivent être réprimés par des menaces ou des actes de correction. Chaque enfant d'écurie porte à cheval un bâton léger, mais capable de donner un coup assez sévère, il doit en menacer sa monture et même s'en servir le long de l'épaule ou sur le flanc si l'occasion le demande. L'entraîneur aussi, saisit le poulain par la bride et lui parle rudement, ou occasionnellement lui donne un coup de poing sur le museau, mode de correction dont les chevaux ont une frayeur mortelle. Ce moyen est surtout utile avec les rueurs que le bâton de l'enfant ne corrige pas ; si l'entraîneur les tient ferme et leur administre le coup en question, ils restent immédiatement tranquilles. L'habitude de se cabrer doit être controlée par la martingale, ou guérie en administrant un coup sévère entre les oreilles avec un gros bâton, ou par le vieux système de casser une bouteille à Soda pleine d'eau entre les oreilles. Mais le meilleur remède préventif est l'exercice prolongé au pas; si on le néglige, les poulains sont toujours turbulents et disposés à devenir vicieux, mais en le pratiquant constamment, ils sont ordinairement tranquilles et maniables. Un autre point essentiel, est la surveillance constante de l'entraîneur ou de son premier aide, afin d'empêcher les tours que les gamins d'écurie sont portés à jouer, tout comme les autres enfants de leur âge. La malice n'est pas particulière au poulain, mais elle est commune à tous les jeunes animaux. Si on n'y tient pas la main, l'enfant employera la sienne envers le

poulain dont il est chargé, ce qui augmentera les inclinations vicieuses du jeune animal, par le déplaisir que lui causeront les farces du gamin et son désir d'y résister. Pour plus de développement à ce sujet et sur les vices d'écurie en général, voir le chapitre « *Soins à donner au cheval en général.* »

109. — Comme ces poulains sont destinés à paraître de bonne heure en public, on devrait les monter sur un terrain destiné au steeple-chase où à la course plate aussi souvent que possible. Si l'on n'a pas de ces terrains à sa disposition, il faut aller sur les foires et marchés et autres lieux de rassemblement. Les foires surtout sont commodes pour faire voir du monde aux jeunes animaux. Comme on les tient souvent sur des terrains communaux, il est facile d'y mener les poulains tout en les tenant à l'écart des chances d'accident. L'un des grands avantages de Newmarket comme terrain d'entraînement, c'est qu'il y a là continuellement des courses, et que l'on peut montrer la foule au poulain, sans grands risques pour le bipède ou le quadrupède.

110. — Vers février, l'entraîneur aura des données sur la constitution et le tempérament de ses poulains et pouliches et les fera travailler en conséquence. Les uns ont besoin de beaucoup travailler avec beaucoup d'exercice au pas, et à l'occasion des purgations. D'autres demandent de tout cela à moindre dose, et ceux qui sont très légèrement charpentés, tout juste de l'exercice au pas avec assez de galop pour leur former les allures sans aucune fatigue. Ceux-là n'ont besoin de purgations que s'ils sont malades. En général les gelées peuvent être considérées comme terminées à la fin de février, ou au plus tard vers le milieu de mars, et pendant qu'elles durent, les poulains qui doivent courir au printemps ont été exercés sur les pistes en paille toutes les fois qu'ils n'avaient pas pris médecine. On les a nourris assez légèrement et ils sont par conséquent gaillards, en état d'être poussés pendant quelques semaines et de passer par ce traitement stimulant en tous genre, qui accompagne l'entraînement ou plutôt qui en constitue la véritable essence. L'on trouve que neuf semaines suffisent pour préparer ces êtres encore jeunes, et l'on risque de les jeter de côté en leur imposant une plus grande somme de travail. Le temps de l'entraînement se divise en deux préparations. séparées par une dose légère de médecine, qui occupe (avec le temps nécessaire pour se remettre et les barbotages) une semaine. Les poulains très-vigoureux

peuvent supporter ce travail en deux reprises égales, mais ceux qui ont moins de force, devraient avoir cinq semaines d'entraînement après leur médecine, et par conséquent l'on ne laisse guère que trois semaines à la première préparation. Mais si on a dix semaines à leur donner, on peut en consacrer quatre à la première préparation, tout comme pour les poulains plus forts.

111.—La première préparation se borne à du petit galop avec beaucoup de promenade au pas, et s'il est nécessaire une ou deux suées. Il faut toujours une extrême prudence avec ces jeunes animaux, mais surtout dans ce moment où le travail succède au dressage. Sous aucun prétexte l'on ne doit rien entreprendre avant que l'entraîneur n'ait reconnu à l'avance que le poulain est plein de santé et d'ardeur ; chaque galop doit être surveillé avec soin en prenant note de ses résultats, afin d'avoir des données pour déterminer l'augmentation ou la diminution du travail. A moins que les poulains ne soient très en chair, il sera inutile de leur donner des suées avant la fin de cette préparation ; mais s'ils engraissent pendant les dix premiers jours, par suite de l'augmentation de la ration d'avoine, on peut leur donner une suée au milieu et une autre à la fin de cette première partie de l'entraînement. Mais il faut toujours se souvenir que les jeunes poulains ne supportent pas d'être trop amaigris. La distance qu'ils doivent parcourir étant courte, ils se trouveront facilement encore assez d'haleine. D'ailleurs, en les dépouillant de leur chair, on arrête leur croissance et l'on gêne la marche de la nature qui fournit au développement des muscles. Ce n'est donc que dans les cas extrêmes que les suées sous les couvertures deviennent nécessaires ; mais il y a de gros poulains assez gaillards pour pouvoir prendre deux fois, dans la première préparation, une suée de deux milles assez complète pour que la sueur se râcle facilement. L'allure n'a pas besoin d'être bien vite ; la distance suffira presque toujours à faire sortir le liquide, surtout si on leur met une ou deux couvertures en entrant dans la maison de pansage. Un terrain d'entraînement avec une longue pente peu inclinée est chose essentielle pour administrer les suées aux chevaux de deux ans. Quand un entraîneur a de tels avantages sous la main, il n'a rien à craindre pour les membres, à moins qu'il ne charge le cheval de lourdes couvertures dont les membres de derrière sentiraient l'effet dans la montée, aussi bien que les membres antérieurs dans la descente. C'est là l'inconvénient qui doit empêcher de s'en ser-

vir sur ce genre de terrain. La courbe, l'éparvin, les inflammation du boulet viennent gêner l'entraînement tout aussi souvent que les tares des jambes de devant, et il faut les éviter
avec le même soin. La pente doit donc, comme je l'ai déjà dit,
être très-faible, et, quand on s'en sert, il faut chercher à alléger autant que possible le poids des couvertures et du garçon
qui montera pour la suée. Si l'on ne juge pas à propos de donner des suées, il faut presque toujours avoir recours à des galops modérés d'un demi-mille à trois quarts de mille à une allure régulière. Ces galops auront lieu en moyenne trois fois par
semaine, et on les entremêlera pour les autres jours de temps
de galop beaucoup plus courts, qui auront pour but de perfectionner l'allure et de donner aux battues de galop de la vitesse
et de la vivacité. La durée de la promenade au pas variera à
cette époque de deux heures et demie à quatre heures et demie.
On divisera un exercice en deux portions, qui varieront de
longueur, selon l'état de l'atmosphère auquel il faut bien laisser
régler bien des choses dans ce climat variable. C'est ainsi que
l'on occupe les trois ou quatre semaines de la première préparation, et à la fin on administre, comme nous l'avons déjà dit,
la dose de médecine.

112. La seconde préparation commence aussitôt que le cheval est remis des effets de la médecine qui a été donnée entre
les deux. J'ai déjà dit qu'un petit nombre de poulains n'en
avaient pas besoin, mais dans tous les cas ils ont besoin d'une
semaine de repos et deux ou trois barbotages qui, pour quelques constitutions relâchées, équivalent à une médecine. Bien
des personnes supposeront que des poulains légèrement charpentés, et de race peu résistante , pourront être produits sur
l'hippodrome avec une préparation finale plus courte que le
poulain vigoureux et bâti en force ; mais ce n'est point le cas,
parce que ces animaux légers ne supportent pas la même somme
de travail dans la semaine ; il faut le répartir sur un plus grand
laps de temps, et ne l'augmenter qu'avec beaucoup de précautions. C'est pour cela que j'ai conseillé de donner à ces animaux
quatre semaines d'entraînement après leur médecine, et l'on
reconnaîtra qu'avec eux, l'on fera dans ce temps encore moins
de progrès qu'avec ceux qui peuvent supporter un exercice
plus violent. Il est vrai que l'on trouve encore des cas extraordinaires de plénitude pour lesquels ce temps sera encore trop
court, mais en moyenne, les poulains sains et d'un sang qui a

de la résistance, peuvent être préparés dans les quatre semaines, s'ils ont traversé l'épreuve de la première préparation sans
donner des preuves de défaillance dans les membres ou dans leur
constitution. Aussitôt que le travail commence, la totalité des
poulains et pouliches sont préparés à recevoir une suée en leur
donnant tous les deux jours un galop un peu vif d'un demi-
mille ou de trois quarts de mille, et de temps en temps une petite poussée pour entretenir leur vitesse. L'on continue à
donner beaucoup d'exercice au pas, et le pansage et frottement
à la main. Quelques-uns des poulains les plus avancés·deman-
deront beaucoup de travail, plus même que celui que nous
avons fixé ci-dessus, afin de rester eux-mêmes, et de développer
tous leurs moyens. D'autres encore demanderont moins de travail que la moyenne, mais, ainsi que je l'ai déjà fait remarquer, il faut l'œil d'un maître de l'art pour régler le travail suivant une foule de conditions flottantes. A la fin d'une semaine
ou de dix jours, le plus ordinairement après huit jours, ils peuvent tous prendre une suée qui se trouve souvent être la première, dans le cas, par exemple, où on a pu s'en dispenser dans
la première préparation, mais maintenant elle sera nécessaire
dans presque tous les cas. Cependant, la suée sous les couvertures n'est nullement indispensable, même à cette époque, car
dans bien des cas le travail préliminaire réduira assez le poulain
pour qu'il n'en ait évidemment pas besoin. Mais une suée dans
une forme quelconque, comme un temps de galop de deux
milles à une allure régulière, doit presque invariablement avoir
lieu maintenant, et d'après ses effets l'on se décide à la répéter
dans l'avenir ou à s'en tenir là.

113. — La nourriture du cheval de deux ans est maintenant
dirigée presque sur les mêmes bases que celle du vieux cheval.
En effet, il a été habitué à deux ou trois repas d'avoine, il en
supportera généralement six impunément, *à l'aide du travail*.
La même quantité prodiguée à un cheval non accoutumé à ce
genre de nourriture produirait certainement l'inflammation des
yeux, l'enflure des jambes, etc. Mais pendant les six ou sept
mois qui se sont écoulés depuis le commencement du dressage
jusqu'à présent, le poulain a été nourri graduellement avec une
libéralité toujours croissante, et maintenant il supportera généralement cinq quarterons d'avoine par jour avec sept livres
de foin. L'on ne devrait jamais donner des fèves ou des pois à
des chevaux de deux ans, à moins qu'ils ne soient très relâchés

et qu'ils ne se dévoyent souvent. Encore ce sera-t-il rarement bon comme nourriture permanente, et l'on ne peut les recommander que dans des occasions particulières, comme par exemple quand un poulain se dérange un jour ou deux avant une course dans laquelle il doit paraître en public; alors l'on peut donner quelques fèves, mais si l'on en fait une habitude, elles ne peuvent que déranger les organes digestifs.

114. — La continuation des galops et des suées après la quantité de chaque épreuve de ce genre, voilà l'étude constante de l'entraîneur, et dans chaque cas particulier il sera guidé par les essais qu'il a déjà tentés, se souvenant toujours qu'un cheval *surentraîné* non-seulement souffre un dommage actuel, mais qu'il en ressentira toujours plus ou moins les effets suivant son âge, sa constitution et son caractère. La faute est donc encore du bon côté quand on fait courir de jeunes poulains avec trop d'embonpoint, et ils se feront rarement mal en raison de la courte distance qu'ils auront à franchir; ils sont loin de courir les mêmes dangers, sous ce rapport, qu'un cheval lancé sans préparation suffisante dans des luttes de deux et trois milles. Somme toute, les courses des chevaux de deux ans ne sont guères que des sortes d'essais, et peu de propriétaires voudraient sacrifier l'avenir de leur poulain même avec la certitude que la forme acquise par l'entraînement complet leur assurerait la victoire. Il vaut donc mieux, dans tous les cas, éviter de les surcharger de travail préparatoire et les faire paraître en course un peu trop gros, quoiqu'ils puissent bien ainsi ne pas se trouver dans l'état complet de préparation et d'aptitude que l'on obtiendrait en les réduisant à des proportions plus fines. Tout cela d'ailleurs dépend des intentions futures du propriétaire et de son entraîneur, car à cette époque ils ont souvent décidé que certains poulains ne vaudront rien passé l'âge de deux ans. Par suite on peut courir de grands risques pour leur santé dans le but de dépasser les autres chevaux en course publique, ou même de gagner ce qu'ils pourront, tels qu'ils sont, puisque l'on désespère de leurs chances de supporter d'autres entraînements à l'avenir. Beaucoup d'animaux, d'ailleurs sans avenir, paraissent chaque année au poteau et sont employés de la sorte. Toutefois, s'ils ne gagnent rien par la suite sur la forme qu'ils avaient à deux ans, on doit sans doute plus souvent l'attribuer à la résolution qu'a prise l'éleveur de leur faire donner prématurément un entraînement complet, qu'à un sacri-

fice de leur avenir prémédité à l'avance. La méthode la plus ordinaire consiste à mettre à part les animaux de la file dont on a
la meilleure opinion, et de faire courir ceux qui ont moins de
valeur pour les courses publiques; mais il arrive fréquemment
que ceux que l'on a réservés pour les perfectionner à force de
soins tournent moins bien que leurs camarades d'écurie sacri-
fiés comme inférieurs.

Section VI. — Essai du cheval de deux ans.

115. — Une quinzaine de jours avant la course, l'on peut
essayer le poulain et pour cela s'arranger de façon qu'il y ait
une semaine écoulée depuis la dernière suée et un jour de
repos relatif la veille de l'épreuve. J'entends par là une courte
galopade juste suffisante pour faire *renifler le cheval*. Dans
tous les cas, pendant la nuit qui précède l'épreuve, le poulain
doit être muselé comme s'il s'agissait d'une course, à moins
toutefois qu'il ne soit très relâché et de charpente légère.
Dans ce cas, et si l'épreuve a lieu tard dans la journée, on
peut le laisser sans muselière, jusqu'au point du jour, mais si
l'épreuve a lieu de bonne heure, il faut toujours museler pendant la nuit. Les épreuves se font généralement pour un demi
mille (1) ou cinq furlongs, et avec 8 st. 7 l. Si l'on choisit un
animal de trois ans pour cheval d'épreuve, on supposera généralement qu'il doit d'abord porter ce poids et rendre ensuite
aux poulains 2 stones et aux pouliches 2 stones et 7 livres.
Mais il est bien rare qu'un cheval de course de première classe
soit employé comme cheval d'épreuve, et alors si l'on veut
pouvoir fonder quelques présomptions sur le résultat, il est
imprudent de rendre plus de la moitié de ce poids. Si, toutefois, l'on s'est récemment assuré que le cheval d'épreuve a
tous ses moyens, l'on peut risquer avec quelqu'avantage de
lui faire rendre deux stones. En premier lieu, il faut que la
course ait lieu honnêtement et sincèrement, et en second lieu
que le cheval d'épreuve soit franchement battu s'il est possible.
Il vaut beaucoup mieux qu'il soit vaincu en déployant tous
ses moyens que par tolérance. Malgré toutes les instructions

(1) Un demi-mille	=	804^m65.
5 furlongs.	=	1.005^m82.
8 st. 7 l.	=	53 kg. 914.
2 stones,	=	12 kg. 695.
2 st. 7 l.	=	15 kg. 868.

que l'on donne aux garçons, et même à des jockeys de profession, malgré toutes les informations qu'ils peuvent donner, l'on ne peut faire aucun fonds sur le résultat, à moins de leur prescrire bien positivement que chacun tire le méilleur parti possible de son cheval. Celui qui monte le cheval d'épreuve, a un faible pour ce cheval, parce que c'est lui qui le monte, ou bien encore pour son adversaire, parce qu'il espère avoir à le monter par la suite pour quelque course victorieuse. En conséquence de ses désirs, il se trompera lui-même et trompera son maître par la même occasion. Cependant les conséquences des surcharges sont bien connues et l'on est encouragé à fonder des espérances, si les jeunes chevaux recevant deux stones ont été victorieux ; mais si d'un autre côté les poulains ont été battus par le cheval de trois ans leur donnant 2 stones (ou si c'est un cheval éprouvant des pouliches, deux stones 7 livres), il n'y a pas à supposer qu'ils aient acquis une forme promettant des victoires. Peu de poulains supportent d'être fréquemment essayés, et la meilleure méthode consiste à les éprouver tous à la fois, en mettant dessus des hommes et des enfants aussi hables qu'on pourra les trouver, et s'en rapportant entièrement pour le présent au résultat de cette course. Le cheval d'épreuve de trois ans a indiqué quelle pouvait être la valeur des poulains pour les courses publiques, et le classe-- ment des poulains a fait voir leur mérite réciproque, si l'entraîneur a bien surveillé le départ et l'arrivée ainsi que l'allure pendant la course. Cela est facile à faire pour une lutte d'un demi-mille, soit en se montant bien, soit en se mettant sur une position élevée pour voir la fin de la course. Après cette course en miniature, quelques-uns des poulains refuseront certainement leur nourriture, mais avec un peu de soin ils accepteront généralement leur avoine quelques heures après, si on ne l'a pas laissée dans la mangeoire, et si en même temps on leur donne leur eau comme à l'ordinaire. Les poulains et pouliches doivent être conduits immédiatement à leur terrain ordinaire d'exercice, et là, habillés et promenés comme à l'ordinaire, de manière à faire aussi peu d'embarras et de changement que possible. Toute espèce d'esbrouffe serait une source d'irritation pour les poulains. Il ne faut pas non plus souffrir que les gamins se disputent un seul instant à haute voix sur leurs prouesses et celles de leurs chevaux. Dans ce moment, ce serait pire que jamais, parce que les jeunes animaux ont déjà les nerfs assez excités par leur première lutte réelle. Jusqu'à présent, tous leurs galops et leurs suées ont été conduits sur des principes différents, et jamais on leur avait donné à connaître réellement leurs moyens ou leur impuissance.

Section VII. — Fin de la préparation.

116. — Avant la course, le poulain est traité comme pour l'épreuve préliminaire et muselé un peu plus tôt ou plus tard, selon sa constitution. La dernière suée se donne souvent une semaine avant de courir, mais pour les poulains de forme légère et spécialement pour les pouliches, on peut faire suer dix jours d'avance. Les galops et les petites poussées, etc, seront encore nécessaires et seront ordonnés selon la constitution de l'animal. Il faudra un peu moins de promenade au pas, mais pas assez sensiblement pour rendre le poulain rétif par surcroît de forces. La vitesse est essentielle pour la course peu étendue qu'ils auront à fournir, et il est hors de doute que trop d'exercice au pas nuit à cette qualité. Si toutefois les jambes ne sont pas capables de supporter une quantité convenable de galop, il faut y suppléer par un peu plus de promenade au pas, que l'on n'en voudrait donner d'après d'autres considérations.

Section VIII. — Conseils pour la course.

117. — Dans tous les cas, l'entraîneur et le propriétaire doivent décider ce que l'on doit faire du poulain dans la course ; savoir si on doit en tirer parti, ou si on ne l'envoie que pour recueillir quelques appréciations sur des compétiteurs, sans le fatiguer ou l'essouffler. Mais le plus souvent, l'ordre est donné de gagner, si cela peut se faire sans surmener le poulain et sans faire aucun usage du fouet et de l'éperon. Si, en conséquence, le jockey voit que son allure est inférieure, il a généralement l'ordre d'arrêter ou au moins de ne pas continuer à lutter, mais s'il a une chance de gagner, si le prix en vaut la peine, si aussi son cheval n'est pas engagé dans une course subséquente de plus d'importance, le jockey peut être autorisé à gagner s'il le peut et même après une lutte et l'emploi de l'éperon. Tout ceci dépend encore tellement des circonstances variables de chaque cas particulier que nous ne pouvons poser de règle générale.

Nous ferons remarquer en même temps qu'il est tout à fait notoire que la plupart de ces courses sont des essais, il n'y a par conséquent point d'indélicatesse à prescrire à son jockey de

retenir son cheval, d'autant plus que par leur nature ces courses ne prêtent pas à de forts paris. L'on voit qu'il y a une grande
différence entre cette façon d'agir et l'engagement d'un cheval
dans le seul but de le faire battre dans l'intérêt de son book ou
d'un handicap à venir.

Section IX. — *Soins à donner après la course.*

118.—Après la course, le poulain ou la pouliche sont généralement plus ou moins bouleversés, par l'excitation de la lutte, le
changement de localité, la présence et le bruit de la foule. Le procédé le plus sage sera généralement de le mettre de côté pour
un temps assez court, en donnant une dose de médecine peu de
jours après, puis une nourriture plus légère avec un peu de luzerne ou de seigle italien, ou s'il est possible de l'herbe ordinaire. Quelques poignées de l'un ou de l'autre rafraîchiront
merveilleusement le poulain et lui feront beaucoup de bien pour
la santé générale. Mais pendant que l'on donne du vert, il ne
faut faire aucun travail, laissant seulement le poulain dans une
boxe vaste et spacieuse où il puisse se mouvoir à son gré, avec
deux ou trois heures de promenade au pas, sans aucune espèce
de galop. L'on décidera, suivant la manière dont il aura couru,
quelle doit être sa carrière future, mais, dans tous les cas, il faut
le laisser de côté pour une couple de mois, pendant lesquels il
grandira et se garnira de muscles mieux développés.

Quelquefois avec des animaux de second ordre on se résout
à les faire courir et recourir, mais on est bien certain de sacrifier la forme à venir du cheval aux succès présents. De la
sorte, pendant la saison dernière (1), Ellermire et Jack Sheppard ont courus chacun quinze fois, Cimicina a couru dix-neuf
fois, et, dans ce nombre, sept fois première et sept fois seconde,
en commençant le 7 mars et courant dans tous les autres mois
suivants, hors juin, juillet et novembre. Lord Alfred a été même
au-delà, courant vingt-quatre fois dans la saison et gagnant
neuf fois dans ce nombre. Mais ces exemples ne sont pas communs, et peu de poulains ou pouliches de cet âge supporteraient
un travail aussi constant même pour une saison. Si le poulain
doit paraître en automne, il aura à suivre la même progression
qu'auparavant, commençant toujours trois mois avant la course.
Mais si on veut le réserver pour les courses de trois ans, il vaut

______
(1) 1855.

mieux le laisser reposer jusqu'à la fin d'août, et pendant ce temps on devrait lui retirer graduellement ses couvertures et lui donner une box spacieuse et ouverte avec un paddock pour courir, en lui donnant trois ou quatre repas d'avoine par jour pendant tout ce temps. De la sorte on rafraîchit sa constitution et on le prépare à supporter sa tâche la plus pénible, savoir l'entraînement de l'an prochain comme cheval de trois ans. Il convient de faire ici une recommandation particulière. Le propriétaire doit se souvenir que toutes les fois qu'un poulain a été mis de côté pour se reposer, il faut le reprendre une ou deux fois à la longe et au caveçon avant de le remonter. L'oisiveté engendre toutes sortes de caprices et fantaisies, et si après un repos, même assez court, l'on remettait l'enfant sur le dos du poulain, cela le mènerait souvent à être désarçonné, et ce serait le prélude d'autres mauvais tours qu'il vaut mieux prévenir que d'avoir à guérir.

CHAPITRE X.

ENTRAINEMENT DU CHEVAL DE TROIS ANS.

Section I. — Observations générales.

119. — Nous entendons par entraînement du cheval de trois ans la préparation du poulain ayant accompli cet âge et se trouvant dans sa quatrième. Tous les chevaux de course comptent leur âge du 1er janvier, et par conséquent tous ceux inscrits comme ayant trois ans sont dans la quatrième année, et ceux de deux ans se trouvent dans la troisième. Si le poulain n'a pas été dressé et entraîné pour les courses de deux ans, c'est à dire s'il a passé sa deuxième année dans l'oisiveté, on l'entreprend toujours de bonne heure dans sa troisième année, c'est-à-dire un peu avant qu'il perde son poil d'hiver, ce que l'on peut espérer pour mai et juin au plus tard. Si on le laisse au paturage jusqu'à ce que l'herbe d'été soit poussée, il devient si gras et si empâté qu'il faut des soins extraordinaires pour le mettre en état. Puis, dans le dressage, le poids de son corps use ses membres de la façon la plus fâcheuse. Pour toute sorte de raisons, il faut donc que le dressage commence en mai, et il doit être dirigé sur les principes que nous avons exposés pour le cheval entrant dans sa seconde année et se préparant pour les courses de deux ans. Dans bien des cas un poulain dressé au

printemps peut arriver à être prêt pour une épreuve en public
ou en particulier au mois d'octobre, c'est ce dont on profite
souvent quand le poulain se montre maniable, a pris de bonnes
allures et *la condition* du cheval de course. On le traite sous
tous les rapports selon les principes exposés au chapitre IX, et
il faut tout autant de précautions pour le mettre à l'écurie et
pour l'habituer à son travail. La seule différence admise est dans
le nombre et la longueur des galops d'exercice que l'on peut
donner *vers la fin* de la préparation, car au commencement la
progression doit être tout aussi graduelle. Les suées du cheval
de deux ans pendant l'automne peuvent être plus longues d'un
demi mille que dans le printemps ; on peut lui donner un peu
plus de vitesse dans ses galops, quoique la distance ne doive
pas souvent dépasser trois quarts de mille et même doive être
ordinairement au-dessous..... Les épreuves se font de la même
façon, mais le cheval d'épreuve de trois ans pourra maintenant
rarement donner plus de 21 livres aux poulains et 2 stones aux
pouliches, car la supériorité de force du cheval de trois ans sur
nos poulains est bien plus grande au commencement de l'année
qu'en automne. En tenant compte de ces observations, l'on
peut considérer comme achevée toute cette partie de l'éducation
du poulain. Nous supposons qu'après avoir été essayé il a été
trouvé assez bon pour être destiné à une des premières courses
de l'année où il aura atteint trois ans, comme, par exemple, au
mois de mars de sa quatrième année. Pour être en état de concourir, il lui faut une préparation d'au moins neuf semaines de
travail régulier, divisée comme pour les animaux plus jeunes
(qui font l'objet du chapitre IX) en deux préparations, avec
médecines comme on les prescrit dans ce chapitre.

Section II. — Pistes en paille et en tan.

120. — Comme nous sommes dans la saison des gelées, il est
impossible d'entraîner les chevaux sans pistes dont le fond soit
la paille ou le tan, si l'on veut les faire paraître de bonne heure
sur l'hippodrome. Même pour la fin de mai, date des courses
d'Epsom, il est généralement bon d'avoir recours à ces terrains
factices. Pour l'allure extrême avec laquelle on court le Derby
et les Oaks, il est rare qu'il faille moins de trois mois d'un travail constant préparatoire, et comme les gelées ne sont pas souvent passées en février, l'on ne peut rien espérer du gazon
naturel avant le mois de mars. Souvent même tout le mois

s'écoule sans que l'on puisse exercer les chevaux ailleurs que sur le terrain artificiel, comme cela vient d'arriver dans le printemps de 1855. La piste en paille se fait généralement en étendant la longue litière d'écurie autour d'un grand paddock, mais bien que cela fasse un fond bien supérieur à la terre dure, il n'est pas assez élastique pour permettre un galop rapide, et les chevaux doivent être tenus à trois quarts de vitesse, et encore souvent s'en dédommagent-ils en glissant ou en tournant sur des angles trop aigus, si l'enclos n'est pas très-grand. Toutefois, une piste en tan, établie en permanence sur un terrain de trois quarts de mille en circonférence, permettra de donner toutes les vitesses, hormis la lutte suprême d'une fin de course, et un cheval peut s'y développer suffisamment pour le travail d'entraînement, en exceptant la préparation finale. C'est le plus grand perfectionnement de l'entraînement dans les temps modernes, et quand lord George Bentinck en fit usage le premier, cela lui donna, au commencement de la saison, un avantage considérable sur les autres écuries. L'on peut cependant mettre en question si ces pistes n'ont pas l'inconvénient de raccourcir la trace du cheval et de nuire à son galop ; pour ma part, je suis assez porté à le croire, et aussi que, tout en améliorant la forme précoce du cheval, ce système nuit jusqu'à un certain point au mouvemement élastique et uni qui est la perfection pour le cheval de course. Il n'y a pas de couche de tan assez épaisse pour détruire l'effet du *substratum* endurci de terre gelée. Jamais cette substance ne vaudra la motte de gazon élastique pour recevoir et résister au choc des jambes de derrière. Si cette remarque est vraie, il devient douteux que ces pistes soient utiles dans l'ensemble. Mon avis est qu'aucun cheval ne devrait être développé à sa plus grande allure sur le tan si la gelée dure encore, mais qu'on peut l'y faire suer et galoper presque à toute vitesse, pourvu que l'on n'arrive pas jusqu'à l'allure extrême.

Section III. — Première préparation.

121. — Supposons que le poulain se prépare à paraître pour le Derby ; il aura été essayé en octobre ou novembre, ensuite laissé un mois en repos, après avoir eu à la suite de l'épreuve une purgation, puis quelques carottes et des barbotages. Vers le 1er de janvier, on peut le remettre à un travail doux, en prenant d'abord la précaution de le promener au caveçon sur la

piste en paille si le temps est à la gelée. Dans tous les cas, s'il montre de la gaîté, il faut toujours un peu de travail à la longe avant de remettre l'enfant dessus. Dans les froids secs les chevaux sont toujours plus disposés à jeter la croupe en l'air, et comme c'est le moment où ils peuvent faire le plus de mal à leurs cavaliers ou à eux-mêmes, il y a nécessité de redoubler de précaution. Maintenant il aura deux mois pour se préparer à paraître une fois sur l'hippodrome en mars, et cette période peut être partagée avec avantage en deux préparations, réser-vant la troisième et dernière pour l'époque de l'épreuve particulière ou de la course. Quel que soit le moment précis de la course de mars, les deux préparations peuvent être arrangées de façon que la seconde occupe quatre ou cinq semaines. Le travail devra être à cette époque assez soutenu, et l'allure assez rapide pour que l'haleine devienne libre et la charpente dégagée de sa graisse. Cette disposition laisse généralement pour la préparation les quatre semaines de janvier et peut-être la première semaine de février. Comme à l'ordinaire, cette première préparation est suivie d'une dose de médecine et d'une semaine de repos. Pendant cette préparation, si le temps le permet, et si le poulain est assez avancé, l'on doit profiter de l'état favorable du terrain pour envoyer le poulain recevoir une ou deux bonnes poussées de trois quarts de mille, et aussi pour le faire suer quand il y aura lieu ; mais comme les suées peuvent très bien se donner sur les pistes factices, il n'y a pas lieu de changer le jour qui a été calculé comme devant être le plus avantageux pour les administrer. C'est tout différent pour les galops, si le poulain est assez avancé, il faut profiter de l'état du terrain dès qu'on le trouve favorable. Il faut bien se souvenir que quand une fois une longue gelée vient à s'établir, elle dure souvent six ou sept semaines, et c'est bien longtemps pour qu'un poulain vigoureux puisse se passer d'une poussée capable d'ouvrir ses tuyaux respiratoires. Il faut pour cela un temps de galop vif et soutenu. Si donc à la veille d'une gelée on laisse échapper une occasion, elle est à jamais perdue et le poulain est en arrière d'autant dans sa préparation. Sous tous les autres rapports, à part une légère augmentation de la quantité de travail, cette préparation est analogue à celle du poulain de deux ans, expliquée au chapitre précédent..

Section IV. — Seconde préparation.

122. — La médecine ayant été donnée comme à l'ordinaire, et le poulain se trouvant bien rétabli des suites, il peut maintenant, si le temps le permet, être soumis à un travail aussi rude qu'il peut le supporter au jugement de son entraîneur. Au commencement, ses galops doivent être de trois quarts de mille, dans lesquels il aura son tour pour être en tête de reprise, à moins qu'il ne fasse des difficultés pour garder cette position. Tous les poulains, quel que soit leur usage, devraient être mis en tête à l'occasion, car sans cela ils ne seront jamais capables de gagner une course, puisqu'ils ne voudront pas quitter les autres chevaux quand on leur fera appel pour passer le poteau final. Il faut donc y bien faire attention, et l'un après l'autre ils doivent prendre la première place. L'on rencontre beaucoup d'exemples de chevaux qui ont une grande préférence pour cette place ; en thèse générale, il faut en faire concession dès que le reste de la reprise marche bien dans toutes les positions. Quelquefois aussi un cheval est si mal à son aise avec les autres, qu'on ne peut lui faire employer ses moyens qu'en le tenant à l'écart et lui faisant faire tout le travail, de promenade, galop et suée, dans la solitude. Il est vrai qu'un animal ainsi exercé éprouve une double excitation lorsqu'on le présente au poteau, et si cet état irritable pouvait être combattu par une patience ordinaire et une habitude graduelle de la présence des autres, le mieux serait de l'accoutumer par ces moyens. Mais souvent, en dépit de tous les soins et à chaque tentative de guérison, l'irritabilité redouble, et le seul remède est l'entraînement solitaire, et on ne peut plus compter que sur les soins que l'on donnera après la course, pour faire disparaître les mauvais effets qu'elle ne peut manquer de produire. Ce n'est pas tant une irritation d'un seul jour qui bouleverse un poulain que la tracasserie et la sueur journalière que produit sur certains d'entre eux l'entraînement en file, et c'est ce qui oblige à le faire travailler isolément s'il se trouve avoir ce tempéramment difficile. C'est un malheur et une source de mécomptes, peu de chevaux de cette nature peuvent réussir sur le turf ; mais si l'origine est distinguée et si les formes sont belles, l'entraîneur aimera à persévérer jusqu'à ce que le cheval ait essayé ses moyens.

123.—La suite du travail dans cette préparation doit se baser en grande partie sur les principes exposés dans le chapitre précédent, en ajoutant à peu près un quart de mille aux ga-

lops et un mille aux suées, qui peuvent être maintenant de trois
milles et ne doivent pas être données le matin de trop bonne
heure, à cause du froid. Les mêmes différences de caractère,
constitution et santé, se rencontreront aujourd'hui comme chez
le cheval de deux ans et demanderont des modifications continuelles dans le régime. Mais, somme toute, ce sont les méthodes décrites au chapitre précédent, basées sur les mêmes
principes et ne différant que par le degré d'application. Avant
d'atteindre l'âge actuel, le poulain a eu peu d'occasions de
s'exercer ailleurs que sur des surfaces parfaitement horizon-
tales ou légèrement ascendantes, comme le sont presque tous
les hippodromes d'un demi-mille. Maintenant, il devient essentiel de donner aux poulains des deux sexes quelque habitude
de courir sur de légères descentes aussi bien que sur des montées, parce que dans plusieurs hippodromes, celui d'Epsom, par
exemple, il y a beaucoup d'accidents de terrain de ce genre,
et, à moins que le poulain n'ait galopé dans ces conditions, il
sera certainement alarmé et se ralentira au moment où pareille
circonstance amènera infailliblement une défaite. Les galops
doivent en conséquence se donner sur un terrain d'exercice
posé de la même façon en partie horizontale, plus loin descendant en pente et finissant par une éminence peu sensible, mais
en raison du poids des couvertures, ce n'est pas là qu'il faut
donner les suées. On doit prendre de grandes précautions
pour n'avoir ni trous ni ornières, etc., sources continuelles de
distentions de muscles et de chutes. Il y a même des entraîneurs expérimentés qui disent qu'un cheval ne s'abat jamais
que sur un terrain inégal. Il est, du reste, difficile de prouver
la vérité ou la fausseté de cette assertion, puisqu'aucun terrain
n'est parfaitement uni, et, quand l'accident arrive, on peut toujours, sans risquer d'être contredit, l'attribuer aux inégalités
de terrain. Mais comme j'ai souvent vu des chevaux s'abattre
sur des portions d'hippodrome où l'on ne pouvait distinguer
aucune inégalité particulière, je me trouve fondé à supposer
qu'il y a des chutes qui proviennent d'autres causes, et je
pense que c'est en raison de la surcharge que les muscles finissent par perdre leur énergie. La dernière suée se donne ordinairement une semaine avant de courir, et il est d'usage de la
donner assez rude ; mais ici comme en bien d'autres cas, c'est
au discernement de l'entraîneur à fixer la quantité. Toutefois,
en général, l'âge que le poulain vient d'acquérir donne un

peu plus de latitude, et il n'y a pas lieu d'observer les précautions extrêmes qui sont de rigueur à l'égard de l'animal de deux ans mûri d'une façon précoce. Les galops doivent être vigoureux durant la dernière semaine, et, le deuxième jour avant la course, il faut en donner un à fond de train, de façon à ouvrir les conduits respiratoires du poulain et à le faire bien souffler, mais sans le mettre en détresse. Si en quelques minutes il est bien remis et se trouve ensuite gai, l'œil brillant et sans apparence de fatigue, l'on peut conjecturer, d'accord avec les autres symptômes de *condition*, que tout va bien. La course pourra être fournie impunément et disputée avec toute la vigueur et le fonds que peut posséder un poulain avant d'avoir subi une plus longue préparation vers la fin du printemps.

Section V. — Les Épreuves.

124.—Une quinzaine de jours ou même seulement dix jours avant la course, ordinairement le jour avant la dernière suée, l'on peut faire en particulier un essai de tous les chevaux de trois ans suffisamment préparés. Parmi eux se trouve ordinairement un cheval qui a couru en automne et peut devenir cheval d'épreuve. Il doit avoir donné la mesure de un ou plusieurs compétiteurs redoutés ou de quelque autre coursier dont la valeur relativement à ce rival futur est déjà connue. Tous les poulains préparés au même degré s'essayent sur une course d'un mille ou au plus un mille et un quart; c'est tout ce que leur degré d'entraînement permet maintenant, et l'on base sur les résultats l'estimation de leurs qualités. Cette épreuve pourra probablement avoir lieu au commencement de mars, si le temps n'est pas trop mauvais; mais comme il y a peu de courses d'importance pour les chevaux de trois ans avant le mois d'avril, ce n'est que dans des poules d'essai ou dans des handicaps de mars que l'on peut tirer parti de ces poulains précoces. A cet effet, il faut se procurer un cheval d'épreuve bien connu ayant couru sous un certain poids dans un ou plusieurs handicaps, et pour essayer un poulain il faut faire porter au cheval-type la charge qui lui serait imposée s'il était engagé dans la course à laquelle les poulains sont destinés. Il faut même qu'il rende un peu plus de poids aux jeunes animaux, parce qu'en raison de l'entraînement encore imparfait il faudra les essayer sur une moindre distance que celle de l'hippodrome. Or, l'on sait qu'il faut plus de surcharge pour amener des chevaux ensemble dans une petite course que dans une longue ; il devient donc nécessaire de donner au cheval-type un peu plus de poids qu'on ne lui en imposerait sur le terrain de courses. Nous allons en rester sur ces observations, parce que la préparation finale pour les autres courses de chevaux de trois ans ne diffère en rien de celle décrite au chapitre VI. Seulement, les suées sont ordinairement limitées à trois milles ou trois milles et demi, et les galops à un peu plus de la distance de l'hippodrome, qui varie de un mille à un mille et demi, et dans quelques handicaps jusqu'à deux milles et au dela.

125.—*Accidents.*—Dans le cours de ces préparations il arrivera des accidents sans fin, des distensions, des chutes, des courbes, des coups, etc., etc., des tares dans les membres, comme les éparvins, des maladies de tout l'organisme, comme les refroidissements, les gourmes, etc. Nous en parlerons dans le chapitre *Maladies générales du cheval*, et on peut les traiter d'après les méthodes que nous y exposerions. Voyez le même article pour les observations plus détaillées sur le boire et le manger.

CHAPITRE XI.

LES ENFANTS D'ÉCURIE, LES CHEFS GROOMS ET LES JOCKEYS.

Section Ire. — Les garçons d'écurie.

126. — Pour diriger ces petits bipèdes, il faut presque autant d'expérience que pour l'animal dont je viens de décrire si longuement l'éducation. Il faut aussi un certain discernement pour les choisir ; car, s'il y a des enfants que la nature a formés pour cette carrière, il y en a tout autant qui n'apprendront jamais assez leur métier pour diriger leur cheval dans un *galop* ordinaire. Les points principaux qu'il faut exiger sont d'abord une charpente régulière et compacte avec une petite tête, des os légers et une taille bien au-dessous de la moyenne des enfants du même âge ; puis, en second lieu, une certaine dose d'intelligence, mais de cette espèce solide à l'ancienne mode que l'on rencontre aujourd'hui si rarement, et qui concentre sur un seul objet les forces du corps et de l'esprit. En d'autres termes, il faut trouver une vieille tête sur de jeunes épaules. Il est impossible d'avoir l'œil ouvert sur tous les mauvais tours, et, en dépit de toutes

les précautions, un enfant complétement méchant est à même
de gâter le cheval qu'on lui a confié, et, ce qu'il y a de pis, c'est
que son exemple peut corrompre ses camarades. Il faut donc
une grande prudence dans le choix, et c'est pour cela que l'on
prend les fils de gens du métier, profondément attachés à leur
état et pénétrés de son importance. Sans ce dernier sentiment,
le garçon ne prendra jamais goût au métier ; mais s'il l'éprouve
sérieusement, il aura bientôt appris à se rendre utile. L'âge où
ces enfants ont le plus de chances d'être utiles est de onze à
quatorze ans. Plus tôt, ils sont rarement assez hardis ou assez
forts pour remplir les devoirs véritablement rudes de garçon
d'écurie ou de promenade. Il est vrai qu'on peut les employer
à frotter les jambes et autres petits services d'écurie à un âge
plus tendre ; mais ces premières leçons se donnent mieux dans
l'écurie du hack ou toute autre que celle du cheval de course.
Dans presque tous les cas, les garçons de cet âge élevés avec
les chevaux sont tout à fait adroits avec eux, montent assez
bien et font tous les travaux d'écurie de la façon ordinaire.
Quand on sait qu'il en est ainsi, que le garçon est de la taille
convenable, intelligent, actif, industrieux et capable de monter
un cheval ordinaire, on fera bien de l'envoyer sans tarder à
son entraîneur. Il faudra maintenant lui enseigner toutes les
pratiques de l'écurie d'entraînement, le frottement à la main,
le pansage minutieux et soigné, etc. Puis on le met sur un
cheval facile, et on lui enseigne graduellement et soigneuse-
sement la manière de le tenir sans le faire tirer, etc., etc. On
devrait le mettre au milieu d'une file de chevaux, lui montrer
à tenir sa place dans le galop et à ne jamais avancer vers son
chef de file plus près qu'en partant. L'entraîneur ou le chef
groom entreprendra cette tâche et veillera à ce que le garçon
se tienne bien en selle, avec les étrivières de la longueur voulue, les pieds bien enfoncés, les genoux bien tournés et suffi·
samment avancés sur les quartiers de la selle. Il aura à l'avertir
de tenir les mains basses, car, par instinct, tous les commençants sont portés à les lever, tandis que le terrain d'entraînement est celui où il faut les tenir les plus basses, avec une rêne
de chaque main, de chaque côté du garrot. Il faut, en outre,
que la rêne de droite soit tenue dans la main gauche, afin de
les ajuster toutes les deux en passant sur le garrot. Il faudra
aussi lui montrer à se servir de ses genoux, agents essentiels
pour rester en selle, lui recommander les pieds en dedans et les

talons bas. Il lui expliquera ensuite qu'il ne doit pas chercher à trop retenir son cheval en tirant invariablement comme un poids mort, mais qu'il doit rendre quelque chose à la bouche et n'employer que juste ce qu'il faut de force pour tenir son cheval à sa place dans la file. Ceci s'obtient beaucoup mieux en lui cédant un peu et retenant par occasion, qu'en se pendant aux rênes, ce qui irrite la plupart des chevaux et les porte beaucoup plus à tirer sur la main qu'à céder. Il faut donc éviter cette tenue lourde et fixe des rênes, rendre un peu et arrêter ensuite, de façon que la bouche ne s'égare pas, et que l'enfant léger et débile puisse rester maître de son puissant coursier. Après quelque temps, quand le gamin est tout à fait à son aise avec son cheval tranquille et facile, on peut le lui changer pour un autre plus vif, et s'il a appris tous les soins et détails d'écurie avec le cheval fait, on peut lui désigner un poulain en permanence, tant à l'écurie que dehors. Avec le temps, l'enfant apprendra à suivre les ordres avec précision et saura monter son cheval de façon à le développer sur la distance exacte et juste au degré recommandé. Tout cela est l'œuvre du temps et provient de l'imitation transmise de génération en génération, ou plutôt d'un âge à l'autre, les enfants les plus âgés instruisant leurs cadets par l'exemple. Il se passe ordinairement quelque temps avant que le petit garçon soit en état de conduire une reprise de galop, et jusque-là, on ne lui demande que de garder la distance de son chef de file et d'éviter d'être désarçonné par les gambades ou les résistances du jeune animal. Mais avec le temps, l'enfant apprendra à conduire la reprise et à courir une épreuve. Comme il y a des gamins qui apprennent plus vite que les autres, le chef groom ou l'entraîneur les emploie en conséquence et les met sur des animaux dont ils puissent rester maîtres. Outre leurs occupations au dehors, ces garçons ont à remplir tous les devoirs de pansage, frottement à la main, etc., que nous allons décrire en détail, comme faisant partie de leurs devoirs.

127.—Le pansage du cheval de course ne diffère pas en principe du pansage ordinaire de tout autre cheval de race, mais on le pousse plus loin et plus longtemps que pour tout autre cheval, excepté pour le hunter de premier ordre. Le premier pansage imparfait, ayant l'exercice du matin, mérite à peine d'être mentionné et consiste seulement à débarrasser le cheval de la crotte ou de l'humidité provenant de la litière où il est couché, et qu'il a inévitablement souillée pendant la nuit. Il faut ensuite unir toute la robe avec un bouchon de foin et puis avec les sortes de gants appelés rubbers. Mais après la promenade la tâche est longue et fastidieuse, afin de parvenir à un double but, le premier est de se débarrasser de toute crasse provenant de l'extérieur ou de la suée séchée sur le poil et obstruant les pores de la peau ; le second objet en vue est d'augmenter par là friction l'activité de la circulation, de sorte qu'elle ne soit pas arrêtée pendant l'exercice violent auquel on soumet ce genre de cheval. Rentrant donc de la promenade, l'enfant arrive à cheval dans l'écurie, tourne le dos de son cheval à la mangeoire. Puis il met pied à terre, ôte les guêtres, le camail, la bride, etc, par le fait tout, excepté la couverture de croupe et la selle. Celle-ci ne doit pas être enlevée de quelque temps, mais seulement soulevée pour un moment et remise en place. La couverture de poitrail et le devant de celle de croupe sont rejetés sur la selle, découvrant ainsi toute l'avant-main qui doit être bien pansée. A cet effet, l'on commence par bien brosser la tête, puis bouchonner avec une poignée de foin tressée à cet effet, et enfin on la sèche avec le rubber. Mais, avant de terminer ainsi, il faut que le cou et l'avant-main soient successivement brossés et bouchonnés. L'on peigne ensuite la crinière et le toupet et on les rabat avec une brosse humide. Quand tout cela est fait, l'on retourne le cheval vers sa mangeoire, on lui met le licol, on l'attache au ratelier et on lui met la muselière par précaution. Presque tous ces animaux à peau fine aiment à mordre, même sans être vicieux, quand on leur brosse les flancs ou même quand on les bouchonne. L'on passe ensuite aux pieds, qu'il faut nettoyer et laver ainsi que les jambes. A cet effet, le garçon prend son seau et sa brosse, épluche l'intérieur des pieds, les brosse, puis lave les jambes en se tenant pendant toute cette besogne sur le côté du cheval. Puis il met une bande de flanelle à chaque jambe et la laisse pendant tout le pansage pour empêcher l'animal d'avoir froid et pour amortir les coups que le cheval se donnera en ruant et résistant, ce qu'il fait constamment et vigoureusement pendant cette partie de l'opération. Quand cela est fini, l'on ôte la selle. Puis le dos, les flancs, la croupe sont d'abord brossés, puis bien bouchonnés et enfin bien unis avec le rubber. La brosse ne doit jamais s'employer pendant que le poil d'hiver tombe, et l'étrille rarement ou jamais avec les chevaux de pur sang. Le poil gros et

épais pour lequel sert cet instrument ne se voit à peu près jamais chez les chevaux de course, et si l'on en trouve par hasard
on le rase bien vite avec les ciseaux ou avec la lampe à esprit
de vin. Puis l'on remet la pièce de poitrail et la couverture de
devant, en prenant soin de toujours les bien jeter par-dessus le
garrot et puis de tirer la couverture doucement sur les reins, de
façon à coucher le poil qui, sans cette précaution, se hérisserait
dans tous les sens. Puis l'on met le surfaix en doublant la partie longue sur celle qui est rembourrée, et puis quand celle-ci
est sur le dos, on jette doucement l'extrémité par dessus, de
manière à éviter de faire un pli. Puis, on le boucle bien serré
et l'on étend le camail sur les reins pour éviter le froid après le
travail, mais on ne le laisse pas quand on ferme les écuries. Ensuite l'on peigne la queue, l'on retire les bandes une à une, car
elles doivent rester en place jusqu'à ce que le garçon soit prêt à
frotter à son tour la jambe encore couverte. Pour cette partie
du pansage, le gamin s'agenouille sous le cheval qui dans cette
circonstance ne fait jamais de difficulté. L'enfant sèche avec
un linge la jambe du cheval avec le plus grand soin, puis il
commence à la frotter avec les deux mains, descendant chacune
de son côté en passant les doigts dans les creux compris entre
le ligament et le tendon. Dès que cette jambe est parfaitement
sèche, l'on en dépouille une autre pour la frotter de la même
façon jusqu'à ce qu'elles soient arrangées toutes les quatre. Alors
le pansage est fini, on remue la litière et on l'égalise avec la
fourche, puis l'on donne à manger et l'on ferme l'écurie quant
à présent. Il y a des chevaux qui résistent beaucoup au pansage
et sont dangereux, si le gamin n'est pas très prudent et très
alerte. Mais s'il est doux et ferme, ne montre ni peur ni impatience, mais attend tranquillement que le cheval le laisse faire,
presque toujours il se tire d'embarras et le cheval lui permet de
terminer sa besogne. Mais quand une fois le cheval a été
rendu vicieux par la peur ou la méchanceté du gamin, il devient fort embarrassant, et peu d'enfants peuvent manier un tel
animal, s'il est réellement méchant. Alors le chef groom doit se
tenir à côté, soit pour le panser lui-même ou pour le tenir en
respect pendant l'opération. Mais quelquefois même un homme
fait ne peut réussir à faire tout ce qu'il voudrait de l'arrière-
main de quelques chevaux irrités par les mauvais traitements.
Dans la plupart des cas encore, ces animaux laisseront leur petit surveillant faire plus que tout autre, et l'on a des preuves

fondées du mérite de l'enfant, si l'on trouve qu'il peut manier sans difficulté un cheval à la peau délicate et au naturel irritable. Quand il est à hauteur de cette tâche et peut monter son cheval suivant les instructions donnés, c'est une bonne acquisition pour n'importe quelle écurie d'entraînement, surtout s'il a bouche close et se trouve disposé à garder pour lui les secrets qu'il devinera bientôt.

Section II. — Le Chef Groom.

128.—L'ambition du gamin d'écurie est généralement de devenir chef groom, puis peut-être entraîneur à son propre compte, ou bien, d'un autre côté, jockey de profession. Si ces adolescents sont habiles et industrieux et que les bonnes chances se présentent, ils peuvent arriver à n'importe laquelle de ces positions, et quelquefois successivement à toutes les trois. Les garçons qui deviennent promptement lourds et osseux, se trouvent impropres à tout autre emploi que celui de chef groom. Mais, comme il n'y a ordinairement qu'un ou deux hommes employés de la sorte dans chaque établissement d'entrînement, et qu'il y a autant de jeunes garçons que de chevaux, le surplus est obligé de chercher des places ordinaires de groom quand ils ne peuvent plus monter à un poids convenable, qui doit rarement dépasser 6 stones ou 6 st. 7 lb (1). Toutefois, si le garçon a une bonne tête, s'il se montre toujours digne de la confiance de son maître, il a la chance d'être nommé chef groom de l'établissement, et il a la surveillance de toutes les écuries, aussi bien que la direction des galops et des suées en l'absence de l'entraîneur ou sous ses ordres immédiats. Il ouvre le coffre à avoine, ordinairement donne lui-même à manger à chaque cheval, fait distribuer le foin, ordinairement en le pesant ou l'estimant à vue pour chaque ration que les gamins auront à porter au ratelier. Outre ces devoirs, il a, dans un grand établissement, plein les mains d'autres occupations, préparant et distribuant les barbotages, les boules médicinales, les breuvages, etc., mettant les compresses et ligatures aux jambes, les caustiques (2), les lotions et autres choses continuellement en réquisition. Il doit surveiller le ferrage quand l'entraîneur ne voit pas lui-même une partie si essentielle et qui entraîne

(1) 6 stones = 38k.079.
   6 stones 7lb. = 41k.252.
(2) Blisters, nous les appelons feux anglais.

tant de responsabilité. Dans les très grands établissements, ces devoirs se répartissent entre deux ou trois individus; dans plusieurs, il y a un commis constamment employé à inscrire chaque galop, chaque suée, chaque sortie de l'écurie, chaque ferrage. C'est ce commis qui distribue les médecines et tient note exacte de chaque dose. Sans toutes ces précautions, il régnerait une confusion sans fin dans des établissements où l'on entraîne à la fois trente ou quarante chevaux de différents âges. Car, lorsqu'on s'aperçoit qu'une dose de trois drachmes d'aloès ne suffit pas, il faut l'augmenter la fois suivante, et quelquefois la porter à cinq ou six drachmes. Or, si cette forte dose arrivait par méprise à un animal de tempérament délicat, la purgation pourrait entraîner des conséquences fatales ou pour le moins déranger pour longtemps la santé du cheval. Il faut aussi que le chef groom soit un cavalier habile, vigoureux, résolu, et, si son poids est passablement léger, il doit entreprendre le dressage des chevaux qui deviennent trop difficiles à monter pour les gamins. Dans les petits établissements, on lui confie aussi le dressage, mais dans les grands, il y a ordinairement un homme dont la seule occupation est le dressage des poulains et pouliches. Il en a toujours trois ou quatre entre les mains, ce nombre suffit pour prendre tout le temps dont un homme peut disposer, si l'on passe d'une façon complète et efficace par tous les degrés de leur éducation.

Section III.—Les Jockeys.

La gradation des rangs est très-variée dans cette classe, dans laquelle on trouve des hommes qui ont une fortune considérable, et d'autres sont des gamins d'écurie temporairement promus aux fonctions de jockey. Mille livres, le double et même le triple de cette somme sont assez fréquemment promis et donnés pour avoir réussi dans l'accomplissement des ordres donnés sur l'hippodrome d'Epson ou celui de Doncaster. Cependant le prix réglementaire est de trois livres pour un vainqueur. Ces prix sont d'ailleurs réglés pour un jockey trouvé sans emploi sur les lieux. Mais, quand on le prend régulièrement et à l'avance, l'on fait généralement un arrangement spécial dont les termes varient selon le rang que le jockey occupe dans l'opinion publique. Au premier coup-d'œil, il semble que les sommes que nous venons de citer sont une rénumération très-ample pour un travail de quelques minutes, et elles suffisent,

en effet, quand le jockey est souvent employé et que ses habitudes le portent à l'économie. Mais trop souvent c'est l'inverse
qui a lieu, et le gamin qui tout récemment était nourri de pain
et de fromage avec un bon repas de bœuf aux pommes de terre,
exige maintenant du vin de Champagne et des plats à la française, dépensant des milliers de livres aussi vite qu'il les gagne. Les exemples de fortunes amassées dans cette profession
ne sont pas nombreux, mais on en a vu, et souvent les possesseurs ont pu fonder des établissements d'entraînement demandant une mise de fonds considérable. Tout bien considéré, et
en tenant compte des tentations auxquelles sont exposés les
hommes de cette classe, il ne faut pas se hâter de les trouver
trop payés, d'autant que ce n'est que dans des cas particuliers,
qu'ils peuvent espérer de fortes récompenses.

Il faut d'ailleurs songer aux dangers de leur profession, dans
laquelle on peut à tout moment perdre un membre ou la vie.
Les exemples n'en sont que trop nombreux, et, d'ailleurs, le
temps pendant lequel ils trouvent à s'employer n'est généralement pas grand. L'énergie nécessaire pour courir à cheval dure
rarement longtemps, et la mode ou le caractère inconstant du
maître les fait mettre à l'écart peut-être plus tôt qu'ils ne le méritent. En les prenant en corps, les jockeys sont au-dessus de
la moyenne des affiliés du turf, car ils sont plus honnêtes que
beaucoup de leurs maîtres et il est rare d'apprendre qu'ils aient
accepté les pots de vin que l'on s'empresse de leur offrir dès
qu'ils y consentent. Leurs motifs ne sont peut-être pas d'une
grande élévation, puisque leur emploi dépend de leur réputation d'honnêteté et qu'ils n'osent se laisser corrompre; mais en
corps ils sont au-dessus du soupçon. Malheureusement, depuis
quelques années les ordres de rester en arrière sont devenus si
fréquents, qu'il est difficile à un jockey de s'y refuser, et,
presque toujours, on s'attend à les voir recevoir les ordres tels
qu'on veut les donner, mais il y en a encore qui refuseraient de
monter autrement que pour chercher franchement à gagner la
course. Dans des courses importantes comme les deux mille guinées, les mille guinées, le Derby, les Oaks, etc., le jockey
monte le cheval pendant plusieurs galops avant la course, mais
le plus souvent il n'a jamais enfourché l'animal avant que la
cloche de l'hippodrome n'ait sonné pour faire seller. Il est extraordinaire en conséquence qu'ils puissent s'en acquitter
comme on le voit dans les courses, mais l'entraîneur leur

donne avis des dispositions particulières du coursier, de la meilleure manière de faire valoir ses moyens, de sorte que le coureur n'arrive pas les yeux fermés, et généralement montera en perfection dès la première occasion, s'il est artiste accompli dans sa partie. Mais pour un jeune cheval, il y a toujours avantage à l'avoir eu déjà sous soi, et l'on devrait rarement le donner au jockey sans prendre cette précaution. Dans les courses importantes que nous venons de citer, il n'y a qu'un motif qui puisse la faire négliger, c'est quand on veut laisser le public dans l'incertitude sur le choix du jockey auquel l'animal sera confié. Dans tous les cas, en engageant un jockey on le prévient du poids qu'il aura à porter, et l'on est en droit d'attendre qu'il se présentera au pesage avec ce poids exact, apportant sa selle, mais la bride est ordinairement celle à laquelle le cheval est accoutumé. La tolérance pour un bridon avec une seule paire de rènes est d'une livre, deux pour les brides avec le filet, et pour filet avec doubles rènes et martingale, mais sans mors de bride, ordinairement une livre et demie. Si le jockey dépasse le poids voulu, il doit le déclarer au pesage, d'après les règles du jockey-club. La manière de faire suer et de nourrir les gens de cette profession est presque la même que pour former un pedestrian. L'on trouvera dans un chapitre ad hoc toutes les règles à appliquer pour cet entraînement.

130.—*Donner le pied.*— Les jockeys, dans tous les cas, et tous ceux qui montent les purs sangs en entraînement, se font aider par une seconde personne qui prend le cavalier par la jambe gauche pliée et le porte en selle. Le jockey ou le gamin se met en face de la selle, prend le pommeau de la main gauche, plie le genou gauche, se donne un élan du jarret droit et se trouve enlevé en selle par la main de l'assistant. Le premier motif de cet usage est d'éviter de déranger la selle qui, petite et légère, ne supporterait pas d'être tirée de côté un peu fortement. Le second motif est d'éviter les coups de pied que le cheval peut donner à ceux qui montent par l'étrier. Avec de grands chevaux et de petits cavaliers le montoir est difficile et les jambes de derrière du cheval risquent fort de blesser le jockey.

CHAPITRE XII.

FRAIS A COUVRIR.

Section Ire. — *Frais d'élevage*.

131.—Les dépenses moyennes pour élever des chevaux de pur sang de première classe peuvent s'évaluer comme il suit :

Cinquième du prix de la poulinière. . . .	30 livr. st.
La monte, le voyage et soins pendant six semaines.	30
Entretien de la poulinière pendant un an. .	25
Entretien du poulain jusqu'au commencement de l'entraînement.	45
	130 livr. st.

Ainsi, sans tenir compte des risques des juments stériles, des poulains morts, etc., chaque poulain coûte au moins 125 livres avant d'être entraîné comme cheval de deux ans. Avant de l'entraîner comme cheval de trois ans il aura coûté au moins 25 livres de plus. Mais en tenant compte de tous les risques, l'on peut calculer que poulains et pouliches du meilleur sang peuvent être élevés pour environ 150 livres.

Section II. — *Frais d'entraînement*.

132. — Le prix ordinaire dans les établissements publics d'entraînement est de deux guinées par semaine, auxquelles il faut ajouter de lourdes dépenses pour les voyages, les boxes, les courses. Peu de chevaux sont en entraînement pendant toute l'année, on peut cependant évaluer les frais de cet entraînement à environ 75 livres par an. L'entraînement en particulier est tellement variable selon les circonstances que l'on ne peut aucunement évaluer la dépense à encourir. Dans l'entraînement public, outre le prix mentionné ci-dessus, il y a dans presque tous les établissements de nombreux extra, sans compter les frais de voyage. Le prix des entrées est bien connu et varie de deux guinées à trois cents livres. Toutes les autres dépenses, depuis celles qu'entraîne un cheval inscrit au Derby et la dépense d'une course d'arrondissement, sont tellement variables et flottantes qu'il est impossible de faire aucune évaluation générale qui ait quelque utilité.

CHAPITRE XIII.

LOIS POUR LES COURSES.

Depuis le 19 avril 1858 de nouvelles lois adoptées par le Jockey-Club sont en vigueur pour les courses. Il a paru inutile de traduire les sections I et II de ce chapitre XIII, contenant les anciennes lois et la description des hippodromes.

(Note du traducteur.)

Section III. — Principes pour les paris.

135. — Les paris sont certainement une sorte de jeu de hásard et sont poussés à l'excès par toutes les classes de la société. Nous sommes donc obligés de faire mention ici des principes sur lesquels repose ce jeu dont il serait inutile de vouloir ignorer l'existence. Il y a deux manières d'engager son argent dans des courses. Dans la première, l'individu base son jeu sur son opinion ou sur les renseignements qu'il a obtenus d'autrui. La seconde manière ne demande aucune connaissance des chevaux et se fonde sur des calculs qui à la longue mèneraient à un bénéfice certain, si les paris gagnés sur le papier, et argent payé étaient des termes synonymes. Mais aujourd'hui que des gens disparaissent continuellement en faisant faillite, et que d'autres, finalement solvables, font attendre pour le paiement, ce système met souvent les plus habiles dans l'embarras.

136. — En principe, il est assez simple de parier *pour tels chevaux*, mais en pratique, il faut que le parieur connaisse les secrets de l'écurie, et constamment on réussit à le tromper. Quand on se fie aux amis, on vous en fait croire de belles, et si on s'en plaint, ils vous répondront peut être « qu'aujourd'hui » il ne faut pas espérer mettre dedans ses ennemis, et qu'il faut » bien que ce soient les amis qui patissent. » En conséquence, à moins qu'un parieur ne soit en rapport avec une écurie influente ou qu'il ne possède quelque moyen particulier d'information, à la longue, il est sûr d'être victime. Voilà pourquoi il y en a si peu qui continuent longtemps cette spéculation, à moins de se trouver dans les catégories précitées. L'on peut faire quelques bons coups et peut-être empocher quelques mille guinées à un Derby ou à un Saint-Léger particulier, mais cet

or retourne bientôt à son point de départ, et souvent avec gros intérêt.

137. — *L'art de faire un livre.* « *Parier à la ronde* ou faire des paris de proportion sont des termes à peu près synonymes, bien qu'il n'arrive pas toujours que celui qui fait des paris de proportions, fasse aussi un livre. Quelquefois il arrive qu'un joueur établisse des proportions contre un animal que l'on ne veut pas faire courir, ou contre un autre atteint d'un mal incurable, ou tout à fait mort, et pourtant si les conditions de la course sont « *courir ou payer,* » il recevra le prix de son pari. La nouvelle règle citée, page 7, a pour but d'obvier à cet état de choses. Le principe pour *faire un livre* est de parier une somme fixée contre tous les chevaux engagés dans la course, ou au moins contre autant de chevaux que possible, et si le parieur peut *faire le tour de la position* (1), c'est-à-dire parier contre assez de chevaux pour couvrir avec surplus les proportions offertes contre chacun en particulier, il est sûr de gagner (sur le papier). Dans ce mode de pari, le grand point à désirer, c'est qu'un cheval peu connu remporte la victoire. *Au moment où l'on fait le livre,* le favori est le cheval le plus désavantageux ; cependant, s'il ne vient que d'acquérir ce titre, il peut être un des plus profitables. Ainsi, en supposant que le parieur fasse ce que l'on appelle un livre de cent livres sterling, c'est-à-dire qu'il parie cent livres sterling contre chaque cheval au taux du jour, il aura soin de n'offrir contre aucun cheval une proportion excédant la moitié des animaux engagés, ou en supposant vingt coureurs inscrits, dix contre un. La raison en est qu'il y a rarement plus de la moitié des chevaux pour lesquels l'on parie, et en conséquence le parieur ne pourra *faire le tour de toute* la liste, mais en prenant la moitié comme la proportion probable, il sera assez en sûreté, et s'il peut arriver à un nombre excédant la moitié cela n'en sera que meilleur pour lui. La table suivante montre les cotes des paris dans la semaine qui a précédé le dernier Derby, qui d'ailleurs pour différentes raisons ne fut pas l'objet de beaucoup de paris. — Nous écrivons en nombres ronds.

(1) Parier à la ronde, faire le tour etc., métaphore usitée pour ce genre de pari, parce que l'on cherche à parcourir toute la liste de chevaux inscrits.

17 mai.

Paris, pour le Derby.				Inscrits sur un livre de £1000.			
Wild Dayrell. . .	5	contre	1	£1.000	contre	£200	0
De Clare	6	»	1	1.000	»	166	10
Lord of the Isles.	6	»	1	1.000	»	166	10
Rifleman	6	»	1	1.000	»	166	10
Flatterer	12	»	1	1.900	»	83	5
Kingstown	14	»	1	1.080	»	71	10
Dirk Hatterick . .	25	»	1	1.000	»	40	0
Oulstone	25	»	1	1.000	»	40	0
St. Hubert	30	»	1	1.000	»	33	5
Rylstone	30	»	1	1.000	»	33	5
Bonnie Morn. . .	50	»	1	1.000	»	20	0
Gracculus E. . . .	50	»	1	1.000	»	20	0
Strood	100	»	1	1.000	»	10	0
Bemhams.	100	«	1	1.000	»	10	0
Vexation Colt. . .	100	»	1	1.000	»	10	0
Rotheram.	100	»	1	1.000	»	10	0
Noisy.	100	»	1	1.000	»	10	0

L'on verra ici qu'à la date où fut établie la table ci-dessus, il était impossible à un entrant de faire un *livre certain*, parce que, d'après les proportions courantes, les recettes du livre le plus élevé ne pouvaient monter qu'à 1,090 liv. 15 sch., d'où il aurait fallu encore déduire la mise d'un cheval et encore 1,000 liv. Le parieur supposé avoir fait ce livre a donc perdu 109 liv. 5 sch. Mais comme il est probable que, dans le courant de l'année, il a dû parier contre vingt autres chevaux, dans la proportion de 50 contre 1 ou 1,000 liv. contre 20 liv., il lui reviendra 400 liv., moins 109 liv. 5 sch. Si vous en défalquez encore les chances de trouver de mauvais payeurs, etc., vous trouverez une faible compensation pour la perte de temps et les frais de déplacement. Cependant, même avec une mauvaise année comme la présente, ce livre donne sur le papier un gain certain, et un homme soigneux ne peut perdre à ce jeu que vis-à-vis de débiteurs de mauvaise foi. La colonne de gauche fait voir qu'il est désavantageux de mettre la même somme sur les différentes proportions, puisque, dans ce système, le parieur peut avoir à payer 100 liv., et n'en recevoir que 16. Dans l'année actuelle, il aurait risqué de perdre la somme précitée, et en fait aurait gagné 11 liv., différence entre 5 liv. à payer en raison du triomphe de Will Dayrell, et 16 liv. à réclamer aux seize chevaux perdants, sans compter, bien entendu, les sommes reçues pour d'autres chevaux contre lesquels le joueur a dû parier dans le courant de l'année. Si donc, le parieur se contente de ce petit jeu, il doit toujours néanmoins avoir soin d'établir son livre sur le même principe que le livre de 1,000 liv. donné ci-dessus, c'est-à-dire qu'il doit toujours parier la même somme dans les grandes proportions, et faire varier les petites. Tel est le principe sur lequel on apprend à *faire les livres*; il ne demande aucune connaissance des chevaux, mais seulement une certaine rapidité de calcul. En pratique, on y met de la variété. Les uns qui aiment le jeu sûr, se contentent d'engager 1,000 livres contre chaque cheval, lorsqu'il commence à être coté, tandis que d'autres remplissent leur livre, et immédiatement en recommencent un autre, et comme ils sont sûrs d'avoir de l'argent comptant, ils l'engagent en pariant deux fois contre les chevaux auxquels ils ne croient aucune chance. Toutefois, le principe est toujours le même, savoir de ne jamais engager son argent sans avoir la certitude de recevoir des chevaux perdants, plus qu'il ne faudra payer au vainqueur.

138. — Mais en outre de ce simple principe pour l'établissement d'un livre, il y en a un autre qui s'appelle Hedging (*se border, se protéger, se fermer*, etc.). Il résulte des renseignements certains que l'on a pu prendre sur une écurie. Ainsi, le parieur qui sait que le cheval A est en bonne voie de progrès, accepte 1,000 contre 20 pendant l'automme, et quelquefois en fait autant avec deux autres chevaux, par suite d'informations positives. Avec le temps et peu avant le moment des courses, l'un d'eux est rayé du livre, par suite d'un accident, ce qui s'inscrit comme perte de 20 liv. contre A ; B est à 5 contre 1, tandis que C est à 2 contre 1. Maintenant voici la position de cette transaction :

Sur A, il est sûr d'une perte de 20 liv.

Si B gagne, il recevra 1,000 liv. et en paiera 500, — balance de 500 liv. en sa faveur.

Si B. perd, il recevra 50 liv. et n'aura que 20 liv. à payer, balance favorable de 30 liv.

Si C gagne, il recevra 1,000 liv. et paiera 500 liv., — balance favorable de 500 liv.

Si C perd, il recevra 250 liv. et aura 20 liv. à payer, — balance favorable de 230 liv. De sorte, qu'en somme, ses bénéfices seront très-considérables, pourvu que ses renseignements le mènent à de bons résultats deux fois sur trois, ce que l'on peut fort bien supposer.

De nos jours, il n'y a que la mort avant la course du propriétaire qui a présenté le cheval, qui annule le premier de ces calculs, ou bien la mort ou l'accident grave arrivé au poulain avant le hedging, mais si les projets de changement dans la loi viennent à être admis, c'est-à-dire qu'il n'y aura de pari que quand un cheval courra pour votre argent, alors *ces livres* devront être refaits sur un autre modèle. Personne ne pourra faire un livre certain, parce qu'il ne saura jamais quels seront les paris qui tiendront et ceux qui seront annulés quand des chevaux ne se présenteront pas au départ. D'un autre côté, cela mettra un terme à l'extrême démoralisation qui rend indispensable ce nouvel état de choses.

. . . .

Section Ire. — Manière de monter dans les courses.

151. — *Jockeys de profession.* — En examinant le livre déjà cité, intitulé *Guide de Ruff*, l'on verra qu'il y a cette année **209** jockeys engagés pour les courses ou attendant de l'emploi. Il y en a beaucoup qui ne montent que pour une seule écurie, où ils sont employés comme petits palefreniers d'un rang supérieur, savoir, à courir des épreuves, conduire des pistes de galop ou administrer des suées. L'on ne peut obtenir leurs services qu'avec l'agrément des maîtres qui les ont engagés. D'autres, fort recherchés des amateurs, ont au moins neuf ou dix engagements à la fois, ayant un premier, second, troisième et quatrième maître autorisés à réclamer leurs services à leur tour. Nous avons déjà parlé plus haut de l'éducation et des émoluments du jockey de profession.

152. — La définition « Gentlemen Jockeys » est très-vague et insuffisante. Quelquefois elle va plus loin en limitant les choix aux membres de certains clubs, aux officiers de l'armée ou de la marine, etc. Tout individu qui a monté pour une somme supérieure à ce qu'il faut pour couvrir ses dépenses, est considéré comme homme du métier et se trouve être soumis aux surcharges qui concernent cette classe.

153. — Pour courir sur l'hippodrome, amateurs ou jockeys devraient se diriger d'après la même doctrine, dont voici les points essentiels. — Il faut d'abord une bonne et solide assiette, secondement des mains habiles, troisièmement un sentiment parfait de l'allure, et enfin de la tête pour tirer parti de ces éléments de succès. L'assiette du jockey est toute particulière et il se tient différemment de tous les autres cavaliers. Son but est en effet uniquement de mettre son cheval très à l'aise et de le laisser galoper en le gênant le moins possible par son poids. Il ne fait sentir l'action du mors que juste assez pour tenir son cheval assez rassemblé pour éviter ce style à tire d'ailes qui détruit tout de suite les chances d'un cheval. Mais ceci n'est que l'A, B, C de l'art, et quoique cela comporte des degrés sans nombre, cependant presque tous les jockeys ont une assez bonne assiette pour faire ce que nous venons de décrire. Les mains ne laissent également guères à désirer, l'éducation d'enfance et la longue pratique de chacun l'a rendu maître de la bouche de son cheval, et encore sur ce point y a-t-il bien des nuances. En somme le mérite d'un jockey réside dans sa tête, qui doit combiner le plan de campagne à suivre, et cela sans perdre une seconde, après les événements qui motiveront décision. Il est vrai que le plus souvent le jockey a d'avance l'ordre d'attendre ou de prendre les devants, mais cet ordre est conditionnel ou devrait toujours l'être, quand le jockey est un artiste expérimenté. En fin de compte, même quand des ordres positifs ont été signifiés, il survient de petits accidents sans nombre qui font appel au courage, au talent et à la présence d'esprit du jockey. Tout d'abord, au départ il doit être toujours prêt à saisir le mot sacramentel, sans toutefois éprouver d'excitation qui se communiquerait au cheval et l'inquiéterait. D'un œil il doit voir le commissaire et les chevaux engagés, de l'autre son propre coursier, il attend le mot et alors part rapidement si ses instructions le lui prescrivent, ou bien reste troisième ou quatrième, toujours selon son jugement ou ses instructions. Bien des choses dépendent encore du caractère du cheval qu'il a sous lui, car en dépit des ordres contraires, s'il s'aperçoit qu'il perd ses chances en le maintenant second, il doit le laisser courir en tête jusqu'à ce qu'il puisse le calmer et l'établir à la place prescrite. C'est ici que l'homme qui a de la tête se distingue plutôt par son audace à braver les ordres reçus, que par une observation servile qui mènerait à la destruction de ses chances de victoire. Il est encore fort essentiel d'éviter de perdre du terrain, mais cependant cela dépend encore plus des mains que de la tête, excepté quand le jugement doit vous mettre à même de dépasser un groupe de chevaux. Alors il faut décider si l'on passera en dedans, en dehors ou au travers, et souvent le destin de la course dépend du parti que l'on prendra. Quelquefois il est impossible de passer au travers, et toute tentative en ce genre devient fatale ; d'autes fois, l'homme expérimenté découvre que tous ou presque tous les chevaux du groupe sont épuisés et ne peuvent faire échouer le projet. Ils ne resteront pas tous en arrière à la fois, et, l'un après l'autre, laisseront une place dont il s'emparera aisément. Enfin, arrivé au premier rang, le jockey doit déployer son talent en finissant au bon moment et de la bonne manière. A cette période de la course, son cheval peut être le plus frais et le plus courageux de la bande, cependant avec un léger manque de vitesse; alors il commence à rouler en temps opportun et gagne en faisant valoir le fonds de son coursier, et peut-être enfin avec un large emploi du fouet et de l'éperon. Ou bien le cheval est le plus vite pour une courte lutte, mais ne convient évidemment pas pour une longue course. Alors le jockey doit chercher à se tenir à une courte distance en arrière jusqu'au dernier moment, s'il peut espérer que les chevaux de tête s'é· puiseront à son profit en luttant depuis le départ les uns contre les autres. S'il peut seulement voir commettre cette faute à ses adversaires, sa chance n'est pas encore perdue, il sent la bouche de son cheval, le rassemble et le tient prêt à lutter contre les chevaux de tête ; puis, quand il croit qu'il peut les rejoindre au poteau, il communique un élan auquel son pauvre coursier fatigué, quoique vite, peut à peine suffire, il arrache la victoire, mais est dépassé souvent à une longueur de cheval du poteau d'arrivée. D'un autre côté, le jockey maladroit, comme le gentleman ignorant du métier, commence par planter les éperons dans le ventre de son cheval, de peur de perdre du terrain au début, ce qui étourdit le cheval et le fait changer de pied, il se trouve mal à l'aise dès le principe. Malgré cela, le coursier intrépide se remet et répond à l'appel de son cavalier pour gagner la tête, il y arrive après une lutte vigoureuse; alors le jockey se souvient que ses instructions lui prescrivent de rester second ou troisième ; le voilà à retenir son cheval et peut être à le faire encore changer de pied. Derrière lui, un rival expérimenté découvre tout cela et se porte à sa hauteur. Tout alarmé, le voilà en lutte et forçant contre cet adversaire. Celui-ci, qui ne veut pas excéder son cheval, s'empresse de céder et a rempli son but. On ne laisse pas longtemps tranquille un si pauvre coureur, un autre adversaire voit qu'il peut lui jouer le même tour et ne manque pas de le faire, jusqu'à ce qu'enfin avec le meilleur des chevaux engagés, à cent yards du but, il ne peut plus garder sa place, et au lieu de gagner facilement sans fouet ni éperon, il ne peut plus faire répondre son cheval aux attaques les plus terribles qu'il essaye avec ces moyens de ri-gueur. Il finit par arriver, fouaillant et éperonnant, les rênes lâches, son cheval développé au dernier degré et lui-même mortifié et épuisé. Quand on a constamment des scènes pareil-les sous les yeux dans les hippodromes où se montrent les gentlemen jockeys, il ne faut pas s'étonner si ces courses ne sont pas du goût du public, et si l'on finit par trouver qu'une surcharge de sept livres pour le jockey de profession ne met pas le gentleman à son niveau. Il y a toutefois dans cette classe des gens qui peuvent gouverner un cheval d'une main ferme et avec sang-froid, mais ils sont rares, surtout parmi les poids légers. Aussi les courses d'amateurs sont presqu'une lettre morte, et l'hippodrome est dévolu aux gens du métier.

LIVRE II.

COURSES DE HAIES ET STEEPLE-CHASE.

CHAPITRE Ier.

COURSES DE HAIES.

Section Ire. — But de ce Sport.

154.—Au point de vue de l'utilité générale, il est difficile de découvrir le but de la course de haies, puisqu'à mon sens elle n'a aucun bon résultat, si ce n'est d'amuser la foule, et encore aujourd'hui elle ne paraît pas y réussir comme par le passé. Autrefois, c'était une adjonction très-fréquente aux courses ordinaires de cantons ruraux; mais depuis l'apparition très-générale des steeple-chases, ce jeu a perdu de ce charme, et une course de haies annoncée à l'avance attire rarement de bonnes entrées, et l'on n'y voit pas de foule, à moins qu'il n'y ait en même temps un steeple-chase. Ce genre de divertissement ne servant aucun des intérêts pour lesquels on crée des courses, il s'en suit qu'il est très-généralement abandonné. La dureté du terrain pendant l'été est un grand obstacle, et le cheval qui vient à tomber non-seulement éprouve une terrible secousse, mais encore blesse son cavalier. Les fractures de clavicules, bras et cuisses accompagnent souvent ce genre d'amusement. Ordinairement, ces courses sont de deux milles par dessus quatre haies et encore presque toujours très-fragiles, de sorte que l'on puisse aisément galoper au travers. De sorte que ces sauts ne sont guère que le simulacre de ce que l'on voudrait faire, et souvent la haie se trouve renversée par le premier cheval, qui laisse ainsi passer les autres sans obstacle.

Section II. — Chevaux en usage.

155.—Les chevaux de course usés ou ceux qui n'ont pas assez de vitesse pour la course plate sont généralement condamnés à finir leur carrière en franchissant des haies. Là, s'ils sont prompts à sauter, ils ont plus de succès que sur le terrain plat. Mais presque toujours on emploie des chevaux de pur sang, ou en approchant de beaucoup, que l'on dresse à sauter le moins possible de peur de perdre de leur terrain et qui trouvent moyen de passer dessus ou au travers des haies sans perte d'allure. Quand un cheval saute posément sa haie, non-seulement il perd du temps, mais il se fatigue à s'arrêter d'abord et à repartir après, de sorte qu'il est rare qu'un pareil cheval ait du succès. Il y a pourtant des exemples de chevaux qui faisaient ce manége à chaque haie, excepté la dernière, et pourtant trouvaient moyen de gagner, je citerai à cet égard Duenna, à M. Ekin, qui gagnait beaucoup de ces courses il y a dix ans.

Section III. — L'entraînement, etc.

156.—L'entraînement pour les courses de haies est exactement le même que pour les courses plates, si ce n'est qu'il faut exercer par occasion le cheval à passer une haie. Mais s'il les franchit bien sans jamais refuser ou sauter trop loin, on peut le considérer comme accompli et l'entraîner comme pour une course plate ordinaire. Quand il est suffisamment exercé, il ne faut pas le blaser sur cet amusement et rarement lui faire franchir un obstacle sur terrain dur. Peu de chevaux aiment à le faire, et ils en souffrent toujours plus ou moins par l'ébranlement qu'éprouvent les articulations et par les chocs nuisibles aux pieds. Pour montrer à sauter les haies, il faut envoyer devant, un vieux cheval sachant ce métier, car, sans cette excitation, peu de chevaux voudraient les sauter ou au moins le faire sans résistance. Dans ce genre de course, il est encore plus mauvais de faire des sauts trop longs que trop courts, bien que l'habitude corrige le premier défaut ; mais comme ces sauts énormes épuisent le cheval, il n'a plus à la fin assez de force pour gagner. Ainsi, jusqu'à ce que le cheval ait appris à franchir tout juste ses haies (et tant mieux s'il les racle un peu), il n'est pas propre à ce genre de courses. A part ces différences relatives à la manière de sauter, les épreuves, etc., doivent se passer exactement, comme nous l'avons expliqué au chapitre VI.

Section IV. — Les poids, les jockeys, les hippodromes.

157.—Jusqu'à une époque assez récente, les poids étaient presque toujours gradués pour l'âge ; mais maintenant, pour se conformer à la mode dominante, des poids de handicap sont généralement adoptés. On peut faire à ce système les objections que j'ai déjà mentionnées en traitant de la course plate.

158.—Le terrain que l'on choisit est presque toujours un hippodrome fréquenté, et pendant l'été il en est toujours ainsi. Quand les courses de haies font un appendice du steeple-chase, ce n'est que quand celui-ci a lieu sur un hippodrome régulier où l'on établit des haies factices, comme à Liverpool, Hereford, Worcester, etc.

159.—Les jockeys pour les courses de haies sont quelquefois des coureurs de steeple-chases ; d'autres fois on les prend dans la classe inférieure des jockeys de course plate.

Section V.— Règlements.

160.—Les règles de la course des haies sont les mêmes que pour la course plate, la seule condition supplémentaire consiste à passer au-dessus ou au travers des haies factices établies sur l'hippodrome. Mais il suffira que le cheval passe dans l'intervalle compris entre les deux poteaux d'attache des haies, même quand il n'y a pas lieu de sauter le moins du monde et que la haie se trouve par terre au moment du passage.

CHAPITRE II.

LE STEEPLE-CHASE.

Section I.— But du steeple-chase.

161.—Cet amusement, récemment à la mode, fut introduit il y a environ 25 ans, avec le but avoué d'encourager l'élève des hunters et chevaux de cavalerie, qui passaient pour perdre de leurs formes et de leur fonds, par suite de l'abolition presque générale des courses de trois ou quatre milles sous des poids considérables, et en même temps la création des courses plus courtes avec des poids légers particulièrement pour les chevaux de deux ans. L'on présuma que si l'on courait les steeple-chases sur des espaces de quatre milles et avec 12 stones de poids, l'on créerait des marchés où l'on trouverait des chevaux à hauteur de cette tâche et que l'élève de cette sorte d'animaux allait se perfectionner. C'est dans ces vues que des steeple-

chases furent établis à Saint-Albans, Aylesbury, etc., et autres lieux. La distance était généralement de quatre milles,
uniquement entre deux points fixes, vers le dernier desquels les
cavaliers se dirigeaient à leur guise, de façon à ne jamais suivre cent yards à la fois sur une route. La ligne à suivre était
généralement formidable, souvent à un tel point qu'un ou deux
chevaux seulement parvenaient au poteau d'arrivée, le reste
était arrêté par une suite d'accidents ou refusait de franchir
quelque obstacle effrayant. A cette époque, la seule manière de
voir toute la course, ou au moins la majeure partie, était de suivre à cheval le plus près possible en s'aidant des routes, etc.
Il y avait ordinairement de la sorte quelques centaines de spectateurs montés sur l'hippodrome, Malgré la grandeur et la nature impraticable des obstacles, il arriva peu d'exemples de cas
mortels ou d'accidents irrémédiables tant aux hommes qu'aux
chevaux. Ce genre de sport devenant populaire, on résolut de
faire des hippodromes circulaires ou à peu près selon le terrain,
afin de permettre aux spectateurs, quelque nombreux qu'ils
fussent, de voir toute la course sans risque ni embarras, soit
d'une éminence naturelle, soit d'une estrade si l'on pouvait en
faire établir. Avec la suite des temps, les mêmes effets furent
produits par les mêmes causes pour les steeple-chases, comme
pour les courses plates. il y a une vingtaine d'années, les handicaps furent introduits, et comme ils n'étaient pas sous le contrôle du Jockey-Club, il y eut des exemples de fraudes encore
plus flagrantes. L'on peut présenter quelqu'excuse pour leur établissement quand on se rappelle comment deux chevaux à M.
Ellmore, Lottery et Gaylad, balayèrent, pendant plusieurs années, tous les meilleurs prix. Vingt grands steeple-chases leur
étaient tombés en partage, et même Gaylad gagna à Chelmsford, en 1841, malgré la double surcharge de 14 livres en raison de ses victoires, bien que 18 livres eussent suffi pour empêcher Lottery de gagner la même année à Liverpool. L'on ne
peut s'étonner que l'on ait eu recours à quelque expédient, mais
je crois qu'il est aujourd'hui bien démontré que la méthode des
surcharges aurait été bien préférable au handicap. La ville de
Newport Pagnell en donna d'abord un où le poids extrême
était 12 st. 12 livres, et le plus bas 10 st. 10 lb., mais en dépit
de tout Lottery et Gaylad furent premier et second. Mais à une
seconde réunion, la même année, le handicappeur réussit, en
écrasant Lottery sous 13 st. 6 lb. et Gaylad sous 12 st. 12, à

faire gagner Luck's-All, ayant, il est vrai, 11 st. 5. Le poids
minimum était de 10 st. 7 lb. Vint ensuite la réunion de Hereford, où Gaylad avec 12 st. 8lb. était coté à 3 contre 1, et il
*fallut encore lui faire porter des rênes de bride et un mors afin de
pouvoir l'arrêter.* Puis ensuite Liverpool, maintenant toujours
le poids de 12 stones par cheval, eut beau mettre 18 livres de
surcharge sur Lottery, M. Ellmore continua avec Gaylad sa
série de triomphes. Ils durèrent tout 1842 et 1843, malgré les
handicaps et les surcharges. Gaylad, avec 12 st. 8 lb. sur le dos,
gagna à Oxford, quoique seulement second à Worcester; mais
il réusit encore à Northampton (handicap), à Nottingham et
Chelmsford (à 12 st. et 14 lb. de surcharge dans chaque endroit). Toutefois ce fut le point culminant de ces coursiers célèbres, par suite de fatigue d'un côté, de surcharges de l'autre,
ils ne gagnèrent aucun prix dans la suite, hormis un petit gagné par Lottery en 1844. Discount, Dragsman, Vanguard et
Peter Simple (le gris) avaient paru dans l'arène, et les deux
vainqueurs presqu'inévitables furent retirés avant les courses
ou vaincus s'ils paraissaient sur le terrain. Peut-être les réser-
vait-on pour de meilleurs jours, mais ils ne sont jamais venus,
et depuis cette époque peu de chevaux ont gagné plus de deux
steeple-chases. Outre les maux inhérents à la nature même des
handicaps, il y en a un particulier aux steeple-chases, c'est
que le jockey de mauvaise foi peut toujours ralentir son cheval, soit aux obstacles ou ailleurs, sans qu'il soit possible de le
découvrir, à moins qu'il ne soit assez gauche pour ne pas suivre adroitement les ordres donnés, comme cela s'est vu sur un
célèbre cheval gris.

Dans le principe les steeple-chases étaient patronnés et sub-
ventionnés par une foule de noblemen et gentlemen qui donnaient de grands prix pour les chevaux capables de gagner
les courses de ce genre ou au moins de devenir des hunters de
grande valeur. Mais quand ils se sont aperçus qu'on les laissait rarement gagner et qu'en outre leurs chevaux devenaient
impropres à la chasse, ils ont graduellement déserté l'hippodrome, et aujourd'hui les prix ne sont guère disputés que par
les entraîneurs et les marchands de chevaux. Ce qui a beaucoup contribué à faire perdre le patronage des gentlemen à
ces courses, c'est la découverte des fraudes pratiquées par les
adeptes. Une autre cause n'a pas moins contribué à dégoûter

les amis de la prospérité chevaline, c'est que l'expérience leur a enseigné que non-seulement ils gâtaient les chevaux enga-gés dans ces courses, mais qu'il n'y avait aucun encourage-ment à la production du *hunter portant lourd*, but principal de la fondation du steeple-chase. Au commencement, quand les obstacles étaient tels, qu'il fallait pour les franchir un hunter parfait, on était bien obligé d'employer ce genre d'animaux, et si l'on eût persévéré dans cette voie, l'éleveur aurait été un peu encouragé à produire des chevaux forts et pourtant agiles, comme Vivian, Grimaldi, Moonraker, etc., qui auraient tous porté à leur aise un poids de 16 stones. Mais pour avoir un vaste champ de compétiteurs pour réunir une foule payante, le système des handicaps a introduit une quantité de ficelles (1) incapables de porter plus de 9 stones et ne différant de nos chevaux de course ordinaire, que par leur defaut de vitesse. Pour se mettre à leur portée, les obstacles ont été diminués, et à la fin, dans presque tous les cas, on en a présenté que le poney d'un écolier pourrait franchir. On a dit, pour s'excuser, que les grands obstacles étaient dangereux pour le cheval ; le sésultat a été bien peu d'accord avec cette intention, car à me-sure que les obstacles se sont abaissés, le nombre des reins cassés s'est augmenté, parce que des ficelles de pur sang ont été pré-sentées dans ces courses, on les a fait courir jusqu'à ce qu'ils fus-sent épuisés ; alors, devant quelque petit obstacle encore trop fort pour leurs facultés annihilées, ils ont planté leurs pieds de der-rière dans le talus à franchir et se sont brisé les reins en tom-bant, parce que leurs fibres musculaires ne les soutenaient plus. Or, si l'on avait maintenu des obstacles plus sérieux, les che-vaux de ce genre n'auraient jamais ete engagés, et si on les avait présentés ils auraient refusé le premier saut. Par-dessus le marché, les jockeys, *pour leur propre salut*, auraient évité de forcer l'allure, sachant bien qu'un cheval fatigué qui man-que un grand obstacle tombe sur son cavalier et lui casse le cou où les côtes. Il est vrai que quand l'obstacle est petit, le cheval l'aborde assez vite pour lancer son cavalier plus loin que lui s'il vient à tomber, il lui fait rarement mal dans ce cas, bien qu'il se fracasse le dos fort souvent. Par suite de ces objec-tions contre le sport dont il s'agit et ne trouvant pas d'avantages qui les contrebalancent, le Jockey-Club et les grandes auto-

(1) Les anglais disent une mauvaise herbe, *Weed.*

rités chevalines se sont judicieusement tenus à l'écart, et maintenant le steeple-chase est à son déclin, tant pour la valeur des
entrées que pour la valeur des courses. Liverpool, Epsom et
Worcester profitent encore de leurs estrades pour attirer quelque monde, mais Newport Pagnell, St Alban's et toutes les
anciennes localités où le bon pays de chasse tentait le vrai sportsman et l'engageait à participer à la course aventureuse, sont
maintenant abandonnés. Tout admirateur que je suis de la
beauté du cheval quand il franchit une barrière ou un cours
d'eau, et bien plus quand vingt ou trente coursiers comme Lottery, Gaylad ou Peter Simple étaient en l'air au même moment, je ne puis regretter la conclusion à laquelle nous sommes
arrivés. Dès le principe, on s'aperçut qu'il manquait un contrôle
supérieur comme celui du Jockey-Club; la constante répétition des fraudes, des querelles, des malentendus a tant détourné
de ce genre de plaisir que l'on ne peut s'étonner que la mode
l'ait abandonné. Toutefois il y a encore presque autant de lieux
de course qu'auparavant, quoique de moindre importance, et il
faut classer le steeple-chase au nombre des sports nationaux.
Dans bien des occasions les fermiers engagent leurs chevaux,
soit pour trouver à les vendre, soit pour les faire concourir en
public. Si le steeple-chase lui-même ne tendait pas à gâter le
hunter, ce but serait très-louable et il y aurait de bonnes raisons pour établir de petites courses au clocher cantonales, réservées aux chevaux de fermiers; mais malheureusement l'entraînement subi par le cheval et l'obligation où l'on se trouve de
l'exercer à se précipiter sur l'obstacle, ou au moins d'y arriver
grand train, lui ôte de sa valeur comme hunter et le rend impropre au service de presque tous les hommes qui n'aiment pas
un cheval que l'on ne peut arrêter au bord d'une carrière ou de
toute autre excavation. Ce sont cependant des endroits dangereux que l'on rencontre continuellement sur le terrain de chasse.
C'est pour les éviter que presque tout le monde aime un cheval
qui aborde l'obstacle tranquillement, de manière à être toujours
maître de lui-même et à pouvoir mesurer son effort avec plus
de précision. Malheureusement, dans le steeple-chase presque
tout dépend de la vitesse, et à moins qu'un cheval ne se dégage
des obstacles et ne les aborde à grande allure, il est bientôt
battu. C'est donc, comme je l'ai déjà fait remarquer, une mauvaise école pour le hunter et un simple objet d'amusement, malheureusement avec des accessoires de nature assez basse pour

nuire, sous tous les points de vue, à la moralité de ceux qui y prennent part.

Section II.— Le cheval de steeple-chase.

162.— DESCRIPTION GÉNÉRALE. Lottery, Gaylad, Cheroot, Peter Simple, Discount, Rat-trap, Brunette, Chandler, Proceed, Vainhope, Bourton, le Général et Sir Peter Laurie, avec quelques autres d'une vigueur presqu'égale, peuvent être présentés comme les types du cheval spécial qui convient au steeple-chase. De grande taille, sans trop de longueur de jambes, fort sans être lourd, plein d'ardeur sans être désordonné, ce cheval doit avoir des formes parfaites. Quelquefois les meilleurs chevaux de cette espèce ont été complétement de pur sang, comme par exemple Rat-trap et Sir Peter Laurie. Mais en général, il y a une tache évidente dans la généalogie, comme pour Gaylad et Peter Simple. Vainhope est presque de pur sang, il en est de même, je crois, de Bourton et le Général. Plusieurs de ceux qui ont paru avec les plus belles formes étaient de sang moins aristocratique encore, comme Draysman et le hongre Shaver, qui ont paru l'un et l'autre il y a une dizaine d'années. Le premier avait l'apparence d'un cheval de voiture, et cependant il laissa derrière lui un champ de chevaux de premier ordre dans un style que l'on voit rarement. Il courut aussi plus vite que jamais on ne l'a vu sur un terrain auquel on donnait quatre milles de longueur, mais qui en réalité a un quart de mille de moins. Le second, Shaver, courait tout son train avec 16 stones sur le dos. Toutefois, peu de chevaux de pur sang ont les os assez forts pour supporter les chocs produits par les sauts, et ils ne peuvent pas toujours porter à travers champs le poids dont on les charge. Il y a une grande différence entre porter 11 stones sur la course plate ou franchir sous ce poids 30 ou 40 obstacles. En terrain horizontal l'haleine est de la plus grande importance ; si les poumons et le cœur fonctionnent bien et que sa vitesse soit suffisante, le cheval supportera le poids. Mais en plein champ et franchissant des obstacles, le même cheval ne peut quitter terre quand il essaie de sauter, parce qu'il manque de force dans les reins et les jarrets. Il faut donc en général un cheval bien musclé, bien que l'on ait pu remarquer quelques exceptions comme Daddy-long-legs en 1842 et 1843, comme aussi cette remarquable jument irlandaise Brunette, que, certes, on n'eût pas choisie sur

son apparence pour porter 13 stones de la façon dont elle savait
le faire. Fugitive à lord Lugan avait aussi l'air d'une ficelle,
mais il n'y avait rien de cela quand on la mettait à l'œuvre.
Toutefois, dans un steeple-chase, les apparences guident peut-
être mieux que sur l'hippodrome ordinaire. Il est plus facile
d'aller dans l'enclos où l'on selle et de deviner le vainqueur
d'un steeple-chase que de pronostiquer sur la course plate,
mais il faut mettre à part les accidents, les arrêts de mauvaise
foi, et admettre que tous les chevaux sont bien dressés à leur
métier. Tel est du moins le résultat de mon expérience, car
dans le cheval de steeple-chase de premier ordre, il y a généralement un air de force et de vitesse combiné avec de la
race qui indique ses succès probables. Bien que Brunette n'eût
pas tout à fait l'air de ce qu'elle était, elle paraissait moulée
dans des formes classiques et douée de ressorts d'acier. Je ne
crois pas pourtant que qui que ce soit eût pu la deviner juste
par le seul coup d'œil. Mais Lottery, Gaylad, Peter Simple, bref,
la totalité des chevaux qui figurent en tête de ce chapitre, sai-
sissaient le regard dès le premier moment. Discount était l'animal le mieux musclé que j'aie jamais vu, c'était la perfection de
ce que doit être un cheval fort, ayant de la race, avec une constitution de fer et un caractère fait pour porter un vieillard à
la chasse du lièvre ; malheureusement les membres avaient des
tares. Il n'y a pas moyen de donner par une description une
idée exacte de ce qui constitue une espèce de chevaux particulière ; la seule bonne manière d'arriver à bien connaître comment
l'animal doit être fait, c'est de consulter les portraits, et encore
plusieurs des meilleurs chevaux de steeple-chase ont été imparfaitement représentés. Lottery a eu la bonne fortune d'être
bien copié, il en est de même de Brunette, mais d'autres ont été
tristement défigurés. Le dessin du cheval que l'on voit ci-
contre pl. III, fait très bien voir l'espèce d'animal qui convient pour cet exercice. L'on peut aussi y reconnaître un cheval surmené, qui va manquer le saut de rivière. Le but de l'artiste a été de représenter un animal franchissant le cours d'eau
après avoir été forcé dans son allure et avoir perdu ses moyens.
Cela est bien copié et montre la nécessité d'éviter d'épuiser le
souffle d'un cheval avant de le présenter aux obstacles qui ont
beaucoup de hauteur ou de largeur. Le plus petit cheval qui
ait couru avec succès contre *bonne compagnie* dans un steeple-
chase, c'est Little Tommy à M. Vever. Sa taille n'était que de

14 mains 1/2, et cependant il trouvait moyen de disputer palme à de bons chevaux, tout en portant un poids assez fort. D'un autre côté, beaucoup de nos meilleurs chevaux ont eu 16 mains, ou à peu près, et pour le steeple-chase cette taille peut être considérée comme la plus avantageuse. Un petit cheval ne peut pas aussi bien enjamber les obstacles et doit faire plus d'efforts pour les surmonter et quoiqu'on le rassemble plus aisément et qu'il soit ordinairement en état de s'élancer de plus près, cependant, il est obligé de tant déployer d'énergie qu'il se fatigue plus facilement. Prenant donc tous ces points en considération, je conseillerai de choisir un cheval de bonne taille, ayant beaucoup de moyens, bon caractère et autant de sang que possible. Il peut, d'ailleurs, avoir un excès d'ardeur, qui serait préjudiciable à la queue des chiens. Quelques-uns de nos meilleurs chevaux de steeple-chase ont été ingouvernables, à moins qu'on ne les laissât filer droit sans leur rien demander; c'est ce qu'il y a à faire dans ce genre de course, mais à la chasse on ne va pas longtemps comme cela. Quant à l'âge, peu de chevaux ont gagné de bonnes courses au clocher avant six ou sept ans. Cela provient en partie de la difficulté qu'il y a à tenir pendant la distance qui est généralement de quatre milles, et puis encore du manque de pratique chez les chevaux plus jeunes. Vainhope cependant gagna ses deux premières courses à quatre ans et courut second deux fois la même année ; mais il avait été constamment monté à la queue des chiens, et était un hunter des plus parfaits. Son père aussi était un fils de Defence, ce qui lui donnait le fonds qu'il possédait incontestablement. Voilà ce qui peut expliquer ce cas exceptionnel.

Section III.—Manière de se procurer le cheval de steeple-chase.

163.—Un cheval de premier ordre est aussi difficile à trouver pour cet objet qu'un cheval en état de gagner le Derby, et beaucoup plus qu'un bon cheval de course d'ordre moyen. Les conditions essentielles sont plus nombreuses, et quoiqu'il n'ait pas besoin pour avoir du succès d'être aussi vite que le cheval de course pendant un mille ou deux, il lui faut néanmoins soutenir des courses de longueur telles que quatre milles, sous un poids lourd et à une allure presque (sinon tout à fait) extrême. Une des plus grandes prouesses en course plate, avec un poids lourd, est celle de Tranby, dans le pari de M. Osbaldestone *contre le temps*; il parcourut quatre milles en huit minutes avec 11 st. environ, et ayant préalablement déjà fait la même tâche en presqu'aussi peu de temps. Eh bien, dans le steeple-chase cet exploit a été égalé, si l'on tient compte des arrêts et des efforts supplémentaires qu'occasionnent les obstacles à franchir. Dragsman fit les 3 milles 3/4 en 9 minutes à Worcester, et Abd-el-Kader passe pour avoir gagné le steeple-chase de Liverpool, en 1854, en 9 minutes et 39 secondes, ce qui est encore plus étonnant en raison de la nature du terrain, car l'un des hippodromes est en bon gazon, avec de petits obstacles, ét l'autre course a eu lieu principalement sur la terre labourée avec des obstacles plus sérieux. Il est donc évident que le cheval demandé doit être un cheval de course ayant avec cela la force de porter un grand poids, la douceur et le courage nécessaires pour apprendre son métier. Il y a des chevaux si ingouvernables, que dès l'instant où ils se sont mis en tête l'antipathie contre leur tâche, ils commencent à ruer et à se cabrer, et il n'y a pas de sévérité qui puisse leur faire aborder l'obstacle. En conséquence, lorsque des chevaux ne se mettent pas facilement, et pour ainsi dire naturellement, à sauter, il est généralement inutile de persévérer, et c'est un point à prendre en grande considération quand on fera ses choix pour le steeple-chase. Un autre point très important est la manière de courir; ici il ne faut plus de cette course basse et rasante qui convient sur le gazon de nos hippodromes. Bien des chevaux qui s'y trouvent en sûreté et que l'on estime précisément parce qu'ils rasent le tapis, tomberaient infailliblement dans les sillons et autres inégalités de terrain que l'on trouve à Liverpool et ailleurs. Dans tous les cas, l'acheteur doit faire choix d'un cheval ayant une allure convenable avec de la force, de la vitesse, de la douceur. Avec ces qualités se rencontrant avec des membres sains et un sang qui promette du fonds, il est souvent arrivé de voir réussir la spéculation de consacrer au steeple-chase un cheval de course sans avenir. Dans quelques occasions, l'on a établi des haras destinés à produire spéciale-ment l'animal de cette espèce, mais l'on avait beaucoup de mécompte par suite du petit nombre de poulains assez vites que produisaient les fortes juments choisies pour ces haras. Géné-ralement si l'on se sert de la jument de pur sang, les poulains sont en grande partie trop petits et trop faibles, si les juments ont peu de sang, on doit s'attendre à des produits lents et massifs. Les animaux tels qu'on les désire ne se trouvent que par hasard, comme les atouts dans un jeu de cartes. Toute la science du monde et l'expérience d'un octogénaire ne permettront pas à un homme d'élever beaucoup de ces chevaux dans le courant de sa vie. C'est pourquoi l'éducation, dirigée spécialement dans ce but, n'a jamais réussi, et lors même que les beaux jours de ce sport eussent duré plus longtemps, cela eût toujours été une mauvaise spéculation. Sous le système actuel, il y a peu d'encouragement, et si l'on se décide à entrer dans l'arène, il faut puiser à plusieurs sources et acheter ce que l'on trouvera de bon. Les juments de chasse irlandaises semblent capables de produire de bons chevaux de cette nature, et quelques-uns de nos meilleurs sont venus de ce pays, engendrés par les mères irlandaises et des étalons comme Ishmael, Ratcatcher, Wind-fall, etc. Ce dernier semble récemment avoir produit fort heureusement, et l'on trouve bien marqués dans les poulains les vastes et musculeuses proportions des descendants de Comus et le fonds de Beninbrough. Mais aucun sang n'a répondu comme celui de Whalebone, comme on devait s'y attendre d'après son fonds bien connu. Sir Peter Laurie, Simple Peter, Maurice Daley, Vainhope, Cogia, lord George, le Général, et bien d'autres vainqueurs modernes descendent de Whalebone ou de son frère Whisker, ou encore de son père Waxy, qui est le bisaïeul de ce cheval si extraordinaire, Clandler, et de Drayton, qui a produit plus de chevaux de premier ordre pour le steeple-chase qu'aucun autre étalon de son époque. Il fut père des Standard-Guard, Victim et Bourton. Il était fils de Muley, fils d'Orville par Prima-Donna, fille de Soothsayer et d'une jument par Vaxy. Ce Drayton n'a rien fait de bon en course plate ni par lui-même ni par ses descendants. D'un autre côté, le sang de Selim, qui passe pour donner plus de vitesse que de fonds, a presqu'aussi bien réussi pour le steeple-chase au moyen d'Ishmael et Ratcatcher. En fait, tout cheval de course de premier ordre, avec du sang énergique et *de bonnes épaules*, semble avoir réussi à produire par occasion un bon cheval de steeple-chase, mais le point essentiel que nous avons souligné est encore plus nécessaire sur ce terrain qu'en course plate. Nous considérerons ce sujet plus à fond quand nous traiterons spécialement de la génération du cheval de course, et nous analyserons la valeur des divers courants de sang relativement à toutes les branches du sport.

Section IV. — Éducation du cheval de steeple-chase.

164. — Le saut de la barre et d'obstacles légers doit entrer de bonne heure dans l'éducation de ce cheval ; si on a négligé ce moyen, il sera longtemps avant de pouvoir rester sur ses jambes dans une course au clocher. Si un poulain destiné à faire un hunter paraît propre à courir pour ce genre de prix, il ne faut pas hésiter à l'habituer pendant le dressage à sauter de de petits obstacles. Peu de chevaux voudraient en aborder de grands, tout à fait de sang-froid : il faut pour cela le stimulant de l'émulation, surtout à la queue des chiens. La plupart des chevaux détestent particulièrement le saut d'un cours d'eau, et il ne faut jamais le leur demander qu'en se faisant précéder d'un guide vigoureux et franc. Il faut toujours craindre que le jeune cheval ne refuse l'obstacle : une fois qu'il en aura reconnu la possibilité, il est capable de recommencer en dépit du fouet et de l'éperon. Toutes les fois que cela se trouve possible, il faut adopter le vieux système de faire monter par un bon écuyer le jeune cheval tranquillement derrière une meute de chiens. Il faut quelquefois toute une saison consacrée à rendre ces poulains assez maniables et assez adroits pour pouvoir prendre leurs exercices à travers champs dans le style voulu pour le steeple-chase. Dans presque toutes nos courses de ce genre, il y a un cours d'eau à franchir, souvent sans difficulté réelle, à cause de la pente qui se dirige vers le côté où l'on aborde. Ils sont toutefois assez larges pour que tout cheval qui manquera d'habitude ne commence pas par refuser. L'on doit donc faire choix d'un pays coupé de ruisseaux, et enfin de tous les obstacles possibles, depuis la barrière à rayons jusqu'à la charmille, et l'on profitera de l'excitation produite par une réunion de chevaux pour tout franchir. Le plus essentiel est de mettre un bon cavalier sur le poulain, afin qu'il ne soit jamais surmené ni tenté de refuser un obstacle. Il faut un connaisseur en fait de condition et d'allure, car rien ne dégoûte plus un jeune cheval que d'être présenté à des endroits difficiles, lorsque la fatigue a diminué ses forces. Il arrive souvent que l'écuyer est amateur de sport, et se trouve disposé à continuer longtemps aux grandes allures, comme s'il montait un cheval fait à ce jeu. Il faut se tenir en garde contre cette imprudence, et le propriétaire ne doit jamais hésiter à faire le sacrifice de la position avancée que pourrait obtenir le poulain, s'il tient à ses

succès futurs. S'il n'y est pas bien résolu, il ne peut guère espérer que son écuyer y soit très disposé ; aussi plus la course sera excitante, plus il est important d'en faire le sacrifice à l'avance, et d'y assister pour que le cavalier ne cède pas à la tentation. J'ai connu beaucoup de bons poulains dont on a gâté de la sorte le caractère et la constitution. Une bonne course à la queue des chiens demande un cheval plus en condition qu'une course plate, et cependant souvent l'écuyer qui dresse croit que le poulain peut l'accomplir comme un simple galop d'entraînement. Voilà les raisons à objecter contre l'usage de dresser le cheval à la queue des chiens ; mais si l'on peut se procurer un homme sage, qui réunisse à la vigueur nécessaire la prudence de s'arrêter à temps, c'est de beaucoup la meilleure éducation que l'on puisse donner au cheval de steeple-chase. Un exercice léger par-dessus une douzaine d'obstacles, à la queue des chiens, peut être pris deux ou trois fois par semaine, en ayant soin d'arrêter après avoir parcouru deux ou trois milles, et encore pas trop vite. En suivant cette méthode, le poulain quitte la besogne chaque fois avec le désir d'en faire un peu plus, et chaque jour il prend plus de goût à cet amusement. Le sentiment à encourager, c'est quand le cheval cherche de tous côtés un obstacle à franchir, et prend le mors aux dents dès qu'il l'aperçoit, afin de passer par dessus à toute volée. Quand cette disposition lui est venue, et qu'il a été bien exercé à franchir tranquillement tout espèce d'obstacle, on peut le mener à eux d'un meilleur train, et lui apprendre graduellement à mesurer sa distance et à quitter terre de façon à ne pas sauter trop loin, ni cependant rester en deçà de l'obstacle. L'on peut faire une partie de ces exercices sans les chiens, car une fois que l'exemple a inculqué au poulain l'habitude de sauter tout ce qu'il rencontre, la meute devient inutile, et toute propriété couverte d'enclos avec des obstacles ordinaires conviendra parfaitement. Ici deux ou trois chevaux apprendront mieux qu'un cheval isolé. Si on peut se procurer en même temps de bons cavaliers, l'on organise deux ou trois fois par semaine un petit steeple-chase sans lutte de vitesse, jusqu'à ce que les jeunes chevaux, au lieu de passer les obstacles dans le style d'un hunter accompli, aient appris à les franchir en courant, sans s'arrêter d'un côté ni de l'autre. Il est tout aussi important de ne pas s'arrêter dans le champ où l'on arrive, qu'au point de départ. Si le cavalier n'est pas un coureur de profession, il faut qu'il se façonne aussi à cette méthode. Il y a une différence étonnante à cet égard entre deux chevaux dressés par chacun de ces systèmes : l'un, hunter accompli, va tranquillement à l'obstacle, mais fait deux temps d'arrêt, le premier pour prendre ses mesures, le second par instinct. L'autre cheval, habitué au steeple-chase, prend tous ses obstacles d'une enjambée, et n'augmente l'allure que quand l'obstacle prochain demande un effort peu ordinaire, appréciation dans laquelle il est d'ailleurs aidé par son cavalier. C'est en raison du petit nombre de chevaux dressés de la sorte avant l'entraînement, qu'il faut un temps aussi long pour rendre le cheval parfait à la course au clocher. Il est beaucoup plus aisé d'y dresser un jeune animal qu'un vieux, car quand une habitude est prise, il y a bien plus de difficulté à s'en défaire, qu'à enseigner l'habitude contraire à un cheval neuf. Souvent le manque d'aptitude empêche le cheval d'arriver au style voulu ; mais la mauvaise équitation et la lenteur du cavalier devant l'obstacle y ont encore plus de part. C'est pourquoi le propriétaire d'un cheval destiné à gagner un steeple-chase doit mettre beaucoup d'attention au choix du cavalier qui préparera le vainqueur futur. Peu d'hommes autres que les jockeys de profession peuvent monter juste un cheval de ce genre ; il faudrait en engager un chaque fois pour donner quelques leçons ou au moins trouver un cavalier qui entende parfaitement ce métier sans en faire profession. On trouve dans les bons pays de chasse beaucoup d'hommes qui moyennant une rétribution sont prêts à monter un jeune cheval à la queue des chiens, et hors de l'époque des chasses ils sont encore plus disponibles, puisque sans chiens ils peuvent monter plusieurs chevaux, tandis qu'à la suite d'une meute, on ne peut monter qu'un cheval par jour. Quand la leçon se donne peu avant le steeple-chase et que l'on a fait choix du cavalier qui le montera, il y a grand avantage à lui confier le cheval deux ou trois fois à l'avance. Il y a peu de chevaux qui aient la même allure sur une route et encore moins à travers champs. Chaque cavalier a aussi sa manière, et il faut en conséquence que l'homme et le cheval fassent connaissance préalable, car souvent ce n'est que quand ils sont par terre tous les deux et hors de course qu'ils se rendent compte de leurs défauts respectifs. Il vaut donc infiniment mieux s'y prendre à l'avance, pour que le cavalier ait quelque chance de prévenir les accidents auxquels on peut parer par soin et par talent lorsque l'on a été à même de les prévoir. Ainsi il y a des chevaux portés à exagérer les sauts et qu'il faut monter avec beaucoup de calme; d'autres sont prêts à tomber dans le défaut contraire et frappent le barreau supérieur d'une clôture ou les liens d'une haie d'épines, souvent au risque d'une chute. Ceux-là demandent à être enlevés devant l'obstacle; il leur faut beaucoup d'équitation, comme disent les gens du métier, surtout parce qu'ils cherchent à se mettre à l'écart depuis le commencement de la course jusqu'à la fin, faute de goût pour l'ouvrage. Cependant ce sont souvent les meilleurs chevaux pour la course au clocher, puisque les plus mauvais sont ordinairement ceux qui se lancent tout d'abord, sautant sur tout ce qu'ils rencontrent à un mètre trop haut jusqu'à ce qu'ils s'épuisent et ne puissent plus sauter une paille. Toutefois une paire de mains habiles pourra tirer parti de l'une ou de l'autre espèce d'animaux, mais cela ne doit pas s'attendre d'un lourdaud fait pour conduire la charrue ou mener les chevaux à l'abreuvoir.

Section V. — Entraînement du cheval de steeple-chase.

165. — Pour entraîner les chevaux de course de cette espèce, il est de toute nécessité d'y mettre plus de temps et de se diriger par des principes un peu différents de ceux que l'on applique sur la course plate. Il faut beaucoup tenir compte du sang de l'animal, suivant qu'il est pur et croisé et suivant le fonds attribué à la famille dont il sort.

166. — Le cheval de pur sang est entraîné pour la course au clocher presque par les mêmes principes que ceux que nous avons exposés pour la course plate dans le chapitre VI du livre précédent. Il y faut pourtant changer quelques détails, comme on verra plus bas. Nous supposerons qu'il est d'une race qui a du fonds et supportera le travail complet d'entraînement, sinon il faudra beaucoup rabattre sur les règles ci-dessous. — Les suées devront se faire sur un parcours de quatre à six milles de long; mais à moins que l'animal ne soit très-replet, il n'y aura pas lieu de le charger de beaucoup de couvertures. Une seule suffit presque toujours, et si le cou et les épaules demandent à être traitées spécialement, on peut ajouter des couvertures à l'endroit voulu. On a l'habitude de faire les préparations fort longues et de faire beaucoup de travail au pas, avec des suées tout juste suffisantes pour faire tomber la chair superflue et mettre la respiration en bon état. Il faut jusqu'à un certain

degré sacrifier la vitesse au fonds ; de là ce long travail au pas particulièrement favorable à la dernière qualité, mais toujours un peu au détriment de la première. L'on ne donne donc aucune poussée de peu de durée, car il est rare que le cheval soit développé à sa grande vitesse, excepté tout à fait vers la fin. Même à ce dernier moment, la lutte dépend bien plus du fonds que possède le cheval que de la vitesse dont il jouirait pour un moment étant encore frais. L'on néglige donc tous les expédients qui tendent à procurer cette vitesse éphémère, et l'entraînement se suit de façon à développer l'ensemble des forces musculaires, y compris celle du cœur, qui est le principal agent dans ce que l'on appelle haleine. Il ne faut pas moins de trois mois, à dater du jour où l'on prend le cheval en bon état à l'écurie, pour préparer un animal de pur sang à un steeple-chase de quatre milles. Avec ce temps devant soi, il faut encore que l'on ait fait choix d'un cheval en santé brillante, dont la chair soit ferme et qui n'ait aucun symptôme de toux, d'humeurs ou de maladie d'aucune espèce. L'*entraînement* doit généralement commencer par une suée avec ou sans couverture, d'après les circonstances, et puis suivie d'une dose de médecine et d'un repos de quelques jours. Après cela, il faut au moins cinq ou six heures de marche par jour, divisées en deux portions et comprenant un temps de galop dans la main tous les jours ou tous les deux jours, suivant la manière dont le cheval supporte la promenade au pas. Ce système peut être suivi pendant cinq ou six semaines, avec une, deux ou trois suées pendant ce temps. La séparation entre la première et la seconde préparation se fera au moyen d'une seconde dose de médecine avec des barbotages, etc. Cette seconde préparation pourra occuper trois semaines remplies par un exercice au pas diminué d'une heure et un peu plus de travail au galop. Il faudra aussi une ou deux suées de cinq ou six milles avec ou sans couvertures : généralement il faut chercher à s'en passer. Cela se termine par une purgation, et la *troisième préparation* peut commencer. Elle demandera trois ou quatre semaines, pendant lesquelles bien peu de chevaux auront besoin de couvertures pour leurs suées. Supposons une préparation de quatre semaines. Il faudra environ deux suées, savoir : une le 10ᵉ jour, et la seconde le 20ᵉ ou 21ᵉ, pour qu'il y ait entre cette dernière et la course un intervalle de huit ou dix jours. Pendant tout le temps de l'entraînement ou au moins pendant les deux dernières préparations, le cheval devrait une fois par semaine parcourir trois ou quatre milles d'un pays semblable à celui désigné pour la lutte ou au moins sur le terrain qui en approche le plus dans la campagne voisine. Il ne faut jamais toutefois lui présenter d'obstacles qui mettent à l'épreuve ses forces extrêmes; mais plutôt lui faire entreprendre un grand nombre de sauts moyens. L'objet est de fortifier les muscles qui fatiguent le plus, et particulièrement ceux des épaules et des bras, qui sans ces exercices se fatiguent longtemps avant l'arrière-main. Ceux-ci se fortifient déjà par la course plate. Ce fait est bien constaté déjà aux yeux des entraîneurs expérimentés dans ce genre; aussi a-t-on vu de grands succès couronner les efforts de certains individus, qui au talent d'une équitation puissante joignaient la science de cette sorte d'entraînement. Plus d'un bon cheval a été envoyé à un entraîneur de premier ordre pour la course plate, mais qui a négligé cette précaution et sacrifié l'animal, faute d'entraînement des muscles destinés à faire sauter. Souvent on attribue l'insuccès à ce que l'entraînement n'a pas été dirigé en vue de la distance à parcourir. Cela arrive quelquefois en effet; mais le plus souvent la défaite provient du manque de travail à travers champ par dessus haies et fossés. Presque tous les entraîneurs que j'ai connus savent fort bien préparer pour toutes les distances; ce n'est pas là qu'il faut craindre négligence; mais beaucoup d'entre eux ignorent qu'il faut un entraînement particulier pour pouvoir répéter le saut sans trop de fatigue. C'est exactement comme si l'on entraînait un rameur sans lui mettre la rame à la main, c'est-à-dire par le régime, la marche, la course; son haleine et sa condition générale deviendraient parfaites; mais ses bras manquant d'entraînement se fatigueraient au bout d'une très-courte distance. La comparaison est un peu forcée, mais n'est que l'exagération de l'évidence; car il y a dans la région de l'épaule des muscles dont le cheval se sert peu pour galoper, et qui sont essentiels pour soutenir le choc en arrivant de haut en bas comme dans les sauts du steeple-chase. Ces muscles doivent avoir leur part d'exercice tout comme les propulseurs; si on la néglige, le cheval succombera à moitié de sa tâche, comme cela se voit si souvent. Selon toutes probabilités, chacun des chevaux que l'on fait concourir pourrait franchir, sans jamais tomber, six fois le nombre d'obstacles qu'on lui présente si on le laissait s'y prendre à plusieurs fois et se reposer dès qu'il se sentirait fatigué. C'est donc lorsque les muscles de devant ou ceux de l'arrière-main succombent à la fatigue que les chutes ont lieu. Si l'on se met à étudier les chutes nombreuses que l'on voit dans ces courses, l'on trouvera que la grande majorité des chevaux tombent de l'autre côté de l'obstacle, ce qui ne prouve rien contre la force d'impulsion. mais fait voir que le cheval n'a pu se soutenir en arrivant par faiblesse de l'avant-main. Les pieds de devant ont l'air d'entrer en terre, quel que soit le terrain, ferme ou mou, et le cheval culbute quelquefois entièrement, faisant le panache, ou bien il se laisse tomber sans résistance, comme si ses bras et ses épaules étaient paralysés. Tous ceux qui ont fréquenté les steeple-chases ont dû faire cette remarque ou la feront en con sultant seulement leurs souvenirs.

Après la dernière suée, on peut donner un galop de deux jours l'un sur un espace égal ou un peu plus considérable que le terrain de course, mais sans obstacles, de peur d'accidents. Trois ou quatre heures de promenade au pas seront maintenant suffisantes, et dans les jours d'intervalle entre les galops, une courte poussée à bon train remettra l'haleine du cheval et accélérera son allure finale, s'il est destiné à voir cette partie de la course. Les dernières dispositions pour amener le cheval au poteau ne diffèrent pas de celles que nous avons données au sixième chapitre.

167. — Le cheval de demi-sang pour le steeple-chase, ou plutôt l'animal ainsi désigné, est souvent, sous tous les rapports, un vrai pur sang, c'est-à-dire qu'il supportera autant de fatigue et demandera à être traité de même. Beaucoup de chevaux et juments, qui ne sont pas dans le stud-book en raison d'une légère tache dans leur généalogie remontant à plusieurs générations, sont en réalité capables de faire tout autant que le vrai pur sang. Supposons, par exemple, une jument de sept huitièmes de sang en 1825, saillie par un étalon de pur sang, et que, comme cela est souvent arrivé, sa fille, sa petite-fille, son arrière-petite-fille sont toutes issues d'étalons de même sang, en langage du turf, le produit sera encore un demi-sang, bien qu'en réalité il soit contaminé dans la proportion de 1 à 128. L'on dit que ces demi-sangs sont inférieurs, parce que jamais animal de cette provenance n'a gagné une course plate de quelque importance. Il faut d'abord remarquer que ces juments sont rarement saillies de génération en génération par des étalons de premier ordre, bien que, de temps en temps, on ait pu

faire par caprice les frais d'un saut dispendieux. Traitez de même des juments de pur sang, et vous verrez qu'elles produiront rarement un cheval de course de premier ordre ; l'argument tombe donc de lui-même, faute de similitude dans les données. Le succès dont Hotspur (de demi-sang) a tant approché, il y a quelques années, à Epsom, sans être convenablement entraîné, doit être sérieusement apprécié. Bien que l'on ne doive pas supposer qu'un meilleur entraînement l'eût fait arriver premier, cependant ce n'est pas un mince exploit pour un cheval dans l'état où il se trouvait que d'arriver second pour le Derby. Maintenant des demi-sangs comme Vainhope, Cogia ou Tally-ho sont en général du même genre et supporteront les mêmes fatigues et une préparation aussi sévère qu'un West-Australian ou un Flying-Dutchman. Toutefois, il est notoire qu'en principe les demi-sangs ne fourniront pas en moyenne le travail nécessaire à l'entraînement sans tomber en décadence, et les préparations doivent être faites avec grand soin, de crainte de produire ce fâcheux résultat. Le traitement qui améliorera l'haleine, l'allure et la condition générale d'un pur sang fera d'un cheval de caste inférieure un animal malsain, lent, épuisé; ses muscles, au lieu de gagner en force et en volume, seront mous, cotonneux, décousus, l'œil deviendra morne et lourd et l'appétit disparaîtra presque entièrement. Après ces observations préliminaires, nous allons procéder à l'évaluation du temps nécessaire pour produire dans sa meilleure forme, pour un steeple-chase de quatre milles, un cheval réellement de demi-sang. L'expérience a démontré qu'au delà de deux mois ou dix semaines, bien peu de ces chevaux peuvent gagner à l'entraînement, tout le temps et les peines qu'on leur consacre, passé ce délai, sont autant de perdu. Je prends, comme précédemment, pour point de départ l'état de santé dans lequel un bon et solide cheval est ordinairement maintenu dans une écurie particulière, et je crois être dans le vrai en fixant ainsi le temps moyen de l'entraînement. Souvent aussi ces chevaux engraissent très-rapidement, et demanderaient pour se débarrasser de leur superflu trop de travail aux grandes allures, il faut bien alors les faire suer sous les couvertures. Plusieurs doivent être soumis, pendant l'hiver, à de très-fortes suées, c'est encore une raison pour que leur entraînement ne dure pas aussi longtemps que celui des chevaux pur sang. Voici, je crois, en moyenne, le meilleur traitement pour un cheval de cette espèce bien constitué. Je dois faire remarquer, toutefois, que les variétés de nature sont encore plus nombreuses que chez le cheval de pur sang, et qu'il faut encore plus de tact et d'expérience pour modifier le régime, de façon à le faire concorder avec chaque cas particulier. L'ancre de salut est ici dans la promenade au pas, comme plus importante que pour le pur sang, cependant il faut en donner moins au demi-sang. En prenant neuf semaines, comme moyenne de durée pour l'entraînement, l'on peut diviser l'œuvre en deux préparations de la façon suivante :

168. — La première préparation du cheval demi-sang sera, comme à l'ordinaire, précédée d'une dose de médecine, puis le cheval sera mis à un exercice de quatre ou cinq heures par jour, au pas, moitié le matin, moitié dans l'après-midi, et tous les deux jours un temps de galop de deux milles à une allure lente et régulière. A la fin de la première semaine, l'on peut donner un galop de trois milles sans presser l'allure, et, après dix jours, faire suer le cheval en lui faisant parcourir lentement cinq ou six milles, avec une bonne charge de couvertures. S'il n'est pas du tout en chair, il faudra naturellement s'abstenir de le couvrir, et s'il est modérément gras, il ne prendra qu'un seul sweater sous son vêtement ordinaire. Dans tous les cas, il faut qu'il parcoure la distance à une allure modérée et régulière, puis on le fera suer plus ou moins, selon son état, en le chargeant de couvertures dans la maison de pansage.

Après cette suée il ne prendra pendant deux jours d'autre exercice que sa promenade ordinaire, puis un galop lent de trois milles suivi d'un jour de promenade, cela se répétera pendant quatre jours, on prolongera encore le galop si le cheval est en progrès et l'on terminera par une seconde suée succédant à un jour de promenade et terminant l'espace d'environ trois semaines. Après la seconde suée l'on donne un barbotage, afin de préparer le cheval à une purgation que l'on administre de la façon ordinaire avec le repos qui doit y succéder et terminer cette première partie de l'entraînement. Je dois pourtant faire encore observer que l'exercice à travers champs par-dessus des obstacles est tout à fait aussi utile pour ces chevaux que pour le pur sang, et cela par les motifs que que nous avons exposés au paragraphe 165. On doit donc pratiquer cet exer-

cice les jours fixés pour des galops de trois milles et sur un espace de terrain.à peu près équivalent.

169. — La seconde préparation du cheval de demi-sang
mettra complétement à l'épreuve la capacité de l'entraîneur et
il faut une expérience consommée pour opérer juste avec un
cheval de cette classe. Il faut continuer les suées et quelquefois augmenter l'allure vers la fin de l'opération, mais avec des
précautions infinies. Le travail au pas reste encore comme
base essentielle, et il est impossible de préciser à quel degré
l'on peut s'en écarter. L'on ne peut évaluer d'avance la longueur ni la vitesse des galops à administrer, l'on peut seulement dire comme règle générale, que les suées ont lieu tous les
dix jours sur des distances de cinq ou six milles avec ou sans
couvertures et que dans l'intervalle d'une suée à l'autre, l'on
choisit certains jours pour des galops de trois ou quatre milles.
L'exercice à travers champs se continue jusqu'à la dernière
suée, mais non pas après. A dater de ce moment, l'on commence au contraire à ménager le demi-sang dans l'intervalle
qui précède la course avec bien moins de galop que pour le pur
sang. L'on doit se guider sur l'apparence du cheval et la fermeté
de sa chair sous la main, et aussi sur l'appétit, en examinant
s'il ne reste rien dans la mangeoire. Quand il est surmené, le
cheval de demi-sang perd facilement l'appétit, et ce qu'il y a
de pis, c'est qu'il ne le recouvre pas promptement. Aussi ce
symptôme doit-il être examiné avec le soin le plus minutieux ;
au moindre indice de diminution d'appétit, il faut réduire le
travail. Toutefois, en général, un cheval de demi-sang de
bonne constitution prendra après la suée deux et. même trois
temps de galop assez vifs de quatre milles, dont trois milles et
demi à l'allure prudente et le dernier demi-mille d'assez bonne
vitesse, mais sans développer l'animal à toute extrémité. Tant
qu'on le peut, il faut éviter dans la dernière préparation de
pousser à sa plus grande vitesse un cheval de demi-sang, et il
ne faut pas songer à une épreuve plus longue qu'un mille ou
un mille et demi. A dire vrai, les épreuves particulières pour
le steeple-chase sont absolument sans utilité et il n'y a qu'une
lutte véritable sur terrain difficile qui puisse témoigner des
moyens du cheval. Il y a trop de chances qui reposent sur les
effets que produiront les sauts et aussi sur l'aptitude à supporter longtemps une course rapide ; or, ce sont des facultés auxquelles il ne faut jamais faire appel pendant l'entraînement, de

peur de ruiner la santé du cheval. Les deux derniers jours l'on ne donnera que de courts galops de un mille et demi à deux milles. Celui de l'avant-dernier jour sera un peu plus vif qu'à l'ordinaire et devra se terminer par une course vive et soutenue pendant un demi mille. Le muselage, la nourriture, etc., seront réglés comme pour le cheval de pur sang, à l'exception de l'addition graduelle d'un quarteron de fèves pendant la seconde préparation. Les circonstances régleront cette ration de fèves, mais en général, les chevaux de steeple-chase se trouveront bien de ce genre de nourriture pendant l'hiver, et surtout les demi-sang auxquels on impose un travail moins long. Nous allons quitter ce sujet pour lequel il faut essentiellement des principes, et cependant auquel il est difficile d'en tracer d'absolus. Dans toutes les occasions, le cheval de demi-sang est difficile à entraîner, et la chose devient fort embarrassante lorsqu'il faut lutter sur de grandes distances avec le cheval de pur sang. Ce n'est que pour sauter et pour porter du poids que le cheval de demi-sang est supérieur, et quand l'animal de race pure se trouve posséder ces qualités, dans neuf occasions sur dix on le verra triompher, surtout si le poids ne dépasse pas onze à douze stones. Voilà pourquoi l'on se sert de purs sang ou de chevaux à peine contaminés, et que l'ancien cheval véritablement demi-sang se trouve négligé toutes les fois qu'on peut se procurer des chevaux de race pure.

Section IV. — Les cavaliers de steeple-chase.

170. — Ces cavaliers forment une classe à part et tout à fait distincte des jockeys de course plate. Ils sont fort nombreux, comme on peut le voir dans l'annuaire du steeple-chase, par Wright, qui en cite 110 dans le Royaume-Uni. Leur poids varie entre 8 et 11 stones, et leur prix est de 5 livres ou au-dessus. Les règles ne sont pas aussi sévères que pour la course plate, et diffèrent tant pour les chevaux que pour les cavaliers.

LIVRE III.

A LA QUEUE DES CHIENS.

CHAPITRE 1er.

GÉNÉRALITÉS IMPORTANTES.

Section Ire. — Observations générales.

176. — Ainsi que je l'ai déjà fait observer, la course à la suite d'une meute est souvent qualifiée de chasse, et on peut le faire aujourd'hui avec quelque raison, car il y a peu de gens qui aiment la chasse pour elle-même, et l'on peut dire que presque tous les veneurs luttent de vitesse à la suite des chiens. Toute l'affaire se réduit à une course, d'abord entre les chiens eux-mêmes, puis les chasseurs concourent entre eux, souvent de façon à gâter le plaisir de la chasse, puisque, dans l'ardeur de la lutte, ils foulent continuellement la *voie* de l'animal. Cette course derrière la meute est suivie d'une façon tellement systématique, que nous croyons devoir en faire un examen sérieux, et quand on considère que le nombre des hunters en Grande-Bretagne et en Irlande, en plein service, s'élève selon toute probabilité à 20,000, l'on ne peut s'empêcher de prendre à ce sujet un intérêt proportionné à son importance. Pour l'amusement de la chasse, outre les chiens, dont nous avons parlé dans un ouvrage précédent, il n'y a plus à se procurer que le hunter. Celui-ci doit être soit de pur sang, soit de demi-sang ordinaire ou un porteur de grands poids. Nous allons faire de chacun de ces animaux un examen séparé.

Section II. — Le hunter.

177. — Le hunter de pur sang se présente le premier à l'observation, puisque c'est celui qui a le plus de *valeur*, suivant la définition de Hudibras. Sans doute, le hunter de pur sang parfait d'éducation et de caractère, en état de porter du poids

est une rareté, et par conséquent fort recherché et d'un prix
élevé. Mais il ne suffit pas du sang qui donne l'haleine et le
fonds, il faut cette liberté de mouvement et cette adresse naturelle qui permet de faire toutes les prouesses exigées d'un bon
hunter. Ce n'est pas la taille au garrot qu'il est difficile de
trouver dans nos chevaux actuels, puisque l'on en trouve de
17 mains (1) et au-delà, la vraie difficulté est d'en rencontrer
assez près de terre, auxquels il ne passe pas trop d'air entre les
jambes. Cette expression de sportsman rend bien la forme dé-
sirée, et malheureusement si rare. Un hunter de demi-sang
peut souvent être trop épais et trop ramassé, mais cela ne peut
guère être le défaut du pur sang. Ces considérations s'appliquent aussi au cheval de course, qui, comme on l'a vu précédemment, peut être trop volumineux et avoir la côte trop ronde,
ce qui le rendrait trop lourd, relativement à ses membres, et
trop lent pour sa destination spéciale. Quant au hunter de pur
sang, s'il est bien proportionné, il peut difficilement être trop
gras et trop fort, mais il faut aussi des jambes fortes et osseuses
pour porter un tel poids et celui du lourd cavalier proportionné
à un tel coursier. Concluons donc que pour l'objet en vue, il
faut combiner les qualités suivantes : d'abord pureté de race,
puis une charpente forte, près de terre, osseuse et musculeuse,
troisièmement vitesse et dextérité, quatrièmement un caractère
doux pour que les premières qualités puissent être mises en
œuvre par le maître. Si donc l'on peut mettre la main sur un
cheval ainsi doué, sain de membres et en pleine santé, c'est une
acquisition enviable, et celui qui peut faire de grands frais ne
doit pas hésiter à dépenser une somme considérable pour se
monter de la sorte. Qui ne voudrait monter un cheval comme
Rat-trap, the Switcher, Sir Peter Laurie, etc., si on pouvait
l'obtenir bien dressé et tranquille à la suite d'une meute. Ceux
que nous venons de nommer, et bien d'autres célèbres, soit au
steeple-chase, soit à la chasse, sont de force à porter 15 stones (2)
à la queue des chiens les plus vites. Le hunter de cette classe
le plus fort que j'aie connu avait été élevé en vue du Derby, et sa
généalogie et son entraînement avaient été dirigés de ce côté. Il
est haut de 17 mains (3) avec les jambes courtes, et a la charpente et l'étoffe d'un cheval de camion ou bien près. Malheureu-

(1) 17 mains, 1m.727.
(2) 15 stones, 96 kil. 19.
(3) 17 mains, 1m.727.

sement il a été atteint de sifflage et s'est trouvé ainsi trop lént comme cheval de course ; mais il est maintenant un hunter de premier ordre ; il est en état de porter 17 stones (1) et suit actuellement les chiens de très-près avec un cavalier de ce poids. Il est fils d'Harkaway, qui au sang d'Éclipse joint une large infusion de celui de Herod, et se trouve ainsi admirablement posé pour devenir père de hunters capables de porter. Ainsi que je l'ai dit plus haut, ces chevaux sont fort rares, et si on en veut avoir, il faut savoir payer. Ne nous étonnons pas en conséquence que l'on reproche à nos chevaux de cavalerie d'être incapables de supporter la fatigue et la privation, sous 18 st. (2), quand nos plus fiers hunters ont de la peine à se tirer d'affaire avec un stone de moins. La somme payée jusqu'à ce jour pour les chevaux de troupe de notre cavalerie a été seulement 24 livres (605 fr.) tandis que pour monter un régiment dans la perfection, il faudrait débourser au moins 100 livres (2,521) pour chaque cheval. Les chevaux de pur sang ne sauraient donc remplir cet objet, ils ne servent que sur l'hippodrome et aux écuries des riches en raison de leur peu d'aptitude à porter du poids. Un hunter en état de supporter un cavalier de 11 stones (3) ou même de douze stones peut encore se trouver de pur sang, et tous les ans on vend pour cet objet bon nombre de coursiers trop lents pour l'hippodrome. Malheureusement la plupart ont les membres tarés, les pieds abîmés, le caractère et les mouvements viciés par suite de l'entraînement. Par tous ces motifs réunis, il n'y en a pas dix pour cent qui soient réellement propres à suivre les chiens. Personne n'aimera monter un cheval qui mordra ou qui ruera, qui se cabrera ou fera des sauts de mouton ou qui tirera de façon à le distinguer à peine du cheval emporté. Ces défauts résultent si fréquemment de l'entraînement, que l'acheteur s'attend à en trouver un ou plusieurs chez un cheval qui a subi cette épreuve. Outre ces défauts de caractère, il y en a d'autres qui dépendent de l'éducation spéciale pour le turf, savoir le galop rasant le gazon comme pour couper des marguerites, et la difficulté à se mettre sur les hanches qu'éprouve presque tout cheval entraîné pour les hippodromes. Un hunter devrait presque être en état de marcher sur ses pieds de derrière seulement, et par suite quand on le dresse on doit

(1) 17 stones, 109 kil. 091.
(2) 18 stones, 114 kil. 101.
(3) 11 stones,... 69 kil. 812, 12 stones.... 76 kil. 159.

le rassembler beaucoup plus que le cheval de course. Je ne dis pas qu'il doive être aussi ramené qu'un cheval de cavalerie, mais il doit l'être assez pour s'équilibrer sur les jambes de derrière en abordant l'obstacle toutes les fois que l'on veut le passer tranquillement et en rampant (1), ce qu'un hunter accompli doit savoir faire en perfection. Rien n'est pire qu'un hunter frêle ou de mauvais caractère, de pur sang ou non ; un cheval de demi-sang doux et d'une nature vigoureuse est toujours préférable à un pur sang qui laisse à désirer de ce côté. Il n'y a pas de milieu pour le pur sang, il vaut son pesant d'argent ou ne vaut pas sa ration d'avoine. Les pieds du cheval de pur sang sont généralement trop petits pour bien marcher dans un terrain mou qui demande un sabot de bonne dimension pour qu'il ne s'enfonce pas dans la terre défoncée et sans résistance. C'est un point qui a de l'importance, et je crois qu'en examinant les chevaux qui se tirent le mieux d'affaire dans la terre labourée, on trouvera des pieds passablement forts.

178. — Par *le hunter ordinaire de race impure*, on entend toutes les variétés comprises entre l'animal que nous venons de décrire et le cheval de gros trait, mais je n'ai maintenant en vue que ceux qui peuvent porter 14 stones (2) derrière les meilleurs chiens. Ses meilleures qualités sont la douceur, l'adresse et la forte constitution ; elles sont toutes à une plus grande perfection que dans le pur sang, et naturellement on s'attend à les trouver passablement développées dans chaque individu. Il est hors de doute qu'en général les hunters de cette espèce excellent à franchir toute espèce d'obstacle, soit de pied ferme, soit à la volée, suivant qu'ils ont été dressés d'une façon ou de l'autre. Il y en a d'assez bien dressés pour sauter des deux manières, suivant la volonté de leurs cavaliers. Ces chevaux couvrent des largeurs énormes et sautent prodigieusement haut. L'on dit qu'en 1832, à Saint-Alban's, Moonraker franchit sans toucher une barrière de sept pieds. Les largeurs de 33 et 34 pieds ont été franchies, l'une par Chandler, l'autre par Vainhope, mais on ne peut guère les classer parmi les hunters de demi-sang, bien que tous les deux soient assez contaminés pour écrire *h. b.* après leurs noms (3). Un vrai demi sang

---

(1) Creeping, rampant, on entend par là que le cheval ralentit assez pour avoir l'air de se traîner vers l'obstacle.

(2) 14 stones 89 851.

(3) *h. b.* Initiales de halfbred, demi-sang.

qui m'appartenait franchit 29 pieds que j'ai mesurés, tout en tenant la tête d'un steeple-chase au bout de trois milles. L'on ne peut nier que pour sauter en hauteur, le pur sang ne soit battu par son impur rival, mais sur la largeur il emportera la palme, comme on doit s'y attendre d'après sa vitesse supérieure et la longueur de son enjambée. Souvent chaque enjambée du cheval de course à fond de train couvre un espace de vingt pieds, il n'a qu'à augmenter cet espace de moitié pour couvrir 30 pieds, s'il ajoute de trois quarts il fera un saut qui dépassera celui de Vainhope d'un pied. L'on voit donc que les avantages sont balancés plus qu'on ne le croit, même au point de vue des sauts, et si le cheval de pur sang est bien dressé pour la chasse et mis sur les hanches, il fera tout ce que cheval peut faire. Mais il est généralement dressé de toute autre façon, et puis il devient chaud et vicieux par la nourriture échauffante et tous les procédés de l'écurie d'entraînement. Voilà son désavantage, et le hunter de demi-sang peut-être proclamé sans contredit lettre A n° 1 (1), en prenant la moyenne et considérant l'ensemble des qualités. Cependant chaque année les hunters sont d'origine plus distinguée et deviennent de plus en plus capables de lutter de fond et de vitesse avec leurs rivaux de l'aristocratie chevaline. Très-prochainement nous devons nous attendre à voir le pur sang ordinairement battu sur le terrain de chasse, par des chevaux ayant en réalité toutes les qualités de la race pure, quoiqu'il y ait une tache dans la généalogie à la distance de quelques générations, mais il faudra produire et dresser ces chevaux uniquement en vue de la chasse. Cela ne se passe pas ainsi maintenant, parce que tous nos éleveurs cherchent à atteindre deux buts différents. Ils choisissent le sang qui, dans un grand nombre, peut leur donner un vainqueur du Derby, et préfèrent ainsi la chance d'un grand prix à celle de beaucoup de petits. Ce sujet sera au reste examiné avec avantage dans le chapitre de la production qui termine la seconde partie de ce manuel. Quant à la conformation du hunter dont il est ici question, elle doit beaucoup dépendre du poids qu'il aura à porter. S'il doit être chargé de moins de quatorze stones, le hunter peut ressembler d'aussi près que possible à un cheval de course. Le fait est que, dans presque tous les cas, il a sept huitièmes de sang. La légèreté du

(1) Expression habituelle des Américains pour exprimer le superlatif. (Note du traducteur).

cou et de la tête n'a pas tout à fait autant d'importance que sur
le turf, mais cependant c'est une qualité désirable. Il ne faut
pas moins préférer une tête pleine et hardie avec un crâne large
et vaste, contenant un volume considérable de cervelle, à une
tête remarquablement fine et jolie. Cette ampleur est nécessaire pour que le hunter possède la haute intelligence qui lui
est nécessaire. Il ne devrait jamais en manquer, sans quoi il
roulera son cavalier dans la boue; son savoir doit toujours grandir par l'expérience. Il y a des chevaux qui ne se trompent jamais, à moins qu'on ne les surmène cruellement, tant sous le
rapport des distances que des obstacles, et cependant leurs
moyens ne sont pas supérieurs à ceux d'autres animaux qui
sont toujours dans l'embarras et y mettent leur maitre. Je me
souviens d'avoir vu, il y a quatre ans, dans le Worcestershire,
une jument noire qui, sans se tromper une fois, suivit une
longue chasse, quoique ce fût sa première apparition à la queue
des chiens. Par le fait, elle était à peine débourrée, mais elle
avait la physionomie la plus intelligente, avec un cerveau bien
développé et un œil qui pouvait presque parler. Elle fut vendue
150 livres pour aller en Leicestershire, quoiqu'elle pût à peine
porter 12 stones. Maintenant l'on peut dire que c'était un hunter naturel, mais pourquoi ? c'est qu'elle avait l'intelligence de
voir tout de suite ce qu'il y avait à faire et par quels moyens.
Tous les chevaux doux et intelligents deviennent promptement
de bons hunters, pourvu qu'ils aient de la force et de l'action,
tandis que les chevaux tristes, stupides, ou bien ces furieux qui
ne regardent pas devant eux, ne deviennent des hunters qu'à
force de travail de la part des cassecous qui font métier de les
dresser, au risque de perdre les membres ou la vie.

179. — Le hunter qui peut porter un lourd cavalier est bien
rarement de pur sang oriental c'est-à-dire que le cheval de pur
sang est bien rarement capable de porter plus de 14 stones (1)
à travers la campagne. Il y a quelques rares exceptions, et j'en
ai signalé une au § 176. Ce n'est pas qu'un cheval de pur sang
ne battra pas avec 16 stones sur le dos, un hunter lent, épais,
fait pour porter ; on sait qu'il le fera dès qu'il pourra soulever
ce poids. Mais la pratique fera voir que ses articulations
et ses muscles sont trop petits pour résister aux efforts que ce
poids leur occasionne. Un exemple singulier de la disparité

(1) 14 stones,   89 k. 851.
    16 stones, 103 k. 744.

qu'il y a entre les chevaux de ces deux classes s'est présenté il y a quelques années, quand un cheval de pur sang, sans aucune prétention comme cheval de course, fut engagé pour une course de 4 milles (1), sous 13 stones 7 livres, contre un hunter d'assez bonne race, vigoureux et portant du poids. Oliver et Parker étaient dessus. Le pays choisi n'était pas très-difficile, mais assez cependant pour éprouver la qualité des chevaux. Le résultat fut que le cheval de demi-sang ne put jamais forcer l'autre à prendre son allure de course, et quoiqu'Oliver perdit son plomb de surcharge et fut obligé d'aller le ramasser à trois ou quatre cents yards en arrière, il arriva au but à une très-petite distance du cheval de demi-sang plus fort, mais plus lent. Le pari et les circonstances qui l'accompagnèrent étaient fort absurdes, mais les faits prouvèrent que même avec du poids, le cheval de pur sang a des qualités supérieures pour une seule course à travers champs. Mais si pendant quelques mois les deux mêmes chevaux étaient montés deux fois par semaine à la queue des chiens, par deux hommes de 14 stones, le hunter de demi-sang serait frais à la fin comme au commencement, tandis que l'autre serait boîteux, taré, démoli, si par hasard il avait pu chasser aussi longtemps. Si donc un homme de ce poids veut monter des purs sang, il faut au moins qu'il double le nombre de ses hunters, car il les trouvera bien plus souvent boîteux que le demi-sang mieux membré. Mais en un seul jour le pur sang fera mieux de l'aveu général, et quoique dans les pays où la chasse marche vite, il faille un cheval de relai, même pour les cavaliers légers, cependant on peut bien plutôt s'en passer sur un cheval de pur sang. Pour un cheval capable de porter 16 stones, il faut dans tous les cas débourser une somme ronde, car naturellement on voudra qu'il ait de la vitesse ; or, il est aussi difficile de trouver cette qualité dans un cheval de peu de race que de trouver de la force chez le cheval de pur sang. Avec la forme du cheval de course, peu de chevaux de demi-sang pourront porter 16 stones. S'ils ne sont pas de race presque pure, il leur faudra une charpente trop épaisse pour permettre une grande vitesse. La planche qui accompagne cet article fait voir quelle est la forme parfaite pour le cheval de cette classe, *petit pour sa taille*, comme disent les marchands, c'est-à-dire un cheval fort, près de terre, paraissant

____

(1) 4 milles, 6329 mètres.

moins grand qu'il n'est en réalité, parce que ses proportions régulières trompent l'œil. C'est toujours un bon signe quand un cheval ou tout autre animal se trouve à la mesure plus grand qu'on ne le croyait, cela provient invariablement de ce que les parties sont si bien suivies et proportionnées que l'œil ne s'arrête nulle part. Quand on trouve un cheval ainsi conformé, avec une tête, une encolure et des épaules comme sur notre estampe, on peut le regarder comme une rareté. S'il a de belles allures et connaît son métier de hunter, on ne doit pas l'obtenir à moins de 200 guinées. Je regarde les sommes supérieures à celle-là comme des prix de fantaisie, et que l'on demande pour s'accommoder au goût de ceux qui ne sont contents que quand ils se procurent des choses hors de la portée des hommes ordinaires ; la jolie tête et l'encolure gracieuse ont surtout le mérite de plaire aux yeux, mais les épaules penchées et fortes en même temps, les hanches larges et puissantes avec un dos comme un lit de plume, sont les qualités essentielles pour bien monter. Ces chevaux devraient aussi avoir les cuisses très-fortement développées, de sorte qu'en levant leurs queues, ces parties se touchent au-dessous de l'articulation du grasset ou plus bas que la demi-distance de la naissance de la queue au jarret. A l'extérieur, les muscles des cuisses doivent saillir fort au-delà des hanches, à moins que celles-ci ne soient très-saillantes, ce que l'on rencontrera rarement. Ces hanches proéminentes ne plaisent pas aux yeux jusqu'à ce que l'expérience ait montré leurs avantages. Mais le cavalier qui a observé, finit généralement par conclure que le beau cheval est celui qui fait les belles choses, et à la chasse la vérité de ce proverbe est facile à reconnaître. Dans Hyde Park, l'on sacrifie beaucoup aux apparences qui deviennent une considération de premier ordre. Ce n'est pas que les habitués de cette promenade soient de mauvais juges, bien au contraire, mais on n'éprouve là qu'une seule qualité, l'action, qui se déploie en perfection. Mais à la chasse, la lutte est à l'ordre du jour, et le cheval que l'on estime le plus est celui qui peut battre ses compétiteurs, lors même qu'il serait aussi laid qu'un cheval de cabriolet de place. S'il est bon pour marcher, on en fait autant de cas que s'il avait l'extérieur le plus en vogue. Tant mieux pourtant s'il réunit la beauté et la bonté, il ne s'en paiera que plus cher. Il faut à ces animaux des jarrets larges, osseux et forts pour leur donner de la force et de la résistance. Les courbes, les éparvins, les vessigons chevillés sont grandement à éviter, surtout la courbe qui reviendra invariablement sous un grand poids, lors même que l'on serait parvenu à la guérir. Les boulets doivent être forts et les paturons courts sans être trop gros. Cette observatiou s'applique tout autant aux membres de devant qu'à ceux de derrière. Il faut regarder les genoux avec soin, car il leur arrive facilement de manquer sous un poids considérable. Il en faut de gros et larges avec la pointe osseuse postérieure bien développée et l'aplomb bien régulier. Si on s'en écarte, cela doit être en avant. Rien n'est pis dans cette classe de chevaux que le genou de veau, parce qu'en terminant un saut de hauteur, l'effort que supportent les ligaments n'est pas assez soulagé par les muscles, qui perdent beaucoup de leur force par suite de l'extension du membre au delà de la ligne droite. L'on trouve en pratique comme en théorie que ces genoux creux ne valent rien pour la chasse, et surtout s'il y a du poids sur la selle, car, au-dessous de douze stones, ils suffisent fréquemment. D'un autre côté, plusieurs des meilleurs hunters ont le genou en avant, malgré les reproches que plusieurs personnes font à cette conformation, comme, par exemple, Cecil dans le supplément qu'il a fait récemment au livre « *le Cheval.* » Il conclut dans cet écrit que les descendants de Pénélope doivent être de mauvais hunters, parce qu'ils héritent de cette conformation de la jambe. Il est pourtant notoire qu'une bonne partie de nos meilleurs hunters et chevaux de steeple-chase descendent de cette jument par ses fils Whisker ou Whalebone. Le Colonel, fils de Whisker et, par conséquent, son petit-fils, quoique peu remarquable pour produire le cheval de course, est néanmoins père d'un très-grand nombre de hunters de première classe qui présentent la particularité du genou en avant, et, à mon avis, c'est à leur grand avantage. Nimrod aussi, fils de Whalebone, n'a-t-il pas produit un grand nombre de hunters extraordinaires avec du poids sur le dos, et chez lesquels cette tendance du genou à saillir en avant était évidente ? Et cependant ils résistaient aux fatigues du métier, et je n'ai pas vu un hunter fils de Nimrod qui eût le devant réellement usé, bien qu'ils fussent souvent très-arqués. Mais ils ont tous de bons tendons, de bons ligaments suspenseurs, et voilà les parties réellement importantes sur lesquelles repose immédiatement la résistance des jambes du hunter, quand elles aboutissent à des articulations de bonnes dimensions consolidées par de forts ligaments latéraux. Ces remarquent s'appliquent aux bons produits de Sir Hercules, Defence, Safeguard, Combat et the Sadler, tous descendants de Pénélope, quoiqu'ils ne soient pas tous brassicourts. Pour le cheval de voiture ou les hacks de voyage, cette conformation occasionne quelquefois un tremblement du genou à la suite du choc répété qu'il ressent dans ce genre de travail; mais pour les courses, soit sur le terrain plat, le steeple-chase, ou à la suite d'une meute, c'est plutôt un avantage, telle est mon opinion et celle de tous les connaisseurs que j'ai consultés. J'ai fait ces observations non pour dénigrer les travaux de Cecil, mais parce que, sur une affaire de cette importance, il ne faut pas que le jeune cavalier de 16 stones puisse être induit en erreur. Il faut que la vérité se manifeste, et je suis convaincu qu'on la trouvera pour cette question de conformation du membre antérieur, du côté où je me suis rangé. Les pieds du hunter susceptible de beaucoup porter doivent être d'assez grande dimension, sans être plats, conformation qui le rendrait impropre aux terrains durs, tout comme le petit pied contracté s'enfoncerait dans la boue et ne permettrait pas de travailler en terrain mou sous un cavalier pesant. Quand toutes les conditions que nous venons d'énumérer se rencontreront dans un cheval de bon caractère, que les chiens ne surexciteront pas et qui aura bonne bouche, l'on obtient cet animal rare, « *le hunter parfait capable de porter* » 16 *stones.* » Au delà de ce poids, tout cheval en état de suivre doit avoir les formes du cheval de camion, et quoiqu'il puisse rester avec la chasse, cela doit être nécessairement *longo intervallo.*

Jamais cheval n'a pu faire davantage, quand les chiens étaient lancés à bonne allure dans les prairies. Il est extraordinaire de voir ce que certains hommes de 18 stones peuvent faire à la suite d'une meute. Mais il faut attribuer ces succès à la connaissance du pays et à la chance, et non à une course franche en droite ligne. Quelquefois un animal conformé en cheval de charrette, mais avec des membres assez nets, se trouve capable de suivre à une bonne allure et être assez adroit pour passer les obstacles en rampant ou en sautant dessus et par terre, etc. Un tel cheval portera jusqu'à 20 stones (1) à la queue des chiens. Je me rappelle même une jument qui portait

(1) **20 stones, 126 kil. 932.**

un chasseur du poids de 20 stones 7 livres, et qui lui fit franchir un cours d'eau de 14 pieds au moins d'une berge à l'autre, et cela à la fin d'une course de 6 à 7 milles. Toutefois, comme on doit le supposer, la course n'avait pas été menée très-vite. Cette jument avait beaucoup de sang, quoique forte et conformée en bête de charrette; elle allait un train extraordinaire relativement à sa construction et au poids de son cavalier. Elle produisit plusieurs poulains qui se vendirent tous fort cher.

Section III. — La sellerie.

La selle de chasse doit être tout à fait de première qualité, en raison des rudes épreuves auxquelles elle sera soumise dans de nombreuses aventures dans l'eau et sur le sol. Une immersion dans un ruisseau suffit pour gâter une mauvaise selle, tandis que le même accident ne laisse aucune trace sur la selle bien faite. Le dos du cheval doit souvent supporter le poids du cavalier depuis huit heures du matin jusqu'à six heures du soir; si la selle est mal faite ou mal ajustée, le cheval se blessera. Dans tous les cas, elle doit être grande et spacieuse. Un homme pesant ne gagne rien à commander une selle de dix livres, croyant s'ôter quatre livres de poids. C'est, au contraire, le cheval qui est victime de cet avantage fictif; le poids n'étant pas réparti sur une assez grande surface, entame la peau et fatigue les muscles sur lesquels la selle repose. Jamais selle ne doit avoir des proportions rétrécies, si elle est destinée à rester longtemps sur le dos du cheval. Il s'en suit que la selle de chasse doit, moins que toute autre, perdre de ses justes proportions. La selle destinée au steeple-chase peut être réduite même jusqu'à sept livres, parce qu'elle ne reste pas longtemps sur le dos; mais à la chasse, où les choses se passent tout différemment, la selle légère n'est pas applicable. Il est vrai qu'un sellier de premier ordre établira une excellente selle de dix livres pour un homme de 12 stones; mais pour un cavalier de 16 ou 18 stones, elle est trop petite, et le corps de la selle se trouve trop faible quand en retombant de haut elle a à supporter un poids aussi considérable. Toutes les fois que je l'ai vu essayer, le résultat a toujours été de blesser le cheval, et je demeure convaincu que pour l'homme pesant il faut une bonne selle bien spacieuse de 14 livres, et qu'ainsi équipé il sera mieux porté pendant la saison de la chasse qu'avec le plus curieux miracle de légèreté construit par l'industrie de Londres. A diverses époques, l'on a produit toutes sortes d'inventions pour prévenir les accidents qui résultent de l'engagement dans l'étrier du pied d'un cavalier renversé ; mais elles sont tombées dans l'oubli depuis l'introduction des porte-étrivières à ressort, qui permettent à l'étrivière de sortir dès que l'on est pendu après. Mais si l'on néglige ces porte-étrivières et qu'on les laisse se rouiller, ils ne jouent plus au moment opportun, et il en résulte pour le cavalier un accident souvent fatal. Un bon groom ôte toujours les étrivières après la chasse et huile soigneusement les porte-étrivières. Il y a vingt ans, l'on se servait beaucoup de l'étrier à ressort, qui est encore plus efficace, puisqu'il était impossible au pied d'y rester engagé ; mais on se fie tellement au porte-étrivières actuel, que toute autre précaution a paru superflue. Les sangles doivent être fortes et souvent renouvelées, car elles sont sujettes à casser et à produire de fâcheux accidents. Généralement le cavalier ressangle son cheval justement au moment où l'on découple les chiens, et si le cheval est excité immédiatement par un débuché, il rompt quelquefois les sangles par l'inspiration qu'il fait en ce moment.

181. — Pour les brides il y a nécessité de bons matériaux et de bonne confection, non-seulement pour le cuir, mais pour les mors qui quelquefois se brisent dans la bouche d'un cheval qui tire sur la main. Il y a grande divergence d'opinion parmi les chasseurs, relativement aux mérites relatifs du simple bridon ou de la bride avec filet, ou de la combinaison des deux en un seul dans le Pelham ordinaire, le Pelham hanovrien, etc. L'on prétend d'un côté qu'un cheval n'a pas besoin de l'action de la bride pour aborder les obstacles, et que sa seule présence suffit pour qu'il s'y prenne mal, mais cette assertion me paraît fort exagérée. Sans doute un homme fort qui a la main légère, se tirera d'affaire avec un simple bridon sur la plupart des chevaux; mais cependant quand son cheval se fatigue et a besoin d'être rassemblé, comme cela arrive souvent en terrain profond, souvent il serait bien aise de pouvoir se servir d'une bride. Il y a néanmoins des hommes assez forts pour pouvoir le faire avec le bridon, mais c'est l'exception, et la plupart se trouvent eux-mêmes tellement épuisés, quand leur cheval demande soutien, qu'il leur faudrait un mors plus puissant que celui qui paraissait commode au commencement de la chasse. Pour ceux qui montent les rênes flottantes, il suffit d'un bridon,

parce qu'ils ne s'en servent que pour guider le cheval, et comme ce bridon n'opère pas en courant sur la ligne droite, la bouche ne s'égare pas, et l'on s'épargne l'embarras et le poids du mors de bride. Mais, si je consulte ma propre expérience, je trouve que je n'ai jamais été à mon aise pendant toute une chasse sur un cheval ainsi embouché. J'ai bien eu un ou deux chevaux en bridon pendant quelques milles, mais le moment arrivait toujours où je voulais les rassembler, quand ils étaient essoufflés ou quand il fallait arrêter court pour éviter un accident. Dans une certaine occasion, montant en bridon un jeune cheval, je faillis encourir un accident qui me donna à penser pour l'avenir. Nous avions trouvé un renard et nous l'avions mené jusqu'au sommet d'une montagne assez escarpée où j'étais arrivé très-rapidement, grâce à mon poids léger, mais c'était en communiquant beaucoup d'excitation à mon cheval, hunter jeune, mais adroit. Au sommet nous fûmes retenus quelques minutes parce que les chiens étaient en défaut dans des broussailles sur le flanc de la montagne, et nous restâmes incertains sur la route à suivre; mais des que la meute eût pris une direction fixe vers laquelle je tournai la tête de mon cheval, il s'élança à une allure qui nous aurait rapidement conduits dans l'autre monde, si je n'eusse trouvé l'expédient de le faire galoper en cercle sur le plateau où nous nous trouvions, jusqu'à ce qu'il fût assez calme pour descendre un peu tranquillement. Cependant il avait la bouche assez fine pour qu'un bridon ordinaire parût presque trop dur, et il ne pesait pas une once à la main aux trois quarts de sa vitesse. Mais l'excitation de la montée, la brise rafraîchissante et le bruit du départ produisirent de si vives sensations qu'il ne s'occupait plus de son mors de filet. Depuis ce jour je n'ai jamais monté de hunter ainsi embouché, et je n'en monterai plus s'il y a une montagne à portée. Généralement en terrain plat on a de la marge, mais encore on y rencontre des excavations de diverses sortes devant lesquelles on veut arrêter dès qu'on les voit; c'est alors qu'il faut un mors plus énergique que celui auquel le cheval s'est accoutumé pendant la course. La bride doit servir rarement, mais, par cela même elle agit d'autant mieux. Ma décision est donc en faveur de la bride accompagnée du filet. Le Pelham ordinaire est un bon mors de chasse pour les chevaux à bouche fine, mais il ne sied pas bien, particulièrement si la tête est grande et surtout si la ganache est commune. La rène n'agit pas aussi efficacement avec ce mors qu'avec ceux qui ont une liberté de langue, mais elle a autant de puissance qu'avec un mors droit. Le Pelham hanovrien est un mors utile et puissant pour les chevaux à bouche dure et convient fort bien à la chasse. Mais avec ceux qui tirent constamment, rien n'agit comme la muserolle à la bucéphale, qui tient la bouche fermée, et peut même comprimer les naseaux et arrêter ainsi le cheval. Toutefois, le but principal est de tenir la bouche fermée, de façon à ce que la liberté de langue agisse sur le palais, ce qu'il ne peut faire quand la bouche est ouverte. C'est une invention simple et ingénieuse ; à son aide, j'ai monté avec assez des chevaux qui tiraient affreusement. Le filet-bàillon (1) est un accessoire utile avec ceux qui pèsent à la main, la tête basse ; on peut le joindre à la bride et même au bridon ordinaire. Son avantage est que si le cheval ne tire pas, il n'est pas plus dur qu'un filet ordinaire, mais, dans le cas contraire, il agit avec double puissance en raison de la rêne attachée en poulie, et aussi parce que son effet se fait contre l'angle de la bouche encore plus haut que les autres filets. Il agit parfaitement avec le cheval qui gagne à la main et trouve souvent son emploi à la chasse. Voilà toutes les variétés utiles, et je vais les récapituler ainsi qu'il suit : 1° le bridon simple ou tordu, grand ou petit, avec une seule paire de rênes; 2° la bride ordinaire, accompagnée d'un filet, avec un mors d'une puissance variable, selon la longueur des branches et l'élévation de la liberté de langue; 3° le Pelham commun réunissant les deux actions de la bride et du filet avec une force ordinaire ; 4° le Pelham hanovrien établi à peu près sur le même principe, mais plus fort, parce que les branches sont plus longues et l'échancrure plus profonde ; enfin 5° le filet-bàillon, venant en aide à une bride ou à un bridon ordinaire, bon pour les animaux qui s'encapuchonnent en courant, ou pour les rueurs entêtés.

182. — Le poitrail a pour objet de parer à un accident assez fâcheux que j'ai vu souvent résulter de son absence : la selle glisse en arrière en montant une côte escarpée, surtout à la fin d'une longue journée, les sangles se sont relàchées et la selle s'en va quelquefois complétement sur la queue, ne laissant au cavalier d'autre ressource que d'embrasser l'encolure comme

(1) Gag-snaffle.

Johnny Gilpin (1). Il est fort dangereux de suivre l'instinct qui pousse à se pendre aux rênes, parce que le cheval, au lieu de s'arrêter comme en terrain ordinaire, se renverse dans une pente, et il vaut mieux que la selle passe par-dessus la queue que de faire rouler l'animal sur soi en tirant la bride. Un cheval qui monte un escarpement ne peut pas ruer, de sorte que si le cavalier a la prudence de lâcher les rênes, il ne lui arrivera d'autre inconvénient que de rouler le long d'une pente escarpée, ce qui vaut encore mieux que de le faire en même temps que le cheval.

183. — La martingale n'est pas toujours sûre en suivant une chasse et ne doit être employée que par le cavalier expérimenté ; car, si on s'en sert maladroitement, elle a l'inconvénient de retenir le cheval dans l'obstacle au moment où il s'enlève pour le franchir. Beaucoup d'accidents sont arrivés de la sorte, et bien que quelques chevaux soient très-difficiles à monter sans cet aide, ce n'est qu'en tremblant qu'un jeune cavalier doit en faire usage. Si ses mains sont justes et légères et qu'il soit sûr de ne pas la faire agir en abordant l'obstacle, il est plus utile, *à la suite des chiens*, d'attacher la martingale aux rênes de bride qu'à celles de bridon. La martingale maintient la tête en plan pendant le galop, et, comme toujours, au moment de sauter, le cheval doit être conduit à l'obstacle avec le seul bridon, laissant entièrement la bride. Malheureusement, si la bride n'est pas complétement libre, la tête est encore plus confinée que lorsque la martingale est attachée au bridon, et le cheval se trouve encore plus rejeté sur l'obstacle. Si on a le degré convenable de présence d'esprit, ceci ne peut guère arriver, et, somme toute , je demeure persuadé qu'à la longue on trouvera préférable, en suivant une meute, d'attacher la martingale à anneaux sur les rênes de bride, méthode par laquelle elle agit plus efficacement. Quand on la met sur les rênes de filet, elle doit être fort longue, car plus courte, elle aurait les inconvénients que nous venons de décrire, mais sur la bride, on peut la mettre juste au point où elle a toute son efficacité. Le cheval sent, en outre, beaucoup plus son action sur les barres que sur les lèvres et apprend bientôt à éviter de se faire du mal , à moins qu'il ne devienne furieux par l'effet d'un mors trop dur ou d'une gourmette trop serrée. Cet emploi de la martingale sur la bride est

______

(1) Personnage ridicule sur lequel il y a des légendes et des chansons.

loin d'être général, mais je l'ai appris, il y a quelques années, d'un des meilleurs cavaliers de l'Angleterre, et, depuis cette époque, je m'en suis fort bien trouvé moi-même. En le voyant ainsi équipé, je lui dis, comme pour lui donner un avis charitable pendant que nous étions au rendez-vous de chasse, que son groom était en faute, mais je reçus la réponse polie appuyée d'un clignement significatif « que l'erreur était de mon côté et « non de celui du garçon d'écurie. » L'observation me démontra bientôt que cela était vrai, et je suis étonné que cette méthode ne soit soit pas devenue plus générale, d'autant plus que la personne que je cite est fort renommée dans sa partie.

184.—Les guêtres sont quelquefois employées soit pour les articulations du boulet, soit pour l'intérieur de la jambe de devant, quand le cheval se coupe entre le genou et le boulet, ce qui est le plus ordinaire, ou juste sous le genou, coupure qui a un nom particulier (*speedy cut*). Relativement à ces guê-tres, voir le chapitre « *le Cheval.* »

185.—Un fer de rechange, préparé pour le pied de devant, devrait toujours se trouver dans une poche de la selle avec une quantité convenable de clous, de sorte que le maréchal puisse l'appliquer sans perte de temps et sans jamais se servir de fers et de clous de hasard. Dans un cas pressant, un fer de devant ira toujours au pied de derrière, sans valoir celui que l'on forge exprès; mais il n'en est pas de même d'un fer de derrière, qu'il faut se garder de vouloir employer pour les pieds de de-vant.

Section IV. — *Costume et aides.*

Le costume, pour suivre la chasse, varie autant et aussi souvent que les modes des dames. Telle année la toque passe pour correcte, l'année suivante on lui trouve l'air *jobard*. L'année d'après les culottes de peau de daim sont d'usage général, mais quelque d'Orsay de la société des veneurs les prend en dégoût en les sentant mouillées; elles sont supplantées par la peau de contrefaçon, espèce d'étoffe à côtes. Les bottes ne se portent pas deux saisons de suite de la même façon, et j'ai souvenir de trois révolutions complètes dans cette partie, sans compter les diverses façons de holderness, Raglans et hessoises qui n'ont jamais pu supplanter complétement la vieille botte à revers anglaise. C'est un article qui a su maintenir sa vogue tout en subissant, comme je l'ai dit plus haut, des changements constants, dans la longueur et la couleur du revers, ainsi que dans la quantité de plis sur la jambe. La coupe de l'habit varie également, c'était d'abord l'habit habillé à queue de morue, puis un simple frac écarlate. La mode actuelle est en faveur de la toque (sans que cela soit invariable), puis un habit assez ample, des culottes de peau et des bottes avec de longs revers de couleur foncée. A la queue des chiens, il faut toujours avoir des caleçons et des bas de laine avec une chemise de flanelle ou de tricot, en raison du danger d'être mouillé, contre lequel il faut toujours être en garde dans ce pays. Si l'on n'a pas de caleçon de laine, les culottes de peau sont affreusement froides en temps de pluie et ne devraient jamais être portées directement sur la peau. Les bottes doivent être assez fortes, avec des semelles épaisses, en raison de l'état du terrain, qui est souvent assez détrempé pour imbiber une chaussure mince, pour peu que l'on soit un moment dans l'obligation de mettre pied à terre. Il y a des chasses pour lesquelles la couleur adoptée est le vert; mais en Angleterre le plus souvent la couleur de l'habit de chasse est écarlate.

187.—Les aides sont le fouet et les éperons. Presque tous les chasseurs s'en munissent. La mode trouve encore moyen d'intervenir dans ces détails, quelquefois il ne faut qu'un manche de fouet, d'autres fois on veut y attacher une lanière. Il faut toujours l'un ou l'autre pour pouvoir exciter le cheval en le frappant le long de l'épaule, lorsqu'il est fatigué ou paresseux à s'enlever devant l'obstacle. Il faut toujours mettre des éperons, bien que l'on s'en serve rarement, mais dans une longue course on voit ordinairement venir le moment où leur approche sert à empêcher un accident, à moins que le hunter ne soit bien adroit et bien courageux. Il faut s'en servir dans la dernière battue de galop, juste au moment où il va s'enlever, car si on attend jusqu'à ce qu'il soit en l'air, comme je l'ai souvent vu, c'est de toute inutilité, la puissance du cheval se trouvant alors en état d'inertie, peut-être changera-t-il quelque chose à sa manière de retomber, mais il ne peut rien ajouter à l'effort qu'il a fait pour s'enlever.

Section V. — Le covert hack (cheval pour aller au rendez-vous de chasse.)

188. — *Le covert hack* est maintenant d'un usage général, d'abord, parce que beaucoup de nos meilleurs hunters ne sont

pas de bons hacks, et puis, bien que le rendez-vous de chasse soit retardé de six heures, la génération actuelle a encore reculé l'heure du déjeûner, et un homme élégant doit se rendre au lieu indiqué au train d'au moins 12 milles à l'heure (1), s'il veut arriver en temps utile. Dans le bon vieux temps, nos aïeux déjeûnaient au point du jour, ou quelquefois parcouraient à cheval dix milles à jeun jusqu'à la maison d'un ami voisin du rendez-vous, ils se contentaient d'une allure qui ne dérangeait pas un poil de leur hunter, quoiqu'ils n'eussent guères de robes soyeuses et de poils courts comme on en voit aujourd'hui.

Maintenant ces façons d'agir vous feraient classer parmi les *lambins*, bien qu'en mettant le déjeûner à huit heures, on pût avoir à sa disposition une heure et demie ou deux heures pour se rendre tranquillement sur le terrain. Mais non, *un lion* doit aller bon train et se présenter sur son hack de pur sang, galopant 16 milles à l'heure et le pardessus bien éclaboussé : Il sort de chez lui à neuf heures et demie ou dix heures, et arrive au rendez-vous juste à temps pour se dépouiller de son enveloppe boueuse, et paraître sans une mouche sur ses culottes et bottes vernies. Puis montant sur le hunter qui l'attend, il se trouve prêt à faire des coups d'audace qui surprendront tous les convives au festin du soir. A cet effet le hack doit être un galopeur, capable de soutenir cette allure du point de départ au point d'arrivée, il doit avoir les mouvements faciles, être sûr de pied et assez adroit pour passer un obstacle ordinaire dans un petit trajet à travers champs. Les allées vertes sont souvent défoncées, et il serait impossible d'y conserver l'allure voulue, il faut donc passer dans les champs voisins sur terrain ferme, et franchir les obstacles d'après le talent du hack. S'il est bon, il doit *ramper* ou sauter en main et se tirer d'affaire à travers champ, d'une manière ou d'autre, suivant le poids qu'on lui donne à porter. Il faut donc que ce soit un hunter en miniature, avec la qualité supplémentaire de pouvoir travailler sur la grande route. Il y a des chevaux qui vont agréablement et sûrement sur terrain mou, mais sur le macadam, ils rouleront sur leur cavalier au bout d'un demi mille. Le covert hack, ne doit jamais ressembler à un animal pareil, mais il doit essentiellement être un galopeur, sûr de pied. Un trotteur est d'abord fatigant, et puis il ne convient pas en dehors de la route et dans les petits

____

(1) 12 milles, 193 11 m. 77.

chemins défoncés. Quel que soit le cavalier, on peut dire que 14 mains sont la meilleure taille que puissent avoir ces chevaux. Si le cavalier pèse 16 stones et au-dessus, le hack doit être un cob. Pour les cavaliers moins lourds, il est bon qu'il ait de la race et même qu'il soit tout à fait pur sang, si on peut en trouver un qui ait les mouvements assez libres pour ce service. Toutefois, la plupart des covert hacks sont des hunters manquant de taille, produits de juments auxquelles on aurait voulu faire porter un cheval d'un prix plus élevé. Quand il a vu que ces poulains n'arrivaient pas aux proportions voulues, l'éleveur les a vendus pour faire des hacks, et quand ils se sont trouvés vites et adroits, on les a consacrés au service qui fait l'objet de ce chapitre. Le point important, c'est *l'action*, pas trop haute, pour ne perdre ni temps ni, espace, mais il faut que le cheval *s'en aille bien*, et parcoure le terrain sans fatigue pour lui ni pour le cavalier. Si le cheval peut marcher de la sorte sûrement dans tous les terrains, et durer à trois quarts de vitesse pendant dix à douze milles, c'est un bon covert hack, quelle que soit, d'ailleurs, son apparence.

Presque tout le monde cherche à joindre la beauté aux qualités que nous venons d'énoncer, principalement parce que ces hacks sont applicables pendant l'été à d'autres services. L'on recherche donc avec ardeur les jolies têtes, les belles encolures et l'ensemble fait pour plaire aux yeux. Il en résulte qu'un covert hack de 14 mains ou un peu plus, avec de la race et de la figure, portant confortablement de douze à seize stones à l'allure et pour la distance précitée, vaut de 50 à 100 livres, suivant la beauté et *l'action*. Sans doute un connaisseur trouvera à se pourvoir pour 25 livres, mais à Londres ou dans les bons pays de chasse, l'animal vaut le prix que j'ai indiqué. Il faut se souvenir qu'il lui faut toutes les bonnes qualités du cheval, moins l'extrême vitesse et la grande taille. Il doit avoir la beauté des formes et un bon caractère, l'allure sûre et rapide, de l'adresse et par-dessus tout des membres solides et de bons pieds résistants pour pouvoir être souvent monté à trois quarts de vitesse sur le macadam des routes. Maintenant l'on peut voir bien des douzaines d'animaux qualifiés de hacks sans qu'un connaisseur puisse en choisir un aussi complet, il est donc juste que le prix se trouve en rapport avec le mérite. Même en vente publique, ils coûtent cher, et si M. Tattersall en met un en vente, il dépasse souvent les prix que nous venons de citer. Il est inutile de faire remarquer que le groom qui a conduit le hunter sur le terrain de chasse reste chargé du hack dès que l'échange est fait, et le ramène tout de suite à son écurie.

Sect. VI. — Le Pad Groom, Stud Groom, et autres domestiques.

189.—Le pad groom, ou cavalier de suite, est encore une invention moderne, et on attend de lui de mettre son maître à même d'échapper aux conséquences de la terrible poussée qu'il a donnée à son cheval au moment du lancer. Vingt ou quarante minutes de steeple-chase feront perdre le souffle à presque tous les chevaux, quelque soit le poids de leur cavalier. Il faut donc, une fois cette prouesse accomplie, que le chasseur renonce à son amusement ou monte un autre cheval. C'est ce dernier système qu'adoptent tous ceux qui ont le moyen d'y avoir recours, et l'on met sur le dos de ce cheval un groom très-léger ayant du coup d'œil pour juger le terrain. Ses instructions sont de ménager sa monture, et pourtant se tenir à portée pour faire l'échange quand les chiens seront en défaut et que l'on pourra supposer que le premier cheval en a assez. A cet effet, le pad groom, ou, comme on l'appelle aujourd'hui, le second cavalier, doit être de poids léger et assez fort en équitation pour être maître de son cheval et passer n'importe quel obstacle, si le cas se présente. Quelquefois on ne peut l'éviter, et le second cheval se trouve obligé de passer presque par la même ligne que le groupe des chasseurs; mais on doit se souvenir qu'en pratique il y a une bien grande différence à passer tranquillement par une voie frayée par un grand nombre de cavaliers de toute espèce ou bien à aborder les obstacles au premier rang de ce groupe. Tous les chasseurs qui, à la suite d'un accident, ont eu à rejoindre la chasse, savent fort bien cela, et, dans presque tous les cas, ils ont trouvé dans les clôtures des trouées où un âne se ferait jour. Cependant, quelquefois une forte barrière ou un cours d'eau restent dans le *statu quo*, et il faut les franchir ou faire un détour bien plus fatigant pour le cheval qu'un saut avec un poids léger sur le dos. Le second cavalier doit donc être capable de passer tranquillement par dessus ces obstacles; mais il doit exercer continuellement son jugement en évitant de faire sauter autant qu'il le pourra, puisque chaque effort diminue d'autant la vigueur de son cheval. Les gros obstacles ne seront donc abordés que quand un détour serait encore plus rude pour le cheval. En ménageant ainsi le hunter et prenant soin de suivre la corde de toutes les courbes, passant dans le bon terrain et les allées, le second cavalier doit être en état d'amener son cheval à la fin de la charge fournie par son maître, sans avoir un poil mouillé et souvent tout aussi frais qu'au départ. Il faut se rappeler que ces chevaux en état de porter douze stones et même seize stones n'en portent guère que huit, ils ont donc tout avantage sur celui que l'on monte le premier dans tous les terrains et par-dessus tous les obstacles avec une surcharge de quatre à six stones et même plus. Mais il faut beaucoup de jugement pour ménager ce second cheval et savoir où et quand il faut l'amener au maître. Il y a des grooms qui sont toujours prêts quand on a besoin d'eux, et qui jusqu'à ce moment ont su se tenir à près d'un mille du premier cheval. Il y en a d'autres qui suivent de tout près jusqu'au moment critique, et alors ils trouvent moyen d'être à un mille en arrière. Les qualités indispensables pour l'emploi de pad groom sont de la promptitude naturelle et le désir de plaire. Quand un cavalier un peu lourd en a un vraiment bon, c'est un auxiliaire sans pareil. Généralement aussi cet homme est chargé de panser deux chevaux, comme un groom ordinaire.

190.—Le stud groom est le chef de l'écurie des chevaux de chasse ayant sous lui le nombre nécessaire de palefreniers. Dans les écuries de ce genre, l'on n'emploie généralement pas les jeunes garçons, parce que l'on attache moins d'importance que dans l'écurie de course à mettre du poids sur le cheval, et le défaut de ces gamins, de ne pas mériter confiance, détruit les avantages qu'ils possèdent d'ailleurs. Le nombre ordinaire des grooms dans une écurie de chasse est d'un pour trois chevaux ; le stud groom est tout à fait en dehors, et le cavalier de rechange se charge de un ou deux chevaux à panser. Dans les écuries peu nombreuses, le chef d'écurie prend sa part de besogne ; mais dès qu'il y a une douzaine de chevaux, il vaut mieux qu'il se borne à la surveillance des autres palefreniers. Dans une écurie de hunters, il survient des accidents continuels ; le stud groom doit les soigner lui-même, et le reste de son temps, pendant les heures d'écurie, se passera à mesurer les rations d'avoine et à voir ce qui manque aux autres palefreniers. Le stud groom doit avoir une grande habitude de soigner les chevaux de ce genre, soit dans un établissement d'entraînement ou une écurie de chasse bien tenue. Celle-ci est la meilleure école, parce que dans les écuries d'entraînement il y a de mauvaises habitudes qui persistent ordinairement. Il y a cependant d'excellents serviteurs qui ont passé cette épreuve et en sont sortis sans tache, avec avantage pour eux-mêmes et pour leur maître. Les principes pour la mise en condition des deux espèces de chevaux sont fort semblables, de sorte que ce que l'on apprend avec le cheval de course est toujours utile pour le soin des hunters en faisant quelques modifications prescrites par les circonstances.

191. — Les gages du chef d'écurie varient de 60 liv. st. par an à 200 ou 300 livres sterling, et dans les grands établissements il n'y a pas de limite à ce que l'on doit donner à un homme réellement habile qui connaît son état et s'y applique avec fruit. Le pad groom demandera généralement quelques livres de plus par an qu'un domestique ordinaire ; mais ses gages dépendront toujours de l'importance que lui trouve son maître. Dans certains cas, j'ai vu donner 100 livres par an dans cet emploi ; mais cette rémunération libérale n'est pas du goût de beaucoup de chasseurs. Les gages des gens d'écurie ordinaires varient de 12 schellings à une livre par semaine, suivant la classe d'hommes et la localité.

Sect. *VII.—L'écurie de hunters.*

192. — Les écuries de hunters doivent se construire sur des principes un peu différents de ceux sur lesquels on bâtit les écuries de course, puisqu'elles sont destinées à des animaux qui font un rude travail une fois ou deux dans une quinzaine, et ont le reste du temps un repos relatif. Les hunters sont bien plus exposés aux intempéries de l'air, et doivent, en conséquence, vivre dans une atmosphère plus froide de plusieurs degrés. Il faut donc que l'écurie de chasse soit élevée, aérée et bien éclairée. Chaque cheval devrait avoir au moins 200 pieds cubes, et il faudra à cet effet deux cubes de dix pieds dans chaque direction. Toutefois, les meilleures proportions pour chaque cheval se trouvent dans une box de 18 pieds de long, 12 de large et 10 de hauteur, ce qui donnera 2,160 pieds cubes ; et si on peut lui donner deux pieds de plus d'élévation, on aura alors 2,592 pieds cubes, quantité d'air aussi considérable qu'on peut la désirer dans un édifice échauffé par la seule chaleur naturelle des animaux. Le plan ci-joint a été établi pour contenir douze hunters, c'est la forme la plus économique et la plus commode. Il comprend quatre écuries séparées, toutes de

même grandeur, et construites chacune pour trois chevaux qui seront en liberté dans une box ; mais à la hauteur de cinq pieds ils seront seulement séparés par des barreaux de fer. Dans chaque écurie, deux portes séparent entièrement les trois boxes quand on le désire, et on peut les faire entrer à volonté dans les coulisses pratiquées dans les séparations. Ces coulisses sont dans la partie supérieure, et les portes ainsi suspendues glissent rapidement d'un côté à l'autre, sans que jamais cependant un cheval puisse les ouvrir. Chaque écurie devrait avoir un ventilateur en entonnoir, que l'on puisse ouvrir partiellement ou entièrement à l'aide d'une soupape correspondant à une corde à portée du head groom. Au-dessus de la tête de chaque cheval se trouve une fenêtre grillée en fil de fer et à bonne distance du ratelier et de la mangeoire. Ces parties doivent être en fer galvanisé, avec un compartiment séparé pour mettre l'eau et les barbotages. Le ratelier doit être entre les deux compartiments de la mangeoire et sur le même niveau, ce qui économise beaucoup de foin. Un égout couvert va au réservoir central où l'on porte aussi le fumier, et le mur de ce réservoir supporte huit poteaux soutenant un hangar pour promener les chevaux à couvert pendant le mauvais temps. Une semblable écurie, avec des accessoires simples, mais convenables, coûtera, sans grande ornementation extérieure, de 250 à 300 livres, et dans quelques localités un peu plus, selon le prix du travail et des matériaux. Avec une écurie bâtie sur ce plan et bien plafonnée, il n'y a aucun inconvénient à placer au-dessus un grenier à foin. Les émanations des chevaux s'échappent aisément au moyen des ventilateurs, et ne peuvent faire aucun tort au foin et à la paille, qui ont d'un autre côté l'avantage en toute saison de maintenir l'égalité de la température. La cheminée de la sellerie doit être construite de façon à chauffer la chaudière placée dans l'antichambre, et puis le tuyau doit passer le long de la sellerie, au-dessous des chevilles où l'on pose les selles, qui de cette façon seront préservées de l'humidité. Dans le passage couvert entre la sellerie et le magasin à avoine, on peut laver un cheval couvert de boue avec l'eau chaude que fournit la chaudière, puis on le conduit directement à sa stalle, évitant ainsi les refroidissements que la boue humide ne manque pas d'occasionner quand on ne se presse pas de s'en débarrasser. En somme, l'on trouvera que cette forme d'écurie est la plus convenable pour une douzaine de hunters.

Ecurie de Chasse.

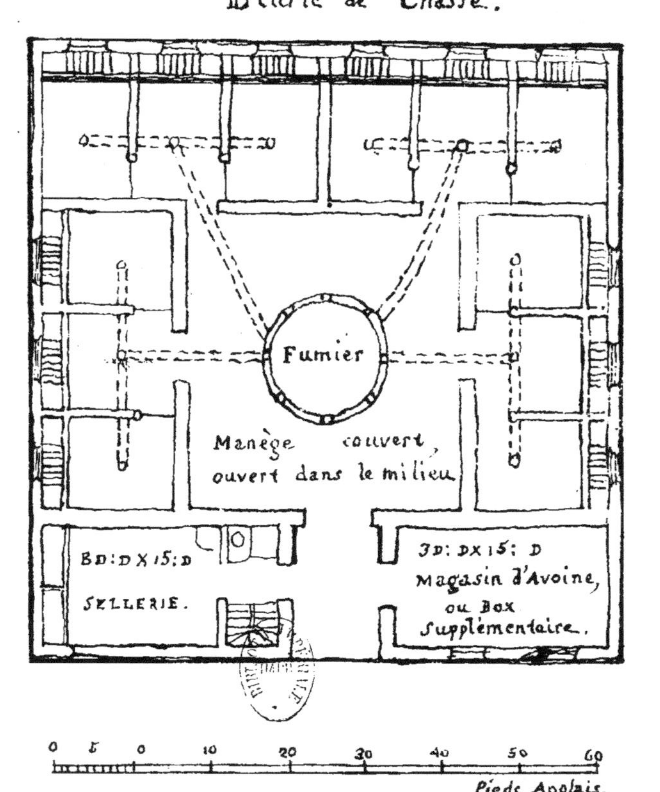

Si l'on veut plus de place, l'on peut ajouter trois écuries de même dimension, pouvant contenir neuf chevaux de plus, tout en conservant la forme carrée qui a l'avantage de permettre l'établissement d'une piste circulaire pendant les froids et les temps de pluie.

CHAPITRE II.

ACHAT DU HUNTER. SOINS A LUI DONNER.

Section I. — Achat du hunter.

193. — Généralement les hunters se procurent par un achat, bien peu de ceux qui les élèvent les montent ensuite , à moins que ce ne soit pour les mettre en vente. La plupart de nos hunters sont élevés par des fermiers, qui ont rarement des haras considérables et se bornent à deux ou trois poulains par an. Cependant, quelquefois dans la même ferme l'on élève un plus grand nombre de chevaux de cette classe , et c'est un grand profit pour l'éleveur ; mais, en règle générale, les vides de l'écurie de chasse se remplissent soit par des purs sang retirés de l'écurie de course, soit par des hunters produits à cet effet par des fermiers qui les gardent et les montent jusqu'à cinq ou six ans. Quand ils ont été dressés en totalité ou en partie à la suite d'une meute, souvent quand ils sont arrivés à la perfection, ils sont achetés par les marchands et quelquefois directement par les gentlemen. Dans les bons districts de chasse , les fermiers ont de bonnes chances pour faire voir leurs jeunes chevaux avec avantage et peuvent en conséquence tirer grand prix de leur marchandise , mais ils sont généralement obligés d'accepter une somme bien inférieure à celle que donnerait volontiers le dernier acquéreur, n'ayant occasion de montrer leurs chevaux qu'au marchand ou à son agent. De cette façon, le marchand de Londres ou de province réalise un ou deux cents pour cent de bénéfice ; mais comme le prix se règle sur le caprice de l'acheteur et qu'il y a des gens qui *veulent* payer pour leur plaisir, il n'est pas étonnant que les marchands à conscience élastique s'empressent de les satisfaire. Peu de particuliers qui ont le goût de la chasse et souvent des écuries bien garnies se trouvent en position d'élever des poulains, faute de goût ou de talent pour y réussir. J'ai d'ailleurs démontré que les purs sang de première classe ne pouvaient s'élever jusqu'à trois ans à

moins de 150 livres. En admettant que le prix de l'étalon et de la jument et l'excès des soins que demande le cheval de course soient compensés par les deux ou trois ans de plus qu'il faut pour former un hunter, on trouvera que le hunter élevé chez le gentleman reviendra à cette somme ou bien près. Défalquons encore deux tiers des élèves pour les chances de boiterie, action défectueuse, mauvais caractère, etc. Nous trouverons que, pour obtenir un bon hunter, portant du poids, bien dressé à suivre les chiens, franc de tares et préparé pour être vendu, il faudra débourser 400 livres, somme pour laquelle on aurait toujours pu acheter des animaux de première classe. Je viens de prouver que le meilleur système pour se procurer ces animaux est de recourir au commerce; l'on me demandera en quel lieu et à quelle époque. Soyez certain que là où la marchandise sera demandée, la production affluera, et l'on peut voir la manière de s'y prendre en examinant le chapitre *de l'élève des chevaux en général.*

194. — *Le véritable lieu de marché* pour les hunters, c'est le terrain de chasse, où il est facile d'apprécier leurs qualités; cependant même là il est facile de tromper l'acquéreur. Il y a des hommes qui peuvent monter un cheval difficile, de façon à faire croire aux spectateurs qu'il est maniable comme un petit chat; cela s'obtient en partie par une bonne progression d'équitation et l'emploi de la voix, au lieu des rênes et des éperons, mais encore plus par le sentiment qu'a le cheval d'être monté par un cavalier de première force, et par conséquent son maître. Souvent, avec ces écuyers, le cheval méchant est forcé de se bien conduire et fait tout ce qu'on lui demande, il travaille si agréablement que les acquéreurs sont sur le point de se battre pour l'avoir; souvent, sans plus d'épreuve, l'on donne un gros prix, car l'heureux possesseur oublie souvent d'exiger un essai plus approfondi. La semaine d'après, l'on voit le même animal monté par le nouveau propriétaire, qui est bientôt obligé de commencer une nouvelle lutte, qui se termine tout aussi souvent en faveur du quadrupède que du bipède. Celui-ci, qui voudrait pouvoir s'appeler *le maître* de son cheval, est obligé d'avouer sa défaite, et, en désespoir de cause, met son cheval en vente avec une triste réputation. Il n'est donc jamais certain pour un acquéreur de trouver un cheval à son gré avant de l'avoir monté, car, même en des cas moins extrêmes que celui que je viens de citer, il trouvera que ce qui

convient à son voisin ne lui conviendra pas toujours. Il y a des hommes qui aiment un cheval qui tire sur la main, d'autres veulent mener à rênes flottantes, d'autres préfèrent l'heureux medium (*quand ils peuvent le rencontrer*). La manière de sauter s'apprécie également très-diversement, il y a des cavaliers qui la veulent posée et prudente, laissant le temps de regarder par-dessus l'obstacle et de changer d'avis extrèmement tard. Les chevaux qui se précipitent sur l'obstacle sont abhorrés de ces messieurs, qui ne veulent pas les monter s'ils ont la moindre tendance dans ce sens. D'autres aiment à aborder vite, et, bien qu'il n'y ait peut-être personne qui se plaise à foncer sur l'obstacle, il y en a qui veulent arriver bon train jusqu'à grande proximité. Il y en a qui trouvent indispensable d'arriver au pas , *en rampant*, tandis que d'autres ont cette méthode en aversion et proscrivent pour sauter toute allure plus lente que le trot. Pour toutes ces raisons et aussi pour se former une idée du caractère, l'homme qui veut bien se monter et qui a quelques préférences en matière de dressage, doit toujours essayer le cheval avant de l'acheter. Jusqu'à un certain point, cela peut se faire ailleurs qu'en chasse, mais jamais avec certitude, car il y a des chevaux bien tranquilles tout seuls et qui changent terriblement avec les autres, et surtout à la queue des chiens. Je me rappelle une circonstance dans laquelle un gentleman de ma connaissance acheta une magnifique jument de robe alezane, après avoir franchi sur elle une douzaine d'obstacles de sang-froid et galopant en cercle autour de sa maison. Elle les passait avec beaucoup de grâce et de dextérité. Il crut mettre la main sur un trésor et fut enchanté d'obtenir un tel hunter pour deux cents guinées *seulement*. Le mois suivant, la saison de la chasse commença, la jument avait été dans l'intervalle mise *en condition* par le groom de mon ami, qui rendit compte à son maître qu'il se trouvait admirablement dessus et que c'était *un phénix*. Le premier jour je me trouvais au rendez-vous de chasse, la nouvelle acquisition fut l'objet de l'admiration générale. Mais à peine le renard trouvé, en arrivant au premier obstacle, voilà la belle jument et son cavalier qui font séparation de corps. Elle avait bondi en bête à cornes et avait projeté violemment son nouveau maître sur le dos. Le fait est que c'était un animal très-impressionnable ; seule et tranquille, elle abordait les obstacles comme un hunter doit le faire, mais à la queue des chiens, elle commençait par des sauts excessifs, retroussant sa croupe d'une manière effrayante en décrochant tout cavalier qui n'était pas de premier ordre. C'était le cas de mon ami, quoiqu'il se tirât fort bien d'affaire avec un cheval facile. Il est clair que s'il l'avait essayée derrière une meute, il y aurait renoncé tout de suite, et quoiqu'il y ait mis de la persévérance, il n'a jamais pu la monter avec aisance, et rarement au départ il échappait à une chute ou à quelque chose d'approchant. Ainsi donc le *hunter* doit être examiné non-seulement comme un autre cheval, mais il faut encore une épreuve de ses qualités à la chasse. Un homme expérimenté trouvant le cheval et le prix à sa convenance, doit dire au marchand : « Je » vous donnerai ce que vous demandez, si vous me le donnez » à monter et qu'il me plaise après l'avoir essayé. » Il est extraordinaire combien cette épreuve produit de différences d'appréciation, non-seulement dans ce cas, mais dans beaucoup d'autres. Bien des gens s'imaginent qu'une promenade en main, au pas et au trot, devant l'acquéreur, suffit à l'appréciation, et que l'on peut acheter ainsi à l'enchère, avec quelque certitude de trouver quelque chose à sa convenance. C'est une erreur, et bien qu'une allée et venue dans l'établissement de Tattersall vaille mieux que le simple examen à l'écurie, quelques yards parcourus en selle valent dix fois mieux. Un cavalier expérimenté découvrira en quelques pas si le cheval a réellement de la force, s'il est en mesure de porter du poids, etc. Une plus longue épreuve est certainement préférable, mais une très-courte distance, surtout en terrain inégal, donnera une bonne appréciation des moyens naturels du quadrupède. La bouche joue un grand rôle dans l'accomplissement des devoirs du hunter, et il faut toujours en tenir compte, chose encore bien problématique, si l'on se contente de marcher quelques pas les rênes flottantes, puis un simple arrêt. Dans l'écurie, il ne faut pas songer à choisir un hunter, en raison des grandes variantes qui existeront entre ce que l'on choisirait dedans et ce que l'on trouve préférable dehors. Après le terrain de chasse et surtout si l'on ne tient pas à l'argent, le meilleur choix de hunters se fera dans les écuries des meilleurs marchands de Londres et chez quelques célébrités de province. Nous ne voulons rien préciser sur ce sujet délicat, mais il y a à Londres au moins douze marchands et plusieurs autres en province où un véritable connaisseur, avec de l'argent dans sa bourse, peut trouver chaque variété de hunter. Là un gentleman connu du mar-

chand peut toujours bien essayer les chevaux en vente ; mais il
ne faut pas espérer qu'on lui laissera monter un cheval gras,
comme s'il était *en condition*, et il ne trouvera pas non plus
dans l'animal chargé d'embonpoint le train que l'on désire à
la queue des chiens. Certains marchands qui vendent beaucoup de hunters en ont toujours, dans la saison de la chasse,
un certain nombre passablement préparés, et ceux-là peuvent
être essayés avec ou sans chiens. La plupart, toutefois, sont
dans la condition marchande , c'est - à - dire ont de la
viande de bœuf au lieu de la fibre résistante du cheval
apte à la fatigue. Il ne faut donc pas s'étonner si les marchands regardent à deux fois avant de permettre d'essayer leurs chevaux hors de leur vue. Ils ne savent
que trop par expérience qu'il peut facilement en résulter
beaucoup de mal et en bien peu de temps, pour la respiration,
les jambes et les chairs des chevaux non préparés. En vente
publique, les bons hunters se vendent souvent fort cher, quand
on les connaît dans leurs districts respectifs, et une écurie en
renom rapportera une forte somme. Pendant cet été, une écurie de quatorze hunters, sans célébrité extraordinaire, a atteint
une moyenne de 350 livres par cheval, bien qu'aucun d'eux n'an-
nonçât une force extraordinaire pour porter du poids. Mais si un
cheval n'est pas bien connu, il est fort dangereux de s'en occuper ;
il a beau plaire à l'œil et paraître un vrai hunter de la tête aux
pieds, cependant à l'essai il peut se trouver tout à fait inutile.
Souvent on arrive à ce triste résultat pour avoir voulu faire une
spéculation, même avec l'avantage du jugement et de l'expérience, mais dans cette partie, il y a encore plus de billets
blancs à la loterie que pour toute autre espèce de chevaux.
Avec un essai imparfait, il est bien plus facile de choisir les
hacks et les carossiers, mais les hunters ne prêtent qu'à des con-
jectures, il est donc toujours imprudent de donner en vente
publique pour le cheval dont on veut faire un hunter, beaucoup
plus que son prix courant comme cheval de selle ou de harnais.
Une bonne règle est de n'excéder cette somme que de ce qu'il
vous est indifférent de sacrifier. S'il tourne bien, tant mieux,
sinon vous le revendez en faisant le sacrifice auquel vous étiez
tout résigné. L'on peut ainsi souvent tomber sur un bons hunter
à un prix comparativement bas, mais cela n'arrive guère avant
d'en avoir rejeté et vendu plusieurs qui n'étaient bons qu'à
tromper les novices ou à l'attelage. Aux autres ventes hebdo-

madaires à Londres, l'on trouve peu de bons hunters, et l'acheteur fera bien de borner ses investigations à l'établissement bien dirigé de M. Tattersall. L'on n'y tolère aucune ruse que celles inévitables dans ce commerce, et quand le commissaire-priseur annonce un fait, vous pouvez compter qu'il en est convaincu. Peu de hunters consommés sont tout à fait francs de tares, et quelques chevaux très-célèbres en ont eu de très-graves. Aussi plusieurs hunters de bonne réputation se vendent sans garantie, mais en majorité ils sont garantis, et si on prouve qu'ils n'étaient pas nets, on peut les rendre dans les délais fixés par les règles de l'établissement. Bien des genres de boiterie peuvent être guéris temporairement à l'aide du repos, etc.; mais le cornage, le sifflage et toutes les défectuosités de la respiration se découvrent facilement au premier bon temps de galop. Ces défauts se reconnaissent aussi à l'écurie, mais la règle n'est pas invariable. Bien des chevaux qui ne sont pas cornards font quelque bruit dans l'écurie, et d'autres, affreusement bruyants dehors, se taisent dans leur stalle si on les menace du bâton, par la méthode classique. Le meilleur moment pour acheter un hunter ou toute une écurie, c'est à la fin de la saison de la chasse. On peut les avoir à bas prix et ils montrent tous leurs défauts, tels que membres gonflés, coups sur les canons, etc. Tout cela disparaîtra au moyen du repos et d'un traitement convenable, tandis que six mois après les mêmes animaux vaudraient 30 ou 40 pour cent de plus, et puis l'on n'aurait pas autant de choix, puisque le moment où l'on renonce à la chasse et où on vend ses hunters, c'est généralement quand la tentation de se livrer à ce plaisir vient à cesser.

Section II. — Soins pendant l'été.

195. — *Procès fait par Nimrod à la nature.* — Il n'y a guère que trente ou quarante ans on lâchait dans la prairie tous les hunters dès que la première herbe était poussée, et l'on considérait ce genre de nourriture comme une panacée pour tous leurs maux. Après avoir passé l'hiver dans une écurie bien chaude, pansés avec le plus grand soin, on leur ôtait leurs couvertures dès que leurs maîtres osaient le prescrire et on les mettait dans le pré, souvent sans un hangar pour se réfugier dans les jours froids et humides. Souvent il en résultait qu'ils revenaient poussifs à l'automne ou mouraient pendant la saison du vert. Dans tous les cas, s'ils conservaient la santé, ils étaient

gras, sans haleine, sans souplesse, et il fallait presque toute la
saison de la chasse pour les mettre en état de faire leur métier.
Certes à l'allure que suivaient nos aïeux, un cheval nourri au
vert, avec une ration d'avoine comme on en donnait souvent,
pouvait suivre une chasse, non sans se couvrir d'écume ; mais il
est notoire qu'un cheval a maintenant besoin de six mois d'entraînement en sortant de la prairie avant de pouvoir suivre une
de nos chasses ordinaires. L'on sait aujourd'hui qu'une course à
la queue des chiens est plus dure que la course ordinaire ; il est
donc évident que l'herbe tendre ne suffira pas pour mettre le
hunter en état de supporter nos journées de chasse. Il a donc
fallu abandonner le système, en grande partie à la suite des
écrits que Nimrod (M. Apperley) a publiés sur la matière, et
maintenant le hunter est presque toujours gardé pendant l'été
en liberté dans une box. Il y a d'ailleurs bien d'autres objections
à faire contre le système *du vert* dans la prairie à cette époque
de l'année. Généralement, les membres, les pieds, quelquefois
l'un, quelquefois l'autre, quelquefois tous à la fois, sont en état
d'inflammation et demandent le repos, les vésicatoires, le
feu, etc. Dans ce cas, le séjour de la prairie ne fait qu'aggraver
le mal, parce que de tous les chevaux, ceux-ci sont les plus surexcités par l'état de liberté, ils l'associent à leur métier habituel
et galopent de tous les côtés, ébranlant tous leurs membres
jusqu'à ce que le mal primitif soit devenu dix fois plus grave.
Si des membres ou des pieds doivent se guérir dehors, ce doit
être pendant l'hiver, ou dans les prairies marécageuses, qui
ont d'ailleurs un autre inconvénient, celui de ramollir la fibre
pour longtemps. Les prés élevés rendent le cheval passablement
cotonneux, quant aux endroits marécageux, ils sont encore dix
fois pires. Pour mon compte, j'ai mis plusieurs chevaux boîteux au vert pendant l'été, mais je n'en ai jamais eu qui en
eussent tiré quelque avantage, et quelques-uns ont été complète-
ment ruinés à la suite de leurs galopades sur le terrain dur. Si
le vert doit être pris en dehors, il faut au moins leur mettre des
entraves, qui les empêchent de courir et sont une excellente
précaution dans cette circonstance.

Voici le plan de Nimrod. — L'on commence par rafraîchir
le cheval en lui retirant peu à peu ses couvertures et en lui re-
tranchant son avoine en totalité ou en partie ; administrant des
médecines, etc., etc. Tout cela durera près d'un mois, c'est-à-
dire jusqu'au milieu de mai. Puis on met les hunters en liberté

dans une box large, spacieuse et aérée, où la partie supérieure de
la porte puisse être constamment ouverte. L'on préfère souvent
mettre une forte chaîne entre les montants de la porte, parce que
l'air circule plus librement. Quand le cheval est complétement
rafraîchi, l'on peut mettre les vésicatoires aux jambes ou autres
remèdes externes que nous décrirons plus tard. Le tan est ce
que l'on peut mettre de mieux sous les pieds du cheval, et si
l'on en met une bonne couche, cela remplace avantageusement
la litière, tout en tenant les pieds frais. L'on peut donner du seigle italien ou de la luzerne ou de l'herbe ordinaire, en la mêlant,
au commencement, avec une quantité égale de foin, mais dès
que le cheval y est habitué il faut le tenir uniquement au vert.

Les vesces ne me paraissent pas convenir aux chevaux qui
ne travaillent pas. Quand elles sont nouvelles, elles irritent les
intestins et ne font que les dévoyer; plus tard, c'est une nourriture forte et échauffante. Pour des chevaux de voiture qui
ont beaucoup à travailler elles conviennent mieux (avec un supplément d'avoine) que l'herbe ordinaire, surtout quand les
cosses sont bien développées, mais pour le hunter pendant la
saison d'été, j'aime mieux quelques-unes des variétés de luzerne, qui n'échauffent pas à beaucoup près comme les vesces.
L'on peut retirer les fers et parer les pieds en ôtant tous les
éclats de corne, détruisant les bleimes, seimes, etc., en coupant
à fond de façon à les guérir radicalement à ce moment de repos
pos absolu. Si le cheval est encore jeune et vigoureux, il vaudra mieux pour un mois ou deux ne pas lui donner du tout
d'avoine, et il se remettra ainsi de l'état inflammatoire de tout
le système que produit la nourriture excessive. Les vésicatoires, le feu et autres remèdes doivent avoir opéré, les jambes
doivent avoir diminué de grosseur et toutes les vieilles bosses
et excroissances doivent avoir presque disparu. Ceci aura lieu
vers la fin de juillet ou un mois plus tard, si les membres ont
beaucoup souffert. Pendant tout ce temps, l'avoine demeure
supprimée, ou ne se donne qu'en petites quantités, et l'on met
une grande attention à retirer les épines et à guérir les ébran-
lements que les jambes et les pieds ont éprouvés pendant la
saison de la chasse. Mais le temps arrive de commencer à donner l'avoine et de laisser le vert en tout ou en partie. Vers la
fin d'août au plus tard, le foin doit être presque l'unique fourrage avec deux repas d'avoine à peu près, selon l'état d'embonpoint du cheval. S'il est en mauvais état on peut augmenter la

ration de grain, et s'il est trop gras se contenter d'un repas par jour. L'on remet aussi les fers, et le cheval fait une promenade au pas sur le gazon tous les matins, pendant une heure ou deux. Au milieu de septembre commence l'entraînement pour la saison de la chasse, et le régime d'été est considéré comme terminé. Pendant la belle saison, il faut qu'il y ait toujours de l'eau dans la box pour que le cheval puisse boire dès qu'il a soif. L'on cesse toute espèce de pansage. Il faudra administrer deux ou trois médecines et même davantage si l'estomac a été fort dérangé par les fatigues et les jeunes de l'hiver précédent. Rien n'éprouve la constitution du cheval comme ces longs jeunes fort peu en rapport avec la petitesse de son estomac. Ce viscère devrait être rempli au moins toutes les quatre heures, et cependant il s'écoule souvent six, huit ou dix heures avant que le hunter épuisé reçoive seulement un barbotage. Ne nous étonnons donc pas s'il lui faut quinze jours pour se remettre et recommencer la corvée. Les boules d'entraînement, etc., etc., seront rarement nécessaires. mais quelquefois, en dépit du vert et autres accessoires, l'estomac reste toujours dérangé et la nourriture semble ne faire aucun bien au cheval. Alors un stomachique stimulant devient fort utile, et une ou deux fois par semaine on trouvera avantage à donner une boule cordiale. Voyez *Maladies du cheval.*

Section III. — Dressage et apprentissage.

196. — Il faut naturellement un dressage pour les poulains dont on veut faire des hunters, mais il ne diffère du dressage ordinaire que par les sauts que le jeune animal doit apprendre à exécuter. Le même mors que j'ai recommandé page 115 conviendra aussi à ce genre de cheval ; mais il faudra que les rênes soient beaucoup plus tendues et le cheval doit le garder une heure par jour dans la position du rassemblé, jusqu'à ce qu'il ait l'encolure suffisamment pliée. L'on peut aussi mettre dessus le *Jockey muet*, fixé au surfaix par des boucles avec des ressorts dans les bras qui permettent au mors d'arrêter ou rendre suivant les mouvements du cheval, tout en ayant une tendance à plier l'encolure et à mettre le cheval sur les hanches. Si cela n'est pas fait avec soin et si le poulain n'apprend pas à se servir adroitement de ses jambes de derrière en les ramenant sous lui de manière à porter une partie considérable de son poids, il ne sera jamais sûr au milieu des sillons ou dans les endroits

difficiles où il est obligé d'arriver lentement jusqu'au point de départ, et de réunir les jambes sous lui avant de prendre son élan. Quand le cheval est à la longe, on doit lui faire sauter (mais pas trop souvent) la barre mobile pour qu'il ne découvre pas la facilité avec laquelle elle tombe et pour qu'il ne devienne pas insouciant. La barre fixe doit être employée dès que le cheval sait franchir, et il ne se fera pas de mal s'il tombe quelquefois par dessus. Comme il n'y a rien qui puisse retenir les jambes, il tombe en deça ou au delà sans grand dommage. La barre doit avoir des retours sur le côté, de sorte que dans le travail à la longe le cheval soit obligé de passer par dessus ou de faire face en se retournant au groom qui suit, la chambrière à la main. Quand ces côtés sont bien arrangés, la corde de la longe glisse dessus sans accrocher, et la barre peut être franchie par le cheval à chaque tour. Il y a des chevaux adroits et dociles qui paraissent prendre goût à ce jeu, mais il ne faut faire sauter que six ou huit fois par leçon de peur de dégoûter son . élève. Quand il passe parfaitement bien la barre dans le travail à la longe *et qu'il est dressé à toutes les allures*, on peut le monter pour sauter cette barre et autres obstacles légers avec calme et sang froid, mais il ne faut jamais le mettre à ce travail avant qu'il ne soit complétement dressé d'ailleurs. Car s'il ne connaît pas ce que signifie l'action des rênes ou des éperons il est inutile de l'embrouiller en lui faisant faire ce qu'il ne comprendra pas. On ne doit jamais essayer de grands obstacles sans être à la suite d'une meute, et quand le poulain est disposé à franchir à volonté de petits obstacles, il vaut mieux différer son éducation finale jusqu'au moment où il pourra suivre les chiens ainsi que je l'ai exprimé dans le chapitre consacré à l'éducation de steeple-chase. A la queue des chiens le poulain cherche à suivre les autres chevaux et entreprendra tous les sauts que l'écuyer lui présentera, mais il se trompera souvent et entraînera souvent une clôture dans le champ voisin. Avec une bonne main, une assiette solide et de la patience, on lui apprend vite à connaître ce qu'il peut faire, et en quelques leçons, il apprend à éviter les accidents et à rester sur ses jambes. Le mors que nous avons déjà indiqué pour le dressage est le meilleur pour l'éducation du hunter, parce qu'il est large et permet de fortes pressions sans causer de douleur, de sorte que si l'écuyer est obligé de mettre de la force pour maintenir la tête droite, il ne jette pas pour cela le poulain dans l'obstacle, comme il le ferait avec un petit filet tranchant ou avec un mors de bride. Il faut suivre aussi nos précédentes recommandations relativement à la durée des leçons. De même que le cheval de steeple-chase, le jeune hunter devrait être toujours graduellement habitué à son métier, et par conséquent il faut peu d'ouvrage dans les commencements. Voyez page 175 dans le chapitre du steeple-chase.

Section II. — Entraînement du hunter.

197.—Le hunter se prépare pour la chasse d'après les mêmes principes que ceux qui président à l'entraînement du cheval de course, ou plus particulièrement du cheval de steeple-chase. Après une dose de médecine on donne, s'il le faut, des suées, et cela sur une distance de quatre milles. L'on prescrira toujours une promenade au pas de trois heures par jour, et, si cela peut se faire sur un bon gazon, cela n'en vaudra que mieux. Une route pourra suffire pour les chevaux qui ont de bons pieds et de bons membres, mais dans tous les cas le gazon est plus frais et donne moins d'ébranlement aux jambes. La rigueur de la préparation doit dépendre de la nature du pays de chasse. Si c'est du gazon et que la voie soit bonne, le cheval doit subir un entraînement complet, et l'on fera bien de le préparer comme pour le steeple-chase. (Voyez paragraphe 165). Mais si la course paraît devoir être plus lente, on peut conserver le cheval plus en chair, et s'il n'est pas naturellement très gras, il suffira de donner un galop de temps en temps sans administrer les suées. Souvent on pourra lui demander de chasser deux fois par semaine, alors s'il a été réduit, comme pour l'entraînement complet, il s'exténue, devient une espèce d'ombre et ne peut pas continuer son métier. Le groom doit donc savoir à l'avance pour quel travail il doit préparer ses chevaux, et il agira en conséquence. On augmente la ration d'avoine, et au milieu de la préparation, on donne une ou deux médecines, le hunter se trouve ensuite prêt à commencer la saison.

198. — Il est absolument nécessaire de *tondre* ou de brûler le poil de beaucoup de hunters si on veut les mettre parfaitement en état. Beaucoup de ces chevaux ont toujours le poil épais dans la saison de la chasse, et si on leur laisse leur poil d'hiver ils ne sèchent parfaitement que le lendemain d'un jour de chasse, cela les affaiblit et les prédispose aux rhumes. La lampe au gaz enlève le poil d'une manière supérieure et à

presque fait abolir l'usage des ciseaux de tondeur. Elle consiste en une epèce de peigne large percé de trous et qui communique avec un tuyau de gaz au moyen d'un tuyau flexible vissé sur la paroi du tuyau. En tournant un robinet le gaz s'introduit, on l'allume et il produit sur les bords du peigne une série de jets assez forts. On le fait alors courir sur la robe du cheval, les dents font lever le poil que le gaz consume par la pointe. Un homme adroit aura bientôt réduit toute la robe à une longueur convenable, sans arriver toutefois pour le coup-d'œil à la perfection qu'obtiendrait un bon tondeur. Après avoir brûlé ou tondu le poil, on a l'habitude de donner une suée afin de se débarrasser des restes de poil brûlé, et aussi, *dit-on*, pour empêcher le cheval de s'enrhumer. J'avoue que je ne m'explique pas comment on parviendrait à ce résultat, puisqu'en temps ordinaire une suée ne fait que rendre les chevaux plus sujets aux rhumes. On peut fort bien nettoyer la robe avec de l'eau et du savon, et quand un cheval est peu en chair et ne peut guère supporter une suée, il faut toujours préférer ce moyen.

199. — On laisse quelquefois au stud groom le choix du cheval que l'on montera à jour donné, mais en général le maître fait son choix après une conférence avec son domestique et après s'être assuré de l'état particulier de chacun des chevaux.

Naturellement on choisit le plus frais, pourvu qu'il convienne aussi bien au pays à parcourir que celui qui tient le second rang sur la liste. Il y a quelquefois sous ce rapport une grande différence, et le cheval qui triomphe de tous les obstacles dans un pays, peut être un maladroit dans un autre, suivant, par exemple, qu'il s'agisse de franchir des cours d'eau ou des murs en pierre. Ces deux obstacles doivent se franchir dans un style tout à fait différent, bien que l'on rencontre un petit nombre de chevaux aussi bons dans un cas que dans l'autre. Il y a des hunters qui ont besoin d'être muselés, comme les chevaux de course, la veille d'une chasse ; mais il faut toujours auparavant leur donner du foin, et la muselière doit se mettre tard dans la nuit ou de bonne heure le matin. Il est rare que les chiens rencontrent avant onze heures du matin ; à six heures, en hiver, on peut mettre la muselière, après un premier repas d'avoine et quelques gorgées d'eau, et puis on la laisse jusqu'au repas qui précédera le départ. Il y a des chevaux qui mangent avidement leur litière et qui s'en gorgeraient à ce moment de la journée si vous les laissiez faire. Vers les huit heures, on donne deux quarts d'eau, et à neuf, le deuxième repas d'avoine ; puis, à neuf heures et demie, le cheval est sellé et part pour le rendez-vous de chasse. Quand le temps est très froid, l'on jette quelquefois une demi-couverture sur la croupe, mais presque toujours le cheval n'en a point. J'avoue que je ne vois aucune raison pour cela, bien des chevaux souffrent du froid en attendant l'arrivée de leurs propriétaires au rendez-vous de chasse. L'on peut bien les promener de côté et d'autre, mais cela ne les tiendra pas chauds par le vent et la pluie, et je considère comme un fort bon système de garder la couverture jusqu'au moment où l'on découple les chiens et que l'on s'attend à lancer le renard. Les hunters prennent tous leurs exercices avec des couvertures, et l'on s'imagine qu'ils seront aussi à l'aise au rendez-vous de chasse que s'ils n'en avaient jamais mis du tout. Au lieu de retirer la couverte seulement pour quelques instants, on les expose à être transis fort longtemps de suite, et je me rappelle avoir vu au rendez-vous de la chasse la totalité des hunters avec le poil piqué faute d'avoir été couverts. Il est bien entendu que le groom prendra soin de ressangler avant de passer le cheval à son maître et s'assurer si la gourmette est au point convenable.

Section V. — Manière de suivre la chasse à travers champs.

200. — Nous avons déjà fait mention au paragraphe 176 des principes généraux d'après lesquels on règle ce plaisir excitant, il ne nous reste plus qu'à entrer dans les détails pratiques. Pour prévenir les accidents autant que possible sans pourtant nuire à l'émulation qui donne à cet amusement presque tout son charme, l'on a adopté depuis longtemps, d'un commun accord, certaines règles. Elles sont maintenant pleinement reconnues dans tous les pays de chasse par ceux qui désirent être considérés comme des sportsmen, et toute infraction à leurs prescriptions est un manque de savoir vivre (à la chasse). En outre de ces règles, nous consignerons ici quelques remarques plutôt comme avis aux commençants que comme lois établies.

201. — Chacun doit prendre sa ligne, soit immédiatement derrière un chef de file, soit à une distance donnée à droite et à gauche, et jamais on ne doit essayer de priver son voisin ou son prédécesseur de la ligne qu'il a choisie, tout en luttant franchement pour tout le reste. En adoptant cette règle, on évite de se choquer les uns les autres aux endroits faciles, pratique des plus dangereuses sur le terrain de chasse. Si l'on

n'établissait pas quelque règle de ce genre, deux hommes courant de rivalité se frotteraient continuellement dans les ouvertures ou dans les parties faibles des clôtures, aucun ne voudrait céder, les deux chevaux s'enlèveraient en même temps, et il en en tomberait un ou tous les deux dans le fossé. Ce genre d'accident arrive quelquefois aux jeunes gens qui ne connaissent pas les règles de la chasse, et dans ce cas c'est une fort mauvaise chute, parce que quand il y a deux chevaux couchés à côté l'un de l'autre, l'on a, en outre de la culbute, la chance d'attraper les coups de pied du voisin. Mais si les cavaliers tiennent bien leur distance et abordent leurs obstacles carrément, rien de tout cela n'arrive, et en passant chaque clôture l'on voit clairement à quel endroit l'on doit passer la suivante. S'il y a un endroit évidemment faible, et qu'il soit unique, il appartient à la personne qui se trouve vis-à-vis, et ses camarades doivent en chercher un autre ou attendre leur tour pour passer après lui. Naturellement, il se présente des cas assez difficiles à décider, mais généralement parlant, la règle est d'une application facile, à moins qu'un homme ne devienne volontairement aveugle de passion et de jalousie. J'ai déjà fait observer que la chasse est maintenant une simple course de chevaux, et peu de gens voudraient s'y adonner sans l'excitation de la concurrence. Le soin de faire chasser les chiens est absorbé par ce sentiment et entièrement oublié ; la meute n'est plus qu'un moyen d'indiquer aux concurrents la direction à prendre.

202. — L'on devrait toujours, autant que possible, acquérir *une connaissance particulière du pays à parcourir*, et le novice devrait apprendre quels en sont les points remarquables, et leurs communications avec le terrier vers lequel se dirigera le plus probablement le renard. Alors, quand les chiens seront portés à suivre des courbes, prenez toujours la corde vers cet endroit, mais sans trop vous éloigner, de peur de perdre là chasse. Dans tous les cas, *tenez-vous près des chiens,* autant que cela sera praticable. La moindre négligence à cet égard peut vous faire perdre votre place pour toute la course, et il est plus facile de garder son rang que de le regagner. Beaucoup de bons cavaliers savent passer par dessus tout tant qu'ils sont sûrs de la direction, mais quand ils l'ont perdue, au lieu de se rapprocher de la meute, ils perdent du terrain à chaque obstacle. La connaissance du pays et le coup d'œil sont les qualités essentielles, et il est indispensable de les posséder toutes

les deux. Ici les hommes à vue courte se trouvent déplorablement en défaut, et souvent ils sont obligés de s'en rapporter à l'avis d'un ami et de le suivre à la piste.

203. — Ne pressez pas votre cheval jusqu'à l'épuisement, à moins que vous ne soyez à peu près sûr de pouvoir en changer, et que le renard ne soit aux abois. Quelquefois, dans l'ardeur de la lutte, quand le renard s'affaiblit visiblement et qu'il n'y a avec les chiens que quelques cavaliers de tête, on peut excuser un homme qui surmène son cheval, mais autrement ce n'est pas humain et ne convient pas à un sportsman, parce que tout cavalier expérimenté doit savoir quand son cheval en a assez, et quand il continue au-delà, il est rare qu'il puisse gagner plus que quelques champs. On fera des miracles en arrêtant à propos ; au lieu de faire perdre une place, souvent cela procurera un meilleur rang. Ce qui épuise le cheval, ce n'est pas d'aller droit dans le bon terrain, mais c'est le travail en terrain mou et hors de propos. Il y a bien des gens qui semblent ne pas faire de différence entre un bon gazon et la terre labourable humide et défoncée, et qui poussent leurs chevaux du talon à travers de profonds sillons, dans une contrée argileuse, à une allure qu'aucun cheval ne peut supporter dans un pareil terrain pendant plus d'un mille ou deux. Un homme pratique cherche la terre ferme ou des sentiers, et par un léger détour gagnera sur ceux qui ont dédaigné de quitter la ligne, même de quelques mètres. Les sillons humides et visqueux fatiguent horriblement un cheval, et il s'en suit que si on le presse sur pareil terrain, il perd promptement ses moyens et son haleine, et tombe d'une vilaine façon, au premier obstacle qui se trouve d'une dimension au-dessus de la moyenne. Celui qui aspire à bien suivre les chiens doit donc apprendre à bien juger l'allure et s'efforcer à connaître les symptômes de détresse et la meilleure manière de sauver son coursier de l'épuisement. *La condition* et la race ont tant d'influence sur le fonds, qu'il est bien difficile de savoir le parti que l'on peut tirer d'un cheval que l'on monte pour la première fois. Il y a des chevaux de race qui tout essoufflés sauront reprendre haleine à plusieurs reprises, si on sait les ménager, tandis que la bête commune cédera dès qu'elle aura perdu ses moyens, et ne fera plus de service au moins ce jour-là. En montant des talus escarpés, un cavalier soigneux et actif sautera à terre et conduira son cheval par la bride, et souvent gagnera par ce moyen un mille ou

deux sur un concurrent moins humain et moins prudent. C'est à de semblables détails que l'expérience s'applique, et ce sont pourtant ces minuties qui font la différence entre le cavalier qui ne tient le premier rang qu'au commencement de la course, et celui qui est certain d'être présent à la mort du renard.

204.—*Ayez toujours soin que votre ligne convienne à votre poids* aussi bien qu'à votre cheval. Un homme léger passera pardessus les clôtures en bois dans un bon terrain encore plus facilement qu'il ne traversera une forte charmille. Quand un cheval est habitué au saut de barrière et qu'il est bien monté, c'est à peu près l'obstacle qui l'embarrassera le moins. La grande difficulté est d'être sûr de son cheval et de savoir s'il n'est pas épuisé, un hunter sans énergie est toujours dangereux contre les barres fixes, et là une méprise mène presque toujours à une chute. L'on devrait rarement présenter un cheval fatigué à une barrière élevée, aux barres fixées à des poteaux, pour peu que l'on puisse choisir un autre obstacle. Si l'on y est obligé, il faut une main soigneuse et employer vigoureusement les aides. Au moyen de toutes ces précautions, quelques hommes passablement lourds, bon connaisseurs en vitesse et ayant l'habitude de leurs chevaux, prennent avec la plus grande aisance une ligne de barrières, mais il faut du jugement et de la hardiesse, et rarement cette habitude pourra-t-elle continuer pendant une saison de chasse, sans que le cavalier roule pardessus une barrière, pour peu qu'il s'adonne à cette méthode et pèse plus de 14 stones. Mais quand le cheval est frais et que la ligne est bonne, tous les hommes au-dessous de ce poids et montés sur de bons sauteurs en hauteur, peuvent prendre avec avantage une ligne de barrières et clôtures fixes. D'un autre côté, l'homme lourd a l'avantage dans les charmilles et les haies élevées, parce que sa masse le pousse à travers les branches qui arracheraient un homme léger de dessus la selle, à moins qu'il ne tînt d'une manière toute particulière. Avec du jugement, et malgré l'inconvénient du poids, un mauvais cavalier de 16 stones, battra souvent un mauvais cavalier de dix stones qui en sera dépourvu, parce que son poids le tient en selle et que son cheval ne peut pas le déplacer de tous les côtés et le faire rouler comme le cavalier de légère constitution; mais le bon praticien de 10 stones, ira partout et ne devrait jamais se séparer de son cheval que quand celui-ci vient à tomber. C'est un fait bien reconnu par les hommes d'un vrai mérite en ce genre et beaucoup de gens de ce poids restent au premier rang plusieurs saisons de suite sans être jamais désarçonnés. Les hommes lourds ont toutes sortes de raisons pour tomber encore plus souvent qu'ils ne le font, mais la nécessité les oblige à se servir de leur intelligence pour sauver leurs os. Mais avec des poids légers sur de bons chevaux, je suis convaincu de la vérité de la règle précitée, et que dans ce cas on fait preuve de mauvaise équitation si l'on tombe de cheval. Dans tous les accidents, il n'y a rien de plus important que la présence d'esprit, et l'homme qui sait la conserver dans le danger est presque toujours sûr de se tirer d'affaire. Il est étonnant quelles fautes peuvent se réparer en se tenant solidement et en aidant au cheval à se débattre et à se relever, et je n'ai jamais pu voir quel avantage l'on trouvait à quitter volontairement la selle quand un cheval est à moitié par terre, ou, comme s'en vantent d'autres personnes, à rouler hors de la portée de l'animal. Il faut toutefois convenir que le bon cavalier, tout en évitant beaucoup d'accidents habituels aux maladroits, fait ordinairement une chute grave le jour où il vient à tomber. Ainsi, quand le bon cavalier manque un saut de barrière, il tombe avec son cheval et ils roulent tous les deux, achevant quelquefois le saut périlleux avec choc et écrasement qui occasionne un mal sérieux ou la mort. Quand le même accident arrive au gentleman qui ne tient pas, il est jeté loin de son cheval et en est quitte pour être crotté est un peu secoué. C'est ce qui explique le grand nombre de chutes que quelques hommes peuvent éprouver sans inconvénient et le peu de souci qu'ils en prennent. On les voit aborder un obstacle avec la certitude d'arriver à croix ou pile, au lieu de rester en selle. Cela s'appelle *courir pour tomber* et quoiqu'en apparence cela soit très hardi et très courageux, cela n'est pas à beaucoup près aussi dangereux que cela le paraît. S'ils vont un peu vite avec leur assiette chancelante, ils sont hors de selle presqu'avant que le cheval touche terre, et en se traînant un peu après le premier élan, ils sont presque sûrs de s'en tirer sans frais de médecine. L'on ne sent guères les chutes, excepté sur le terrain dur, mais c'est chose sérieuse que d'arriver sur une route ou sur la terre dure comme elle l'est quelquefois en automne et au printemps.

205. — En présentant votre cheval à l'obstacle, ayez bien soin de le rassembler à l'allure où il se sent le plus à son aise, gardez-la jusqu'à l'obstacle, ne faites rien que le tenir droit

jusqu'au moment où il s'enlève, alors rendez-lui en vous penchant en avant, et ayez bien soin de ne pas retenir pendant qu'il fait son effort. En descendant, penchez-vous bien en arrière et emparez-vous de la bouche, sans tout à fait retenir, et si vous avez doubles rênes, ne vous servez que de celles de filet. Il vaut mieux aider le cheval en se penchant en arrière qu'en lui relevant la tête ; tant que l'on agit de la sorte, rien que pour faire voir au cheval qu'il ne doit pas tomber, il se tirera d'affaire tout seul, mieux qu'avec l'aide de son maître. En tout temps, il est mauvais d'aller à rênes flottantes, non que le cheval ait besoin d'être soutenu, mais parce qu'il apprend à courir avec des enjambées trop étendues ; d'un autre côté, en retenant la tête, on arrivera toujours à l'un de ces deux résultats, — ou bien vous jetez votre cheval dans l'obstacle, ou bien la bouche s'égare et tire constamment sur les mains du cavalier. En équitation, le point le plus difficile est de ménager la bouche en courant à travers champs, c'est le résultat que l'on est le plus longtemps à obtenir. Là se montre avec avantage la main délicate d'une dame, joignez à cela son poids léger, et l'on comprend que souvent elle laisse en arrière ses lourds admirateurs.

206. — Tenez principalement des genoux, sans vous attacher à l'équilibre dont il faut pourtant quelquefois se servir, mais surtout ne vous raccrochez pas à la bride. La meilleure assiette à la chasse se prend avec un étrier modérément court, le genou doit être sur la partie rembourrée du quartier de la selle et vis à vis l'étrivière, le talon bas et le pied dirigé presque droit en avant. Le poids du corps ne saurait être trop en avant sur la selle et par suite l'enfourchure doit se rapprocher du pommeau. C'est d'une grande importance pour les hommes lourds, et l'homme de seize stones qui s'assied en arrière sur sa selle, monte comme un sac de blé et fatigue bientôt son cheval. L'effort des jambes de derrière ne doit pas avoir de poids à soulever, ce poids doit se trouver dans le centre de mouvement, entre l'élévation et la descente de l'avant-main et de l'arrière-main. Aujourd'hui, l'on prend généralement les rênes des deux mains, et avec un cheval sujet à refuser l'obstacle ou qui a besoin de l'aide de son cavalier pour quelque motif, c'est le plus prudent, mais avec un hunter accompli qui a la bouche fine, la précaution est inutile et la main de la cravache peut se tenir avec aisance sur le côté. L'ancien système de lever la

cravache n'est plus à la mode, il est mauvais en ce sens que, quand on veut aider son cheval, la main se trouve fort loin et peut fort bien arriver trop tard pour se rendre utile. Il y a en même temps d'autres occasions, comme par exemple dans un saut de haut en bas, où l'on ne peut jeter le corps assez en arrière, sans quitter les rênes de la main droite, ou bien il faudrait les laisser glisser si loin entre les doigts de chaque main, qu'il deviendrait fort difficile de les rajuster pour soutenir un cheval qui viendrait à manquer.

207. — En montant les pentes, il est souvent utile de décrire un zigzag, mais en descendant vous ne pouvez aller trop droit, la manière contraire menant à une chute dangereuse sur le côté qui écrase le genou ou la cheville. Peu de chevaux tombent en pareil cas, ils s'arrangent toujours de façon à glisser sur les hanches. C'est un principe fort important dont il ne faut jamais se départir. Ces observations, jointes aux principes généraux de l'équitation, pourront peut-être servir à ceux qui n'ont point d'amis expérimentés en état de leur donner une démonstration pratique. Une leçon à travers champs vaut toutes les lectures du monde, mais à défaut de ce moyen, les remarques de ce chapitre peuvent venir en aide aux jeunes gens qui aspirent à l'honneur de suivre une meute.

208. — Il y a une grande variété d'obstacles dans un parcours à travers champs en Angleterre, pays de Galles, Écosse et Irlande, mais ils rentrent presque tous dans les catégories suivantes :

1° La simple haie d'épines ; 2° les palis pour enfermer les moutons ; 3° les barres fixes ; 4° les doubles barres fixes ; 5° les barrières ; 6° les terrassements simples ; 7° les fossés ; 8° les ruisseaux ; 9° les tertres simples ou doubles avec fossé ; 10° des talus avec des haies d'épine ; 11° les tertres avec double fossé ; 12° de hautes charmilles à travers lesquelles il faut passer ; cet obstacle s'appelle un bouvreuil (1) ; 13° Une jeune haie ayant de chaque côté de larges tertres et une clôture en treillage ou en claies, ce qu'on appelle double clôture ; 14° les murs en pierre.

209. — Les diverses manières de sauter sont : 1° le saut de pied ferme, le saut de volée. 3° le saut sur l'obstacle et puis au delà, 4° le saut dedans et dehors, 5° la méthode rampante,

(1) Cette expression vient d'une plaisanterie faite aux chasseurs ordinairement vêtus de rouge, et qui restent suspendus dans les charmilles.

6° le saut de haut en bas. Le mot *franchir* est devenu synonyme du verbe *sauter*, et l'on s'en sert actuellement presque indifféremment. Suivant les époques, l'une des expressions s'est trouvée proscrite ou est devenue à la mode à son tour.

210. — Le saut de pied ferme ne se prend que sur des barres peu élevées ou autres obstacles légers, ou bien encore quand il serait dangereux de se présenter autrement, comme sous un arbre qui heurterait la tête du cavalier, si le cheval y passait autrement qu'au pas. Il faut pour ce saut un hunter parfait et ayant une longue habitude de cette méthode. Alors vous le voyez se rassembler et franchir de hauts échaliers et autres obstacles d'une façon très-extraordinaire. Il faut toujours arriver vite sur les obstacles en largeur, et, par le fait, il est rare que l'on se trouve forcé de les aborder de pied ferme. Dans ce cas, il faut présenter le cheval en lui laissant choisir sa distance et toujours lui *laisser la bouche entièrement libre*. Aucun cheval ne peut rester rassemblé en sautant de pied ferme, c'est une raison pour qu'il y en ait peu qui exécutent convenablement cet exercice. Des hunters imparfaitement dressés s'approchent trop de l'obstacle avant de s'enlever et le manquent alors des pieds de devant, d'autres le prennent de trop loin, et ce sont alors leurs pieds de derrière qui heurtent, ce qui est tout aussi désastreux. Souvent cet accident arrive à des échaliers où il y a des deux côtés un petit pont pour les piétons. Le cheval doit les sauter de pied ferme ou courir le risque de glisser sur l'un ou l'autre pont. Il s'ensuit que l'animal est pris par le grasset, et cependant ne trouve pas pied pour ses membres antérieurs à cause de l'étroitesse du pont devant lui. Il y reste quelquefois suspendu sans pouvoir se dégager en avant ou en arrière jusqu'à ce que l'échalier soit rompu. Il y a encore dans le saut de pied ferme, le danger pour le cheval d'engager ses pieds de derrière entre les barreaux s'il vient à manquer une clôture en bois. C'est un accident terrible qui se termine souvent par une jambe cassée. Le seul remède est de faire asseoir quelqu'un sur la tête du cheval, de façon à le maintenir à terre, puis, au moyen d'étrivières, on essaie de retirer le pied engagé. Il faut d'ailleurs beaucoup de jugement et de sang-froid pour éviter les malheurs, et quelquefois les barreaux sont si rapprochés et la jambe si bien prise, qu'il faut recourir à la scie et couper les traverses.

211. — Le saut de volée peut être lent ou vite, mais à la

chasse on essaie ordinairement de le prendre doucement. En décrivant le steeple-chase, j'ai fait voir que, dans ce cas parti·culier, les sauts doivent s'exécuter rapidement et à bonne allure, enfin réellement de volée. Mais, à la queue des chiens, le terrain n'a pas été examiné d'avance, et jusqu'à ce que le cheval atteigne l'obstacle et prépare son élan, il ignore l'importance du saut qu'il doit exécuter. Si donc on le mène grand train vers les clôtures des champs, il n'aura pas le temps de calculer son effort et fera des fautes continuelles. Mais si on le mène au canter ou galop de chasse avec aisance, bien assis, il peut mesurer son point de départ et l'effort musculaire qui doit lui faire franchir le fossé, s'il y en a un. Cette méthode procure en outre l'avantage de pouvoir arrêter court, si on trouve devant soi une mare, une sablonnière ou un chemin très-creux. Pour tous ces motifs, la plupart des hommes préfèrent le cheval qui saute avec calme, et c'est certainement celui qui fera le moins de fautes dans une saison de chasse. Partout où il faut sauter en hauteur, plus le cheval arrive lentement, mieux il peut s'enlever, pourvu que ses foulées soient cadencées et ses jambes de derrière bien sous lui. Le trot ne réussit pas aussi bien, parce qu'à cette allure les extrémités postérieures n'agissent pas simultanément et ne sont pas prêtes à donner l'élan. Et pourtant il y a des hunters qui s'enlèvent très-adroitement au trot, et le célèbre Vivian, qui commença sa réputation au steeple-chase, était dans ce cas. Je lui ai vu passer au trot des barres élevées d'une façon que nos chevaux de steeplechase actuels ne sauraient imiter pas plus pour le style que pour la hauteur. Personnellement, je préfère un cheval qui aborde les clôtures à une allure assez rapide, pourvu que l'on soit sûr de pouvoir l'arrêter, si cela devient nécessaire. Un animal sans contrôle est toujours dangereux, mais en dehors de cela, je ne vois guère de milieu pour le comfort et la sûreté entre la *méthode rampante*, qui peut à peine être trop lente, et le galop de chasse régulier. Pour bien rassembler son cheval et le présenter à l'obstacle, les doubles barrières fixes demandent beaucoup de rassemblé et d'excitation en même temps, et le cheval doit les aborder assez vite comme pour tous les sauts en largeur que présentent les eaux dormantes ou courantes. Une chose essentielle, c'est que le cheval ait confiance dans son cavalier, car s'il vient à penser *qu'il peut* tourner à droite ou à gauche, il le fera très-probablement, à moins qu'il ne soit trèsenclin à sauter. Les hommes dont les nerfs sont agités communiquent leurs impressions à leurs chevaux; le fait n'est pas douteux, quoique difficile à expliquer. Il est remarquable combien promptement les chevaux s'aperçoivent de la valeur de leur cavalier et combien ils changent suivant la main qui les dirige. C'est dû en partie à l'action qu'éprouve la bouche, mais beaucoup aussi au tremblement du cavalier. Si celui-ci n'a pas pleine confiance en son courage, il ne doit jamais espérer que son cheval abordera droit et régulièrement les obstacles. Le rassemblé est beaucoup plus facile que la tenue des rênes pendant le saut lui-même, car il y a deux choses opposées à faire, et le point délicat est de trouver le moment de passer finement de l'une à l'autre. La première est, comme on dit, de s'emparer de la tête de son cheval, c'est-à-dire d'agir plus ou moins sur la bouche, de le rejeter sur ses hanches et de l'exciter par la voix, le talon ou le fouet. Ceci dure jusqu'au moment où se fait l'effort pour passer l'obstacle; alors il faut rendre la main pour que le cheval ait toutes les forces corporelles à sa disposition. Si la tête est retenue, les hanches n'agissent pas pleinement, parce qu'en s'élançant, la tête est poussée en avant, et le mors produit de la douleur si on continue à tirer dessus; alors, pour éviter cette douleur, la complète extension ne se produit pas; le saut ne se fait pas avec assez de force d'élan, et le cheval retombe trop près du fossé, s'il y en a un, ou bien tout à fait dedans. Mais tout en rendant la main, il faut agir avec jugement; car si les rênes sont trop lâches, le cheval est sujet à arriver au delà de l'obstacle dans une position où il n'est pas maître de lui, et tombera souvent si l'on ne vient pas à son aide. Voilà pourquoi d'excellents praticiens, sans tenir la tête, savent exercer sur la bouche une pression douce et fine, et non-seulement ils empêchent ainsi le cheval de s'étendre outre mesure, mais encore ils se trouvent prêts à aider l'animal s'il paraît disposé à s'abattre. C'est là un talent achevé, et l'on n'y peut parvenir qu'au moyen d'une bonne assiette, aussi bien que d'une main juste. Sans la première qualité, l'on ne peut s'empêcher *de tenir* par les rênes, tout aussi bien que par la selle, or, dans ce cas, il ne faut pas songer au maniement délicat des rênes, que j'ai essayé de décrire. Tout le monde devrait apprendre à monter sans rênes, ne tenant que par la selle; sans cette étude, peu de gens arrivent à ce don précieux que l'on appelle une bonne main. Il a toujours son prix en équitation, mais jamais autant qu'en passant à travers champs. L'on essaie quelquefois d'enlever le cheval avec le mors ; mais je n'y vois pas d'utilité. Quand un cheval paraît vouloir rencontrer le barreau supérieur d'une clôture ou faire un effort trop petit devant tout autre obstacle, la meilleure manière de l'enlever est de lui appliquer le fouet le long des épaules. Rassembler et exciter sont choses différentes de l'action d'enlever, que je crois être un mythe. Je classe dans la même catégorie le second effort du cheval, qui, selon certaines personnes, se produit entre ciel et terre. M. Apperley lui-même admet son existence. Cette opinion est en opposition si directe à toutes les lois de la mécanique, que je réclame le droit de différer sur ce point avec cet auteur distingué et ses adhérents. Bien que je sois convaincu qu'il se fasse un effort instinctif pour augmenter le saut, je suis obligé d'en contester l'utilité. Le monde pourrait être remué avec un point d'appui ; mais quand il n'y en a pas, on ne remuera pas une plume. Or, le point d'appui du cheval dans ce moment est la résistance de l'air, quantité inappréciable dans cette circonstance. Je ne puis, en conséquence, souscrire à l'avis généralement adopté. Si mes conclusions sont justes, ni la voix de l'éperon ni le fouet n'ont d'effet après que les pieds de derrière ont quitté le sol ; telle est ma conviction, d'après la théorie et d'après la pratique.

212. — Le saut dessus et au delà s'emploie particulièrement quand il y a des tertres à franchir, et on ne l'essaie qu'à une allure lente, quelquefois du pas ou de pied ferme. Il faut avoir bien soin de laisser la tête libre et de n'aider le cheval qu'au moment où il va toucher terre. Il y a beaucoup de chevaux très-habiles pour exécuter ce saut, particulièrement dans les races irlandaises. Ils passent sur un obstacle en terre ou même sur un mur comme les chiens, touchant des quatre jambes presque à la fois, avec beaucoup de promptitude et d'élégance. Mais cependant la plupart des chevaux anglais s'élèvent sur une digue avec leurs pieds de derrière, y restent un moment, dégagent franchement leurs pieds de devant et descendent lentement dans le champ voisin avec juste assez de force pour franchir l'obstacle qui peut se trouver devant eux, tel que le fossé.

213. — Le saut dedans et dehors demande beaucoup d'habitude, et peu de hunters l'exécutent en perfection. Il faut l'entreprendre très-doucement, faisant un peu l'angle avec l'obsta-

cle, ce qui fournit un peu de place pour que le cheval tombe et s'enlève de nouveau dans l'espace intermédiaire. Le cheval doit être bien assis sur les hanches et il faut agir le moins possible sur la bouche. Les doubles barrières fixes, les doubles haies sont presque les seuls obstacles à franchir par cette méthode, qui avec un hunter accompli est beaucoup plus sûre qu'une tentative pour tout sauter de volée.

214. — En rempant, les principaux éléments de succès sont la main fine et beaucoup d'aplomb en selle ; sans ces deux conditions, personne ne peut espérer grand succès dans ce genre. C'est pour cela que peu de personnes *rampent* bien, même sur des chevaux accoutumés à un exercice dans d'autres mains. Quand le cheval aura bien appris à ramper, la tête doit être laissée presque entièrement libre ; on le conduit tranquillement à la partie faible de la haie où on le laisse se débrouiller comme il l'entend. Mais quand il faut lui apprendre à ramper, il faut prendre une rêne de chaque main et diriger la tête comme avec un fil de soie. Quand un cheval est bien accoutumé à la main de son cavalier, il rampera aussi habilement que possible et ne s'enlèvera, pour exécuter un saut, que quand on lui donnera le signal par la main ou par les jambes. C'est au reste un talent qui ne s'acquiert que par la pratique, et quelquefois encore l'on n'y parvient jamais.

215. — Le saut de haut en bas ne saurait se prendre trop lentement, à moins qu'il n'y ait un fossé ou un ruisseau à passer en même temps. Même quand il y a une clôture à sauter avant d'arriver dans le bas, il ne faut pas forcer l'allure, sinon les membres de devant manqueront certainement, et le nez arrivera à terre, causant au cavalier une chute fâcheuse. En descendant, l'équilibre du cavalier doit se porter en arrière jusqu'à toucher la croupe du cheval avec les omoplates ou à peu près. La tête du cheval peut être laissée libre jusqu'à ce que les jambes de devant touchent terre, alors il sera prudent de soutenir un peu.

216. — La simple haie d'épines peut être dans l'état de nature, ou tondue, ou tressée avec des liens. La première peut être facilement franchie, et rarement occasionne une chute, parce que si le cheval vient à rencontrer, ses jambes passent au travers et il n'arrive aucun mal. La haie tondue est dangereuse, parce que les pointes aiguës occasionnent quelquefois une grave blessure, au point *d'empaler* le cheval, comme on

dit, et de mettre sa vie en danger, par suite de la lésion de quelque organe important. Les clôtures tressées sont souvent très-fortes, et même quand le travail est aussi fin que dans le Warwickshire, elles sont faites si fortement, qu'aucun cheval ne peut passer au travers. Dans ce comté, elles ressemblent plutôt à un pommier en espalier qu'à une haie ordinaire, et il faut les aborder avec beaucoup de précaution, quand on a un cheval étranger à la contrée. Pouvant voir au travers de ces haies, il est très-disposé à les rencontrer, et dans ce cas, il est à peu près sûr qu'il tombera par-dessus ou quelquefois même sera renversé en arrière.

217. — Les claies qui entourent les moutons peuvent se franchir de toutes les façons, puisqu'elles sont assez faibles pour pouvoir rarement occasionner une faute; c'est en raison de cette qualité que l'on s'en sert pour apprendre aux chevaux à sauter. Toutefois, dans quelques contrées, l'on se sert de claies plus fortes et plus résistantes, mais il est rare qu'elles aient plus de trois pieds d'élévation.

218. — Les barrières fixes sont l'obstacle le plus sérieux, tant que le bois n'est pas trop vieux; aussi faut-il les aborder avec beaucoup de soin, le cheval bien rassemblé, en frappant l'épaule du fouet et en usant largement de la voix et des éperons. La meilleure allure est un galop régulier et cadencé.

219. — Les palissades qui entourent les parcs sont fort dangereuses à franchir, parce que les jambes du cheval peuvent se prendre entre les poteaux. Il faut donc les franchir avec précaution.

220. — *Les doubles barrières fixes* doivent se prendre de volée à grande et vite allure, avec l'usage de l'éperon le plus persuasif ou bien il faut avoir recours au saut dedans et dehors (décrit paragraphe 213). Dans tous les cas, c'est un obstacle dangereux, et bien des cavaliers hardis, partout ailleurs, ont soin de toujours éviter de franchir ce genre de clôture.

221. — Les barrières ordinaires peuvent se franchir comme les barres fixes, mais elles sont plus dangereuses, parce qu'elles sont ordinairement sur un terrain devenu gluant et détrempé par le passage des bestiaux. Souvent aussi elles sont détachées et cèdent un peu quand elles sont frappées par les genoux du hunter, ce qui lui assure une chute des plus gauches.

232. — *Les terrassements* ordinaires ne demandent que la méthode *dessus et au-delà* décrite au paragraphe 212.

18

223. — Quand *les fossés* sont larges il faut beaucoup de préparatifs et l'éloquence de l'éperon pour décider le cheval, mais quand ils sont étroits, c'est-à-dire quand ils n'ont pas plus de six à huit pieds avec du terrain solide au point d'arrivée, on pourra les aborder plus lentement et même de pied ferme.

224. — Les ruisseaux qui ne sont point guéables demandent à être abordés à grande allure. Il faut d'abord s'emparer de la bouche du cheval et se diriger bien droit sur le cours d'eau sans retenir la tête pendant le saut. Toutes les fois qu'il y a des chances pour que le cheval refuse, les deux mains doivent être aux rênes et on doit bien veiller sur l'animal, de peur qu'il ne se dérobe et n'évite le saut.

225. — Les terrassements avec fossés ne demandent qu'un peu plus de soin qu'un talus ordinaire, et quand les fossés sont larges il faut mener les chevaux un peu plus vite.

226. — Les talus surmontés de haies d'épines doivent s'aborder suivant l'espèce de ces haies. Si elles sont ouvertes et traînantes et sans tronçons, l'obstacle se franchit en deux fois comme un simple terrassement, mais si la haie d'épines est forte et entrelacée, il faut tout franchir de volée, à une allure suffisante pour tout enjamber du même coup, quelle que soit la largeur.

227. — La même remarque s'applique à l'obstacle classé immédiatement après, savoir le talus à haie d'épines flanqué de un ou de deux fossés ; seulement il faut redoubler de précautions et faire un saut encore plus puissant.

228. — Les charmilles appelées *Bull finches* se traversent à toute course en se servant des mains et des bras pour protéger le visage. L'on peut encore les traverser en rampant, ce que certains chevaux font très-adroitement ; mais quand la charmille est épaisse, il est rare que l'on puisse la traverser autrement qu'en la chargeant à fond.

229. — Les claies tressées flanquant un terrassement ; ce que l'on appelle la clôture double, sont difficiles à franchir quand elles sont hautes et fortes. Le seul moyen de s'en tirer est de sauter d'abord sur le tertre et puis plus loin, car c'est un obstacle généralement trop large pour être franchi de volée.

230. — Les murs en pierre sont le plus facile des obstacles quand le cheval se rend bien compte de leur nature. Il faut avoir l'œil ouvert pour *éviter les endroits trop bas*, parce qu'ils sont souvent devant des excavations à sable, des carrières et autres

endroits où il est inutile de faire de hautes murailles. En thèse générale, les endroits les plus sûrs sont dans la hauteur moyenne de la muraille. Un galop lent et rassemblé est la meilleure allure pour que le cheval soit à même de faire effort de ses hanches.

LIVRE IV.

COURSES AU TROT.

CHAPITRE Ier.

Section Ire. — Description des courses au trot.

231. — Cet 'amusement, autrefois populaire en Angleterre comme en Amérique, est devenu maintenant presqu'une lettre morte dans les annales du sport. De temps à autre vous voyez le compte-rendu d'une lutte au trot entre Tinker à M. Smith et Polly à M. Brown, ou tout autre nom, pour dix livres; rien qui puisse attirer l'attention de celui qui admire la chair de cheval sous la forme d'un bon hack. Tout récemment, on lisait le paragraphe suivant dans notre première chronique du sport (1). Il donne bien la mesure de l'état actuel de ce genre de courses. « *Trot extraordinaire.* A Long Sutton, dans le Lincolnshire, le 26 juillet 1855, le Cob du Norfolk, âgé de 4 ans et haut de 14 mains et demie, a été engagé pour parcourir au trot un mille en trois minutes, il a accompli sa tâche en 2 minutes 47 secondes, et dans la même soirée il a été engagé pour une distance de quatre milles à parcourir en 13 minutes. Il s'en est tiré en 12 minutes 19 secondes, bien qu'il ait perdu un fer de devant à un mille et demi du poteau d'arrivée. » Cet exploit contraste tristement avec les luttes animées qui ont eu lieu entre Rattler et Driver ou entre Rattler et Rochester. Alors des milliers de livres sterling changeaient de mains et aussi *les performances* (2) se distinguaient par une vitesse supérieure. Driver, haut seulement de 13 mains et demie, accomplit la prouesse de 17 milles au trot à l'heure. Tom Thumb fit 18 milles à l'heure et cent milles attelé, en dix heures et quelques minutes. Mais il n'y a point de cheval anglais qui puisse lutter avec les trot-

(1) Bell's Life in London. (*Note du traducteur.*)

(2) Ce mot passe dans la langue française, il signifie l'exploit accompli dans une course.

teurs américains, dont plusieurs peuvent faire un mille en 2 minutes 30 secondes au trot franc et régulier. Ils peuvent traquenarder sur la même distance en 2 minutes 12 ou 13 secondes. Ce traquenard est une espèce de trot bâtard, et n'est pas considéré comme une allure franche par les Américains eux-mêmes. Pour apprécier les résultats de l'autre côté de l'Atlantique, il faut savoir qne les chevaux prennent leur départ étant déjà lancés à toute allure ; mais les trotteurs américains qui ont battu les anglais sur le terrain britannique ont été obligés de se conformer à la coutume anglaise de partir du pas. Les trotteurs américains ont l'aspect très-commun, généralement de taille moyenne, avec une vilaine arrière - main , mais des têtes bien conformées , dénotant l'énergie, avec des membres et des pieds de fer. Sous ce rapport comme sous celui du fonds, ils n'ont point de rivaux, et sans aucun doute il y a peu de chevaux anglais en état de renouveler l'exploit de Tom Thumb, de trotter 100 milles en un peu plus de dix heures. Néanmoins je persiste à croire qu'il y en a ou qu'il y en a eu, et que les chevaux anglais actuels feraient tout aussi aisément que lui , si on les choisissait et si on les entraînait spécialement pour cette besogne. Le pari contre la voiture d'Hereford était un subterfuge, parce que le cheval fut attelé tout le temps. Moi-même, dans un gig pesant, j'ai conduit pendant 80 milles, en douze heures, dont plus de quatre furent absorbées par la halte à moitié chemin, et je ne mets pas en doute que ma bête n'eût pu faire 20 milles de plus, sans cette halte, en ne lui donnant d'autre repos que le temps de prendre ses repas, et cela sans autre entraînement que son travail quotidien. Mais l'épreuve de Tom Thumb indiquait beaucoup de fonds, et je crois que, sous ce rapport, les Américains peuvent réclamer la supériorité comme pour la vitesse de l'allure. Le fait est que, faute d'hippodromes convenables, ils ont été obligés jusqu'à ces derniers temps de se borner à des courses au trot et se sont mis à élever exclusivement dans ce but ; ils ont merveilleusement réussi, comme dans toutes leurs entreprises, quand elles ne sont pas tout à fait impraticables. L'on trouvera peut être intéressant de comparer le récit d'une course au trot en Amérique avec nos comptes-rendus. Voici un récit emprunté à l'ouvrage de M. Murray, intitulé : « *La Terre de l'esclavage et de la liberté.* » C'est certainement une description très-correcte de leurs courses telles qu'on les exécute aux environs de New•York. A la Nouvelle-Orléans, les courses sont différentes; on les fait au galop, et tout se passe comme sur nos hippodromes d'importance secondaire, à part la délicieuse élasticité de nos gazons.

Description d'une lutte au trot à Long Island.

232.—L'hippodrome a deux milles de longueur; il est très-uni sur un chemin doux et sans pierres, et formant complétement le cercle ; des chariots légers pour des épreuves au trot se meuvent au centre, allant facilement au train de 16 milles à l'heure ; en dehors sont des groupes de spéculateurs malins, arrangeant leurs livres et ayant l'œil ouvert sur les jobards, espèce plus rare à Long Island qu'à Epsom. La course doit se faire à la selle, et la longue liste de compétiteurs annoncés finit par se réduire à la vieille et célèbre Lady Suffolk, et le jeune Tacony, encore sans réputation. L'on voit un mouvement dans la foule des rôdeurs, c'est l'arrivée de Lady Suffolk ; je fus à son aspect frappé d'étonnement : c'est un petit animal ayant la mine d'un poney, remuant les membres comme s'ils eussent été maintenus par des éclisses et comme si le train de six milles à l'heure était au-dessus de ses moyens. Puis, Tacony s'avance, bon modèle de cheval de poste bien charpenté, sans la moindre beauté, mais paraissant plein de moyens. Les cavaliers n'ont aucun costume particulier, bottes à la Wellington, mises par-dessus le pantalon, éperons aigus fixés au talon, ils paraissent des gaillards rudes et déterminés. Le poteau d'arrivée est vis-à-vis la tribune du juge qui s'y tient avec une planche de sapin à la main, un coup de cette planche sur le bord de la tribune signifie qu'il faut seller, un second coup indique le départ. Il se commence au poteau de distance, de façon à ce que les chevaux puissent acquérir toute leur allure avant de passer au poteau d'arrivée, où le juge crie : Off (1), s'ils sont bien ensemble à même hauteur. Quand on parle du temps mis à parcourir un mille, il faut toujours tenir compte du fait, qu'il a été commencé à toute allure. Quelquefois, l'un des antagonistes fait exprès de faux départs pour mettre à l'épreuve et irriter le cheval du rival, de même si un homme se sent parfaitement maître de son cheval, il se mettra à hurler comme un sauvage au moment où il rejoint son adversaire, de façon à le faire rompre, c'est-à-dire prendre le galop, et comme on les entraîne aux grandes allures plutôt par la voix que par

____

(1) Off, part z.

l'éperon, souvent la ruse réussit, et naturellement l'adversaire perd beaucoup de temps à chercher à reprendre le trot. Dans l'occasion que nous relatons, il n'y eut point de faux départ, l'écho du second coup retentissait encore dans l'oreille quand les chevaux arrivèrent tête à tête au poteau. Le mot *off* fut prononcé et les voilà partis. Il était sans doute merveilleux de voir comment cette bonne vieille lady Suffolk arpentait le terrain avec ses jambes raides. Elle paraissait avoir été nourrie avec *des éclairs*, tant elle les remuait vite ; mais ses pas étaient remarquablement courts. Tack, au contraire, avait l'air d'avoir mangé des balles en caoutchouc. Chaque fois qu'il levait une jambe de derrière, elle semblait se jeter à une longueur de cheval en avant de sa tête ; s'il avait pu répéter ses pas aussi fréquemment que la vieille jument, il aurait presque parcouru un mille à la minute. Voilà que Tacony vient à rompre, et avant qu'il ait pu reprendre le trot il se fait un long intervalle ; l'air se remplit de cris de victoires pour lady Suffolk ; quelques secondes encore et les gigantesques enjambées de Tacony diminuent l'intervalle à chaque pas ; les chevaux arrivent au poteau, un cri s'élève, c'est Tacony qui gagne, et cela se trouve vrai d'une longueur de cheval. Le jeune sang a battu le vieux, le caoutchouc l'emporte sur les éclairs. Le temps a été de cinq minutes. Comme à l'ordinaire retentissent tumulte et discussion ; le temps accordé s'écoule, le premier coup se donne et l'on s'apprête ; au deuxième, les voilà préludant, les bridons font leur jeu, les cavaliers tirent dessus, comme s'ils voulaient faire pénétrer le mors jusqu'à la racine de la queue. Au cri de *off* ils recommencent à lutter ; Tacony rompt l'allure, encore du terrain perdu, mais regagné par d'énormes enjambées, Tacony est vainqueur en cinq minutes cinq secondes. (Hon. capitaine MURRAY.)

Dans une autre partie de ses voyages en Amérique, le même gentleman décrit une course dans une localité différente. « Le
» terrain de course à Philadelphie est une route parfaitement
» horizontale formant un cercle d'un mille. Les pierres sont
» soigneusement enlevées et l'on dirait un plancher balayé.
» La tribune permet de voir parfaitement toute la course ;
» mais son état de délabrement prouve clairement que les
» courses au trot ne sont pas ici aussi à la mode qu'autrefois,
» bien qu'elles soient mieux fréquentées qu'à New-York. Au-
» jourd'hui l'excitation est à son comble, vous pouvez le re-

» connaître rien qu'à la vigueur toujours croissante avec
» laquelle on fume et l'on crache. On a trouvé un antagoniste
» assez hardi pour se mesurer avec Mac, le grand Mac, qui,
» tout en enfonçant toute la création, n'a pas, dit-on, laissé
» connaître encore toute sa vitesse. Il était de pur sang, haut
» de 15 mains 1/2 et plus légèrement construit que mon osseux
» ami Tacony; il avait été vendu récemment 1,600 livres
» sterling. L'on paraissait tellement sûr que Mac gagnerait
» sans peine, qu'il n'était pas question de parier simple contre
» simple. Contrairement à ce que nous avons vu à Long
» Island, les cavaliers se montrèrent en tenue de jockey,
» et l'ensemble de la fête était mieux arrangé. Cependant
» il y avait déjà longtemps que les dames avaient renoncé
» à embellir ce spectacle de leur présence. L'on fit plusieurs
» faux départs, tous attribuables à Mac, qui, comptant sur le
» fonds que donne le pur sang, semblait chercher à irriter le ca-
» ractère de Tacony et à le lasser un peu à ce jeu. La suite
» lui prouva la futilité de ses efforts. Ils partirent à la fin, Ta-
» cony écartant les jarrets à une largeur comparable à l'arche
» centrale du pont de Westminster et faisant des enjambées
» qui eussent presque franchi le canal de Bridgewater. Le ca-
» valier de Mac s'aperçut bien vite qu'en *épiçant* le caractère
» de son adversaire, il n'avait réussi qu'à *poivrer* celui de sa
» monture, car deux fois il passa au galop. Le vieux Tacony
» et son cavalier étaient évidemment devenus intimes depuis
» que je les avais vus à New-York, et ils se comprenaient
» maintenant en perfection. A pas de géant il arpentait son
» terrain, Mac disputa bravement l'avantage, mais ne put
» mettre le nez plus loin que les sangles de Tacony au poteau
» d'arrivée. Vinrent alors tous les incidents accessoires des hip-
» podromes, tels qu'applaudissements, disputes, grognements,
» rires, paris, liqueurs fortes, etc. Le public n'était pas con-
» vaincu, Mac continuait à être le favori et la couronne de
» champion ne pourrait aussi promptement s'arracher de son
» front victorieux. Un repos d'une demi-heure précéda leur
» seconde apparition, Mac a recours à sa première tactique.
» Rien ne put déranger Tacony ou produire un faux pas, il
» vola sur l'arène, à enjambées de la valeur du ricochet d'un
» boulet de 32. Son adversaire rompit plusieurs fois le trot,
» perdant à la fois son caractère et sa place, et échappa tout
» juste à être distancé pendant que le brave Tacony arrivait

» au but les rênes flottantes et caressé sur l'encolure par son
» cavalier. Il avait mis 2 minutes, 25 secondes; jamais un
» mille n'avait été parcouru aussi vite au trot régulier, et Ta-
» cony aurait évidemment pu encore gagner deux ou trois
» secondes. Au traquenard cette distance avait été franchie
» précédemment en deux minutes 13 secondes, et au trot 2 mi-
» nutes 26. Le triomphe fut complet, Tacony gagna noble-
» ment sa guirlande, et tant qu'il sera sous son même cava-
» lier il faudra, pour lui faire perdre le titre de champion, un
» cheval sinon beau comme le jour, au moins vite comme le
» diable. »

Section II.—Le trotteur d'hippodrome.

233. — Le cheval employé dans ce pays pour les paris au
trot est une variété accidentelle du hunter ou du hack. Il y en
a eu que l'on élevait exprès dans ce but, mais aujourd'hui cet
essai se ferait à perte, puisque le prix marchand d'un trotteur
de premier ordre, considéré seulement comme trotteur, attein-
drait rarement 100 livres. S'il est bon hack, bon cheval de ca-
rosse, de belle apparence, bon à monter un gentleman, il vau
dra quelques livres de plus, mais certainement il ne dépassera
pas 150 liv. st. Avec cette perspective en cas de réussite et
beaucoup de non valeurs en animaux manqués, ce serait une
pauvre spéculation. Toutefois l'on a employé plusieurs étalons
trotteurs dans le pays, pour y améliorer la race des hacks et
des carrossiers, et parmi leurs produits, l'on choisit quelquefois
un trotteur de grands moyens pour le faire travailler sur l'hippodrome comme cela s'est pratiqué pour Rochester, que l'on
supposait venir de Norfolk Phenomenon. En général, ces chevaux ont à peu près 14 mains 1/2 ou n'excèdent pas 15 mains.
Rochester, l'un de nos meilleurs trotteurs d'hippodrome, était
à peu près de cette hauteur. La planche jointe à ce chapitre
donne une appréciation fort juste d'un fort trotteur de cette
classe engagé dans un pari contre le temps. Il est rare toutefois que ces chevaux aient les formes aussi symétriques, mais
cela arrive pourtant quelquefois, et l'artiste a plutôt essayé de
rendre ce que doit être l'idéal d'un beau trotteur que ce qu'il
est le plus souvent. Mais il n'y a aucune raison pour que ces
belles formes ne se trouvent réunies à une exécution parfaite,
pas plus que pour le cheval de course ordinaire, chez lequel
l'élégance coïncide généralement avec l'excellence, car le meil-

leur cheval de son année est aussi souvent le plus beau. Néanmoins un animal comme le représente notre esquisse vaudrait un grand prix rien que pour l'apparence, s'il avait seulement un trot ordinaire. La tête est en perfection et rend la véritable expression du cheval, lorsqu'il fait voir tout ce qu'il sait faire. L'épaule oblique, le corps long et près de terre, le rein fort, les membres osseux et bien conformés, conviennent parfaitement pour un travail vite sur la grande route, et le cheval a bien l'air de pouvoir tenir un hack ordinaire derrière lui à un bon galop de chasse, comme on a ici représenté les témoins de la course. Dans quelque cas, les trotteurs ont été à peu de chose près ou complétement de sang oriental, comme par exemple Infidel par Turk, Scott par Blank, Pretender par Hue and Cry, et une jument de pur sang fille de Pretender; mais généralement parlant ils sont moins que demi-sang.

Section III. — Le Cavalier.

234. — L'art de monter les trotteurs de façon à les développer sans rompre, est une tâche d'une grande difficulté et demande un ensemble de patience, d'assiette et de mains que l'on trouve rarement au complet. Presque tous ces chevaux tirent considérablement à la main, et tant Anglais qu'Américains n'arrivent à toute leur allure qu'à l'aide d'un bras vigoureux et d'une main régulière. On les monte ordinairement avec un simple Pelham ou avec un bridon et quelquefois un mors droit, mais il faut un Pelham ou une bride ordinaire pour les arrêter court, quand ils viennent à rompre, ou, comme disent les Américains, quand ils s'enlèvent dans la course. Dans cette circonstance, s'ils n'ont que le mors sur lequel ils ont l'habitude de s'appuyer, il est rare qu'on puisse les arrêter assez tôt pour satisfaire les juges, et il devient indispensable de pouvoir employer un aide plus efficace, tel que le Pelham ou le mors de bride. Il faut une assiette bien régulière et ne s'enlever, ni ne retomber que juste ce qu'il faut pour ne pas laisser le cheval s'emporter sur son enjambée, et cependant assez pour lui venir en aide. Surtout, il faut prendre garde, tout en le poussant à la limite de sa vitesse, de ne pas le presser trop; car dans ce cas il rompra et perdra un espace considérable. Le poids a quelque importance dans une course au trot, mais un homme modérément lou qui peut maintenir son cheval à l'allure voulue,

vaut mieux qu'une plume qui le laisse rompre continuellement.
M. Daniell fait la remarque suivante : « En 1800, la jument
» bai brun de M. Robson, Phenomena, attira, selon M. Law-
» rence, une attention considérable en trottant 17 milles en
» 56 minutes, et ensuite en 53 minutes, quand son propriétaire
» s'engagea à lui faire faire 19 milles et demi à l'heure, mais
» le pari ne fut pas accepté. Ce furent sans doute des résul-
» tats extraordinaires, mais ni le public, ni les jockeys de trot
» ne tinrent aucun compte de ce qu'il fallait attribuer au
» poids minime dont elle était chargée et qui méritait bien
» le nom de plume, puisque c'était un gamin d'écurie de
» course, pesant environ cinq stones. Elle n'allait pas plus
» vite sous une plume, et probablement pas aussi vite
» que d'autres chevaux de premier ordre portant 12 stones
» et au-dessus, qui, selon toute probabilité, avaient accompli
avec aisance tout autant d'espace dans une heure ou même qui
sont arrivés à ce nec plus ultra du trot, 20 *milles à l'heure*. Dans
les courses au trot l'on adoptait autrefois la maxime que le
poids ne formait pas obstacle et que les poids légers ne convenaient pas. Aussi les paris se faisaient-ils sans faire mention
du poids, comme dans le défi d'Archer, dans lequel il porta près
de 12 stones.

Section IV. — *Terrain de course.*

235. Le terrain de course est ordinairement une route assez
large, unie et horizontale, sans pierres roulantes ou autres obstacles. Il est rare d'en trouver sans côtes sensibles ou sans cail-
loux brisés dans un espace dépassant quelques milles; aussi
dans les paris de plus de quatre ou cinq milles l'on s'arrange
d'avance de façon à trotter une certaine distance, comme cinq
milles en allant et cinq milles en revenant, jusqu'à ce que la
tâche soit remplie.

Section V. — *Règles.*

236. *Les seules règles* pour les courses au trot sont les suivantes : il y aura de chaque côté un arbitre désigné, avec un
seul juge, et aussi pour chaque concurrent un observateur muni
d'une montre à arrêt (1). Les arbitres font partir le cheval et
arrêtent leurs montres au même instant, après s'être mis préalablement d'accord avec les observateurs qui n'ont qu'à arrêter

____

(1) Timekeeper (garde-temps).

les leurs au moment où le cheval franchit le poteau de distance ; les différences entre les deux montres indiquent le temps mis à accomplir le pari. Quand ce sont des chevaux attelés, l'arbitre adversaire crie : reculez, et le cheval est obligé de s'arrêter et de faire reculer la roue, dans cette opération la moindre fraction de tour suffit, et puis il peut repartir. A la selle, si le cheval rompt le trot, il doit, au commandement de l'arbitre, faire un tour sur lui-même, et si le cavalier refuse il perd le pari. Tous les autres points sont réglés dans les conditions du défi, qui varient presque à chaque course.

Section VI. — Performance (résultats obtenus).

237. En Angleterre, avant l'introduction du trotteur américain, l'extrême vitesse obtenue était de quelques secondes inférieure à trois minutes par mille. Seize milles à l'heure étaient aussi la limite du trot du cheval, toutefois avec un poids de douze stones sur le dos. En novembre 1810, le cheval de M. Fielder parcourut, au trot, dix milles en 30 minutes 10 secondes, d'après les journaux de l'époque, mais il y a encore des doutes sur l'exactitude de cette évaluation, bien que la performance de la jument de Robson, déjà citée plus haut, soit presque aussi bonne, et si l'offre de son propriétaire (19 milles 1/2 à l'heure) avait été réalisée, ce résultat eût été plus méritoire en raison de la double distance. Dans ce pays, les chevaux américains n'ont jamais accompli tout-à-fait les mêmes exploits que dans leur terre natale. Mais Rattler, à M. Olbaldeston, compléta ses cinq milles, deux secondes au-dessous de 14 minutes, ce qui fait un train de 2 minutes 47 secondes 3/5 par mille, allure merveilleuse qui, si elle pouvait se soutenir, dépasserait 21 milles à l'heure. Ce cheval fut ensuite tué en le surmenant dans un pari de course attelée. Toutefois, en se reportant à la première section de ce chapitre, l'on verra que ces exploits ont été surpassés de nos jours sur les hippodromes américains, où les trotteurs sont incontestablement sans rivaux.

Section VII. — Entraînement.

238. Les préparations pour ces paris varient selon leur longueur. Si la distance est très courte, on ne gagne rien en consacrant du temps à l'entraînement, et, si le cheval est en bonne condition d'écurie, une quinzaine de jours ou trois semaines suffiront amplement. Il faudra de l'exercice au pas comme pour

le coureur ordinaire, et puis, la distance choisie doit se parcourir tous les jours (*sur un terrain qui ne secoue pas les articulations*), à moins que le pari ne soit pour plus de 8 à 10 milles. Rien n'est plus nuisible que de toujours piler sur des routes dures, cela produit des douleurs d'articulations et une sensibilité des pieds incompatibles avec la vitesse. Cependant le gazon ne convient pas bien à ces chevaux, il est rare que l'on puisse leur faire prendre leur allure extrême sur ce terrain. Il ne convient donc ni pour la course, ni pour l'entraînement, excepté pour les promenades au pas, et il faut former et entraîner le trotteur sur les routes; mais il faut choisir les côtés, qui sont moins durs que le milieu et qui ont tous les avantages sans aucun des inconvénients. Si le cheval est trop gras, il faut le faire suer comme dans un entraînement ordinaire, et il vaut mieux le faire suer au galop qu'au trot, parce que le poids des couvertures tend à faire racourcir l'allure. Cependant il y a des chevaux qui peuvent trotter plus vite qu'ils ne galopent, et avec eux il serait absurde d'essayer de les faire suer à l'allure la plus lente. Vers les dix derniers jours, il faut exercer le cheval à faire tout son possible, et s'il doit courir contre un autre, et non contre le temps, il doit s'habituer à travailler en compagnie, ou bien, le jour du pari, on le trouverait trop chaud et sûr de rompre l'allure. Si la distance à parcourir est longue, il faudra une préparation de deux mois, avec au moins quatre heures de promenade au pas, tous les jours, en surplus d'une course au trot régulière de 8 ou 10 milles. Ce régime suffira pour mettre n'importe quel cheval à hauteur de sa tâche, et vaut mieux que de trop faire. Pour ces longues distances, les chevaux ont besoin de quelques suées pour faire tomber la chair superflue ; mais, en même temps, ne les réduisez pas trop et ne les affaiblissez pas par des suées excessives. Comme pour le cheval de course, tout cela doit varier selon l'animal, et l'on ne peut poser de règle générale.

Section VIII. — Voitures et harnais pour les courses au trot.

239. — Les voitures et harnais destinés à ces exploits doivent être fort légers. Il y a des voitures à roues de cinq pieds, qui ne dépassent guère cent livres. L'on trouve avantage à se servir d'une bricole au lieu de collier, afin de laisser les épaules plus libres. Les équipages américains l'emportent en tous points sur ceux des Anglais et dans leur modèle le plus léger, le conducteur se trouve en partie assis à côté de son cheval.

LIVRE V.

PRÉPARATION DU CAVALIER.

240. — L'entraînement en vue d'équitation ne devient utile que dans deux cas : 1° Quand un homme fortement charpenté veut réduire son poids jusqu'aux limites compatibles avec la force du hunter qui doit le porter à la queue des chiens ; 2° Dans un pari de course où il faut atteindre un poids fixé. Dans les deux cas, il faut seulement éviter de perdre sa vigueur, et, dans les deux cas, on peut essayer le même système, bien qu'il soit fort rare que le sportsman amateur veuille subir les souffrances et les mortifications auxquelles le jockey de profession est obligé de se soumettre. Il est incontestable que le but à atteindre diffère essentiellement de celui que l'on poursuit pour ramer, courir ou marcher, circonstances dans lesquelles il faut non-seulement conserver sa force, mais encore l'augmenter autant que possible. Il ne faut, dans ce dernier cas, avoir recours aux purgations, aux suées, aux jeûnes, que dans la mesure nécessaire à la conservation de la santé. Pour l'équitation, au contraire, si l'on peut seulement conserver sa vigueur habituelle, il est inutile de l'augmenter, bien que pour courir pendant quatre milles, surtout en steeple-chase, avec un cheval qui tire, il en faille encore une certaine dose. Toutefois un homme fait, peut encore s'ôter beaucoup de poids par ces moyens et se trouver encore capable de tenir son cheval dans un steeple-chase ou un débouché de vingt minutes à travers champs à la chasse au renard. Mais pour faire cela, il faut être sportsman au fond du cœur ; car il ne s'agit pas de privations ordinaires, il faut se mettre à un régime aussi dur et aussi frugal que la ration du soldat à Sébastopol. Cependant, plus d'une fois j'ai vu l'amour du sport porter un homme, qui, en pleine santé, aurait pesé plus de 16 stones (1) avec la selle de dix livres, à se présenter au rendez-vous de chasse avec

(1) Le stone est de 14 livres anglaises qui sont moindres d'un 7ᵉ que les nôtres.

13 stones, 7 livres. C'est le vrai triomphe du sentiment du sport sur les plaisirs de la table, et les hommes de ce calibre sont à peu près sûrs d'être bien placés en chasse, quelles que soient les difficultés du terrain et la vitesse de l'allure. Ils ont aussi leur récompense, car ils jouissent de la vive satisfaction de voir travailler les chiens, sans épuiser leurs chevaux, au lieu d'être obligés d'aller chercher quelque chemin public, ou de suivre en queue tout *le champ* des poids légers, sans le plaisir de la vue ou l'excitation de la lutte. Il faut se souvenir toutefois que, pour chasser, il faut réduire son poids pendant toute une saison, et, conséquemment, toutes les purgations extraordinaires et toutes les suées sont hors de question, puisque dans un si grand laps de temps elles causeraient à toute la constitution un dommage hors de proportion avec le but à atteindre. Je conseille donc, à cet effet, de ne se purger que tous les dix jours ou au plus tous les huit, car la répétition de ce médicament affaiblit l'estomac et les entrailles, et, selon toute probabilité, raccourcit la vie. Les suées excessives sont aussi de nature à endommager la constitution, et l'ardent sportsman doit également les rejeter. Mais son meilleur système est de se décider à la transpiration *modérée* que produisent par semaine trois jours de chasse au renard et trois jours de chasse au tir. Ce système est encore sans utilité, si l'on n'a pas une surveillance excessive sur le département des vivres, et je connais peu de tâches plus ardues. L'amour du sport est fort développé dans le cœur de presque tous les Anglais, aussi bien que chez leurs voisins les Irlandais et les Écossais, mais chez tous les trois, après une rude journée de chasse, le goût d'un bon dîner est en règle générale, d'après mon expérience, encore plus intense. Mais, si l'on cède à ce penchant, adieu au premier rang à la chasse, car un seul bon dîner détruira tout l'effet d'une semaine de jeûne, et puis, ce n'est que par de longues habitudes de privations que l'estomac peut arriver au degré d'abstinence voulu dans ce cas. Supposons un homme pesant sur ses souliers 16 stones et qui veut se soulager de 2 stones, que doit-il sacrifier sur son régime ordinaire ? Voici le degré d'abstinence que je crois nécessaire pour un homme fort, plein d'entrain, et il faut le combiner avec *trois jours de chasse au renard et trois jours de chasse au tir*. Cette dernière clause est importante dans l'évaluation, parce qu'il est manifeste qu'avec une pareille dose d'exercice un homme perdra du poids avec un régime

qui, au sein de la paresse, suffirait peut-être pour produire de l'embonpoint. D'abord il est absolument nécessaire de réduire strictement à deux le nombre des repas — déjeûner et dîner. L'infortuné soumis à ce régime ne doit pas même se laisser tenter par un biscuit au rendez-vous de chasse, ou à l'heure du luncheon, après avoir mis en carnassière quinze ou vingt couples de perdrix. Un pareil régal suffirait pour compenser, et plus que compenser, la perte occasionnée par le travail de la journée; il faut en dire autant du vin ou du grog à l'heure du souper. En fait, ainsi que je viens de le dire, en dehors des repas, il ne faut boire que de l'eau, et contre les angoisses de la faim, il n'y a que le remède indien de serrer sa ceinture, si on en a une, ou bien de la remplacer par un mouchoir. A ce régime, il faut choisir pour déjeuner les aliments les plus volumineux et les moins nourrissants, et peut-être, à cet effet, les pommes de terre répondent-elles mieux que toute autre denrée, si elles conviennent à l'estomac de la personne. Mais il est rare que l'on ait à s'en occuper, vu qu'un estomac mis à ce régime digérera ordinairement tout ce qu'on lui fournira. Si l'on adopte les pommes de terre, il ne faut pas dépasser six à huit onces, et le mieux est de les manger simplement bouillies avec un peu de sel. Si on ne veut pas des pommes de terre, le gros pain bis est ce qu'il y a de mieux, et si on ne l'aime pas, on peut griller du pain de ménage et le tremper dans du thé léger, qui est le meilleur liquide pour ce repas (ou bien dans du café qui ne convient toutefois pas aussi bien). Mais, comme je l'ai déjà recommandé, l'infusion doit être très-faible, car le thé fort est capable de retarder l'amaigrissement, et une petite quantité de nourriture arrosée de thé ira plus loin qu'une plus grande quantité prise avec tout autre liquide; le café seul a les mêmes propriétés. Quatre onces de pain nourrissent autant pour le moins que huit onces de pommes de terre, et cependant, dans le moment, elles ne satisfont pas à beaucoup près autant que le tubercule. On peut supposer que, six heures après, l'estomac criera plus la faim à la suite des pommes de terre qu'après le pain; mais il y a une satisfaction à se sentir à peu près plein, même quand elle est passagère. Pour ce repas, ni viande, ni beurre, ni crême, ni lait, ni autres friandises. Il faut une misérable pitance, consistant en simples pommes de terre ou en pain sec avec du thé faible sans sucre et sans lait.

J'ai vu qu'une tasse d'arrowroot à l'eau pouvait encore être employée avec avantage en l'adoucissant légèrement avec du sucre blanc, et la prenant avec quelques tranches minces de pain sec et grillé. Cependant cela tient si peu, que l'on pourrait à peine faire des marches après un tel repas, mais le jour de chasse à courre, il fera assez bien. Pour dîner, il faut se contenter de quatre ou six onces de n'importe quelle viande, et quant aux légumes, rien de mieux que les navets et les pommes de terre, sans dépasser six ou au plus huit onces, dont les navets doivent former plus de la moitié. Si l'on prend de la soupe ou du poisson, cela doit être en place de la ration de viande, et non en surplus. Pendant le dîner, il ne faut boire que de l'eau, et, après le dîner, du vin juste ce que la santé exige en raison de la longue habitude que l'on en a contractée. Voilà, d'après mes observations, le régime que je crois nécessaire pour retirer et empêcher de revenir deux stones de bonne chair dure et solide. Un régime plus doux diminuera un homme très-gras tombé dans l'obésité par gourmandise ou par paresse. Mais le cas que je viens de traiter est celui d'un homme sain et vigoureux, en pleine activité, qui veut opérer cette réduction sur son poids. Si donc un homme dans ces conditions aime assez la chasse au renard pour adopter ce régime, j'honore son goût du sport, et je lui souhaite tous les succès imaginables. Mais que personne n'espère arriver au but par des moyens moins désagréables, car il peut être convaincu qu'une diète moins sévère ne le maigrira jamais assez, et que s'il a recours aux purgatifs et aux suées, ce régime lui ôtera l'*animus*, qui fait aimer le sport, et la force corporelle qui permet à l'esprit d'en jouir.

241. — *Entraînement pour les courses d'amateurs.*

A l'égard des jockeys de profession, je crois qu'ils ont peu besoin de conseils, et qu'il y a peu de chances de leur en donner d'utiles, puisque l'entraînement fait partie du métier auquel ils consacrent leur vie, et non-seulement ils connaissent les règles ordinaires de leur confrérie, mais l'expérience leur montre bientôt ce qui convient le mieux à leur tempérament particulier. Néanmoins, il y a des gentlemen-jockeys qui, par occasion, ont du poids à retirer, et pour ces messieurs, quelques mots à ce sujet peuvent n'être pas déplacés. Il faut se souvenir que, dans ce cas, le poids ne doit être réduit que pour *un seul*

jour, ce qui est bien différent de la carrière du chasseur au renard. En conséquence, dans un terme aussi court, l'on peut
accumuler sur un homme tous les moyens d'exténuation, sans
à jamais ruiner sa constitution. C'est un fait fort connu qu'un
homme est plus affaibli par l'application d'une sangsue par jour
pendant seize jours que par seize sangsues appliquées une seule
fois. Le même principe est encore plus vrai, quand il s'agit de
purgations et de suées. Revenons à notre sujet, c'est-à-dire à une
diminution de deux stones en dix jours. C'est là le superflu
que l'on a souvent à faire disparaître. Plus affaiblirait trop,
bien que naturellement tout cela dépende de l'état de l'individu. Il est tout d'abord évident qu'il est plus aisé de retirer 2 stones à un homme de 16 stones qu'à un homme de
7 ou 8 stones. Dans le premier cas il s'agit d'un huitième de
la personne, dans le second il s'agit d'un quart. Mais en
supposant que nous ayons affaire à un homme qui veut
monter à cheval à douze stones, ce qui est le poids ordinaire
pour les courses d'amateurs, et que dix jours avant la course
il pèse de sa personne 13 stones 7 livres, en tenant compte de
sept autres livres pour la selle, voilà deux stones à enlever,
ce qui fait près de trois livres par jour, pendant dix jours. Je
lui conseille de commencer par s'assurer de la façon dont se
comporte son foie, car si ce viscère ne fonctionne pas bien, on
est sûr de s'enrhumer si l'on est obligé de prendre des purgatifs
mercuriels pendant la préparation. Sans ce remède, il est certain qu'on bouleversera son estomac et perdra ses forces avec un
foie en état de torpeur. Mais supposons le foie en bon état et la
santé bonne; on n'a qu'à mettre ses vêtements de suée, savoir:
caleçon de flanelle, deux pantalons, un Jersey en flanelle, un
comforter bien épais, un bonnet chaud et deux habits. Ainsi
accoutré, que le sportsman fasse une bonne promenade de
quatre à six milles et qu'au retour il se mette sous un lit de
plume et sue au moins pendant une heure. Puis qu'il se lève,
s'éponge à l'eau froide, s'habille promptement et un peu plus
chaudement qu'à l'ordinaire, puis qu'il prenne un déjeûner frugal
composé ainsi que nous l'avons indiqué dans le chapitre précédent. Après ce repas, il peut prendre pour s'amuser tout exercice peu violent ou bien se promener jusqu'à l'heure du dîner
vers les quatre ou cinq heures. Ce repos doit être aussi du genre
précédemment décrit. Le lendemain matin, il lui faudra avaler
une potion de 4, 6 ou 8 drachmes de sel d'Epsom mêlés à une

quantité de Jalap variant de 5 à 12 grains, une cuillerée à thé de
teinture de séné, une autre d'essence douce de séné, le tout dissous dans un peu d'eau chaude. Cela le purgera bien et lui
enlèvera presqu'autant que les suées, et en usant alternativement
de ces deux moyens, les trois livres par jour disparaîtront régulièrement. Il va sans dire qu'il se pèsera journellement et se
guidera d'après le poids perdu pour la quantité de nourriture à
prendre, ainsi que pour la longueur des suées et la quantité de
vêtements, et aussi pour la force du purgatif. En suivant ces in-
dications, le poids peut et doit se réduire la veille de la course à
deux livres au-dessous du poids voulu ; car le jour même il faut
éviter, *si cela est possible,* la suée ou la purgation afin de pouvoir conserver lors de la course la force et surtout l'énergie nécessaires. L'on trouvera que tout en jeûnant, autant que cela est praticable, si l'on s'abstient de suée ou de purgation, l'on gagnera
environ deux livres entre la dernière suée et le moment de la
course, période d'environs 30 heures, et il faut se régler en conséquence. Il faut aussi savoir que le vin pris le matin de la course,
ou du thé ou du café un peu forts, augmentent le poids dans
une proportion supérieure à celui des liquides avalés. Des
hommes expérimentés m'ont ainsi assuré qu'un seul verre de vin,
qui ne peut peser plus d'une once et demie, avalé après le pè-
sage, ajoutera un quart de livre au poids d'un homme qui a été
sévèrement entraîné. Cela paraît au premier abord un paradoxe,
mais je ne mets pas le fait en doute, tant j'ai de forts témoignages
en faveur de cette opinion. Je conclus donc que c'est l'effet
stimulant du vin sur le système qui permet à l'estomac de puiser
au contact de l'atmosphère, la différence de poids entre le liquide consommé et l'augmentation du corps du consommateur.

LIVRE VI.

THÉORIE ET PRATIQUE DE L'ÉLÈVE DU CHEVAL DE COURSE
ET DES ESPÈCES QUI S'Y RATTACHENT.

CHAPITRE Ier.

THÉORIE DE LA GÉNÉRATION ET PRINCIPES GÉNÉRAUX DE L'ÉLEVAGE.

Section Ire — Théorie de la génération.

242. — Avant d'arriver aux arrangements pratiques du haras, il est bon de faire connaître ce que l'on sait des lois sur la génération des animaux supérieurs. Voici ces lois :

1° Dans tous les animaux supérieurs l'union des sexes est nécessaire pour la reproduction, le mâle et la femelle prenant leur part respective.

2° Le rôle du mâle est de sécréter le *semen* dans les *testes* et de l'émettre dans l'utérus de la femelle où il vient en contact avec l'ovum de la femelle, qui sans cela serait demeurée stérile.

3° La femelle forme l'ovum dans l'ovaire et à des époques régulières qui varient selon les animaux différents, il descend dans l'utérus, pour y fructifier en recevant le contact et le stimulant de la cellule spermatique du semen.

4° Le semen consiste en deux portions, les spermatozoa qui ont une faculté automatique de se mouvoir d'un endroit à un autre, qualité à laquelle on attribue la pénétration du semen dans l'ovum, et les cellules spermatiques, dont le rôle est de coopérer avec la cellule germinale de l'ovum à former l'embryon.

5° L'ovum consiste dans la cellule germinale destinée à faire partie de l'embryon et du jaune qui le nourrit jusqu'à ce que les vaisseaux de la mère prennent cette tâche, ou dans les oiseaux ovipares, jusqu'à ce que l'éclosion commence et que l'on puisse obtenir la nourriture extérieure. L'ovum descend dans l'utérus par la contractilité des trompes de fallope, et par suite n'a pas besoin comme le semen de particules en mouvement automatique.

6° L'embryon ou jeune animal est le résultat du contact du *semen* avec *l'ovum*, immédiatement après lequel la cellule spermatique du premier est absorbée dans la cellule germinale du second. Là dessus une tendance à l'augmentation ou à la croissance s'établit et s'entretient au moyen de la nourriture contenue dans le jaune de *l'ovum*, jusqu'à ce que l'embryon se soit attaché aux murailles de l'utérus d'où il absorbera dorénavant la nourriture au moyen du placenta.

7° Comme le mâle et la femelle fournissent chacun leur contingent à la formation de l'embryon, il est raisonnable de présumer que l'un et l'autre seront représentés en lui, ainsi que la nature nous le fait voir; mais comme la nourriture de l'embryon dépend entièrement de la mère, l'on peut s'attendre à voir la santé du produit et sa force de constitution plus en accordance avec l'état de la mère qu'avec celui du père. Cependant, puisque le père fournit une moitié du germe primitif, il n'est pas étonnant qu'à l'extérieur et dans l'ensemble on retrouve jusqu'à un certain point son *fac simile*.

8° L'ovum des mammifères diffère de celui des oiseaux en ce que chez ces derniers, le jaune est beaucoup plus gros, par la raison qu'il doit fournir à la croissance de l'embryon depuis l'époque de l'entière formation de l'œuf jusqu'à l'éclosion. D'un autre côté, chez les mammifères, le placenta apporte à l'embryon sa nourriture en la tirant de la surface interne de l'utérus, pendant tout le temps qui s'écoule entre la conception et la naissance, et que l'on appelle gestation utérine.

9° Chez tous les mammifères, il y a une chaleur périodique indiquée chez la femelle par certaines évacuations et quelquefois par d'autres symptômes remarquables chez le mâle. Chez toutes les femelles en santé, il est suivi par la descente de un ou plusieurs ovum dans l'utérus. Dans les deux sexes il y a un violent désir d'accouplement qui chez ces animaux n'a jamais lieu qu'à cette époque.

10° Le semen conserve pendant plusieurs jours sa qualité prolifique, s'il est renfermé dans les parois de l'utérus ou du vagin, mais dans tout autre récipient il cesse bientôt de pouvoir produire. Par conséquent, bien que le dernier temps du rut soit le meilleur pour l'union des sexes, à cause de la descente de *l'ovum*, cependant encore, si le semen pénètre le premier dans l'utérus, il peut encore féconder, parce qu'il s'y conserve jusqu'à la descente de *l'ovum*.

11° L'Influence du mâle sur l'embryon dépend en partie du fait de la substance qu'il fournit dans la forme de la cellule spermatique, mais aussi en grande partie de l'effet exercé par lui sur le système nerveux de la mère. Il s'en suit que la prépondérance de l'un ou l'autre des parents dépendra en grande partie du plus ou moins de force du système nerveux de chacun. On ne connaît aucune loi générale pour mesurer cette force, et l'on ne sait rien de celles qui régleront le tempérament, la force physique et morale, la robe, ou la conformation du produit à venir.

12° Les qualités acquises se transmettent, qu'elles proviennent du père ou de la mère, au physique comme au moral.

Comme les mauvaises qualités se transmettent aussi facilement que les bonnes, si ce n'est plus, il est nécessaire pour améliorer les races de choisir des mâles exempts de défauts et pourvus de bonnes qualités. Il est connu par expérience que les bonnes ou mauvaises particularités des pères et mères de l'étalon et de la jument doivent probablement reparaître dans les produits de ceux-ci, tout aussi bien que celles des parents immédiats, chez lesquels ces qualités se trouvent à l'état latent; de là vient, pour les éleveurs, la règle que le semblable produit son semblable ou la ressemblance de quelque ancêtre.

13° Plus le sang est pur, c'est-à-dire moins mélangé, plus il a de chances pour être transmis sans altération à la progéniture. Il s'en suit que les produits rappelleront généralement le plus celui de leurs parents dont le sang est le plus pur. Mais comme le mâle est ordinairement mieux choisi et de sang plus pur que la femelle, il s'en suit que le plus souvent il exerce plus d'influence qu'elle. L'inverse arrive quand le sang de la jument est plus pur que celui de l'étalon.

14° *Les croisements en dedans* (1) sont nuisibles à l'homme et ont toujours été défendus par la loi divine, aussi bien que par presque tous les législateurs de l'univers. D'un autre côté ces croisements sont très-fréquents dans l'état de nature, parmi les animaux qui vivent en troupeaux. Chez eux le mâle le plus

____

(1) Alliances incestueuses ou très-rapprochées.

fort garde ses filles et ses petites-filles jusqu'à ce qu'il soit privé de son harem par des rivaux plus jeunes et plus forts. L'on peut en conclure que chez ceux de nos animaux domestiques qui par nature sont portés à vivre en troupe, il est raisonnable de penser que les unions en dedans ne sont pas préjudiciables. En effet elles sont conformes à leurs instincts naturels, si on ne les pousse pas artificiellement plus loin que la nature n'en donne l'exemple. Maintenant, nous trouvons que dans la nature ces unions s'étendent ordinairement à deux croisements consécutifs du même sang, la vie de l'animal servant de limite. C'est un fait remarquable, que l'on est arrivé par la pratique à une conclusion qui coïncide exactement avec ces lois naturelles. La règle posée par M. Smith, dans son livre sur l'élève des chevaux de course, est « une fois en dedans et une fois en dehors; » mais l'on verra plus loin que deux fois en dedans est plus d'accord avec la pratique de ceux de nos éleveurs qui ont le plus de succès.

15° L'influence de la première fécondation semble s'étendre aux suivantes, cela a été prouvé par plusieurs expériences et se remarque spécialement dans l'espèce chevaline. Dans la série de modèles conservés au musée de l'Ecole de chirurgie, les marques du Quagga mâle uni avec une jument ordinaire se sont continuées pendant trois générations, au-delà de celle où le Quagga avait servi de père, et elles sont assez apparentes pour ne pas laisser sur cette question l'ombre d'un doute.

16° Quand quelques-uns des éléments, dont se compose un étalon, sont en concordance avec quelques autres faisant partie de ceux de la jument, ils se combinent d'une façon tellement sympathique, que cela s'appelle une *rencontre* (1). Quand, au contraire, ces éléments sont trop disparates, l'animal qui en résulte se trouve impropre à la besogne que l'on attendait de lui.

Section II. — Unions en dedans.

243. — En examinant soigneusement les généalogies de nos chevaux les plus remarquables dont j'ai donné la table à la page 21 et aux suivantes, l'on verra que dans chaque cas particulier, il y a toujours quelque alliance en dedans, et, chez la plupart des plus illustres, ce mode a été considérablement

(1) En anglais hit, *un coup*, un choc.

pratiqué. Il est difficile de dire quelles sont les généalogies qui en sont exemptes et où commence l'union en dedans ; car dans presque tous les cas, il y a plus ou moins de parenté entre le père et la mère de chaque cheval de pur sang ; du moins je n'ai pu trouver une seule exception. — Ainsi, par exemple, en voyant la table de Harkaway, à la page 26, qui résulte de l'un des croisements les plus éloignés qu'il y ait au Stud-Book, nous trouverons que son père et sa mère descendaient l'un et l'autre d'Eclipse et d'Hérode par trois ou quatre courants de chaque côté, comme on peut le voir à la colonne de droite. La même observation s'applique à Alarm, qui est aussi le résultat d'un croisement très-direct, et en fait, quelque généalogie que vous analysiez, le résultat sera qu'au cinquième ou sixième degré la masse des producteurs se composera d'Eclipse, Hérode, Matchem ou Regulus. Un cheval ne remonte pas à ces ancêtres par une seule ligne, mais par six ou sept et quelquefois par presque tous ses aïeux, d'où l'on peut conclure que tous les chevaux modernes sont plus ou moins proches parents ; mais lorsque nous parlons d'unions en dedans, nous entendons une parenté bien plus rapprochée, comme cousins au premier dégré et au plus au deuxième et troisième. Je crois que l'on trouvera que ce degré de parenté est désirable, si on n'en abuse pas, et qu'un grand nombre de nos meilleurs chevaux modernes ont été ainsi obtenus.

244.— Exemples de succès par cette méthode. Les premiers chevaux de course, au commencement du XVIIIe siècle, provenaient notoirement de croisements en dedans, et M. Smith, dans son livre sur l'élève du cheval de course, nous en donne plusieurs exemples décisifs : les deux Childers, Eclipse, Ranthos, Wiskey, Anvil, Boudrow, et par le fait presque tous les chevaux de cette époque étaient le produit d'aillances en dedans, et quelque-fois, comme dans le cas de la mère de Leedes, jusqu'à l'inceste. A la page 47 de ce traité, on conseille à l'éleveur de croiser une fois en dedans, et je vois que l'on n'a jamais donné un meilleur avis, seulement, je trouve qu'il n'a encore que la moitié de sa portée. Mais en raison des effets nuisibles des unions en dedans au sein des familles humaines, il s'est élevé des préjugés contre ce système, et leur résultat a été très-fâcheux en rejetant les éleveurs dans le système opposé. J'ai déjà montré que dans la nature, les *alliances en dedans* prévalaient dans les animaux vivant en troupe, comme les chevaux et les chiens, et je vais essayer maintenant de renforcer l'argument de M. Smith par des exemples modernes. L'on doit se rappeler qu'il cite le sang d'Hérode et celui d'Éclipse comme ayant *rencontré*, dans un grand nombre de chevaux, comme Whiskey, Waxy, Coriander, Precipitate, Calomel, Overton, Gohanna et Beninbrough qui étaient issus de juments filles d'Hérode, et d'étalons fils d'Éclipse. Mais il faut savoir aussi qu'Éclipse et Hérode descendent tous les deux de l'Arabe de Darley, l'un du côté de son père, l'autre par sa mère; et, dans ces circonstances, il n'est pas étonnant qu'il y ait eu rencontre, s'il est vrai qu'il y a avantage à unir en dedans. Ce système d'aillances doit être considéré sous deux points de vue savoir : Pour produire des vainqueurs dans les courses, puis pour avoir de bons étalons et de bonnes poulinières; mais bien que par cette méthode on arrive aux deux résultats, c'est surtout pour le second objet que l'on doit le recommander.

245. — Parmi les chevaux de notre siècle, les exemples suivants démontreront cette proposition, on pourrait y ajouter un grand nombre d'autres noms moins illustres.

1er Exemple. En 1827 Mathilda gagna le Saint-Leger avec une grande supériorité, et prouva qu'elle était une jument de premier ordre en battant un champ nombreux de bons chevaux. Elle était fille de Juliana, produit de *Gohanna* (fils de Mercury et d'une jument d'Hérode) et de *Platina* (fille de Mercury et d'une autre jument d'Hérode). L'on voit donc que la mère de Mathilda était le produit *du frère et de la sœur.*

2e Exemple. Cotherstone (vainqueur du Derby) et Mowerina (mère de West Australian) sont le produit de cousins au premier degré. (Voyez table 28).

3e Exemple. Touchstone et Verbena, père et mère d'Ithuriel, étaient *cousins au deuxième degré*, partant de Selim et de sa sœur. (Voir table 67) (1).

4e Exemple. Priam est un exemple de succès par l'union en dedans après une série de non valeurs, par le croisement au dehors. Sa mère Cressida fut donnée successivement à Walton, Haphazard, Orville, Wildfire, Woful, Phantom, Seud, Partisan, Little John et Waterloo sans obtenir un produit remarquable. A la fin, servie par son cousin Emilius, elle pro-

______

(1) Priam fut vendu aux Américains pour une somme énorme.
(*Note du traducteur.*)

duisit Priam. Emilius était fils d'*Orville*, qui n'avait rien fait de bon avec la même poulinière, parce qu'il n'était point parent. Priam et Plenipotentiary étaient, l'un et l'autre, fils d'Emilius, mais ce dernier était le produit d'un croisement complétem ent en dehors, mais Priam, au contraire, était le produit d'une *alliance en dedans* sur Whiskey, qui était père de sa mère Cressida et arrière-grand'père de son père Emilius. Eh bien, ces deux chevaux furent l'un et l'autre des coureurs extraordinaires, mais Plenipotentiary est à peine arrivé à la moyenne comme étalon, tandis que dans le peu de temps qu'il est resté en Angleterre, Priam s'est acquis comme père une renommée impérissable. (Voir tables 17 et 26).

5ᵉ Exemple. Stockwell et Rataplan sont tout aussi remarquables par leur descendance au même degré de Whalebone, Whisker et Web, juste les mêmes frère et sœur que dans le cas d'Andover, avec une infusion du sang de Selim, par Glencoe, père de Pocahontas. (Voir Table 29.)

Exemple 7. Orlando a encore une plus grande infusion du sang de Selim, sa mère se trouvant petite-fille de ce cheval et arrière petite-fille de Castrel (frère de Selim), tandis que son père Touchstone est un arrière petit-fils du même cheval. Ici les alliances en dedans ont été portées à tout leur développement, Vulture ayant été le produit de cousins au premier degré et ayant été saillie par un *cousin au deuxième degré*, venant de la même souche, et le résultat a été, comme chacun sait, l'étalon le plus remarquable de son époque. (Voir table 24.)

8ᵉ Exemple. Comme exemple de la valeur comparative de deux étalons, l'un d'alliances plus en dedans que l'autre, voyez Van Tromp et Flying Dutchman, tous les deux fils de Barbelle. Ces deux chevaux sont parents par Buzzard, mais Flying Dutchman descend aussi de Selim, et cela par son père et sa mère, Selim étant bisaïeul de Barbelle et grand-père de Bay Middleton. Eh bien, l'on ne peut mettre en doute que Van Tromp ne soit comparativement un insuccès, et que Flying Dutcham ne soit jusqu'à présent très heureux comme producteur, comme on devait s'y attendre, parce que sa mère unit le sang plein de fonds de Catton et Orville avec celui de Selim, et c'est ce courant énergique qui, *rencontrant* encore le même Selim, donne Bay Middleton.

9ᵉ Exemple. Weathergage présente encore un succès de ce mode d'élevage, son père et sa mère prennent également du sang de Muley et de Tramp, et Miss Letty, sa grand-mère, étant fille de Priam, petit-fils d'Orville, le père de Muley, et issue également d'une fille de ce même étalon (jument par conséquent produite très *en dedans*). Weatherbit, père de Weathergage, réunit aussi le sang des deux sœurs Eleanor et Cressida. (Voir la table 26.)

10ᵉ Exemple. J'ai déjà cité quelques exemples du succès des unions entre le sang de Whalebone et celui de Selim ; l'on peut encore remarquer à ce sujet le cas de Pyrrhus Iᵉʳ. Ce cheval est fils d'Epirus, petit-fils de Selim , sa mère est Fortress, arrière petite-fille de Rubens, frère de Selim. Pyrrhus se trouve encore produit *en dedans,* relativement à Whalebone, sa mère est fille de Defence. Cet étalon était fils de Jewess, petite-fille du même Whalebone (Voir table 74.)

11ᵉ Exemple. Safeguard est produit exactement de la même façon, mais cependant il y a encore un degré de parenté plus rapproché entre son père et sa mère. Il est fils de Defence (fils de Defiance par Rubens), et d'une jument par Selim, frère de Rubens. Cette jument descend en outre de l'arabe gris de Wellesley. Le plus grand succès que je connaisse, provenant des alliances *très en dedans,* c'est le cheval de steeple-chase Vainhope. Il est fils de Safeguard (petit-fils de Selim) et arrière petit-fils de Rubens, par sa mère, elle-même fille de Strephon, fils de Rubens ; son fonds et la netteté de ses membres, sa santé en général sont trop connus pour exiger des commentaires, et il peut servir de forte preuve en faveur de l'alliance en dedans pour la seconde fois.

12ᵉ Exemple. Un cas presque aussi remarquable est celui de *Knight of St-George,* par Birdcatcher, fils de Sir Hercules ; sa mère est petite-fille de ce dernier étalon, et dans sa grand'mère il y a encore une plus grande infusion du sang de Waxy. Ces deux derniers exemples sont les cas les plus remarquables que je connaisse dans les chevaux modernes d'unions *très en dedans,* mais comme ni l'un ni l'autre ne sont tout-à-fait de première classe, ils ne viennent pas tant à l'appui de cette doctrine que quelques-uns des chevaux cités avant eux. Néanmoins, ces produits de proches parents prouvent au moins que cette pratique peut produire de bons chevaux.

13ᵉ Exemple. Le Saddler, qui est remarquable par le fonds, sinon par la vitesse de ses produits, a été le résultat de l'alliance de cousins au deuxième degré, il descend des deux côtés de l'étalon Waxy.

14ᵉ Exemple. Chatham, qui est un bon cheval, si jamais il y en a eu, est fils de Colonel, petit-fils de Whisker. Sa mère est Hester, par Camel, fils de Whalebone, frère de Whisker; il est donc le produit de cousins au premier degré. Ces deux chevaux faisant les exemples 13 et 14, unissent le sang de Waxy et celui de Buzzard.

15ᵉ Exemple. Sweetmeat a de la valeur comme étalon, non-seulement parce qu'il descend de Waxy par unions en dedans, mais parce qu'il possède beaucoup du sang de Prunella, dont il descend par trois branches, savoir Parasol, Moses et Waxy Pope.

16ᵉ Exemple. Grace Darling (mère de The Hero par Chesterfield) provenait de cousins au second degré, son père et sa mère descendant tous les deux de Waxy. Il n'est pas étonnant qu'elle ait produit un cheval aussi vigoureux que The Hero, puisqu'elle combinait le sang de Waxy, Priam, Octavian et Rubens. Son père et sa mère étaient aussi cousins au troisième degré par Cœlia.

17ᵉ Exemple. Wild Dayrell, vite comme il l'est, peut attribuer ses moyens extraordinaires à une réunion du sang de Velocipede qui existe dans les veines de son père et de sa mère, et aussi à la descendance de Selim et de Rubens, qui étaient frères et qui sont ses bisaïeux paternels et maternels.

18ᵉ Exemple. Cowl, par Bay Middleton et Crucifix, est le produit de cousins au deuxième degré. Le père descend de Julia, la mère de Cressida, toutes les deux sœurs de cette célèbre Eleanor, qui a gagné le Derby et les Oaks. Il y a encore un courant du sang de Whiskey par Emilius, de sorte que Cowl provient de Whiskey par deux croisements en dedans. Ce serait une curieuse expérience que de faire saillir quelque descendance de Muley, comme Alice Hawthorn ou Virginia, et d'infuser ainsi les trois sœurs en un seul animal. L'on introduirait ainsi un troisième courant du même sang, après avoir croisé *en dehors*, de temps en temps. Il faut aussi se souvenir que Young Giantess, ancêtre de toutes ces juments ainsi que de Sorcerer, provenait de cousins au deuxième degré, et que chacun de ces cousins au deuxième degré était le résultat d'une alliance de même nature, ayant Godolphin pour grand père maternel et paternel.

246. — Les poulinières dont les noms suivent peuvent être examinées avec attention, et l'on peut comparer leurs produits par leurs proches parents avec ceux qui n'ont qu'un lien éloigné. Cette parenté éloignée commence, ainsi que je l'ai démontré, à tous les chevaux modernes. L'on trouve ici une meilleure preuve en faveur des alliances en dedans que les succès de quelques coureurs isolés.

1ᵉʳ Exemple. Une des poulinières qui a le mieux réussi, dans les années qui viennent de s'écouler, c'est Decoy, qui a donné une longue suite de coursiers provenant de Touchstone et de Pantalon. Le premier de ces étalons produisait généralement de meilleurs chevaux de course que le second, et cependant il se trouve lui être inférieur dans le cas présent, comme on le prouve en comparant Drone, Sleight of Hand, Van Amburg et Legerdemain avec Phryne, Thaïs, Falstaff et Flatcatcher. Quelle peut en être la cause? C'est simplement parce que Touchstone était parent plus éloigné, et que, chez chacun d'eux, il n'y avait qu'une branche qui fût identique, celle du bisaïeul Waxy; mais dans le cas de Pantalon et de Decoy, il y avait une parenté de deuxième degré, puisqu'ils avaient Peruvian pour grand-père commun. Ce n'était pas tout, Decoy elle-même était alliée *en dedans* à sir Peter, qui était aïeul de son aïeul et de sa mère; de sorte que Sleight of Hand, son frère et sa mère, étaient doublement des produits en dedans. Maintenant, comme le sang de Decoy et celui de Pantalon *rencontraient* et que leur produits avaient non-seulement de la vitesse mais du fonds, il y avait de bonnes raisons pour revenir à Pantalon, après le croisement en dehors avec Touchstone, qui avait produit Phryne; cette dernière jument, saillie par Pantalon, devint successivement mère d'Elthiron, Windhound, Miserrima, Hobbie Noble, the Reiver et Rambling Katie. Voilà une preuve de plus de la valeur des alliances en dedans, surtout après un croisement au dehors.

2ᵉ Exemple. Cyprien est un exemple de production de chevaux de seconde classe par ses alliances avec différents pères, sans lien de parenté avec elle, tels que Jereed, Velocipede, Voltaire et le Hetman Platoff; mais quand elle fut saillie par Birdcatcher, fils d'un arrière-petit-fils de Prunella, comme elle se trouvait elle-même petite-fille de cette célèbre jument, elle mit bas une bête supérieure, qui s'appelle Songstress.

3ᵉ Exemple. Virginia (voyez page 312) donna une série de che-

vaux de moyenne qualité, par Voltaire, Hetman Platoff, Emi
lius et Birdcatcher, avec lesquels elle n'avait qu'un seul lien de
parenté et pour tous fort éloigné. D'ailleurs ils n'appartenaient
à aucun courant de sang de premier ordre, excepté celui
d'Orville ; mais cette même Virginia, saillie par Pyrrhus Ier,
produisit Virago, qui, tant qu'elle resta en santé, fut de beaucoup la meilleure bête de son année. En examinant les généalogies du père et de la mère, l'on verra que Selim et Rubens
(frères) paraissent une fois de chaque côté, et Whalebone, dont
le nom se voit deux fois dans la table de Pyrrhus Ier, est représenté dans celle de Virginia par Woful son frère, sans
compter que Young Giantess paraît dans chacune des tables
généalogiques. Ce sont des relations de parenté plus rapprochées et supérieures à celle avec Hambletonian, qui, dans ce
cas, est au même degré que dans le croisement avec Voltaire et
Hetman Platoff.

4e Exemple. Dans le courant de cette année, après une
série d'insuccès, Alice Hawthorn a donné au Turf un vrai
cheval de course, sous la forme de Oulston. Eh bien, si l'on
examine les généalogies de ses père et mère, l'on verra que
Melbourne le père est un petit-fils de Cervantes, tandis qu'A-
lice Hawthorn est arrière-petite-fille du même cheval. Cervantes est un petit-fils d'Eclipse et de Herod duquel il a
d'ailleurs reçu deux autres infusions, Alice, de son côté, descend d'Eclipse, par Orville, Dick Andrews, Mandane et Tramp.
Un cas semblable d'alliances en dedans avec les mêmes courants se présente dans sir Tatton Sykes, produit d'une jument
arrière-petite-fille de Comus, et aussi arrière-petite-fille de
Cervantes. Elle fut saillie par Melbourne, petit-fils de chacun
de ces chevaux, et produisit ce cheval extraordinaire que je
présente comme un modèle de succès dans ce mode d'élevage.
Il faut analyser avec soin la généalogie de la mère de sir Tatton Sykes, car elle présente une curieuse réunion de courants
de sang. D'abord Muley est produit par alliance en dedans
entre descendants de Whiskey, puis il est croisé avec une jument, fille d'Election, ce qui produit Margrave. La mère de
Muley est Eleanor, fille de Young Giantess. Puis Margrave,
provenant de croisement en dehors, vient saillir Patty Primrose
qui contient dans sa généalogie deux infusions de Young Giantess par Sorcerer et une de Cervantes, puis enfin la jument
de Margrave, résultat d'une alliance en dedans et d'un croise-

ment au dehors, tant du côté de son père que de sa mère, est saillie par Melbourne, qui est un composé du sang des trois, puisqu'il descend de Sorcerer, fils de Young Giantess et aussi de Cervantes.

247. — Si l'on examine attentivement toutes les généalogies auxquelles je viens de faire allusion, un éleveur ne peut hésiter à conclure que l'alliance en dedans, pratiquée une fois et même deux, loin d'être un mauvais système, a au contraire des chances pour produire de bons résultats. Qu'il demande quels sont les chevaux qui depuis peu ont été les plus remarquables comme étalons, et à peu d'exceptions près, il trouvera qu'ils provenaient de beaucoup d'alliances en dedans. L'on a remarqué que le sang de Touchstone et Defence rencontre presque toujours avec celui de Selim, mais il ne faut pas oublier que l'un a déjà de la parenté avec ce cheval, et l'autre avec son frère Rubens. D'un autre côté, le sang de Whisker dans le Colonel n'a pas réussi aussi bien, parce qu'il est composé d'éléments plus croisés et de parenté moins proche. Voilà pourquoi il ne rencontre pas avec le sang de Selim et de Castrel, comme ses cousins Touchstone et Defence. Il a cependant réussi en partie, quand on l'a croisé en dedans au sang de Waxy et de Fugleman qui contiennent ces trois courants. Le même cas se trouve dans Coronation qui unit le sang de Whalebone dans Sir Hercules avec celui de Rubens dans Ruby, mais comme Waxy et Buzzard, ancêtres de tous ces chevaux, étaient deux petits-fils de Herode et arrière-petit-fils de Snap, cela vient encore à l'appui de la théorie des alliances en dedans. Cette conclusion est d'accord avec le 14ᵉ et le 15ᵉ axiomes, qui résument nos connaissances actuelles sur la théorie de la génération, et si on les médite, l'on verra qu'ils s'appliquent au sujet qui nous occupe et impliquent la mise en pratique des alliances en dedans jusqu'au degré qui a si bien réussi dans les exemples que je viens de citer. Il faut donc doublement veiller à ce que le sang soit de bonne qualité, car s'il est mauvais, il perpétuera les défauts tout comme se produit le mérite et peut-être encore plus.

Section III.— Croisement au dehors.

248.—Par croisement de sang nous entendons le choix d'un père composé d'un sang tout à fait différent de celui de la mère ou aussi différent qu'on puisse l'obtenir dans la qualité voulue par l'éleveur. Ainsi dans l'élève des chevaux de course l'on trouve qu'en continuant le même courant, au delà de deux alliances, on déteriore la constitution, on diminue la charpente osseuse et l'on abaisse la taille. Pour éviter ce mal, il faut choisir un sang étranger qui puisse donner des résultats aussi heureux que ceux qui existent dans les alliances en dedans. Cela s'appelle croiser au dehors, ou tout simplement croiser. La grande difficulté est d'arriver à ce but sans détruire cette harmonie de proportions et ces rapports entre chacune des parties qui sont si nécessaires pour produire un cheval de course, et sans lesquels il est rare qu'il arrive à une grande vitesse. Presque chaque race particulière a des signes caractéristiques, et tant que le père et la mère en sont pourvus, ils reparaîtront dans les produits, mais si une jument qui les possède est saillie par un étalon d'une nature différente, souvent le résultat n'est pas un produit formant moyenne entre les deux, mais un animal qui a le devant comme sa mère et l'arrière comme son père ou *vice-versâ* ; l'on ne saurait obtenir un résultat plus désastreux. Ainsi, nous supposerons qu'une jument de course très légère soit saillie par un cheval très fort et très musclé, au lieu d'avoir un produit modèrement fort dans toutes ses parties, il sera souvent gros et fort dans l'arrière-main et léger et faible par devant. Il s'en suivra que ses membres postérieurs fatigueront ceux de devant en leur donnant une besogne au-dessus de leurs forces. C'est ce que l'on remarque bien dans Crucifix qui était très-vigoureuse et très-vite, mais légère, avec une avant-main à peine en état de travailler avec l'arrière-main. Maintenant, on l'a souvent fait saillir par Touchstone (étalon qui donne de mauvaises épaules, mais des jarrets superbes); aussi, à l'exception de Surplice, ses produits ont été tous manqués. Surplice était défectueux sous les mêmes rapports, cependant il trouva moyen d'aller dans un style fort gauche, il est vrai, mais d'une façon ou d'autre avec une grande vitesse. D'un autre côté, Cowl était un meilleur galopeur, parce qu'il avait plus d'harmonie dans son ensemble, mais il manquait un peu du fonds que Touchstone devait fournir. Je crois cependant qu'il fera un meilleur étalon que Surplice, parce que sa conformation est meilleure, et que, par conséquent, il a plus de chance de produire des animaux réguliers comme lui-même.

249. — Exemples de croisements au dehors. L'on a déjà

cité Harkaway, comme un exemple frappant de croisement au dehors, son père et sa mère n'étant point proches parents, quoique remontant à Hérode ou Eclipse, dans presque toutes ses lignes généalogiques. L'on peut néanmoins le compter comme un résultat remarquable du croisement, et il était incontestablement un cheval de course très-supérieur. Jusqu'à présent, toutefois, il n'a pas fait grand'chose comme père, ses produits manquent de cette qualité si essentielle, la vitesse ; quoiqu'ils aient un fonds qui en fait de bons hunters et chevaux de steeple-chase. Peut-être son meilleur fils fut Idle-Boy, pour lequel le sang de Waxy, existant dans le père, *rencontra* le même courant dans Iole, la mère, qui était une fille de sir Hercules (voir table 83).

2" Exemple. L'un des cas les plus remarquables de succès dans le croisement, quand il est poussé fort loin, se trouve dans Beeswing et ses fils Newminster, Nunnykirk et Old-Port. Dans la jument elle-même, toutes les lignes généalogiques étaient distinctes, et dans son croisement avec Touchstone, elles le sont pour trois générations. A cette distance, il y a un bisaïeul de Touchstone, Alexander, qui se trouve frère de Xantippe, mère de l'arrière grand'mère de Beeswing, de sorte que cette dernière et Touchstone étaient cousins en troisième degré. Que cette parenté éloignée ait suffi pour produire des résultats aussi heureux que Newminster et Nunnykirk, c'est une question que l'on ne peut trancher, mais l'on ne peut mettre en doute que Touchstone n'ait réussi avec elle, tandis qu'il y eut un insuccès avec sir Hercules, qui lui était encore moins apparenté, puisqu'il n'était cousin qu'au quatrième degré, par Volunteer et Mercury, qui étaient propres frères. Queen of Trumps a été souvent présentée comme un cas de succès dans les croisements au dehors, mais, bien que ses bisaïeux et ses bisaïeules n'aient jamais été identiques, cependant au delà de ce degré l'on trouve une infusion extraordinaire du sang d'*Hérode*, par Highflyer, Woodpecker, Lavender, Florizel et Calash, tous fils ou filles de cet étalon. Tout le monde conviendra qu'il est fort remarquable de trouver une telle infusion du sang d'un ancêtre remarquable, dans un produit aussi extraordinaire que Queen of Trumps. L'on ne peut dire non plus qu'elle est composée de matériaux hétérogènes, mais en même temps, d'après l'acception ordinaire du mot, il est juste de la regarder comme le produit d'un *croisement* bien distinct. Son exemple est aussi fort instructif, car il montre que le succès peut s'obtenir quelquefois en réunissant, après un intervalle de plusieurs générations, une série de bons courants. Que sa supériorité dépende de cette réunion ou bien du croisement, c'est ce que l'on ne pourra décider qu'à force de comparer des cas différents, afin de reconnaître de quel côté se trouvera la plus grande masse de preuves.

3e Exemple. West Australian est un exemple très-précieux de l'avantage d'un bon croisement au dehors, après des alliances en dedans, et la parenté de ses père et mère était plus reculée que dans les cas ordinaires.

4e Exemple. Teddington, au contraire, si souvent cité comme étant dans une position analogue, n'en présente pas moins une ligne de parenté qui contredit cette assertion. J'ai présenté son père Orlando comme un exemple du succès des alliances en dedans, dans les deux cas de Selim et de Castrel. Certainement, ce courant ne se perpétue pas dans la mère de Teddington ; mais un peu plus haut on trouve, de chaque côté de la table généalogique, les noms de Prunella et de sa sœur Peppermint, de sorte que le père et la mère étaient cousins au cinquième degré. L'on ne peut donc comparer ce cas avec celui de West Australian, dans lequel le croisement est bien plus décidé. Mais dans les deux cas, le père et la mère étaient chacun pour leur compte le produit d'alliances très en dedans, et il faut toujours tenir compte de cette circonstance.

5e Exemple. L'une des généalogies les plus croisées de l'époque est celle de Kingston, et il a été assez bon cheval pour peser en faveur de ce mode de production ; mais, comme je l'ai déjà fait observer, c'est bien plus pour avoir des pères que des coureurs que l'on doit s'attacher au système d'alliances en dedans, et Kingston n'a pas encore eu le temps de faire voir ses qualités, comme producteur. Quand on veut un croisement en dehors pour un sang comme celui de Touchstone, qui aura été employé deux fois dans une filiation, je ne conçois rien de mieux que ce brave Kingston, qui, d'après cette théorie, produirait le bon effet attendu d'un croisement, sans altérer la forme des juments de Touchstone. D'un autre côté, quand il faut une seconde alliance en dedans à des juments de Venison ou Partisan, il est probable qu'il remplira les vues des amateurs de ce sang, parce que toutes ses lignes sont bonnes.

6ᵉ Exemple. Voltigeur est encore un succès obtenu à l'aide d'un croisement bien décidé.

7ᵉ Exemple. Queen of Trumps peut être cité comme un un animal extraordinaire résultant d'une généalogie très-croisée.

8ᵉ Exemple. Cossack pourrait également être considéré comme le fruit du croisement, bien que la parenté de son père et de sa mère fût des cousins au quatrième degré, mais il n'y a pas de doute que l'on peut citer plusieurs coursiers qui ont eu du succès, bien que leurs pères et mères ne fusent cousins qu'au cinquième ou sixième degré.

Section IV. — Comparaison entre les étalons provenant d'alliances en dedans ou de croisements au dehors.

250. — La liste suivante de trente des étalons qui ont eu le plus de succès dans les années qui précèdent immédiatement celle-ci, prouve que le nombre de ceux qui proviennent d'alliances en dedans est égal à celui des pères qui proviennent de croisements. Je n'ai omis que ceux qui n'ont acquis d'autre célébrité que de faire de bonnes poulinières comme Defence, etc.

Étalons provenant d'aillance en dedans.

1. Priam.	9. Cowl.
2. Bay Middleton.	10. The Saddler.
3. Melbourne.	11. Sweatmeat.
4. Cotherstone.	12. Chatham.
5. Pyrrhus Iᵉʳ.	13. Flying Dutchman.
6. The Baron.	14. Sir Tatton Sykes.
7. Orlando.	15. Chanticleer
8. Ithuriel.	

Étalons venant de croisements.

1. Partisan.	9. Lanercost.
2. Emilius.	10. The Saddler.
3. Touchstone.	11. Alarm.
4. Birdcatcher.	12. Ion.
5. Sir Hercules.	13. Harkaway.
6. Voltaire.	14. Velocipède.
7. Plenipotentiary.	15. Hetman Platoff.
8. Pantaloon.	

CHAPITRE II.

MEILLEURE MANIÈRE DE PRODUIRE LES CHEVAUX POUR LES COURSES DE TOUTE ESPÈCE.

Section Ire. — Choix du sang pour en tirer race.

251. — L'incertitude des résultats à tirer des systèmes de production pour le turf, les mieux combinés, est proverbiale parmi tous ceux qui suivent cette occupation. Il n'en est pas moins vrai qu'il doit exister des lois qui règlent cette opération de la nature tout comme les autres. Bien qu'il soit difficile de poser ces règles avec certitude, cependant on devrait faire un essai qui permît de reconstruire l'avenir avec des matériaux solides. Il y a des difficultés qui d'abord nous arrêtent court et qui ensuite s'expliquent beaucoup plus facilement qu'on ne l'aurait supposé au premier coup d'œil. Ainsi, par exemple, l'on dit que, quand une jument donne un bon poulain et se trouve saillie de nouveau par le même étalon, le second produit est souvent aussi misérable que le premier était supérieur, et que par conséquent, pour les éleveurs, deux et deux ne font pas toujours quatre. Maintenant il n'y a pas de doute que cela ne soit vrai, mais il est essentiel de ne pas oublier que la santé est un élément qui influe en bien ou en mal sur chaque animal, et que si le second produit n'a pas le même degré de vigueur animale, résultat d'une pleine santé, il ne peut accomplir les exploits qui sont l'épreuve de la bonté. Mais en prenant l'autre côté de la question, il est extraordinaire que, dans quelques cas, il y ait eu une série de succès résultant de l'union des mêmes parents. Ainsi dans l'exemple de Whalebone et Whisker il y a eu six chevaux ou juments très extraordinaires résultant de l'union de Waxy avec Penelope, et d'un autre côté une série d'insuccès, quand elle a été saillie par d'aussi bons chevaux que Walton, Rubens et Election. Castrel, Selim et Rubens sont aussi d'une même mère et tous fils de Buzzard, et cependant elle fut saillie sans le moindre bon produit par Calomel, Quiz, Sorcerer et Election. Il y a encore des cas où un cheval produit de bons coureurs avec toute sorte de mères, et nous trouvons ainsi plus récemment Touchstone, petit-fils de Whalebone, qui a encore, s'il est possible, surpassé la renommée de son grand'père et a

produit une série de vainqueurs des plus extraordinaires, mais il faut se le rappeler, avec une infusion du sang des trois frères que nous avons cités plus haut, puisque Selim était son bisaïeul maternel. Barbelle, mère de Vantromp et de Flying Dutchmam, présente un cas semblable, ainsi que Fortress, mère de Old England et Pyrrhus Ier.

Un autre exemple remarquable peut se présenter dans les trois sœurs, filles de Whiskey et de Young Giantess, savoir : Cressida, Eleanor et Julia, laquelle aussi a produit Priam, Muley et Phantom par des pères différents. Nous pourrions pousser très-loin une liste d'exemples pareils, bien qu'elle ne pût être toujours remplie par des noms aussi illustres que les précédents, mais ils suffiraient pour indiquer que le sang victorieux coule dans les veines de plusieurs familles et que par conséquent les succès ne sont pas uniquement dus au hasard. Par exemple l'on a trouvé que l'union du sang de Touchstone avec celui de Selim ou Pantaloon a uniformément réussi (ou *rencontré*, comme l'on dit), et cet exemple est si remarquable, que l'on est conduit à examiner de près leurs généalogies à tous les trois, et il s'en suit que le premier contient tout d'abord un huitième de Selim, et qu'en lui faisant saillir une descendante de ce cheval ou de son frère Castrel, père de Pantaloon, l'on ne fait que réunir des fractions séparées qui découlent de la même source. Voilà *un fait* qui va devenir la base d'un argument et, si on peut l'appuyer d'autres faits semblables, il sera prouvé que les alliances en dedans poussées à un certain degré ne sont pas préjudiciables, et bien plus encore, elles présentent probablement l'avantage. En même temps on ne peut contester que le sang de Waxy et celui de Buzzard n'aient presque toujours *rencontré* dans sa première union, comme on le voit dans le paragraphe 257 et ailleurs. Après un premier succès on le voit *rencontrer* dans les alliances suivantes avec encore plus d'avantage; la seule question qui reste à résoudre, c'est jusqu'à quel point l'on peut continuer sans préjudice ces unions en dedans. Maintenant, en revenant aux descendants de Whiskey, qui était un petit fils d'Eclipse, nous les trouvons *rencontrant* avec le sang d'Orville et produisant Emilius et Muley. Ils *rencontrent* une seconde fois et donnent Priam pour produit, puisqu'il sort d'une fille de Whiskey. Liverpool, père de Lanercost, était aussi un petit-fils de Whiskey du côté de sa mère, et son père Tramp descendait d'Eclipse, juste au même degré. Mais ce n'est que par des recherches approfondies, observant combien de fois ces faits se renouvelleront dans un nombre de cas donnés, que l'on peut tirer une conclusion. Nous avons cité une série de cas de ce genre dans le chapitre consacré aux avantages des *unions en dedans*. Toutefois, il est maintenant admis, et le bon sens le suggère, que quand une série de vainqueurs se remarquent dans un courant de sang, l'on peut s'attendre à en voir paraître d'autres. On a donc pris pour règle de choisir pour la production, des chevaux appartenant à des familles victorieuses dans la branche particulière du sport que l'on veut cultiver. Ainsi, si l'on veut un cheval de course vite, l'éleveur doit choisir un sang qui ait donné des vainqueurs du Derby, des Oaks et du Saint-Léger, ou, s'il est possible, des chevaux qui aient triomphé dans ces trois occasions. Si on a l'ambition de produire un cheval de steeple-chase, alors naturellement l'éleveur cherchera les pères et mères d'animaux comme Lottery, Gaylad, Brunette, etc., et à leur aide ou avec celle de leurs proches parents, il trouvera ses étalons et ses poulinières. Pour l'élève des hunters, il suit des mêmes principes, qu'il faut avoir recours aux étalons qui ont eu de bons produits de cette classe, réunissant les qualités indispensables de la force, l'adresse, le bon caractère, une bonne constitution et aussi la faculté de porter du poids. Les trotteurs doivent aussi servir à la production des chevaux de trot; car personne n'espèrera tirer un produit capable de faire ses 14 milles à l'heure à cette allure, avec des parents qui n'en trottent pas plus de 8 à tout leur développement. Quant à moi, j'ai eu une jument par Monarch et Gadabout qui trottait aussi bien que possible, vite et parfaitement régulièrement. J'ai vu quelques autres chevaux de pur sang presque aussi bons, mais ce sont des exceptions à la règle, et encore je crois qu'il n'existe pas de cas de victoire remportée par un cheval pur sang, sur un véritable trotteur d'hippodrome. En conséquence, dans tous les cas, l'éleveur doit se fixer sur ce qu'il veut produire, et puis choisir ses étalons et ses poulinières dans les familles célèbres pour les qualités qu'il recherche. Si par-dessus le marché il peut avoir les vainqueurs eux-mêmes, cela n'en sera que mieux, toutefois nous verrons plus tard que la famille a plus d'importance que les succès individuels.

Section II. — Mode d'élevage le plus avantageux.

252. Dans bien de cas l'éleveur entreprend sa tâche par amusement et par goût pour le sport, sans songer au bénéfice, mais le plus souvent il aura le désir de faire une bonne spéculation tout en obtenant sur le turf d'honorables distinctions. Mais, quand on songe que les trois quarts des animaux élevés en vue des courses, n'y peuvent servir, et qu'à trois ans les poulains ou pouliches reviennent à beaucoup plus de 100 livres, il devient intéressant de savoir utiliser pour d'autres usages les rebuts de l'écurie de course. Voici une solution. Il y a des races de chevaux de première qualité sur le turf et aussi à la chasse au renard. Ainsi, tous les descendants de Waxy et de sa famille, à l'exception de Touchstone; savoir : sir Hercules, Defence, The Colonel, The Saddler, Economist, Harkaway, Safegard, Memnon ont été extraordinaires à ce point de vue; et si je cherchais des poulinières dans un but général, je voudrais les prendre filles de l'un de ces chevaux. Lottery et son fils Sheet Anchor sont encore remarquables dans ce genre; mais comme leur famille n'a pas eu des succès aussi généraux, on ne peut pas se fier à eux au même degré. Les branches de Comus, Reveller et Humphrey Clinker ont été fort recherchées par le même motif, ayant donné beaucoup de hunters de premier ordre et aussi une race de bons coureurs, comme on le voit dans le cas de Melbourne. Partisan et son fils Venison, qui descendent de Highflyer et Parasol (grand'mère de Whalebone), sont aussi de bons producteurs de chevaux de chaque catégorie. L'on peut y ajouter Ismael et Ratcatcher en leur qualité de descendants de Selim. Ils ont été utiles pour la production des hunters, mais sans égaler en ce genre ceux que nous venons de mentionner plus haut. D'un autre côté, il y a des courants de sang qui réussissent sur le turf et qui n'ont jamais, ou presque jamais, fourni un hunter ou un cheval pour le steeple-chase. Touchstone déjà cité, son frère Lancelot, Priam, Plenipotentiary, Velocipède, Pantaloon, Bay Middleton, Beiram, Phantom, etc. etc., et quoique ce sang puisse convenir à l'éleveur dans un sens, il n'est pas fait pour celui qui veut avoir deux cordes à son arc.

Je conclus, dans mon humble opinion, que l'on peut former un haras qui produira quelques poulains ou pouliches capables de bien figurer sur l'hippodrome, tandis que ceux qui ne seront pas chevaux de course, seront probablement des hunters d'une classe très distinguée. Avec ce système l'on gagnera beaucoup plus de prix à la loterie, et cet expédient sera beaucoup plus profitable que le système exclusif. Tant que les hunters de pur sang seront à la mode et atteindront de si haut prix, on trouvera qu'il est bien plus avantageux de vendre ses chevaux de course réformés, au prix des hunters, que pour les tristes sommes qu'on en donne pour leur faire continuer la carrière de l'Hipodrome. Dans les fermes d'élèves, il y a tant de risques et d'accidents qu'un grand nombre de poulains mourront ou se détérioreront, et les non valeurs se trouveront fréquentes; il devient donc très nécessaire de tirer parti de tous le matériaux qui peuvent contribuer à couvrir les frais de l'établissement. Si donc, au lieu de vendre les chevaux de trois ans réformés, on les lâche de nouveau dans la prairie pour les laisser grandir et grossir, jusqu'a cinq ans, alors on peut leur faire un second dressage pour obtenir des hunters ; ou bien, sans avoir aucuns risques et embarras, on les vend à des dresseurs, et l'on trouvera des prix de 150 ou 200 livres par cheval, et, dans quelques cas, beaucoup plus.

Section III. — Choix de la poulinière.

253. Dans le choix de la poulinière il y a quatre choses à considérer, d'abord son sang, secondement sa conformation, troisièmement son état de santé, quatrièmement son caractère.

254. Le sang ou la généalogie doit dépendre principalement des vues de l'éleveur, d'après l'espèce de poulains qu'il veut obtenir, d'après le principe que le *semblable engendre le semblable*, tout en tenant compte des diverses considérations auxquelles on a fait allusion dans le chapitre précédent et aussi en partie dans celui-ci et les suivants.

255. En forme, la jument doit être établie de façon à pouvoir porter et bien nourrir son produit; elle doit donc être, comme l'on dit, spacieuse. Il y a une conformation des hanches qui est particulièrement impropre à la reproduction, et cependant souvent recherchée avec soin, parce qu'on la regarde comme élégante, c'est la hanche droite et unie, qui comporte une queue attachée très haut et la pointe de l'ilion se trouve presqu'à la même hauteur que celle de l'ischion.

L'on voit une conformation tout-à-fait différente dans le squelette donné ci-contre, c'est celui d'une poulinière de pur sang bien établie pour la reproduction, quoique d'ailleurs un

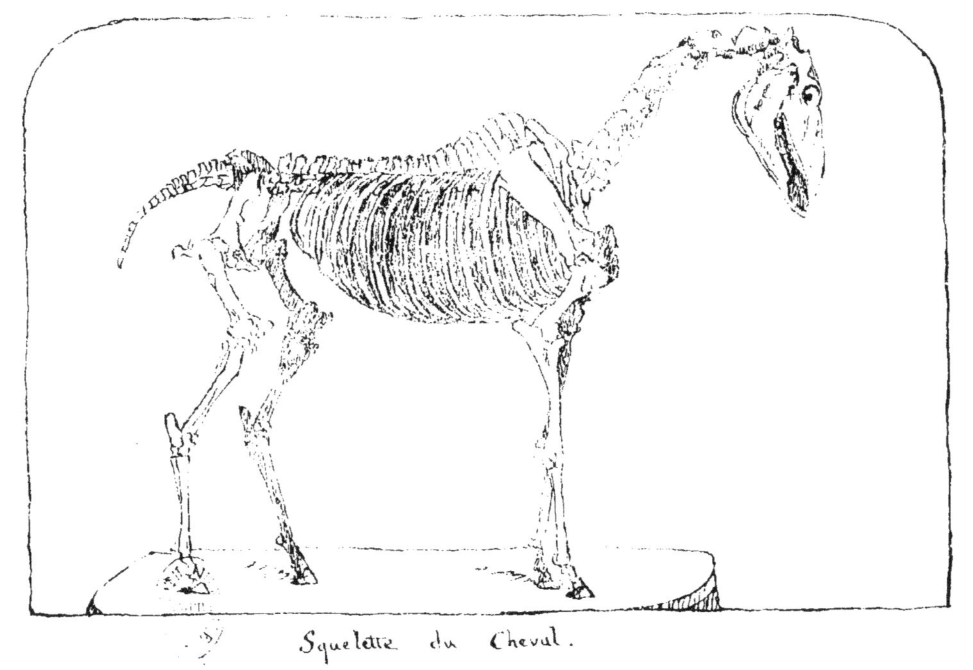

Squelette du Cheval.

peu trop légère. En examinant son bassin l'on verra que l'os de la hanche forme un angle considérable avec le sacrum, et que, par conséquent, il y a bien de l'espace, non seulement pour porter le poulain, mais pour lui donner passage en venant au monde. Ce sont deux points importants, le premier de toute évidence, le second ne l'est pas moins si on y reflchit, car si le poulain est endommagé au moment de sa naissance, soit par nécessité, soit par suite d'ignorance ou de paresse, souvent il ne pourra recouvrer ses moyens et sera abîmé pour toujours. Le pelvis doit donc être large et profond ; il est à désirer aussi que la distance de la hanche à l'épaule soit un peu plus grande que la moyenne pour donner plus d'espace au produit. Il faut aussi une bonne profondeur dans les dernières côtes afin qu'elles supportent bien ce surcroît de longueur. Ceci donne à toute la charpente du tronc, un développement plus grand qu'on ne le désire ordinairement pour un cheval de course, chez lesquels on craint vite *trop de dessus*. C'est pour cela que des bêtes qui avaient bien couru se sont trouvées mauvaises poulinières, et que beaucoup qui avaient couru sans succès ont été mères de bons chevaux de course. En outre de cette charpente spacieuse qui doit être la coque du poulain, il n'y a plus à demander à la jument qu'une conformation adaptée au but que l'on se propose ; si elle ne la possède pas elle-même, il faut qu'elle appartienne à une famille pourvue de cet avantage selon le 13ᵉ axiome posé dans le chapitre précédent. Si l'on peut trouver une jument qui réunisse toutes les qualités désirables, elle a d'autant plus de chances pour produire un bon cheval de course, mais si elle ne les a pas toutes, il faut au moins qu'elle en réunisse quelques-unes à une charpente convenable, sans quoi il est difficile qu'elle accomplisse sa tâche. Si avec cette bonne conformation, elle appartient à une famille qui, en général, ait toutes les qualités du cheval de course, l'on peut compter sur elle avec un certain degré de certitude, bien qu'elle ne réunisse pas en elle-même toutes ces qualités. Ainsi, il y a des belles juments bien spacieuses qui n'ont servi à rien sur l'hippodrome, à cause de quelque manque de moyens dans l'avant-main ou l'arrière-main, ou un peu de faiblesse des reins relativement à leur longueur. Il ne faut pas mépriser ces animaux, s'ils appartiennent à une famille de bons coursiers, et plus d'une jument semblable a été profitable à l'éleveur. L'on trouve d'un autre côté que quelques beaux animaux n'ont jamais donné de bons produits, parce que c'étaient des cas exceptionels et que leurs familles étaient de presque tous les côtés sans vitesse sur l'hippodrome. Jamais jument ne parut moins propre à donner de forts coureurs que Pocahontas, mais comme elle était d'une famille qui compte Selim, Bacchante, Tramp, Web, Orville, Eleanor et Marmion parmi ses huit ascendants au troisième degré, l'on ne peut guère s'étonner qu'elle ait répondu aux saillies par The Baron, en produisant Stockwell et Rataplan.

256. — *Quand à la santé*, la poulinière devrait approcher de la perfection autant que son état artificiel peut le permettre. Dans tous les cas, c'est le point le plus important, et il faut examiner en détail chaque poulinière pour découvrir quels écarts de l'état de nature ont produits les travaux particuliers de l'animal, et quels sont ceux dont elle a hérité de ses ancêtres. A part les suites d'accidents, toute déviation de l'état de santé de la jument peut-être considerée comme lui ayant été plus ou moins transmise. En effet, dans une constitution tout à fait solide, aucun régime ordinaire, tel que l'entraînement, par exemple, ne causera de maladies, et ce n'est qu'une prédisposition héréditaire qui peut expliquer leur apparition sous ce régime. Cependant, il y a des degrés positifs, comparatifs et superlatifs dans les tares, qui peuvent faire rejeter la poulinière et qui doivent guider le jugement à cet égard. Tous défauts accidentels comme genoux couronnés, hanches disloquées ou même boiterie peuvent être tolérés. Cependant le dernier cas ne doit l'être que quand la jument provient d'une famille connue pour supporter la fatigue sans montrer cette faiblesse de muscles et de ligaments. Les éparvins, les formes, les suros saillants, enfin tous les exostoses, sont des défauts fondamentaux et ne manqueraient pas de se perpétuer plus ou moins. Les courbes sont héréditaires et doivent s'éviter. Il faut remarquer que beaucoup de chevaux, dont les jarrets forment une grande courbure à la jonction de l'os calcis avec l'astragale, ne sont pas pour cela sujets à la courbe ; c'est la nature défectueuse des ligaments en cet endroit et non les jonctions angulaires qui produit les courbes. L'éleveur doit donc bien approfondir la question avant d'accepter ou rejeter une poulinière dont les jarrets sont suspects. Les mauvais pieds, qu'ils soient contractés, trop plats ou trop minces à la sole, doivent s'éviter, mais, quand ils proviennent évidemment d'un ferrage défectueux, l'on peut passer outre. Voilà les principales tares des membres à éviter

avec circonspection : les qualités à rechercher sont celles qui servent aux chevaux à supporter l'ébranlement de la course. Les genoux creux sont généralement un grand défaut pour un cheval de course et se transmettent fréquemment, il en est de même de la forme opposée ; mais elle n'est pas à beaucoup près aussi désavantageuse. Telles sont les considérations générales relatives à la solidité des membres. L'intégrité de la respiration n'est pas moins importante. Les juments poussives produisent rarement, et cette raison suffirait pour les faire rejeter, mais d'ailleurs personne ne voudrait risquer de voir reparaître cette maladie dans le produit, lors même qu'il trouverait à faire féconder une pareille jument.

Le cornage est une question très controversée, et nos principales autorités vétérinaires ne sont pas d'accord sur la théorie pas plus que nos éleveurs sur la pratique à l'égard de cette maladie. Tous les ans elle devient plus fréquente et plus grave, et le danger de sa transmission est trop grand pour que personne veuille essayer volontairement de consacrer à la reproduction une bête qui corne. Autant que j'ai pu le vérifier, c'est un mal plutôt héréditaire par la jument que par l'étalon, et lors même qu'on m'offrirait une bête comme Virago pour rien, je ne serais pas tenté d'en faire une poulinière. Le cornage se produit dans des conditions si différentes, qu'il est difficile de se faire une opinion applicable à tous les cas en général. Dans quelques occasions, quand il provient de gourmes négligées ou d'une simple inflammation du larynx, résultat du froid, il ne se transmettra probablement pas ; mais, quand c'est le vrai cornage idiopathique, qui semble produit par une maladie des fibres du larynx, il y a dix contre un que les descendants souffriront de la même maladie. La cécité, d'un autre côté, peut être héréditaire ou non ; mais, dans tous les cas, il faut s'en méfier tout autant que du cornage. La cataracte simple sans inflammation est certainement courante dans certaines familles, et quand un cheval ou une jument en sont affectés sans autre dérangement dans l'œil, il faut les rejeter avec soin. Quand la cécité est le résultat d'une inflammation violente provenant soit de mauvais traitement, soit de grippe ou autre cause semblable, l'œil lui-même est plus ou moins désorganisé, et bien que ce soit un mauvais signe indiquant une faiblesse dans l'organe, c'est moins grave que la cataracte régulière. Telles sont les principales tares et maladies de la jument, on peut y ajouter la faiblesse générale de constitution, qui ne peut se deviner que par la quantité de chair qu'elle conserve dans l'allaitement, ou quand elle n'est pas parfaitement nourrie et soignée, ou par l'examen à l'œil et à la main, quand on en a l'habitude. Les muscles fermes et pleins, l'œil vif et brillant, la robe de bonne apparence en toute saison (quelque bourru que soit le poil d'hiver), annoncent la solidité de constitution à rechercher, mais souvent cela se rencontre avec des membres et des pieds infirmes. En vérité, il semble que les animaux qui ont les plus beaux dessus, se trouvent avoir aussi les plus mauvaises jambes, les plus mauvais pieds, en raison du poids que les membres ont eu à supporter, chez eux et chez leurs ancêtres. Le tic à la mangeoire est souvent une mauvaise habitude contractée dans l'oisiveté, comme aussi le tic en l'air; mais, si ce n'est pas le résultat de mauvaises digestions, souvent cela y mène et souvent aussi le produit contracte le même défaut. Il est vrai qu'on peut l'empêcher au moyen d'une courroie; mais ce n'est pas une disposition estimée, dans la jument, quoique ce soit moins grave que les maux signalés plus haut, à moins pourtant qu'il n'en résulte une perte de santé indiquée par la maigreur ou l'état de la robe.

257.—En dernier lieu, le caractère est d'une extrême importance; je n'entends point par là cette douceur dans le pré, qui permet à toute la famille de l'éleveur de caresser la jument, mais un caractère qui seconde les intentions du cavalier et réponde aux stimulants de la voix, du fouet et de l'éperon. Une bête lâche ou malicieuse ne doit jamais devenir mère de famille, et si elle appartient à une race connue pour se refuser à l'appel du cavalier, qu'on la consacre à toute autre tâche que la reproduction. Il ne faut pas non plus faire une poulinière d'une jument qui s'est montrée trop irritable pendant l'entraînement, à moins qu'elle n'ait présenté un cas exceptionnel; mais, si elle appartient à une famille irritable, elle sera encore moins utile que si elle cornait ou se trouvait aveugle. Ce sont là des défauts apparents dans le poulain et la pouliche; mais l'irritabilité qui naît de l'entraînement, fait perdre les sommes considérables avancées sur la foi d'épreuves particulières tout à fait démenties en public par suite de ce vice du système nerveux.

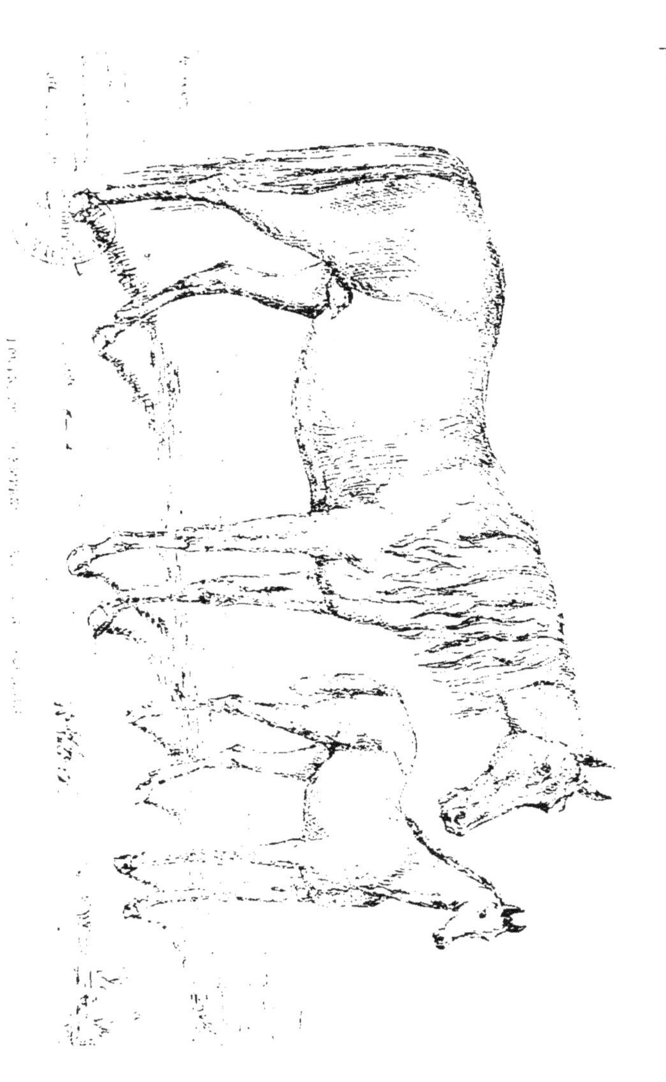

Section IV. — Choix de l'étalon.

258. — Comme la poulinière, l'étalon doit avoir plusieurs qualités essentielles, à commencer tout comme pour elle : premièrement par le sang ; 2° sa forme individuelle ; 3° sa santé ; 4° son caractère. Mais dans le choix de l'étalon il y a encore une difficulté, c'est que, non-seulement il doit être convenable par lui-même, mais il doit s'adapter en particulier à la nature individuelle de la jument qu'il doit servir. Il s'en suit évidemment plus de difficulté pour le choix que pour celui de la poulinière, puisqu'en laissant de côté toute autre considération que celle du sang, une jument n'a besoin que d'appartenir à une bonne famille de chevaux de course, tandis que pour un père, non-seulement il faut cette condition, mais convenance de sang, aptitude à *rencontrer* avec celui de la jument. Pour bien traiter ce sujet, il faut que l'éleveur porte ses investigations sur toutes les théories relatives à la génération. Il doit se décider sur la question de l'opportunité de l'alliance en dedans, et s'il vient à adopter ce système, il faut qu'il reconnaisse s'il convient au cas particulier dont il s'occupe. Le plupart des hommes se décident à cet égard et appliquent leurs théories en grande partie d'après la mode régnante. L'écueil sur lequel la plupart se brisent, c'est une faveur superstitieuse pour tel cheval en particulier ; ainsi l'un envoie toutes ses juments à Orlando, d'autres à Surplice ou à Flying Dutchman, bien qu'elles soient de sang et de formes différentes. Or, cela ne peut être judicieux, si l'on admet quelques principes de production, et quelque bon que soit un cheval, il ne peut convenir à toutes les juments. D'autres encore vous disent que tous les étalons peuvent réussir, et que c'est en tout une loterie ; mais je crois pouvoir démontrer qu'il faut un peu de science à l'éleveur pour le mettre à même de gagner beaucoup de prix. Je suis convaincu que le système suivi dans ces derniers temps était mauvais, et qu'avec l'usage constant de croiser et de recroiser, on joue à peu près à la loterie ; mais qu'avec de bons principes et des soins attentifs, il y aurait probablement moins de non-valeurs qu'à présent. J'ai déjà donné mes vues théoriques à cet égard, et de nombreux exemples choisis de chaque côté de la question. Mon but sera maintenant d'appliquer ces considérations à la pratique en choisissant des exemples particuliers.

259. — *Pour le choix à faire du sang* qui convient particu-

lièrement à telle jument donnée, mes impressions me conduisent à chercher d'abord quel est le meilleur courant reconnu dans sa généalogie, et puis si elle ne provient pas d'une double alliance en dedans dans ce sens, de la mener au meilleur étalon que l'on pourra trouver dans ce courant. Naturellement, dans quelques cas, il arrivera que le courant qui n'est estimé qu'au second rang réussira mieux, s'il arrive qu'il y ait un meilleur père dans cette famille que dans le courant supérieur, qui sans cette circonstance aurait été préféré. Si, d'un autre côté, la jument provient d'une union en dedans à deux degrés, alors il faut avoir recours au croisement. Je suis toutefois porté à croire, d'après le succès de quelques essais bien connus, que quelquefois on réussira en croisant avec un sang existant déjà dans la jument, mais qui n'ait pas été récemment uni en dedans, ni employé plus d'une fois. Tels sont les principes sur lesquels je fonderai l'espoir du succès, et, si l'on étudie avec soin les séries de tables généalogiques données plus haut, l'on verra que ce moyen a fait produire tant de chevaux habituellement vainqueurs, qu'il devient fort tentant d'y avoir recours. Je suis surpris que cette circonstance d'élevage en dedans, qui caractérise nos meilleurs chevaux modernes, ait si longtemps échappé à l'observation, et je ne puis l'expliquer qu'en supposant qu'on l'a perdu de vue, en s'arrêtant à la grand'mère de chaque côté, limite ordinaire des recherches à cet égard.

Ainsi, l'auteur le plus moderne qui ait traité ce sujet, sous le nom de Craven, prétend, page 121 du livre intulé *The Horse* : « Il n'y a aucune proximité de parenté dans la généalogie de » Flying Duthman, Touchstone, Melbourne, Epirus, Alarm, » Bay Middleton, Hero, Orlando, Irish Birdactcher, Cossack, » Harkaway, Tearaway, Lothario ou autres célébrités. » Or, dans ce nombre Flying Dutchman est le produit de cousins au second degré, Bay Middleton, son père, est produit en dedans par Williamson's Ditto, et Walton, qui étaient propres frères. Quand à Orlando, il y a dans sa généalogie deux fois Selim pour ancêtre et son frère Castrel par dessus le marché. Melbourne est aussi le produit de cousins au troisième degré, puisque son père et sa mère descendent également de Highflyer. Or, si l'on ajoute à ces quatre chevaux spécialement désignés par cet auteur, les autres célébrités sur lesquelles j'ai attiré l'attention, sans compter une quarantaine d'astres inférieurs, trop nombreux pour être mentionnés, l'on conviendra que

Craven admet comme démontré un fait qui se trouve l'être dans un sens tout à fait opposé.

260. — *Le choix d'un étalon en particulier d'après la conformation*, n'est pas moins difficile que celui de la jument, et doit être la contre-épreuve de ce que l'on désire dans le produit, bien qu'il puisse être quelquefois nécessaire de prendre un animal qui exagère un peu la particularité que l'on recherche, surtout quand elle ne constitue pas une inégalité d'avant-main et d'arrière-main. Ainsi, si la jument est très haute sur jambes, l'on peut choisir un cheval plus près de terre qu'à l'ordinaire ; si son cou est trop court ou trop long il faut lui donner un étalon inverse en ce sens. Mais dans tous les cas il est dangereux d'essayer de faire un changement trop soudain dans la taille, car cet effort produira généralement un poulain mal proportionné et par suite plus ou moins maladroit et décousu.

261. — Pour la constitution et la santé générale, les mêmes remarques s'appliquent au cheval et à la jument. Il faut éviter autant que possible toutes les tares héréditaires, bien que l'on trouve bien peu de chevaux entièrement nets, soit à cause des entraînements pénibles, ou pour d'autre motifs. Quant à l'embonpoint, il y a un désir extraordinaire de trouver des chevaux absolument chargés de graisse, comme autrefois les bœufs gras à Noël. Il est parfaitement vrai que la présence d'une quantité de graisse modérée est un signe de bonne constitution, mais cette qualité, comme toutes les autres, peut être poussées à l'excès, de façon à produire une maladie. Outre l'hypertrophie du cœur et des parties osseuses, souvent il y a une surabondance de graisse obstruant les fonctions animales, et c'est une cause fréquente de mort prématurée. Cela provient en grande partie du manque d'exercice, mais aussi d'une nourriture trop stimulante. Aussi l'éleveur qui veut que son cheval dure, et produise de bons poulains, doit-il veiller à ce qu'il ait assez de promenade et pas d'excès de nourriture.

262. — *Pour le caractère*, il n'y a rien à ajouter à ce que nous avons dit pour la jument, si ce n'est qu'il y a plus d'étalons méchants que de juments, en dehors des courses ; cela résulte de l'état constant d'excitation contre nature dans lequel on les tient. Mais ce défaut est sans importance, puisqu'il n'empêche pas les produits de bien courir et n'est gênant que pour les soins à donner à l'écurie.

Section V. — Le meilleur âge pour la production.

263. — L'on suppose généralement que chacun des parents devrait être d'âge mur, et que, si tous les deux sont ou très-jeunes ou très-vieux, le produit sera faible ou décrépit. Un grand nombre de nos meilleurs chevaux proviennent de vieilles juments ou de vieux étalons. — Ainsi Priam fut mis bas par Cressida à vingt ans; Crucifix par Octavia, à vingt-deux ans; Lottery et Brutandorf par Mandane, à vingt ans et à vingt-deux. Voltaire engendra Voltigeur à vingt-et-un ans; Bay Middleton fut père d'Andover à dix-huit ans, et Touchstone procréa Newminster à dix-sept. D'un autre côté, beaucoup de jeunes étalons, et de juments ont bien réussi, et, dans des cas sans nombre, le premier produit d'une jument a été son meilleur. Dans les temps antérieurs, Mark Anthony et Conductor étaient les premiers produits de leurs mères; plus récemment, Shuttle Pope, Filho da Puta, Sultan, Pericles, Oiseau, Doctor Syntax, Manfred et Pantaloon ont tous été des premiers-nés. Ce sont pourtant des exceptions, et la majeure partie des chevaux supérieurs sont produits plus tard dans la série. La plus jeune mère dont j'aie entendu parler, c'est Monstruosity, née en 1838, qui à trois ans produisit Ugly Buck, ayant été saillie à deux ans par Venison. Sa mère l'avait produit à quatre ans, et Venison lui-même était un tout jeune étalon, n'ayant que sept ans lorsqu'il produisit Ugly Buck. Ce cheval a donc été sur tous les points un exemple remarquable d'élevage au moyen de jeunes parents. Comme dans presque tous les cas de ce genre, il ne remplit pas les promesses de sa jeunesse et se montra supérieur à deux ans et au commencement de sa troisième année, à ce qu'il fut dans sa majorité. Cela arrive souvent, et je crois que c'est une règle assez générale pour la production de tous les animaux, chevaux, chiens ou bestiaux. Dans l'élève des chevaux, la pratique ordinaire est de mettre les jeunes étalons avec les vieilles juments et de faire saillir les jeunes juments par les vieux étalons, et cela paraît le meilleur système en consultant la théorie et la pratique.

Section VI. — Meilleur temps pour l'élevage.

264. — Pour tout ce qui touche aux courses, il est important que le poulain naisse de bonne heure, parce que l'âge date

du 1ᵉʳ janvier. Il faut donc mener la jument à l'étalon en février, de façon à la faire pouliner le plus tôt possible après le 1ᵉʳ janvier. Mais, toutefois, comme il y a beaucoup de juments qui mettent bas un peu avant la fin du onzième mois, il est imprudent de les faire saillir avant le milieu de février. Pour plus de détail, voyez page 103, ou l'on traite des soins généraux à donner à la jument et au poulain.

Section VII. — Particularités qui distinguent les différentes races modernes.

265. — Il y a eu tant de croisements divers depuis l'époque de Herode, Eclipse et Matchem, qu'il n'est plus possible de classer les races sous les noms de ces trois coursiers, et encore bien moins sous ceux de leurs célèbres ancêtres, les Arabes Godolphin et Darley et le Turc Byerley. Il y a cependant de nos jours des courants qui se sont faits remarquer sur le turf par des qualités particulières ; ce sont les Waxy, les Orville, les Buzzard, tout à fait au premier rang, et puis les Blacklocks, les Tramp, les Watton, les Haphazard et les Sorcerer au second rang. Il y a eu en outre des courants de sang célèbres dans leur temps, mais qui ne se sont pas continués jusqu'à nous sans avoir perdu leur réputation.

Nous ne considérons les chevaux que nous venons de citer plus haut que sous le rapport de la production.

266. — Waxy paraît en tête de liste, non-seulement pour avoir été de près ou de loin le producteur de plus de vainqueurs de grandes courses que deux autres pères à choisir parmi les étalons qui lui ont succédé. Certes, quand un cheval compte treize vainqueurs du Derby en cinquante ans dans sa progéniture mâle directe, sans compter onze vainqueurs pour les Oaks et treize pour le Saint-Léger, il faut reconnaître sans discussion la supériorité de son sang. Comme Orville, il est principalement composé du sang d'Éclipse et de celui de Herod, avec une double infusion de Godolphin par Sportsmistress et Lisette. Ses descendants, comme ceux d'*Orville*, sont tous remarquables par leur courage et leur véritable allure de course ; mais ils n'ont généralement pas autant de charpente et de substance que les descendants de cet autre étalon. Whalebone et Wire, deux des produits extraordinaire que Waxy obtint de Penelope, sont nommés d'une manière caractéristique (1) et donnent une idée exacte des qualités de presque toute sa race. Ils supportent une dose d'entraînement qui prouve leur bonne constitution et se trouvent rarement surmenés; mais il faut avoir bien soin des membres de la plupart d'entre eux; ils se trouvent rarement capables de supporter le travail excessif, nécessaire pour les réduire à un état qui leur permette de faire voir leur fonds extraordinaire. Ils courront tout le jour, et il n'y a pas pour eux de trop longue distance; c'est à cet égard que l'on peut surtout leur accorder confiance, car il y en a de plus vites qu'eux pour un mille; mais quand il faut en parcourir deux, ils brillent par leur supériorité, qui croîtrait encore si les distances étaient plus longues. C'est pour cela qu'ils ont souvent triomphé pour le Saint-Léger après avoir échoué pour le Derby; c'est ce qui est arrivé à The Colonel, Touchstone, Newminster, etc., et qu'ils ont eu plus de succès dans les distances de Derby, Oaks et Saint-Léger, que dans celle du prix de deux mille guinées. Comme chevaux de steeple-chase ils ont bien fait valoir leurs moyens, et, sous ce rapport, le succès de sir Hercules est très-remarquable. Son fils Discount était un Waxy dans toute sa personne, avec un corps plein et musclé et une constitution de fer. Malheureusement ses membres supportaient à peine un entraînement, même sous la direction d'un entraîneur habile. Outre les descendants de Waxy que l'on trouve dans les branches femelles de nos meilleures généalogies, l'on trouve dans la ligne mâle Whalebone et Whisker, fils de Penelope, et Waxy Pope, fils de Prunella, mère de Penelope. Les deux premiers ont réuni leur sang dans The Baron, Cotherstone et West Australian, tandis que le troisième a rendu de bons services comme étalon en Irlande. Bien plus, Stockwell, Rataplan et Andover ont aussi le sang des deux premiers, et en surplus celui de Web, leur sœur. Whalebone fut aussi père de Camel, Waverley, Defence et sir Hercules, et ceux-ci sont représentés au moment actuel par Camel, fils de Touchstone, et par Orlando cum multis aliis; Waverley par The Saddler et Don John; Defence par Safeguard, The Emperor (qui vient de mourir), Hero, Andover et Pyrrhus Ier (surtout dans la ligne femelle); Sir Hercules (par Birdcatcher) et son frère Faugh a Ballagh; en outre, Robert de Gorham et Newcourt, et par

(1) Whalebone, barbe de baleine (fanon).
   Wire, fil de fer.

Birdcatcher, Chanticleer. Whisker est perpétué par The Colonel et son fils Chatham, aussi bien que par plusieurs juments, et puis par Economist et son fils Harkaway.

267.—*Orville*, comme Waxy, fut un bon cheval de course et un bon étalon; il est remarquable par une combinaison de force et de vitesse supérieure à celle que donnent presque tous nos étalons fameux. Comme la plupart de ces animaux, il a été produit en dedans, relativement à Herod, sa mère étant par Highflyer fils d'Herod, et son père fils d'une jument par Herod. De plus, son grand-père King Fergus venait d'une jument par Tartar père de Herod. Suivant la loi que j'ai amplement décrite, l'on doit s'attendre que son sang produit en dedans d'un cheval comme Herod doit prévaloir, surtout quand les autres courants dérivent d'Eclipse, Crab et Matchem. Il sera toujours célèbre comme ancêtre des chevaux que nous allons citer, et même au temps où nous vivons, son sang est fort recherché. Avec Emily, qui était aussi pleine du sang de Herod et Eclipse, il eut Emilius, cheval aussi célèbre que son père. Par Eleanor, l'héroïne du Derby et des Oaks, il eut Muley, maintenant représenté par Drayton. La généalogie de cette jument était assez semblable à celle d'Emily, et toutes les deux avaient le sang de Whiskey. Une autre fois, par miss Sophia, descendant aussi de Herod et d'Eclipse, il eut Master Henry, renommé dans son temps comme coureur et comme père, et maintenant représenté principalement par Touchstone. Par Bizarre, sœur de Finesse, pleine aussi du sang de Herod et d'Eclipse (voir table, 73), il eut Bizarre, qui toutefois n'ajouta pas beaucoup à la gloire de son père. Enfin, par Marianne, fille de Mufti, il eut Octavius, vainqueur du Derby, mais sans autre célébrité. Emilius était un cheval magnifique avec une charpente et une substance à porter 14 stones. Il fut père de Priam, Plenipotentiary, Recovery, Pompey, Euclid, California, Theon, Plenary, Oxigen et Duvernay, outre plusieurs autres; mais la plupart de ceux-là ont bien fait dans les haras, et quelques-uns ont été des coureurs extraordinaires aussi bien que des producteurs, comme par exemple Priam, Plenipotentiary, Pompey et Recovery. Le succès de Priam est remarquable relativement au petit nombre de juments qu'il a couvertes chez nous; mais en tout état de cause ce n'est pas une petite gloire que d'être père de Crucifix, de ses fils Surplice et Cowl, de miss Letty, Industry, Weathergage, Cossack et The Hero. Tous ces chevaux se sont distingués par leur bonne manière de courir, et leur sang profite toujours dans l'entraînement, ce qui est un avantage très-important. Les descendants d'Emilius, pleins du sang d'Eclipse par la ligne mâle et aussi par miss Hervey, Waxy, Wixen et Saltram sont particulièrement forts et honnêtes.

268.—*Buzzard* diffère de Waxy et d'Orville dans le caractère de la progéniture, qui est plutôt établie pour le mille de Rowley que pour les distances plus longues courues à Epsom et à Doncaster. Cependant, eu égard à leur vitesse énorme, ils sont admirablement résistants, mais aucun cheval ne peut vivre à l'allure foudroyante de quelques-uns de ces coursiers sans donner de signes de détresse. C'est pour cela que plusieurs chevaux de cette race ont une réputation de manque de fonds qu'ils ne méritaient pas complétement. Cependant il est hors de doute que sur une grande distance ils seront généralement battus par la race de Whalebone ou Orville. Presque tous les chevaux de cette famille ont de belles épaules penchées, avec des charpentes un peu légères, généralement de bons moyens de propulsion ; mais le bas de la cuisse est un peu faible et les jarrets un peu droits. Cette dernière particularité est caractéristique dans cette famille ; car bien que la pointe du jarret soit bien développée, cependant il semble qu'elle ait été retirée dans le tendon d'Achille en faisant corps avec lui, sans cependant aucune apparence de courbe. J'ignore si leur grande vitesse dépend en quelque chose de cette conformation ; mais elle semble inhérente à ce sang. Peu des chevaux de cette famille sont bien suivis dans leur conformation, et il y en a peu que l'on puisse détailler ; mais ils trouvent moyen dès qu'on les lance sur l'hippodrome, d'exciter l'admiration générale par leur allure magnifique. Ils volent à la victoire sans effort apparent, et tandis que les Whalebone ou les Emilius ont souvent besoin d'être stimulés par le fouet ou l'éperon, les descendants de Buzzard accompliront leur triomphe sans autre excitant que leur ardeur généreuse, l'aisance naturelle et l'élégance de leur action. Généralement ils s'entraînent très-facilement, ayant une assez bonne constitution et ne demandant pas plus de suées que leurs jambes n'en peuvent supporter. Non que leurs membres soient remarquablement bons, mais parce que leurs charpentes sont rarement chargées et parce qu'ils perdent facilement leur chair superflue. Buzzard est représenté de

nos jours par presque autant de chevaux à la mode que Waxy.
A la première génération il eut d'une jument fille d'Alexander
Castrel, Sélim et Rubens, qui étaient tout à fait frères, et leur
sœur-arrière, grand'mère d'Ithurel, puis Bustard, grand père
de Lanercost. Castrel aussi fut père de Pantaloon et Merlin, et grand père de Queen of Trumps. Sélim eut Sélim et Langar. Par le premier de ces chevaux, il est
l'ancêtre de Bay Middleton, Ishmael, Beiram, Glencoe et Jereed ; par Bay Middleton, il est arrière-grand-père de Flying
Dutchmann et Andover, et aussi trisaïeul de Wild Dayrell.
Puis Langar est le père de Ratcatcher et Epirus, et par ce
dernier se trouve le grand-père de Pyrrhus I. Enfin Rubens
est représenté conjointement, il est vrai, avec Whalebone par
une foule de juments, filles de Defence; il est donc juste d'attribuer partie de leur sang à Buzzard.

269.— Les Blacklocks sont généralement connus pour leur
vilaine et commune apparence, leurs genoux creux, leurs fronts
plats et leur mine plébéienne, souvent avec trop d'air sous le ventre,
Il y en a pourtant quelques-uns qui ont été vites avec de bonnes
qualités de résistance, l'un de ses fils, le Tranby de M. Osbaldes
ton, était un cheval très-vigoureux, et la tâche qu'il accomplit
sous onze stones, dans le pari célèbre contre le temps, fera
toujours l'honneur à son père Blacklock. Il faut inscrire à sa
gloire les courses brillantes de Velocipède et de sa descendance,
et aussi les exploits de Voltaire et de ses fils Voltigeur, Tearaway et Charles XII. Mais presque tous les chevaux de cette
race pèchent par le caractère et sont, par conséquent, difficiles
à entraîner et à produire sur l'hippodrome toutes les fois qu'on
le voudrait.

270.— Tramp ressemble un peu à Blacklock pour le caractère général de ses descendants, cependant ils ont les membres
mieux faits, et quelques-uns ont été de bons chevaux de course
sans être tout à fait de première classe. Zinganee, Lottery et
Liverpool pouvaient tous soutenir les courses de distance, mais
ils étaient à peine assez vites pour gagner de grands prix.
L'on peut bien en dire autant de Lanercost, Sheet Anchor et
leurs descendants.

271.— L'on peut bien classer ensemble les Walton et les
Haphazard. Pour le sang, ils étaient presque identiques, prove-
nant de Sir Peter et de juments filles d'Eclipse ou de son fils
Dungannon. Ces deux étalons ont produit avec deux juments

différentes, descendant de Waxy, savoir : Walton, Partisan et Haphazard, Filho da Puta. De Julia, fille de Whiskey, Walton donna Phantom, autre célébrité de son époque. De tous ces pères, c'est aujourd'hui Partisan qui est le plus estimé, et le sang de ses fils Venison et Gladiator est considéré par bien des gens comme valant les meilleurs, aussi bien que celui de leurs descendants, Vatican, Alarm, Kingston et Sweetmeat. Rien ne peut surpasser la beauté de formes qui résulte de ces combinaisons du sang de Waxy et de Sir Peter, et il semble s'être perpétué dans tous les descendants qui brillent par leur air *pur sang*, avec des têtes arabes, des museaux fins, des yeux pleins, des encolures légères, de bonnes épaules, et aussi pour leurs jambes élastiques et résistantes avec de bons pieds. Cette particularité tient peut-être à la légèreté de leur coffre, qui ne charge guère les membres, et pourtant ils ont presque tous assez de fonds et surtout les Venisons. Comme père de bons chevaux de courses ; ramassant les prix de district, ils n'ont point de rivaux, mais généralement ils n'ont pas une vitesse de premier ordre, ce qui les a tenus en arrière quand ils couraient en très-bonne compagnie. Ils courront toute la journée et le lendemain aussi, et, quand les courses en partie-liée étaient en vogue, ils étaient sans prix pour les amateurs de cette pratique barbare. Je suppose que les juments de cette race rivaliseront encore avec les filles de Defence pour produire des coursiers bons, solides, et même des foudres de vitesse, si on leur donne des étalons convenables.

272. — Enfin viennent les Sorcerers, grands, vites et décousus ; il leur faut de la place pour déployer leurs moyens qui sont de nature à briller sur un terrain plat, et dans les courses en ligne droite plutôt que dans un petit hippodrome retréci. Il y a peu de jolis chevaux de ce sang, et quelques-uns sont particulièrement communs et gauches, comme les Melbournes ; mais toutefois leurs proportions sont assez justes pour frapper l'œil d'un connaisseur. Ils ont de grandes têtes, de vastes charpentes, de gros membres, de fortes articulations, des jarrets larges, l'arrière-main puissante, et sont propres à tout, excepté à tourner les coins, où ils se trouvent hors de leur élément. Tels sont les Soothsayers, les Comus, les Revellers, les Hymphrey Clinkers et les Melbournes. Il faut ranger dans la même catégorie les célèbres fils de ce dernier cheval, Sir Tatton-Sykes, West Australian et Oulston. Ils ont tous assez de vitesse pour

n'importe quel concours; mais il faut du temps pour remplir ces belles charpentes, et si on voulait en tirer tout le parti possible, il faudrait les réserver jusqu'à cinq ans. Somme toute, ce courant de sang peut être considéré comme ne le cédant qu'aux trois premiers que nous avons décrits, qui, pendant une longue série d'années, ont persisté à donner de bonnes qualités, mais pourtant en ne prenant qu'un seul point de comparaison, Melbourne l'emporterait peut-être sur n'importe quel étalon.

Section VIII. — Liste d'étalons modernes.

273.—La liste suivante comprend tous les étalons modernes les plus renommés, et la plupart de ceux du second ordre :

LISTE D'ÉTALONS MODERNES.

Alarm, bai	Venison Southdown, par Defence
Ambrose, noir	Touchstone Annette, par Priam
Annandale, bai brun	Touchstone Rebecca, par Lottery
Archy, bai brun	Camel Garcia, par Octavian
Backbiter, bai brun	Gladiator ou Don John Scandal, par Selim
B. Middleton, bai	Sultan Cobwell, par Phantom
Bessus, bai brun	Bay Middleton Brown Bess, par Camel
Birdcatcher, alezan	Sir Hercules Guiccioli, par Bob Booty
Birkenhead, bai brun	Liverpool Arachne, par Filho da Puta
Bishop de Romford Cob, bai brun	Jereed Jemina, par Count Perro
Bk. Prince, bai brun	Queen of Trumps Par Velocipede
Burgundy, bai	Ishmael Caroline, par Drone
Buckthorn, bai	Venison Zella, par Emilius
Cœsar, bai	Sultan Cobweb, par Phantom
California, bai	Emilius Filagree, par Soothsayer

Calmuck, bai	{ Zinganee Sœur de Pastille, par Rubens
Gariboo, bai	{ Venison Jamaica, par Liverpool
Catesby, bai	{ Slane Cobweb, par Phantom
Chabron, bai	{ Camel Fanny, par Whisker
Chanticleer, gris	{ Birdcatcher Whim, par Drone
Chatham, alezan	{ Colonel Hester, par Camel
Collingwood, bai	{ Sheet Anchor Kalmia, par Magistrate
Connaught Ranger, alezan	{ Harkaway Guiccioli, par Bob Booty
Confessor, bai	{ Cowl Forest Fly, par Mosquito
Cossack, alezan	{ Hetman Platoff Joannina, par Priam
Cotherstone, bai	{ Touchstone Emma, par Whisker
Cowl, bai	{ Bay Middleton Crucifix, par Priam
Darkie, bai brun	{ Sir Hercules Dark Susan, par Glaucus
Danl. O'Rourke, alezan	{ Birdcatcher Forget-me-not, par Hetman Platoff
Drayton, bai	{ Muley Prima Donna, par Sootshsayer
Essedarius, alezan	{ Gladiator Velocipede Mare
Fallow Buck, bai	{ Venison Plenary, par Emilius
Falstaff, bai brun, et Flatcatcher, bai	{ Touchstone Decoy, par Filho da Puta
Faugh a ballagh, alezan	{ Sir Hercules Guiccioli, par Bob Booty
Filius, bai	{ Venison Berthday, par Pantaloon
Filbert, bai	{ Nutwith Celia, par Touchstone
Flying Dutchman, bai brun	{ Bay Middleton Barbelle, par Sandbeck
Footstool, bai brun	{ The Saddler Tramp Mare

Fugleman, alezan	(The Saddler (Camp Follower, par The Colonel
Glenalvon, bai	(Coronation (Glenlui, par Sultan
Grecian, alezan	(Epirus (Jenny Jumps, par Rococo
Harkaway, alezan	(Economist (Naboclish Mare
Hero, alezan	(Chesterfield (Grace Darling, par Defence
Hobbie Noble, bai	(Pantaloon (Phryne, par Touchstone
Idleboy, alezan	(Harkaway (Iole, par Sir Hercules
Jericho, bai brun	(Jerry (Turquoise, par Selim
Joe Lovell, bai	(Velocipede (Cyprian, par Partisan
John o'Gnt., alezan	(Taurus (Mona, par Partisan
Kingston, bai	(Venison (Queen Anne, par Slane
Launcelot, bai brun	(Camel (Banter, par Master Henry
The Libel, bai brun	(Pantaloon (Pasquinade, par Camel
Longbow, bai	(Ithuriel (Miss Bowe, par Catton
Malcolm, alezan	(The Doctor (Myrrha, par Malek
Mathematician, bai	(Emilius (Maria, par Whisker
Melbourne, bai brun	(Humphrey Clinker (Cervantes Mare
Merry Monarch, bai	(Slane (Margravine, par Little John
Meteor, alezan	(Velocipede (Dido, par Whisker
Mountain Deer, bai	(Touchstone (Mountain Sylph, par Belshazzar
Neasham, bai	(Hetman Platoff (Wasp, par Muley Moloch
Newcourt, bai	(Sir Hercules (Sylph, par Spectre
Newminster, bai	(Beeswing, par Doctor Syntax (Touchstone

Nutwith, bai	Tomboy Comus Mare
Omroa	Arab Gazelle Young Duchess, par Walton
Orlando, bai	Touchstone Vulture, par Langar
Pelion, bai brun	Lanercost Ma Mie, par Jerry
Phlegon, bai	Sultan ou Beiram Lucetta, par Reveller
Pitsford, alezan	Epirus Miss Harevood, par The Saddler
Planet, bai	Bay Middleton Plenary, par Emilius
Pompey, bai	Emilius Variation, par Bustard
Pottinger, bai	Plenipotentiary Enterprise, par Defence
Pyrrhus I.. alezan	Epirus Fortress, par Defence
Ratan, alezan	Buzzard, fils de Blacklock Picton Mare
Ravensbone, bai	Venison Specimen, par Rowton
Red Hart, bai et Red Deer, bai	Venison Une fille de Soldier, par The Colonel
Retriever, alezan	Recovery, fils d'Emilius Taglioni, par Whisker
Robert de Gorham, bai brun	Sir Hercules Duvernay, par Emilius
Russborough, alezan	Tearaway Cruiskeen, par Sir Hercules
Safeguard, alezan	Defence Selim Mare
Selim (arab)	
Sensation, bai brun	Slane Adela, par Emilius
Sir Tatton Sykes, bai	Melbourne Margrave Mare
Slane, bai	Royal Oak Orville Mare
Stockwell, alezan	The Baron Pocahontas, par Glencoe
Storm, bai	Touchstone Ghuznee, par Pantaloon

St. Lawrence, bai brun	Skylark ou Lapwing Helen, par Blacklock
Surplice, bai	Touchstone Crucifix, par Priam
Sweetmeat, bai	Gladiator Lolly Pop, par Voltaire
Tadmor, bai brun	Ion Palmyra, par Sultan
Tearaway, bai brun	Voltaire Taglioni, par Whisker
Teddington, alezan	Orlando Miss Twickenham, par Rockingham
Theon, bai	Emilius Maria, par Whisker
Touchstone, bai brun	Camel Banter, par Master Henry
Vatican, bai	Venison Vat, par Langar
Voltigeur, bai brun et Vortex, bai brun	Voltaire Martha Lynn, par Mulatto
Ugly Buck, bai	Venison Monstrosity, par Plenipotentiary
Weathergage, bai	Weatherbit Taurina, par Taurus
Weatherbit, bai brun	Sheet Anchor Miss Letty, par Priam
West Australian, bai	Melbourne Mowerina, par Touchstone
Windfall, bai	Fitz Orville Vat, par Langar
Windhound, bai	Pantaloon Phyrne, par Touchstone
Woolwich, alezan	Chatham Clementine, par Actæon
Woodpigeon	Velocipede Amina, par Sultan

Section IX. — Étalons propres à produire des chevaux de course.

274. Après avoir donné la liste des divers chevaux de pur sang employés comme pères, les uns ne produisant que des chevaux de course, les autres des animaux pour tous les services, je vais d'abord mettre à part ceux qui produisent principalement pour le turf. Plusieurs d'entr'eux sont applicables au double projet d'élever des chevaux de course et de faire des hunters, des

hacks et des carrossiers de ceux qui ne réussissent pas sur l'hippodrome.

1° *Les Waxis presque purs produits en dedans*, ayant naturellement des alliances avec d'autres familles, mais dans tous les cas issus principalement du sang de Waxy. Ce sont Cotherstone, The Baron, Chanticleer Chatham, Chabron et Idle Boy. Ce courant s'adapte parfaitement à la formation d'un haras général parce que les produits ont beaucoup de chances pour faire des hunters ou des hacks, s'ils n'ont pas de succès comme coureurs.

2° L'union du sang de Waxy avec celui d'Orville qui se voit dans Retriever, Drayton, Ambrose, Robert de Gorham, The Horot, Mathematician et Theon. Ces étalons sont à peu près aussi bons que ceux du n° 1 pour produire des chevaux propres à tout, mais je crois qu'ils donneront moins de chevaux de course de premier ordre.

3° Le sang de Buzzard, non sans mélange, mais comparativement tel, se trouve dans Epirus, Bay Middleton et The Flying Dutchman, et a plus de chances pour donner des coureurs de premier ordre que des chevaux d'un service général.

4° Le sang de Waxy, Orville et Buzzard réuni dans les célèbres étalons suivants.—Touchstone, Orlando, Surplice, Windfall, Longbow, The Libel, Hobbie Noble, Windhound, Assault et Storm. Ici nous trouvons le meilleur sang pour les courses qui existent au monde, avec des variétés de mérite, mais toujours plus ou moins bon.

5° *Les familles de Orville et Buzzard* réunies comme dans Pompey, Cowl et Glentilt. C'est un bon sang pour les courses, mais il ne vaut pas les n°ˢ 3 et 4.

6° *Le sang de Waxy et Buzzard* tel qu'on le trouve réuni dans Coronation, Pyrrhus I, Stockwell, Safeguard, Newcourt, Pitsford et Bessus. Très bon sang donnant du fonds et de la vitesse, mais il faut une infusion d'Orville pour le mettre à hauteur du n° 4, et, par cette raison, il convient pour saillir les juments de cette origine.

7° *Les Blacklocks* représentés par Hetman Platoff, Tearaway, Neasham et Rathan. Cette famille était récemment tout-à-fait passée de mode, mais le succès extraordinaire de Wild Dayrell, descendant de Blacklock des deux côtés de sa généalogie, peut fort bien lui faire reprendre son ancienne faveur.

8° *Le sang de Tramp*, que l'on ne trouve guère sans mélange que dans Weatherbit, Lanercost et Collingwood, est d'une utilité douteuse.

9° *Les Partisan et les Filho da Puta,* que l'on trouve dans Venison et ses fils Alarm, Kingston et Vatican, et aussi dans Sweetmeat, Colwich et Giovanni. Pour les particularités relatives à ce courant, voyez paragraphe 271.

10° *Le sang de Sorcerer,* qui consiste principalement en Melbourne (maintenant presque usé), et ses fils West-Australian, Sir Tatton Sykes et Oulston. Le premier de trois est plus Waxy que Sorcerer ; le second est mêlé d'Orville et de Cervantes, et le troisième est à peu près de cette dernière combinaison. Au paragraphe 272, on trouvera un commentaire complet sur ces étalons.

Section X. — Étalons propres à produire des hunters et des steeple-chasers.

275.— En dehors de cette liste d'étalons modernes, qui en raison de la pureté de leur origine conviennent plus ou moins pour remplir les intentions de l'éleveur, il y a bon nombre d'étalons qui proviennent de beaucoup de mélanges et de croisements, mais qui par cela même, à mon avis, ne promettent pas de donner d'aussi bons chevaux de course, et cependant ont beaucoup de chances pour bien produire le hunter ou le cheval de service. Pour ce genre de produits, rien ne remplit mieux le but que d'allier le sang de Waxy, Orville et Sorcerer, ou seulement celui des deux premiers, avec quelques-uns des descendants de Sir Peter ou de Woodpecker ; mais, dans tous les cas, il faut s'assurer de la qualité de leurs épaules et les choisir francs de tares. Ainsi Drayton a été remarquable en ce genre, ainsi que Windfall, et Retriever qui donne les mêmes espérances. De tous les courants de sang, celui de Waxy semble le plus efficace pour avoir des produits dignes de faire des hunters, et, quand on le trouve réuni à une taille suffisante, dans un animal suffisamment osseux et développé, l'on est à peu près sûr d'avoir un hunter. Le caractère, la constitution, l'action et le cœur, sont toujours bons dans cette famille, il ne reste qu'à trouver les conditions de taille et de charpente. Defence est le père d'un grand nombre de bons hunters, tant par la ligne directe que par Safeguard et Bath, ses fils. Chatham, Cotherstone, Annandale, Weathergage, Newminster, John o'Gaunt, Theon, The Hero, Chanticleer, Harkaway, Connaught Ranger, Footstool, Fugleman, Idle Boy, Newcourt, Ravensbone et Runborough sont du meilleur sang pour avoir *des hunters, avec la chance de trouver de temps en temps parmi eux un véritable cheval* de course, en les accouplant avec des fortes juments de pur sang d'une espèce ordinairement très osseuse et d'une bonne taille. Il ne faut pas songer à employer dans cette circonstance des chevaux qui ont peu de charpente, et c'est ce qui doit faire rejeter la race d'Épirus, qui a les os encore plus petits que les Waxys et qui dure encore moins. Tous les fils de Venison conviennent bien, surtout ceux qui sont croisés avec le sang d'Orville et de Whisker, comme par exemple, The Fallow Buck et Red Hart et aussi Vatican; mais j'ai peur que ce dernier n'ait le caractère un peu ingouvernable. En général ils donnent de bons hunters, mais sans action très relevée. J'ai déjà cité les familles de Lottery et de Tramp comme propres à donner des hunters et des chevaux de steeple-chase, et l'on doit faire cas des étalons suivants, si on les a à sa portée, d'autant plus qu'ils sont aussi croisés avec Waxy et ses descendants. Ce sont Birkenhead, Sir Peter Laurie, Footstool, Meteor, Sweetmeat, Tearaway, et son fils Kingstown. Ils semblent aussi presque tous faits pour produire de bons hacks, mais le sang de Buzzard et de Whalebone semble convenir mieux que presque tous les autres, excepté les Touchstones, qui ne valent rien pour cet objet. D'un autre côté, Defence, qui a la même origine, mais sans croisement avec Orville, est fameux pour donner de bons hacks, et bien des chevaux de sa famille ont été des trotteurs très vites et très beaux, comme par exemple Safeguard et Rector. Le premier de ces chevaux, bien qu'aveugle, pouvait dans son bon temps se rassembler et trotter avec n'importe quel cheval de pur sang dans le monde, et l'autre pouvait faire ses seize milles à l'heure avec douze stones sur le dos.

276.—Les Arabes modernes n'ont pas servi à grand chose dans ces derniers temps pour l'amélioration de nos produits, soit en chevaux de course, hunters ou hacks. Le colonel Angerstein essaya de croiser Marengo, cheval de guerre arabe de Napoléon, avec plusieurs bonnes juments; mais pas un des produits n'a atteint l'apparence d'un cheval de course ordinaire courant pour le prix de district. La même chose est arrivée aux quatre Arabes du haras du dernier monarque, et la dernière fois que l'on ait *rencontré* avec ce sang, c'est en 1806

que l'Arabe de Wellesley donna Fair Ellen. Elle fut mère de
Lilias, qui gagna les Oaks, et d'autres produits assez heureux ;
mais je crois que le moment ne fait qu'arriver pour pouvoir
recueillir tout l'avantage de cette nouvelle infusion de sang
oriental. Safeguard, qui est fils d'un arrière-petit fils de l'Arabe
gris de Wellesley, se trouvera, je crois, d'une grande utilité
dans les haras, si ses filles sont saillies par des chevaux réellement bons et bien nés. Malheureusement sa cécité a empêché
de l'employer avec des juments de valeur, tout autant que les
préjugés que l'on a contre le sang arabe moderne ; mais sa
santé et sa solidité générale, la nature exceptionnelle de sa
cécité, la bonté extraordinaire de ses membres et de ses pieds,
sa constitution hors ligne, ses succès comme père même, avec
les juments inférieures qu'on lui a données, toutes ces raisons
réunies doivent avoir décidé des connaisseurs comme MM. Et-
wall a pousser plus loin l'expérience, et l'on peut espérer que,
dans ses vieux jours, il aura quelques juments d'une nature et
d'un sang distingué. Autrefois, l'on supposait que la jument
arabe était le *desideratum*, et que son emploi ferait un perfectionnement dans les haras ; mais on n'a rien gagné à cet essai.
Leurs membres et leurs pieds résistent bien, et, sous ce rapport,
elles amélioreraient certainement nos chevaux de route ; mais
elles sont inférieures en taille, en force, en fonds, en allure, et
leurs descendants immédiats sont invariablement battus par le
cheval de course anglais.

Section II. — Pères de trotteurs.

277.—Si l'on veut élever des chevaux de ce genre, il faut
prendre une jument de trot et la faire saillir par un trotteur
comme *The Norfolk Phenomenon* ou *The Wonder*, à Duddling-
Hill ; moins on y mettra de pur sang oriental, mieux cela vaudra, et si l'on veut un croisement bien décidé, il faut chercher
en Amérique. Plusieurs de nos familles de chevaux de course
donneront des produits ayant une bonne allure de trot, convenables pour les hacks et les chevaux d'attelage, mais qui ne suffit pas pour des paris. Dans ces luttes, il faut une puissance de
trot extraordinaire, et presque tous les chevaux qui en sont
doués sont en état de trotter plus vite qu'ils ne peuvent galoper,
en quoi ils diffèrent essentiellement du cheval de course oriental.
Ce sont deux races qui ne se mêlent pas bien et qu'il faut tenir
soigneusement séparées, par la raison de cette différence dans

leur action, de sorte que, quand on les croise, vous voyez cons
tamment l'avant-main qui trotte, tandis que l'arrière-main galope, comme parmi les bidets de boucher.

Section XII. — Remarques définitives sur l'élève des chevaux.

278. — Dans les deux derniers chapitres, j'ai essayé de
montrer quelles étaient les règles les meilleures et les plus sû-
res pour produire des chevaux de toute espèce vites et vigoureux. Il est universellement reconnu que nous possédons une
race supérieure en vitesse à toutes les autres, et aucun cheval
de sang réellement étranger n'osera disputer la palme en Angleterre ou à une distance raisonnable de ce pays. Avec la
grande remise de poids que l'on accorde pour la coupe de
Goodwood, l'on ne voit jamais concourir que des chevaux de
sang anglais, et bien que quelques animaux nés à l'étranger
aient réussi, il faut remarquer qu'ils descendaient, sans exception, de notre sang le plus estimé, comme cette année Baron-
cino par The Emperor, et encore il a gagné à grand'peine,
quoique recevant 22 livres de Oulston. Mais il est parfaitement
absurde de supposer que nos chevaux, habitués depuis bien des
générations à toute espèce de soins, puissent supporter la mauvaise nourriture et l'inclémence des saisons, comme d'autres
élevés dans une lande. Autant vaudrait espérer de voir un
Anglais prospérer à Sierra Leone comme un indigène, que
s'attendre à trouver gras et bien portants nos chevaux sybarites,
en les réduisant à une petite ration d'orge et de paille moisie,
ou a du fourrage encore plus mauvais. Comme leurs maîtres,
ils ont besoin d'une forte nourriture, et comme eux ils sauront
battre l'univers entier. S'ils en sont privés, ils deviennent malades et tombent graduellement, jusqu'à être battus par l'âne
d'un colporteur qui se nourrirait, s'il le fallait, avec leur vieille
litière. Originaire des climats chauds, le cheval, dans tous
les cas, a besoin d'une bonne nourriture pendant nos hivers
rigoureux, et s'il est possible d'une écurie chaude, mais c'est
surtout la nourriture qui est indispensable. Si le cheval en
manque, il donnera bientôt des signes évidents de souffrance.
Il faut donc tout prendre en considération, quand on élève
pour un objet particulier, et si l'on veut des chevaux de guerre
robustes, capables de supporter le froid, l'humidité et la
faim, on ne peut dans notre patrie les obtenir que dans les
montagnes du pays de Galles ou d'Irlande, et là encore ils

sont rarement de bonne taille. Beaucoup de nos meilleures juments sont gâtées par le froid et les privations, quant à la fin de l'année on les sort d'une écurie d'entraînement pour les laisser dans un pâturage où elles éprouvent toutes les rigueurs du climat. Puis on leur donne un étalon excité par la chaleur et la nourriture stimulante, et le résultat se trouve un poulain malsain et mal conformé, qui ne ressemble ni au père, ni à la mère. L'on devrait beaucoup plus soigner la santé des deux, et partager avec le harem l'avoine de l'étalon. Il est très-important que les éleveurs apportent plus de soin à choisir des parents exempts de maladies héréditaires. Certes, un étalon qui n'aurait pas travaillé, serait plus propre à la reproduction que celui qui aurait été épuisé à force de courses; maintenant il est tout aussi vrai qu'un cheval qui a été essayé et que l'on n'a pas trouvé en défaut, a plus de chances de bien produire que celui qui a échoué à cause de son manque de vitesse ou de ses tares ou de son mauvais caractère et irritabilité excessive. C'est pourquoi l'on a maintenant l'habitude fondée sur de justes observations d'essayer un cheval pendant une ou deux saisons, et s'il réussit, de le consacrer à la reproduction.

Souvent il gagnera ainsi plus d'argent que s'il avait une suite de succès dans les seuls prix que puisse remporter un cheval âgé d'une bonne nature, comme les Plats de la Reine, et le petit nombre de bonnes courses où l'on porte le poids pour l'âge. Ainsi The Flying Dutchman peut être coté comme rapportant deux mille livres sterling par an, Melbourne pendant ces dernières années encore plus, Pyrrhus Ier à peu près la même somme, et d'autres chevaux en proportion de leur sang et de leur mérite. Sous ce rapport la mode est souveraine, et un cheval dont la liste de souscription a été remplie cette année peut fort bien à la prochaine saison être presqu'abandonné. Tout dépend du nombre de ses produits qui auront été vainqueurs dans l'intervalle. Il y a peu d'années, les juments issues de Defence s'obtenaient aux prix des hacks, maintenant vous ne pouvez les avoir ni pour or ni pour argent. Jusqu'à ce que Sir Tatton Sykes eût gagné le Saint-Leger et eût dû gagner le Derby s'il eût été convenablement monté, Melbourne ne valait que cent livres ou bien peu de chose en plus; alors il commença à obtenir de la valeur, et après le succès de West Australian il commença à gagner ses 2,000 liv. ster. par an. Il en fut de même pour Birdcatcher, tandis que d'un autre côté Harkaway commença à saillir à 100 guinées et se trouve maintenant à 20 guinées. Whalebone à l'âge de sept ans, après avoir gagné le Derby, fut vendu pour 160 livres à lord Jersey, pendant que son frère Whisker fut acheté sans l'essayer 500 livres à la même vente, et quoi qu'il ait aussi gagné le Derby, il n'a pas eu tout à fait autant de succès comme producteur. L'élève des chevaux est sans doute une loterie et l'on ne doit pas s'en étonner, quand on songe combien il y a peu de différence entre le premier et le dernier cheval d'une course. Supposons que l'on entre 40 poulains dans une poule et que 30 se présentent au poteau, il n'y aura probablement pas deux secondes d'intervalle entre le passage au poteau du premier et du dernier. Nous supposons que tous vont jusqu'au poteau d'arrivée, et nous comptons 30 yards par seconde, de sorte qu'après tout il ne faut pas s'étonner si dans tant de cas l'on ne peut réussir à regagner ces deux secondes. La moindre fatigue dans la machine ou la moindre disproportion dans ses parties peut avoir ce résultat, et il faut peut-être moins s'étonner de la quantité des non valeurs que du nombre d'animaux produits à deux ou trois secondes les uns des autres. Il y a toutefois une chose certaine, que sans un jugement droit l'on ne peut espérer aucun succès durable, et bien que la mauvaise fortune puisse renverser les plans les mieux combinés, cependant il faut pour réussir quelque chose de plus que du bonheur. La persévérance est une autre qualité essentielle, et si l'on en manque, il ne faut pas s'étonner si les lauriers semés d'après les principes de la science viennent couronner tout autre concurrent. La continuité des non succès est très-décourageante, mais si on supporte son malheur en homme, tout finira généralement par une série d'événements tout à fait d'un ordre différent : mais lorsque la mauvaise chance cause moins d'insuccès que la fraude et la friponnerie, l'on ne peut s'étonner de voir les plus ardents soutiens du turf se retirer. Il faut toutefois espérer qu'en prenant ce parti, ils continueront à élever une autre espèce de chevaux tout aussi utiles et faits pour perfectionner nos hunters, nos hacks et nos chevaux de cavalerie, et pour conserver notre réputation de possesseurs d'une race chevaline sans rivale en Europe.

CHAPITRE II.

ENTRAÎNEMENT POUR LES PÉDESTRIANS ET AUTRES.

Section Ire. — Traitement préparatoire.

292. — Remarques générales. Il y a un fait incontestable.
c'est qu'aucun animal ne fait autant de progrès par suite de
l'entraînement que l'homme ; aucun ne résiste avec avantage
à une aussi longue et sévère préparation, et aucun ne montre à
un plus haut degré la différence qu'il y a entre *la condition* et
l'état naturel. Après l'homme, vient à cet égard le cheval de
pur sang, qui, assurément, montre cette qualité presque au
même degré ; mais cependant l'avantage est encore du côté
de l'homme, qui peut sans inconvénient supporter des épreuves
répétées de ses forces jusqu'à la dernière limite. Le cheval de
course, au contraire, demande le plus grand soin pour éviter
que le travail constant ne détruise sa vitesse, ou, ce qui est encore pis, son caractère. Mais il ne suffit pas de mettre un
homme en état d'accomplir certains exploits de force et d'activité, l'entraînement doit le mettre en disposition de les faire
avec plaisir et même avec avantage pour la santé en général.
Ceci établit un grand principe, que tout homme sachant le
prix de la santé doit avoir constamment en vue, savoir : que
personne ne doit jamais concourir pour une prouesse d'agilité
ou de force avant d'avoir subi une préparation qui le mette en
état de réussir sans mauvais effet pour sa santé. Par exemple,
un homme *en condition* peut ramer dans une course de trois ou
quatre milles, dans laquelle il fait des efforts extrêmes jusqu'à
être presque aveugle en arrivant, et cependant en sortant du
bateau il n'aura plus rien, et pourra recommencer une demi-
heure après. Le même homme, hors de l'état d'entraînement,
sera plusieurs minutes ou même plus longtemps à demi ou
complétement évanoui, et ne sera ranimé que par des stimulants qui le mettront hors d'état de continuer à mettre à l'é-
preuve sa constitution, d'ailleurs très forte. L'énergie naturelle
remplacera quelquefois l'entraînement ; mais il y a des exemples sans nombre de santés ruinées par les appels faits à cette
précieuse qualité, tandis qu'un peu de soins et d'abstinence
auraient prévenu un malheur aussi irréparable. Dans pres-

que tous les cas il est fort difficile de mettre un homme de bonne constitution, mais qui a dérangé sa santé par un mauvais régime, en état de suivre un entraînement sans inconvénient. Non-seulement, en effet, il faut quelque talent pour savoir ce qu'il y a à faire, mais il faut un grand empire sur soi-même pour éviter ce qui doit être défendu. Presque toujours la santé se trouve dérangée par un excès d'un genre quelconque, et souvent par une complication d'excès aussi variés que le permet l'imagination humaine. Mais il est extraordinaire de voir combien la prévision d'une régate à Putney entre les rameurs d'Oxford et de Cambridge, ou un pari de pedestrianisme ou toute autre lutte de ce genre, met un viveur à même de résister à toute tentation et de se soumettre en anachorète à toutes les règles prescrites pour son entraînement. A toutes les offres séduisantes, sa réponse est « non, c'est mauvais pour l'entraînement. » Sans doute, il n'en est pas toujours ainsi ; mais cela à lieu généralement, et l'on a souvent plus d'énergie à dépenser pour résister aux tentations que pour soutenir les efforts physiques qu'exigent les courses de ce genre. Il y a deux genres d'excès qui peuvent avoir produit l'état maladif que je suppose, savoir : les excès de manger, boire, etc., et excès de travaux littéraires et autres occupations sédentaires. L'un et l'autre abus détruiront la force de l'estomac, et par ce fait toute l'organisation, et chacun de ces cas demandera pour rétablir l'équilibre de l'estomac un traitement différent. Les choses changeront aussi considérablement suivant la position sociale, les habitudes et la constitution naturelle de chaque individu. Par exemple, le fils d'un gentleman, élevé généreusement, va à l'Université et se livre à des excès de vin, fumée, etc., prenant toutefois beaucoup d'exercice. Pendant quelque temps, la force naturelle de sa constitution le met à même de supporter les ravages des doses excessives de vin et de tabac ; mais bientôt sa main commence à trembler, il n'a plus d'appétit pour les aliments solides, ses yeux deviennent rouges, son sommeil est interrompu et ne le rafraîchit plus, et il se trouve menacé d'une attaque de *delirium tremens*. Si dans un pareil état on veut le soumettre à un entraînement, cette terrible maladie se déclare tout de suite, ou bien, dans des cas moins extrêmes, l'estomac refuse son service et le travail prescrit ne peut s'opérer par suite d'étourdissements, de faiblesse, de nausées ou de migraine. Toutefois, avec un peu de temps et de soin l'on peut changer cet état de choses. Mais prenons l'exemple d'un jeune homme de classe inférieure élevé dans la sobriété et l'abstinence, et que les circonstances mènent à pouvoir se procurer toutes les joies du cabaret. C'est sa seule ressource, il n'a point de chasse à courre, de cricket qui fassent diversion, point de séances littéraires, il s'en suit que le tabac et la bière commencent la journée, le tabac et les spiritueux servent à la clore. Tout d'un coup cet homme s'aperçoit que son énergie disparaît, que son esprit est triste et affaibli, que son corps est faible, flasque et flétri; dans un heureux moment il s'imagine de se mettre à ramer ou à reprendre quelque exercice, autrefois pratiqué, et le voilà parti sur la rivière ou sur la route. Que s'en suit-il? Au lieu de se sentir mieux, il est complétement épuisé et peut être à jamais découragé et dégoûté de toute entreprise de ce genre. Par le fait, il demande un traitement bien plus suivi pour le mettre en santé athlétique que l'étudiant d'Oxford ou de Canterbury, parce qu'il a bien plus changé ses habitudes premières, parceque l'absorption de la bière et des liqueurs a été plus incessante, parce que les chambres où il a vécu étaient moins bien ventilées, et enfin, parce qu'il a pris peu ou point d'exercice. Il est certainement extraordinaire de voir quelle quantité de boissons fermentées l'on peut absorber sans grand dommage, pourvu que l'on prenne régulièrement une dose correspondante d'exercice. J'ai moi-même connu des jeunes gens qui consommaient pendant plusieurs mois de un à deux gallons par jour d'ale forte, sans compter les bouteilles de vin par occasion, sans que cela leur fît grand mal. L'un des plus énergiques rameurs que j'aie connus, avalait tous les jours cette quantité de liquide, et continue encore sans qu'il y paraisse. Il est vrai que que ce gentleman est toujours en marche à pied ou à cheval, et a naturellement une constitution de fer. Mais il y a une tâche bien plus difficile pour l'homme qui est resté 12 à 18 heures par jour sur les livres pour gagner ses degrés littéraires, et qui, voyant sa santé s'en aller, veut concourir pour des couronnes d'un autre genre. Dans ce cas, le système nerveux a été fatigué, à l'aide du thé vert, de linges mouillés sur la tête, et peut-être de beaucoup de tabac; il s'ensuit que le système musculaire ne peut supporter de travail, et qu'au moindre exercice les membres deviennent raides et engourdis. Cet état de choses demande plusieurs semaines et même plusieurs mois pour que l'organisation puisse supporter le travail, parce que les muscles n'ont plus de solidité et que les nerfs sont trop irritables pour pouvoir les stimuler avec la constance et la régularité essentielle pour le succès. La même chose arrive souvent dans le comptoir du négociant. Un jeune homme est enfermé dix ou douze heures par jour devant un pupitre et un grand livre, il n'a pas de temps pour prendre d'exercice, et son système nerveux est stimulé à l'excès par des calculs incessants et par la vue continuelle du papier blanc, il attrape la fièvre de bureau, maladie qui rend bien des jeunes gens incapables de rester plus longtemps victimes de ce genre d'esclavage. Quelques-uns remédient à cet état contre nature en se levant de bonne heure et et prenant l'exercice de la marche, de l'équitation ou de la rame. C'est un système qui peut rendre de grands services si l'on s'y met avec précaution, mais il faut de la prudence au commencement, et il ne sert à presque rien, si on le continue sans observer les prescriptions que je vais essayer d'indiquer.

293. — *Traitement pour le viveur qui a des habitudes d'activité.* J'ai déjà fait observer que le viveur qui a ordinairement pris une dose convenable d'exercice a une tâche comparativement aisée, s'il a la force de se commander et de renoncer aux habitudes contractées. Mais cela doit se faire avec précaution; bien des gens ont gagné le délirium tremens en abandonnant subitement l'usage des stimulants. La meilleure méthode consiste à substituer de l'ammoniaque sous une forme quelconque à une portion de l'alcool habituellement consommé, et dans ce but il faut prendre une ou deux fois par jour le breuvage suivant, et même plus souvent, si l'on éprouve cette affreuse impression d'accablement, qui fait tant souffrir ceux qui veulent renoncer aux excès de vin et de tabac. — Prenez 10 grains de préparation aromatique, de sel volatil, une drachme, de bi-carbonate de soude, 5 grains, de teinture de gentiane une drachme, d'eau, une once; mêlez. La quantité de bière, vin ou spiritueux, doit se diminuer de moitié tous les deux ou trois jours, jusqu'à la ration fixée plus bas pour l'entraînement. *Le tabac doit être complétement supprimé.* J'ai trouvé invariablement que l'abstinence totale en fait de fumée de tabac était chose plus facile que la tempérance. Il n'y a pas autant de danger à s'en priver que pour le vin, les liqueurs ou la bière, et par le fait il n'y a même aucun danger; c'est l'inverse pour l'alcool. Je suis d'avis en consé-

quence, quand la constitution souffre par l'abus de la fumée
et de la boisson, de supprimer l'une tout d'un coup et absolument, mais d'avoir soin de ne se priver que graduellement de
l'autre mauvaise habitude. Quant au stimulant à adopter pendant l'entraînement, tout dépend des habitudes antérieures.
Dans beaucoup de cas, quand l'estomac n'est pas très bouleversé, la bière suffit : si elle est saine et sans mélange, c'est la
boisson la plus salutaire. Toutefois, dans bien des cas, il sera
nuisible de quitter soudainement l'usage du vin et des liqueurs
et de se mettre uniquement à la bière. Dans cette circonstance,
l'on peut se permettre de temps en temps un verre de grog à
l'eau-de-vie ou de vin de Bordeaux. Ce vin, quand on l'aime,
est excellent pour la diminution graduelle des stimulants. Il n'y
a pas de vin qui convienne mieux au système nerveux, et si on
le mêle avec de l'eau de seltz, on peut en consommer une bonne
quantité, quand on a été accoutumé à un plus fort stimulant.
Quand l'estomac est très dérangé, on peut épicer son vin et le
prendre chaud. Il ne vaut rien pendant l'entraînement, mais il
est excellent pour s'y préparer. Ceux qui ont fumé et bu à
l'excès ont excité leurs reins et leur peau à sécréter une quantité de liquide au-delà de leur rôle naturel. C'est un effort de
la nature pour se débarrasser d'un poison qui a été absorbé
dans l'organisme, mais l'effet ne cesse pas immédiatement
après la suppression de la cause. Il s'en suit que la soif continue, et qu'il faut l'apaiser avec quelque liquide. C'est pour cette
raison que je conseille le vin de Bordeaux et l'eau de seltz à
ceux qui peuvent en faire la dépense, et à ceux dont les finan-
ces n'admettent point un pareil luxe, du porter ou de la bière
amère, mêlés à proportion égale avec de l'eau de seltz. Dans ces
circonstances, il ne faut administrer les purgatifs qu'avec le
plus grand soin. Aucun viveur ne peut supporter une forte médecine apéritive sans dommage pour son organisation, et bien
que l'on y ait souvent recours, c'est une pratique qu'il ne faut adopter qu'avec les plus grandes précautions. Si le foie agit bien (ce
que l'on reconnaît à la couleur jaune ou brune des excréments)
l'on peut prendre une simple médecine noire, consistant en une
demi-once d'essence douce de séné avec une petite cuillerée à thé de sel dissous dans une once d'eau chaude; ou bien
on peut prendre le soir deux pilules compactes de rhubarbe.
Si, au contraire, les matières sont d'une couleur argileuse, il
faudrait prendre le soir cinq grains de pilules bleues, suivis de

la potion ci-dessus, le lendemain matin. Si les intestins sont relâchés et disposés à agir plus d'une fois par jour, il faudrait prendre deux ou trois fois dans la journée un verre à vin de décoction de quinquina avec une cuillerée de teinture compacte de quinquina. Si les intestins sont très relâchés on peut ajouter à chaque dose 20 ou 25 gouttes de laudanum, et si les dé· jections sont très-aqueuses avec des douleurs cuisantes, 25 ou 30 gouttes d'acide sulfurique pourront se mêler à cette potion avec avantage. Ce régime guérira presque toujours la diarrhée; il est aussi fort utile pour donner du ton à l'estomac et créer un appétit; mais si l'on a besoin de remèdes plus efficaces, il faut tout de suite se décider à faire appeler un médecin. Pendant tout le temps que l'on consacre à ce régime, il est de la plus grande importance que l'esprit soit occupé ou plutôt diverti de quelque façon. L'on ne peut trop insister sur ce point, car de là dépend en grande partie le rétablissement de la santé. Il n'y a peut-être pas de principe plus négligé, tant dans la préparation que dans l'entraînement lui-même, et c'est cependant celui dont on devrait se pénétrer le plus. D'abord l'exercice du corps sans amusement est une vraie corvée; il fatigue, mais ne répare pas les forces, tandis que si on le prend avec un peu d'entrain moral, la fatigue se sent à peine, et le peu qu'on éprouve se dissipe par une réaction qui invite à recommencer le même exercice. Que chacun observe le contraste entre la marche à pied et à cheval, sans but et sans compagnon, avec les mêmes exercices ayant un but déterminé, tel qu'une visite, et surtout en société d'un camarade amusant. En revenant d'une promenade dite de santé (sans doute parcequ'elle ne l'améliore en rien), l'on est fatigué et abattu, tandis que dans une excursion en société, l'on éprouve une gaîté proportionnée à son but et aux qualités agréables de son compagnon. Rien n'assure mieux la réussite d'un traitement de ce genre que de convenir avec une autre personne de s'entraider par l'exemple. Que deux personnes s'engagent sérieusement à se contrôler en cas de tentations, et à s'entr'amuser, soit en boxant avec les gants, ou faisant des armes, ou montant à cheval, ou se promenant à pied, ou tout autre exercice gymnastique. Cette méthode aidera au rétablissement de la santé de tous les deux, et il leur sera beaucoup plus facile de mettre le holà sur le voisin que sur eux-mêmes. Lors même qu'ils ne ne devraient pas suivre le même genre d'entraînement, la préparation est toujours la même, puisque, dans tous les cas, elle a pour but principal de renoncer aux aliments et aux boissons nuisibles, d'éviter de fumer ou faire l'amour, tout en prenant un exercice qui ait de l'agrément et qui donne une certaine fatigue au système musculaire sans l'accabler. Dans cette période, la nourriture doit être simple, mais variée. Le bœuf et le mouton rôti, souvent sous la forme de côtelettes ou de beef-steaks, avec tous les légumes qui plaisent, sont parfaitement convenables. La volaille, le gibier et le poisson ne font aucun mal ; la pâtisserie elle-même, si elle est bonne et simple, ne saurait nuire. Il vaut mieux remettre le régime sévère jusqu'à l'époque du véritable entraînement ; car il est rare que l'estomac puisse le supporter un peu longtemps. Au temps où nous vivons, il est à peine nécessaire de prêcher l'usage des grandes ablutions à l'eau froide tous les matins. Il ne faut pas chercher à se baigner pendant cette préparation, bien que dans l'été on puisse avec avantage se plonger une fois dans la rivière ou encore mieux dans la mer. Mais en toute saison tout le corps devrait être épongé chaque matin. Dans les temps très-froids, l'on prendrait de l'eau à la température de 60 à 65 degrés de Fareinheit. Le corps devrait se bien frotter avec du gros linge jusqu'à ce que la peau commence à briller. Il est avantageux de se faire aider dans cette opération. Si la réaction se produit promptement, l'on peut mettre une chemise de calicot ; mais, dans le cas contraire, pendant l'hiver, l'on peut mettre un gilet de flanelle sous la chemise. Cette précaution devient au reste rarement nécessaire, puisque ceux qui sont assez délicats pour en avoir besoin ne sont pas souvent en état d'affronter les fatigues d'un entraînement. Telle est la tâche relativement aisée qui se trouve dévolue à ceux qui ont continué à prendre beaucoup d'exercice concurremment avec un libre usage du vin, du tabac et tous leurs petits *et cætera*.

294.—Le traitement des viveurs indolents, qui ont eu les mêmes faiblesses épicuriennes, tout en laissant leur corps dans un repos absolu ou ne lui donnant que l'exercice nécessaire pour aller à leurs plaisirs, présente bien plus de difficulté. Il faut dans ce cas un grand empire sur soi-même, et malheureusement c'est la qualité qui manque ordinairement à ce genre de personnes. Peu de jeunes gens s'abandonnent de la sorte, à moins qu'ils ne soient d'une nature faible, cédant à toute importunité et incapable de résister à la tentation. Bien des hom-

mes pleins de force morale et physique ont été entraînés vers
la dissipation ou plutôt s'y sont jetés d'eux-mêmes par suite de
l'impétuosité de leur tempérament. Ces natures n'ont qu'à
prendre une résolution pour qu'une chose soit faite; ils se décident à prendre ou à laisser, et « *c'est un fait accompli* (1). »
Mais c'est bien différent pour l'homme d'esprit faible et vacil-
lant, eût-il un corps herculéen. Hélas! quarante fois par jour
il prend une résolution, et y manque aussi souvent ; il excite à
la fois la compassion et le mépris. Un tel homme peut être do·
miné par une volonté supérieure, mais il est rare qu'il ait la
force de se contrôler lui-même. La vue d'un cabaret lui présente de trop fortes tentations : il ne saurait y résister. Bien
que, sous le contrôle d'un autre, l'on puisse momentanément
tirer parti de lui, il vaut rarement la peine que l'on se donne à
son égard, puisque le moindre manque de vigilance peut causer
un écart qui bouleverse tous les bons effets des soins antérieurs.
Ici, la difficulté consiste à trouver de l'amusement pour le corps
et l'esprit, tant les habitudes d'intempérance et de paresse ont
causé de dégoût de tous les exercices, ou encore, dans bien des
cas, c'est l'indolence du corps et de l'esprit qui a mené à l'intempérance. Si toutefois l'on désire opérer le changement
d'existence au moyen de cette surveillance, il faut qu'elle soit
aussi graduelle que pour le régime déjà décrit et encore plus
graduelle, eu égard à la quantité et à l'espace d'exercice adopté.
Souvent un homme d'un bon naturel et d'un caractère facile
s'est adonné aux excès et à la paresse, et cependant, en sa
qualité de bon rameur, on a recours à ses services dans le bateau
de son collége ou de son université. Voici un cas où l'on peut
se donner un peu de peine pour le guérir, et c'est encore une
expérience fort hasardeuse. Le seul plan à suivre est de confier le pauvre garçon à une personne qui soit en état d'exercer
sur lui un contrôle ferme, mais tranquille, et de bien convaincre cette personne de la nécessité de surveiller son protégé à toute
heure du jour et de la nuit. Il devra marcher à ses côtés à pied
comme à cheval, et commençant par de courtes distances et les
augmentant graduellement. Que, par tous les moyens, il l'attire aux parties de cricket, aux courses de lévriers, de chevaux, enfin à tout amusement en plein air capable d'attirer son
attention et en même temps de tenir son corps en léger exer-

(1) **En français dans l'original.**

cice sans l'épuiser ; ramenez-le ensuite à la maison, faites-le dî·
ner modérément, puis après une partie de billard, d'échecs ou
de cartes qui dure une heure ou deux, persuadez-lui, s'il est
possible, de se mettre au lit. Ce n'est pas le cas de chercher à
diminuer le nombre d'heures de sommeil ; laissez-le couché
jusqu'à neuf ou dix heures du matin, parce qu'en raison de ses
habitudes antérieures, il aura besoin d'une dose de repos au-
dessus de la moyenne, et puis il y aura déjà bien assez de difficultés à le garantir des tentations pendant les heures où il sera
debout. De cette façon, ces deux classes d'hommes peuvent être
rendus à la santé, ou au moins être remis en état d'entreprendre le dur travail et le régime sévère que nécessite un entraînement pour une lutte quelconque. Les hommes de chacune de
ces deux catégories seront probablement beaucoup plus gros et
plus lourds qu'il ne le faudrait pour avoir leur maximum de
force ; mais cela n'arrive pas toujours, et quelquefois l'homme
qui a cédé à toute espèce de tentation a perdu du poids et le
recouvre ensuite quand il renonce aux stimulants qui ont bouleversé son estomac.

295. — *L'homme trop studieux*. — Avant de passer au traite·
ment des gens qui étudient trop, qu'il me soit permis de rappeler à ceux qui veulent briller par leurs travaux littéraires
que, sans la santé du corps, l'esprit n'est pas en état d'acquérir
de la science. Il est vrai que bien des personnes, après s'être
meublé la tête de faits, sont encore en état d'enseigner aux autres tout en étant devenus complétement valétudinaires ; mais,
dans cet état de souffrance, personne ne peut lutter pour lui-
même contre la difficulté. Bien du temps se perd et de la force
se dissipe par une excessive ardeur de lecture, et je demeure
fermement et pleinement convaincu que si l'on emploie bien
huit et au plus dix heures par jour, c'est-à-dire si l'on travaille très-sérieusement pendant ce temps, l'on aura accompli
tout ce que peuvent supporter les forces de l'esprit. Il restera
sept ou huit heures de sommeil et six ou sept pour les repas,
l'exercice, etc. Toutefois, peu de gens de tempérament ardent
et d'habitudes studieuses sont capables de proportionner leur
temps de cette façon ; mais ils peuvent bien compter sur le fait
déjà énoncé, qu'au delà de huit ou dix heures, ils ne gagne-
ront rien à pâlir sur des problèmes de mathématiques ou des
auteurs classiques. Si l'on suivait ce précepte, les conseils que
je vais donner deviendraient inutiles ; mais, par suite de la

constitution de l'esprit humain, il est probable qu'on ne l'observera guère. Il est inutile de faire observer que, pour un esprit bouleversé par des études littéraires ou des calculs mercantiles, le meilleur système est d'abandonner momentanément la lecture et l'écriture ; mais il est rare que cela soit praticable, et dans ce cas, tout ce que l'on peut faire, c'est de favoriser autant que possible la santé du corps pendant que la tension d'esprit dure encore. Aux hommes qui peuvent eux-mêmes régler leurs heures d'étude et qui ont un temps donné pour accomplir une tâche, je recommanderai énergiquement de ne jamais excéder huit heures par jour et même six, s'il est possible. Cette disposition leur laissera tout le temps de suivre l'entraînement nécessaire, et si la santé n'a pas été dérangée, et si la constitution est naturellement forte, l'on trouvera qu'à mesure que l'on pourra augmenter l'exercice du corps, l'esprit reprendra du ton. Revenons aux détails. Peu d'hommes voués à la lecture se décident à un entraînement avant d'être très-dérangés par la vie sédentaire, et il faut qu'ils observent certains soins préliminaires. J'insisterai d'abord pour qu'ils renoncent à la fumée, au thé vert et au café en dehors des repas. Ils éviteront toute surexcitation du cerveau et travailleront sans aucun stimulant contre nature. L'on se trouvera bien d'avoir deux pupitres pour lire, l'un étant assis et l'autre étant debout. Quand on s'appesantira et que l'on aura de la peine à fixer son attention étant assis, l'on changera d'attitude, et l'on n'aura plus besoin de thé vert ou de linges mouillés sur la tête. Je conseillerai ensuite de diviser les heures d'étude en deux périodes égales : la première commençant immédiatement après déjeuner, et la seconde immédiatement après le thé. De cette façon, tout le milieu du jour pourra être donné à la récréation, à dîner et à l'exercice ; et voici les heures que je propose comme les plus convenables, bien que par circonstance on puisse les varier quelque peu : Déjeuner à huit heures, lecture de huit heures et demie à midi et demi, léger lunch, composé d'un biscuit ou de sandwichs, avec un verre de bière amère ou de sherry mêlé à de l'eau ; exercice de midi et demi jusqu'à quatre heures et demie ; dîner à quatre heures et demie, repas du corps et de l'esprit jusqu'à six heures et demie ; puis prenez une tasse ou deux de café ou de thé noir, puis lecture pendant deux, trois ou quatre heures, suivant les circonstances. Couchez-vous ensuite. Au commencement de ce régime, l'exercice doit être très-doux et d'un genre amusant. Si l'on peut monter à cheval, tant mieux, quoique ce genre d'exercice ne soit pas assez fort pour faire partie d'un entraînement, excepté comme préparation pour la marche ou la course. Bien des gens peuvent se permettre un somme après dîner et s'en trouvent bien ; mais, en thèse générale, cela ne vaut rien. Cependant, si l'on se trouve la bouche fraîche en s'éveillant et s'il n'y a ni palpitations de cœur, ni flatuosités, je suis fort d'avis que cela est plutôt favorable. Le sommeil après le repas est instinctif chez tous les animaux, et certainement aussi chez l'homme. La raison pour laquelle on prétend qu'il est préjudiciable après dîner, c'est qu'il est si souvent interrompu, qu'il ne peut produire son effet. L'on sait qu'à toute heure le sommeil interrompu est nuisible, et si l'on ne peut l'obtenir sans beaucoup de chances de dérangement, il vaut encore mieux l'éviter tout à fait. Mais si l'on peut y consacrer une heure ou un peu plus, et que cela convienne au tempérament particulier de l'individu, l'esprit se sentira rafraîchi aussi bien que le corps, et après une tasse de thé ou de café, les études pourront se reprendre avec une nouvelle vigueur. Je viens d'indiquer comment l'homme studieux peut consacrer un temps suffisant à la conservation ou au rétablissement de sa santé, et aussi, comme nous le verrons plus bas, se mettre en mesure de se soumettre à un entraînement pour toute lutte *ordinaire* à la rame ou aux exercices d'agilité. Prenons maintenant les commis de bureau. Pour ceux-ci, les heures sont fixées, et tout ce que l'on peut faire doit se terminer avant neuf heures ou neuf heures et demie du matin, ou bien, pendant l'été, on peut s'exercer le soir après les heures de bureau. Malgré tout cela, bien des hommes se sont entraînés, mais c'est une besogne ardue et hérissée de difficultés. En hiver, il ne fait guère jour avant huit heures, et par conséquent il ne peut être question de suivre dans cette saison un entraînement régulier. À cet effet, la meilleure marche à suivre est de se loger de façon à être obligé à faire une bonne promenade pour aller et revenir du bureau soir et matin. Cela vaut beaucoup mieux que d'entreprendre une promenade sans but, car, dans notre climat, les obstacles que présentent les variations atmosphériques sont tels, que trois ou quatre fois par semaine on remettrait la promenade à un autre jour. Mais quand on *est obligé* de marcher par tous les temps, le bénéfice pour la santé se trouve assuré, et un Anglais se trouve de plus gratifié du privilége de grogner. Ainsi, en consacrant une heure seulement soir et matin à faire une marche de quatre milles jusqu'à son bureau ou comptoir, l'on aura pris assez d'exercice de corps pour pouvoir se maintenir en assez bonne santé pendant la mauvaise saison, et en été il est posssible d'étendre la promenade, et même, en se levant très tôt, de suivre un entraînement régulier. Pendant que nous traitons ce sujet, je voudrais pouvoir convaincre les directeurs des établissements où l'on réunit des jeunes gens pour affaires de commerce, qu'il faudrait un espace de temps réglé pour leurs repas. Je crois que l'on a l'habitude de faire dîner d'abord une moitié ou un tiers des jeunes employés, et puis, dès qu'ils ont rapidement avalé ce repas, ils sont remplacés par la division suivante. L'on considère ce système comme fort avantageux pour les propriétaires (je n'en suis pas très-convaincu), mais je sais que cela est fort préjudiciable aux employés. Dans bien des cas, l'on travaille dix heures par jour, et quelquefois plus, sans autre interruption que cette échauffourée qui tient lieu de repas. C'est plus que la nature ne peut supporter. Les garçons de ferme eux-mêmes, ou les ouvriers des fabriques, ont une heure pour le déjeuner et une autre pour le dîner ; après quoi ils reprennent leur travail avec une provision de force nerveuse. Les conséquences de cette longue contrainte de l'esprit et de l'énergie animale sont des moments d'accablement, pendant lesquels l'on commet des erreurs qui font plus que contrebalancer les prétendues économies de temps. Les conseils que j'ai donnés plus haut s'adressent principalement à ceux dont la santé est encore assez bonne pour permertte la continuation des études habituelles ou l'exercice d'un emploi. Mais il y a bien des cas où l'esprit et le corps sont tellement bouleversés, qu'il est non-seulement prudent, mais indispensable de renoncer à tout travail exigeant de l'attention. Ceci commence à sortir de ma partie, car, dans ce cas, il faut toujours appeler un médecin et suivre ponctuellement ses prescriptions. Cet état ne survient d'ailleurs guère sans de tels dérangements d'estomac que les remèdes et la diète ne deviennent indispensables, et alors, c'est le moment d'avoir recours à la direction et au contrôle moral d'un habile médecin. Il y a quelques personnes pour lesquelles il suffira de changement d'air, de voir une société agréable et de prendre un exercice modéré ; mais il est impossible de tirer une ligne

de démarcation, le mieux sera donc de consulter un homme de
l'art.

Section II. — L'Entraînement réel. — Soins généraux et régime.

296. — *Entraînement pour la marche.* — Quand on projette
une lutte à la course ou à la marche, une petite course avant
déjeuner pendant une demi-heure suffira pour vider les intestins grêles de leur dernier repas et préparer l'estomac pour le
déjeuner. Il serait fâcheux de différer plus longtemps ce repas,
surtout si, comme cela doit être, l'on n'a guère soupé que de
nom. Pendant une heure après déjeuner, c'est-à-dire jusqu'à
près de onze heures, le pedestrian devrait s'amuser selon ses
goûts, soit au billard, soit à tout autre jeu, mais à onze heures
il doit être revêtu de son costume de marche, en flanelle de la
tête aux pieds. Pour souliers il n'y a rien de tel que les em-
peignes en peau de chien, avec une semelle passablement
épaisse pour marcher, et beaucoup plus mince pour courir. De
onze heures à deux, ou deux heures et demie, la première
marche doit se soutenir sans s'arrêter un moment, ou du moins
cela s'observera après la première semaine qui sera consacrée à
augmenter graduellement les heures d'exercice de une heure
et demie à trois heures et demie de marche. Dans tous les cas,
le pédestrian doit être accompagné par son entraîneur qui doi
l'amuser autant que possible par ses anecdotes et sa conversa-
tion. Après dîner il faut donner une heure ou deux au repos
dans la position horizontale sur un matelas dur ou un canapé
en crin, après quoi il faut parcourir la même distance ou à peu
près. Il faut bien se persuader que les distances parcourues
dans l'entraînement doivent être proportionnées aux projets du
pédestrian. Ainsi pour se préparer à courir ou à marcher pendant une courte distance, il n'a qu'à se tenir en bonne santé et
s'y maintenir par les moyens indiqués ci-dessus. Quant à l'exercice, il suffit de consacrer deux ou trois heures à marcher ou à
courir. Un exercice plus prolongé tend à diminuer la vitesse,
mais si l'on veut s'entraîner pour une longue distance il faut
jusqu'à un certain point sacrifier de la vélocité. Il est hors de
doute que l'on perd presque entièrement sa vitesse, si l'on
s'exerce plus de trois ou quatre heures par jour, j'entends *la
vitesse* pour *cent ou deux cents yards*. Mais si le but de l'entraînement est d'atteindre la plus grande vitesse que l'on puisse soutenir pendant 10 ou 15 milles, alors il faut mettre à l'épreuve

la force de résistance, et l'entraînement doit consister beaucoup moins à franchir cette distance le plus vite possible qu'à la parcourir avec cinq milles en sus avec une allure moindre, avec des poussées à toute vitesse de temps en temps. L'entraîneur doit être lui-même un bon marcheur, et doit développer les moyens de son élève en marchant en compétition avec lui, ayant soin de ne pas le décourager en prenant la tête, même lorsque cela lui est facile. Il faut tout juste le stimuler par la concurrence, et cependant l'encourager en se laissant battre dans cette lutte amicale. Dans bien des cas, tout dépend du traitement moral, et bien des courses se perdent par l'anxiété que l'on ressent plusieurs jours et plusieurs nuits avant le moment de l'épreuve. Chez les autres animaux cette prescience de ce qui doit arriver n'existe pas, c'est la plus grande difficulté que l'on éprouve pour l'entraînement des hommes, dont plusieurs resteront sans sommeil pendant des nuits consécutives par inquiétude sur le résultat. Il faut donc que l'entraîneur encourage son homme par tous les moyens, et s'efforce de dissiper cette crainte de perdre, en lui inspirant dans toutes les occasions de la confiance dans ses moyens.

297. — L'entraînement pour la course est dirigé par des principes analogues à ceux que l'on applique pour la marche, si ce n'est que, pour les courtes épreuves, il est à éviter de faire trop d'exercices préliminaires *en courant*. La marche doit servir à améliorer la santé générale, et il ne faut faire à la course que la distance pour laquelle l'on doit concourir. Au delà de cette méthode, la course trop prolongée rend l'homme lent, et il est porté à laisser tomber ses mains, pratique fatale dans la course rapide. En préparant son homme pour ces courtes épreuves, l'entraîneur lui fera courir tous les jours deux ou trois fois la distance convenue et courra contre lui avec une concession de quelques yards d'avance, ce qui donne confiance, ou bien il comptera le temps juste mis par l'élève à parcourir le terrain et gardera pour lui le résultat obtenu. Quand la distance est plus longue, il faut la parcourir une ou deux fois tous les jours, suivant sa longueur, à une bonne vitesse et avec tout l'encouragement et l'animation que cause la concurrence avec l'entraîneur. Dans tous les cas d'entraînement pour de longues distances, cinq ou six heures par jour au moins doivent se consacrer à marcher et à courir, passant de l'un à l'autre comme soulagement dans les premiers temps ; mais à la fin, il faut tous

les jours dépasser un peu la distance fixée, à moins qu'elle ne se trouve être l'effort extrême des forces que l'on suppose au coureur. Dans ce cas, il se trouverait surmené s'il accomplissait sa tâche tous les jours, et il ne doit faire que ce que son entraîneur jugera pouvoir s'accomplir sans cet effet préjudiciable. Toutefois, l'homme supporte la fatigue d'une façon merveilleuse, et, si l'appétit se conserve bon et le sommeil profond, sans rêves et sans sursaut, l'entraîneur ne doit pas trop craindre que son homme travaille trop.

298.—*Réduction de la graisse.* — Il sera, je crois, généralement opportun de prescrire, avant de commencer l'entraînement sérieux, une médecine apéritive à dose ordinaire. Elle pourra consister en huile de castor ou en sel d'Epsom avec du séné appelée médecine noire, et, chez quelques personnes, les pilules de rhubarbe concentrée réussiront très-bien. Si le foie est engourdi (ce qui se connaît à la couleur pâle des excréments), il faudrait prendre le soir cinq grains de pilule bleue et le matin l'un des autres médicaments et répéter ces remèdes tous les deux ou trois jours, jusqu'à ce que la couleur devienne franchement brune ou jaune. Pour tout autre motif, il faut éviter les médecines apéritives, et l'on trouvera généralement qu'après la première dose, que je crois bonne pour nettoyer les entrailles de toute nourriture mal digérée, l'on n'en aura plus besoin. Il y a des hommes qui ont une telle abondance de graisse que leur poids s'élève à deux et même trois stones de plus qu'il ne devrait. Non-seulement il faut porter ce poids en perte sèche, mais la graisse elle-même gêne le mouvement des muscles et surtout l'action du cœur. L'on peut adopter deux méthodes de suée, l'une naturelle, l'autre artificielle ; mais chacune doit être mise en usage le matin, en ayant soin de se lever un peu plus tôt dans ce but.

299.—La suée naturelle se pratique en mettant un supplément de vêtements, particulièrement sur les parties chargées de graisse. Si donc les jambes sont dans ce cas, l'on doit mettre deux ou trois pantalons ; si l'abdomen est gros, alors on suspend au cou un double tablier de flanelle passant sous le pantalon ; si les bras et le cou se trouvent chargés, l'on met un, deux ou trois jerseys très-épais et l'on s'entoure le cou d'un châle de laine. Quand on est ainsi vêtu, une promenade un peu vive ou une course lente de quelques milles amène une transpiration abondante que l'on peut prolonger pendant environ une heure, soit en se mettant sous des couvertures à cheval, ou sous un lit de plume. ou en s'étendant devant un bon feu. Au bout de ce temps, il faut se mettre nu, en commençant par le haut du corps et frottant chaque membre avec de l'eau chaude mêlée de sel avant de l'essuyer avec du gros linge. Puis on doit faire bon usage des gants de Dinneford et s'habiller comme à l'ordinaire, en ayant soin de n'exposer chaque membre que le moins longtemps possible. Telle est la méthode naturelle.

300. — La suée artificielle consiste dans le système dont Preistnitz est l'inventeur et que d'autres praticiens ont tant employé dans ce pays. Voici en quoi il consiste : Le corps est mis à nu et enveloppé sur-le-champ d'un drap sorti de l'eau froide en le tordant, sans pour cela en faire sortir toute l'eau. Puis on roule le patient dans une couverture épaisse, y compris les bras, comme une momie, et on le met jusqu'au cou sous un lit de plume. Dans un quart-d'heure, ou un peu plus, la réaction s'opère, et une abondante transpiration ruisselle sur la face et sur tout le corps. Les hydropathes ont coutume de faire boire au patient une quantité d'eau froide, par petites gorgées à la fois, pendant le temps de la suée. Mais pour notre objet, cela ne vaudrait rien à cause du travail que cela donne aux rognons, ce qui affaiblit considérablement tout le corps. Quand cette suée a duré une heure ou une heure et demie, il faut tout retirer et puis verser de l'eau froide sur tout le corps, soit au moyen d'une douche en arrosoir ou d'un simple pot à l'eau ; puis on frictionne jusqu'à ce que l'on soit sec et on s'habille. Cette méthode artificielle expose beaucoup moins aux rhumes que la méthode ordinaire et ne donne pas la même fatigue ni le même épuisement. Elle donne aussi beaucoup de légèreté et d'élasticité et ses effets peuvent mieux se graduer. Elle a néanmoins l'inconvénient de rendre sujet aux furoncles qui, même sans cela, gênent souvent les rameurs. Quelle que soit la méthode adoptée, partout où il y a un amas de graisse il faut y entasser une quantité de vêtements, particulièrement si les épaules sont chargées et chevillées. Personne ne peut bien allonger les mains au delà des orteils si ses épaules ne sont pas libres ou si son abdomen est trop développé, et la première chose à faire, c'est de faire tomber la graisse, ainsi que je l'ai indiqué. L'une et l'autre de ces méthodes peuvent s'appliquer deux ou trois fois par semaine, et cela est fort préférable aux

suées pendant la nuit à l'aide de la poudre de Douvres ou tout autre médicament autrefois si en renom.

301. — *Emploi des liqueurs sudorifiques.* — Quelque méde· cine que l'on emploie pour exciter la transpiration, il se- rait imprudent soit de se laver à l'eau froide le lendemain matin, soit d'exposer le corps au froid, comme on le fait en allant ramer. Il faut donc les rejeter quand on se pré· pare à un exercice qui nécessite d'exposer le corps à l'air. L'on a longtemps soutenu que, pour se préparer à un exercice de ·longue haleine ou très-rapide, la médecine sudorifique était absolument nécessaire, et il est certain que beaucoup de nos meilleurs coureurs en ont fait usage. Je demeure néanmoins convaincu que le drap mouillé des hydropathes vaut mieux pour le but du pedestrian. Ce système rend l'humeur plus gaie, donne plus d'agilité et moins de tendance à la raideur rhumatismale. Que l'on en fasse l'essai, et l'on jettera pour toujours la médecine aux chiens, au moins pour les suées. On peut l'employer deux ou trois fois par semaine avant déjeu- ner et se retirer chaque fois une livre et demie, deux livres et même trois. Si l'on se prépare pour les exercices du pedestrian, il faut charger de vêtements les bras et le corps beaucoup plus que les membres inférieurs. Le premier motif est de débarras- ser les grands viscères de toute graisse pouvant intervenir dans leurs fonctions, et le second de diminuer le poids du corps au- dessus des hanches, savoir : vers l'abdomen, la poitrine, le cou et les bras qui ne servent pas beaucoup dans la course et la marche relativement aux jambes. Il est fort aisé de n'appli- quer le drap mouillé que sur le tronc et les bras et de ne cou- vrir que légèrement les jambes, juste assez pour les préserver du froid. Les suées naturelles ne sont pas admissibles dans ce genre d'entraînement, parce que, en raison de la surcharge de vêtements, l'on serait porté à raccourcir l'enjambée, ce qui rend l'allure lente, traînante et misérable. Il reste donc à choi- sir entre la suée dans les draps mouillés, ou à prendre le soir un scrupule de poudre de Dover, ou une demi-pinte d'un breu- vage composé de vin blanc mêlé à trente gouttes de vin d'an- timoine et autant d'extrait doux de nitre. C'est certainement un puissant sudorifique; mais il bouleverse l'estomac et laisse la peau très-impressionnable au froid. Quel que soit le parti que l'on prenne, le corps entier doit se frotter soir et matin avec les gants de Dinneford.

302. — Le régime suivant se trouvera, je crois, le mieux adapté aux différents modes d'entraînement, excepté pour s'ôter du poids pour les courses à cheval, sujet que j'ai traité page 250 (cas où il faut cruellement se restreindre l'appétit).

Déjeuner.—Il est hors de doute que la meilleure nourriture pour ce repas est la tisane de farine d'avoine, en y ajoutant un peu de pain et une certaine ration de bœuf ou de mouton. Mais beaucoup de gens ont une grande répugnance pour ce mets et n'en peuvent manger sans dégoût. Pour ceux-là, je crois que le breuvage le plus convenable est une pinte de bière de table faite à domicile, pas trop forte; il faut alors aussi augmenter la ration de pain. Il ne faut pas chercher à éteindre l'appétit, à moins qu'il ne soit énorme ou qu'il n'y ait une grande surabondance de graisse; mais je crois que l'on reconnaîtra qu'il est bien plus avantageux de perdre du poids par la transpiration et l'exercice que par le jeûne. La meilleure manière de cuire la viande est de la griller, et il faut que je dise un mot de la façon de l'apprêter. Généralement l'on conseille de manger les beefsteaks et les côtelettes extrêmement peu cuits et à l'état saignant; je suis sûr que c'est une erreur. En grillant, l'on perd très-peu de substance nutritive dès que l'extérieur a été saisi par le feu. Si donc rien ne se perd, il y a beaucoup à gagner en gardant la viande sur le gril jusqu'à ce qu'elle soit entièrement cuite, la plupart des gens la trouveront meilleure, et tous la digéreront mieux. J'ai connu bien des personnes tout à fait dégoûtées par les chiffons rouges qu'on leur servait, et par suite de leur répugnance, ils ne pouvaient digérer la viande ainsi apprêtée. Le thé et le café ne valent pas grand'chose pour l'entraînement, bien que je ne les croie pas aussi mauvais qu'on le suppose, si on ne les prend pas trop forts. Le chocolat est trop gras et ne vaut pas le thé, qui d'ailleurs ne doit jamais être vert. Je suis porté à croire que, dans les cas où l'on prend habituellement le thé ou le café, et que la tisane d'avoine ou la bière sont antipathiques, il vaut mieux continuer son premier régime que de se forcer pour le changer trop complétement. Il faut se priver avec soin de beurre, de sauces et d'épices, et n'employer comme condiment que du sel et une légère dose de poivre noir.

Le dîner. Ce repas important doit consister en bœuf ou mouton rôti. Par occasion pour changer, l'on peut se permettre un gigot bouilli, mais le veau, le porc, le bœuf salé ou le lard ne sont pas admissibles; il en est de même de l'oie, du canard et généralement du gibier à plumes. Toutefois les poulets rôtis, les perdrix ou les faisans font une bonne nourriture. Le lièvre s'accompagne trop ordinairement d'une farce très épicée sans laquelle il est à peine mangeable. Rien ne vaut mieux que la venaison, quand on peut s'en procurer, mais elle doit se manger sans sauce épicée et sans gelée de groseille. Quant aux légumes, l'on peut manger des pommes de terre, mais en petite quantité, pas plus d'une ou deux par repas. Le chou-fleur et le brocoli ne se tolèrent que de temps en temps pour varier le régime; tout autre légume est proscrit. Le pain peut se prendre à discrétion avec une pinte ou une pinte et demie de bonne bière, bien saine, fabriquée chez soi. Si cette partie du régime ne convient pas, l'on peut boire pendant le repas un peu de Xérès et d'eau ou de vin de Bordeaux mêlé d'eau, et après le dîner, un verre ou deux de Xérès ou de bon Porto. Quand l'entraînement dure un peu de temps et que l'estomac avait préalablement l'habitude du poisson blanc, comme la morue et les soles, on peut en prendre pour varier un peu le régime. Rien ne dérange plus l'estomac d'un homme que de se tenir à une seule denrée, le *toujours perdrix* peut vous dégoûter même d'une aussi bonne chose. Voilà ce que l'entraîneur ne doit jamais perdre de vue. Il n'a pas à sa disposition un cercle d'une bien grande étendue, mais au moins qu'il le parcourre dans son entier développement. Il est même désirable de faire prendre un pudding de temps en temps, mais il doit toujours avoir pour base le pain. Une bonne cuisinière fera toujours un pudding très appétissant avec du pain, un peu de lait, et un ou deux œufs. Servi avec des groseilles vertes bouillies ou toute autre confiture commune, cela n'est ni désagréable au palais ni mauvais à l'estomac; mais que ce ne soit qu'une variété et non un mets usuel. Le fonds du régime est le bœuf et le mouton avec du pain ou de la panade d'avoine, et si l'estomac et le palais s'en contentaient il n'y aurait pas lieu de varier; mais comme cela arrive rarement, il vaut mieux ne pas entreprendre un régime trop rigoureux.

Le souper. Beaucoup d'entraîneurs désapprouvent ce repas, mais je me suis convaincu par l'expérience qu'à moins que l'entraînement ne dure assez longtemps pour accoutumer complétement au jeûne prolongé entre le dîner et la matinée du lendemain, il vaut beaucoup mieux permettre un léger repas à huit heures. A cet effet, la panade de gruau d'avoine est ce qui convient le mieux, et personne ne se trouvera mal d'en prendre une pinte avec un peu de pain grillé mangé sec ou trempé dans le gruau. Je ne vois pas que la viande soit jamais nécessaire le soir, excepté pour les constitutions très délicates qui ont besoin d'être particulièrement reconfortées. Dans ce cas, i'ai reconnu qu'une côtelette prise le soir avec un verre de Porto, ou même de Xérès à l'œuf, était un excellent moyen de maintenir la vigueur. Bien plus, on trouvera que l'on ne peut poser de règle absolue applicable à tous les cas, et il faut à l'entraîneur beaucoup d'expérience et d'aptitude pour amener ensemble plusieurs hommes au même degré relatif de leurs forces respectives. Rien n'est plus propre à faire perdre des chances de victoire à l'équipage d'un bateau que les *conditions* variables parmi ses membres. Il vaut beaucoup mieux que tous soient également fatigués que d'en avoir la moitié épuisés au commencement de la course avec l'autre moitié conservant leur pleine vigueur. Voilà pourquoi, comme je l'ai déjà fait remarquer, quelques-uns demanderont une nourriture plus abondante et plus fortifiante que les autres. Si par exemple les habitudes ont été simples et l'appétit considérable, il faudra ne prescrire que les aliments les plus communs avec très peu de variété. Au moyen de cette précaution, l'on est sûr de se nourrir assez, jamais trop, et la quantité d'exercice assurera la digestion. Si, d'un autre côté, la constitution est délicate, avec manque d'appétit, embarras de digestion et tendance à trop d'amaigrissement, alors il faut chercher à varier journellement la nourriture, et, tout en restant dans les bornes de la prudence, se plier aux fantaisies particulières du palais. Certains estomacs supportent bien le vin de Porto, et il est souvent indispensable à ceux qui ont une tendance à la diarrhée. D'autres personnes trouvent un effet purgatif au gruau d'avoine, et c'est une raison pour éviter d'en prendre en panade. Pour éviter la diarrhée il faut pour quelques uns que le pain soit mangé grillé, pour d'autres, au contraire, le gros pain bis, fait avec de la farine non blutée, est un bon remède contre la constipation. Tout le pain qu'on mange devrait avoir deux jours de cuisson, et le bœuf et le mouton devraient rester au crochet aussi longtemps que la température le permet. Pour le mouton, le meilleur morceau est le gigot d'un mâle de deux ou trois ans, pour les beefsteaks, un morceau de culotte ou l'intérieur de l'aloyau. Souvent l'on permet à l'équipage d'un bateau d'entrer dans une taverne au bord de l'eau pendant les heures d'exercice et d'y prendre une pinte ou une demi-pinte de bière par tète. Je suis convaincu que c'est un mauvais système, la force ne devrait jamais dépendre de stimulants immédiats, et il vaut mieux diminuer la tâche que de l'accomplir à l'aide de semblables moyens. Je suis parfaitement certain que pendant la période d'entraînement bien peu d'hommes ont besoin de plus de trois pintes, au plus deux quarterons de bonne bière à cinq boisseaux le quartaud, et la moyenne ne dépasse pas deux pintes et demie par homme. Sans doute il faut accorder quelque chose aux habitudes contractées, et à la nature de la constitution. Dans les premiers jours d'épreuve et dans la course elle-même l'on souffre quelquefois beaucoup, la face devient bleue par suite de congestion et la respiration est difficile et pénible. Le meilleur remède est un verre de grog chaud et des frictions longues et vigoureuses sur les jambes, les pieds, les cuisses, et si l'embarras persiste un bain, chaud à 98 degrés.

LIVRE VII.

HIPPIATRIQUE ET ÉQUITATION.

Section 1re. — Du Cheval et de son équipement.

Le cheval que l'on monte en promenade, appelé communément hack, est d'une nature différente du hunter ou du cheval de course que nous avons décrit dans les chapitres *ad hoc*. Le hack ordinaire n'est pas non plus précisément comme celui appelé covert-hack (cheval qui porte le chasseur vers le rendez-vous de chasse), et que nous avons décrit au chapitre de la chasse à courre. Beaucoup de chevaux de course de pur sang deviennent de bons hacks, et plusieurs hunters sont assez souples pour en servir ; mais, généralement parlant, ce n'est point le cas, et ni l'un ni l'autre ne répondent à l'idée du hack parfait. Parmi les hacks, la distinction la plus saillante est entre les chevaux de promenade et les chevaux de route. Les premiers n'ont besoin que de belles formes avec des allures voyantes, tandis que l'on choisit un cheval de voyage pour ses qualités utiles. Il doit être en état de parcourir une distance, dans un temps donné, avec aisance et sans fatigue pour le cavalier.

116. — Le hack de promenade est généralement ce que les marchands de chevaux appellent « une attrape-nigaud », c'est-à-dire que c'est un cheval brillant, avec une apparence qui flatte l'œil, mais qui au fond ne vaut rien, par suite de quelque défaut de constitution ou infirmité des membres. Tous les ans, l'on expulse par vingtaines, des écuries d'entraînement, des brutes sans utilité aux travaux préparatoires, en raison de leur tendance à s'enflammer et à s'endolorir. Maintenant ces chevaux sont souvent à peine aptes à porter un cavalier de 11 stones (70 kilog.) et aussi impropres à la chasse, pour leurs jarrets défectueux ou pour quelque disposition de caractère qui les empêche de devenir bons sauteurs. Ils ont souvent un beau dessus, c'est-à-dire sont bien conformés de tête, d'encolure et de corps, et pour l'œil inexpérimenté sont fort séduisants. Ils ont souvent des allures bien relevées et quelquefois d'une manière toute particulière, car les mouvements les plus relevés

sont ceux qui ont le plus de chance de produire l'inflammation des jambes. Ces animaux sont mis de côté, rafraîchis à l'aide de blisters (1) et montrés ensuite comme de beaux hacks à l'usage des amateurs qui ne demandent qu'une courte promenade de santé d'une heure ou une heure et demie, chaque fois qu'il fait beau, et comme la moyenne des beaux jours n'est pas au-dessus de quatre par semaine, la plupart des chevaux peuvent faire ce travail, même avec les jambes les plus infirmes, *si on les mène doucement sur le terrain dur*. Tous les jours, on fait parader bon nombre d'animaux semblables dans Hyde-Park, où le terrain doux de Rotten-Row (2) leur convient à merveille. Mais vous en trouverez là également de l'extérieur le plus parfait et aussi durs à l'ouvrage que n'importe quel poney de boucher. Toutefois, il faut admettre qu'en grande majorité nos jolis hacks modernes sont incapables de faire autant d'ouvrage sur le terrain dur que la brute d'origine moins distinguée et d'aspect plus commun, en usage parmi les bouchers et autres détaillants qui vont à des foires de campagne fort éloignées. Le sang oriental présente de grands avantages sous presque toutes les considé·rations, et sans doute quand l'animal qui le possède est sain, il supportera impunément les chocs de la route; mais je ne mets pas en doute qu'il n'est pas en état de supporter ces chocs si le travail est quotidien, et qu'un poney du pays de Galles ou un cheval normand résisteront à un travail double, sans en éprouver de mal. C'est la partie faible de cette race, venant en partie du manque de dimension dans l'os et l'articulation, mais principalement, je crois, par l'usage constant de faire servir les juments de second ordre par des étalons qui ont eux-mêmes souffert de l'inflammation des jambes et de ses conséquences, d'où avec le temps s'est formée une race plus que naturellement délicate dans ses extrémités, parce qu'elle provient d'animaux affectés de ce défaut, pris par nécessité, il est vrai, et non par choix. Ma raison pour penser que le sang arabe n'est pas infailliblement porté à produire des inflammations d'articulations, est que dans le pays natal les chevaux arabes sont particulièrement exempts de cette tare, quoiqu'on leur fasse parcourir de longues distances. Egalement en Angleterre, ceux qui sont procréés

(1) On entend par là des espèces de vésicatoires appelés, en France, feux anglais.

(2) Littéralement *allée pourrie,* dont le terrain est semblable à celui des allées destinées aux cavaliers dans le Bois de Boulogne.

par des arabes modernes ont les membres sains, quoiqu'ils soient autrement impropres pour l'objet auquel on les destine (les courses). Safeguard, qui descend de l'arabe gris Wellesley, a donné à la plupart de ses produits des jambes d'acier. J'en ai un de cette race, dont les extrémités supporteraient tous les chocs possibles sans le moindre inconvénient, et en outre j'en ai connu en d'autres mains plusieurs du même genre. De là je suis fondé à conclure que la cause ne tient pas au sang, mais s'est introduite accidentellement par l'emploi que font les fermiers d'étalons de rebut. Ces étalons donnent de jolis poulains qui atteignent de hauts prix, et par suite remplissent le but de l'éleveur tout aussi bien qu'un étalon plus sain, dont la monte se ferait payer le double. L'éleveur n'éprouve que rarement les jambes des poulains, et ce n'est que quand on les met au travail que l'on découvre une faiblesse qui était primitivement imperceptible à l'œil. Par une longue expérience, pour mon propre compte et pour celui des autres, je suis convaincu que l'on ne peut juger les membres par l'apparence ou le toucher. Je ne veux pas dire que, sur quarante chevaux, les vingt dont les membres paraissent les meilleurs ne battront pas les autres, mais il est impossible pour un connaisseur, quelque bon qu'il soit, de prononcer qu'une certaine jambe résistera ou non, s'il ne sait rien du cheval auquel elle appartient. J'ai vu, dans tant de circonstances, une jambe bien conformée se démolir immédiatement et une jambe paraissant mauvaise tenir bon, que je ne puis venir à d'autre conclusion qu'à celle de l'impossibilité de se fonder une opinion certaine par une simple inspection. Ceci est une grande source de perte pour le marchand qui achète les chevaux après un long repos, avec des jambes paraissant belles et saines, car même la simple montre du cheval devant les écuries en met plusieurs à bas, et il s'ensuivra une boiterie d'une nature qui n'implique pas rédhibition et cependant suffisante pour empêcher une vente avantageuse. Un cheval qui boite à la suite du travail est rafraîchi, médicamenté et mis en liberté dans la boxe ; on lui met des feux anglais et on le garde avec aussi peu d'exercice que possible, jusqu'à ce qu'il doive être vendu, et à ce moment ses jambes sont redevenues aussi nettes que le jour de sa naissance. Maintenant je défie qui que ce soit, même parmi les connaisseurs, de s'apercevoir de la faiblesse inhérente, mais elle n'en existe pas moins, et à la première semaine de travail un peu dur, l'inflammation revient aussi dangereuse qu'auparavant. Le hack de promenade n'ayant pas besoin de jambes de résistance, son emploi peut être rempli par tout cheval de bon caractère, sûr de pied, d'allures brillantes et de forme élégante. Le bon caractère est nécessaire, parce que, comme on ne fait pas durement travailler ces chevaux, ils deviennent bientôt ingouvernables, s'ils sont naturellement d'une disposition vicieuse. Le travail calme presque tous les chevaux, mais pour avoir un animal agréable à monter en tout temps, frais ou fatigué, il faut qu'il soit d'un caractère bien maniable. Beaucoup de chevaux qui, frais, sortant de l'écurie dans un état de feu et d'impatience, se cabrant et ruant comme s'ils étaient fous, seront aussi tranquilles que des ânes après avoir bien travaillé. Par cela même, il n'est pas toujours sage d'en rejeter un qui montre cette nature, ni prudent pour un mauvais cavalier d'en monter un pareil, tout d'abord, quoiqu'une fois dans son assiette ordinaire il soit assez tranquille. Il est deux qualités de conformation que tous les hacks devraient posséder, d'abord une bonne épaule, et ensuite un usage libre de l'arrière-main. Il est inutile que la jambe de devant soit bien levée et bien poussée en avant, si ce mouvement n'est pas aidé par la jambe de derrière. Il n'y a point de hack plus désagreable que celui qui lève le pied et le repose presque exactement à la même place. Ici le défaut est dans l'arrière-main, qui ne porte pas le corps en avant aussitôt que la jambe est levée, et de là l'allure dont je parle, qui, en faisant beaucoup d'*esbrouffe* ne dépasse pas six mille à l'heure (9 kil. 1/2). En même temps de trop grandes enjambées, au pas, trot ou galop, ne sont pas agréables, et le cheval qui a une allure vive et modérement courte, sera préféré dans presque tous les cas. Tout cela comme la bonté des jambes ne peut se deviner avec sûreté par la forme; c'est pourquoi le marchand, qui a un cheval à telles allures, dit toujours à l'amateur qui trouve à redire à l'extérieur du cheval dans l'écurie : « *Voyez-le dehors, monsieur, et vous l'aimerez,* » et fort souvent il se trouve avoir raison. Souvent le cheval le plus laid à l'écurie est non-seulement le meilleur, mais le plus beau dehors, étant un animal tout à fait différent une fois en mouvement. En fait, tous les essais doivent se faire avant l'achat, car ce n'est que quand le cavalier a monté lui-même, que les bonnes ou mauvaises qualités au point de vue de l'agrément ont été complétement développées. Quelques personnes croient pouvoir choisir un hack rien que par leur coup-d'œil, mais quoique sur les grands nombres ils puissent passablement réussir, cependant, dans plusieurs circonstances, ils seront cruellement trompés les pieds devraient toujours être bons avec abondance de corne, les sabots plats ne supportent pas la route, pas plus que les talons contractés ; il n'y a pas de cheval qui demande autant de perfections dans la forme des pieds. Le hunter ou le cheval de course peuvent être employés quand même ils ne pourraient plus marcher sur la grande route, mais le hack doit être sain de ce côté, ou il sera paralysé au premier terrain dur. En hauteur, le hack des parcs va ordinairement de 14 mains à 15 1/2 ; toutefois il dépasse rarement 15 mains (de 1^{m}42 à 1^{m}57).

117. — Le hack de route peut être beau ou laid, mais il doit, avant tout, aller au pas, au trot et au galop d'une manière irréprochable. Comme pour le hack des parcs, il doit avoir le pas sûr et agréable, le pied de devant bien levé et déposé sur le talon avec une action nette de la jambe de derrière par laquelle il évite de butter en le posant trop tôt ou defaire des atteintes par le défaut opposé. Cinq milles à l'heure (8,045 m.) est un pas convenable pour le pas d'un bon hack, et quoique quelques-uns fassent considérablement plus, il est rare que ce ne soit pas par une fausse allure qui n'est pas agréable pour le cavalier, ni élégante aux yeux des spectateurs. Le trot doit être de nature à être restreint à 8 milles à l'heure (12,872 m.), ou étendu à 14 milles (22,526 m.), et ceci est la perfection de l'allure, et peu de chevaux peuvent bien faire les deux, rasant trop le terrain pour pouvoir rendre la première allure avec sûreté, ou trop bien mis et trop relevés dans leurs mouvements pour faire les 14 milles. Aucun défaut n'est pire que le manque de sûreté dans le mouvement de l'avant-main, qui résulte d'une faiblesse des muscles extenseurs du bras, par suite de laquelle le mouvement est assez bon tant que le cheval n'est pas fatigué, mais après quelques milles la jambe n'est pas levée avec assez de puissance et la pince est constamment frappée contre quelqu'inégalité de terrain *dont elle ne peut se retirer*. Cette dernière circonstance est la marque distinctive du défaut, et il ne faut pas le confondre avec l'habitude de broncher, qui se manifeste aussi bien au départ qu'en d'autre temps, et qui est toujours facilement découverte en épiant dans le trotteur peu sûr par nature, la manière de po-

ser le pied, la pince touche terre d'abord et le talon ensuite, comme on en peut trouver la preuve à l'examen du fer. Ici l'on peut rencontrer un faux pas sans faire de chute, parce que les extenseurs sont forts, et vous tirent d'embarras quand le mal est presque fait, mais quand les extenseurs sont faibles, la pince qui a d'abord été bien levée, après quelques milles, rencontrant terre et n'étant pas rapidement relevé, il s'en suit une chute des plus dures. C'est pour cette raison qu'il est nécessaire de monter un cheval à quelque distance avant de prononcer sur ses allures et ce n'est qu'alors que vous pouvez juger s'il conviendra à un cavalier timide ou maladroit. Il est, j'en suis sûr, de la plus grande absurdité de recommander telles ou telles formes, et quoiqu'obliquité des épaules soit chose désirable, cependant de bien bons chevaux de selle n'ont pas cet avantage. Les allures sont le *sine qua non* uni à la solidité, la douceur, la parfaite intégrité de l'haleine, des membres et de la vue; un cheval avec une épaule épaisse et chargée fait souvent un bon hack, tandis que les épaules amaigries font rarement de longs voyages. Une particularité fort désirable dans la forme de l'épaule: savoir un développement convenable de la partie large du scapulum, sans quoi il n'y a rien pour retenir la selle en arrière et le cavalier est beaucoup trop sur l'encolure. Pour les chevaux de route le galop n'a pas l'importance du pas et du trot, mais il faut qu'il soit franc, c'est-à-dire, aussi haut de devant que de derrière, car par le défaut d'équilibre convenable entre l'avant-main et l'arrière-main, la fatigue de l'animal s'accroît considérablement. Mais comme dans l'état actuel de nos routes, le galop ne doit pas être continué pendant plusieurs milles, il devient ainsi de moindre importance que le trot, qui est, ou devrait être l'allure régulière sur le terrain dur. Le galop cadencé (canter) n'est pas fort en usage parmi nos cavaliers, et il faut le laisser pour les dames, parce qu'il tend à user la jambe directrice lorsqu'il y a un grand poids sur la selle. On ne recherche donc le hack au galop raccourci pour aucun service, excepté pour porter une dame. Le galop cadencé est ordinairement de 15 à 16 milles à l'heure (de 24,135 m. à 25,744 m.).

118.— Quant à la méthode pour se procurer un hack, il y a peu de choix, un petit nombre de ceux qui montent ces animaux ont l'occasion de les élever et s'ils avaient la terre nécessaire, ils ne trouveraient pas la chose profitable. Le hack est un animal bâtard et peut rarement être élevé avec certitude ; parce que de la manière dont on l'emploie, c'est une exception, tel qu'un hunter ou un cheval de course accidentellement trop petits. De là si l'on veut tirer des produits d'une jument hack dans l'espoir d'avoir un hack, il y a des chances pour qu'elle produise aussi haut que sa mère, qui était probablement une forte bête de chasse. Nos hacks viennent tous maintenant de l'étalon pur sang croisé avec quelque jument d'attelage ou de chasse, généralement de chasse, et comme celles-là sont maintenant presque pur sang, le hack est encore plus pur que sa mère, cependant toujours un batard, et se trouve souvent croisé avec le sang du pays de Galles ou de Normandie, qui le rend robuste, mais encore plus bâtard. L'achat est ainsi la seule voie ouverte au futur cavalier, et il y a quantité de vendeurs dans le royaume chez lesquels on peut se procurer ces animaux, sans compter les foires nombreuses de nos villes de provinces. La meilleure ressource est l'écurie d'un marchand important, elle est très-préférable à une foire, où l'on ne peut bien essayer et où le cheval, étant preparé pour un temps fixe, peut avoir été plus facilement arrangé pour tromper le consommateur un jour donné. Dans l'écurie du marchand, on ne prévient pas à l'avance et on ne peut pas toujours être préparé à la supercherie. Ensuite, il est bien plus difficile de deviner les maladies des yeux à l'air libre qu'à la porte de l'écurie, et bien des chevaux boiteux sont échauffés et mis temporairement d'aplomb en marchant d'un bout de la foire à l'autre, l'éparvin a plus de chance d'être dissimulé de la sorte, ainsi que la pousse, qui jusqu'à un certain point peut aussi être artificiellement cachée.

L'achat des hacks à l'encan est une parfaite loterie, car ils peuvent être très désagréables à monter, quoiqu'avec toute l'apparence d'être doux et sûrs. Les chevaux d'attelage peuvent être achetés avec beaucoup plus de certitude de cette manière ; mais le cheval qui fait l'objet de cet article a besoin d'allures si parfaites, qu'on ne peut s'y fier qu'après les avoir montés. On ne peut aussi savoir comment la bouche goûte le mors, quoique l'âge puisse être deviné avec passablement de précision. Une bonne bouche est un grand avantage et une mauvaise un terrible défaut ; tout cela ne peut se voir à l'encan, c'est pourquoi je dis qu'on ne doit avoir recours à ce mode d'achat qu'à la dernière extrémité.

Section II. — Aides et accoutrements.

119. — La sellerie, pour les hacks, est très semblable à celle qui a été décrite dans le chapitre de l'équitation de chasse et aussi les aides (voir p. 136). Le fouet est différent, étant une cravache droite comme pour les courses, ou un stick un peu court, ou un jonc court, avec un manche, en usage parmi les cavaliers. Les éperons ne sont guères portés sur hack, à moins qu'il ne soit paresseux ; mais il y en a sur lesquels on ne peut compter sans ce stimulant. Ils sont quelquefois assez indolents pour buter tous les dix pas, si l'on n'a pas d'éperons ; mais au plus léger contact, ils se réveillent et leur allure change instantanément. Avec les animaux de cette sorte, il faut toujours mettre des éperons, bien qu'il ne faille s'en servir que rarement.

Section III. — Monter et mettre pied à terre.

120. — Les règles pour ces pratiques préliminaires de l'équitation sont généralement posées comme si tous les chevaux étaient de taille moyenne et tous les hommes mesuraient 6 pieds à la toise (1ᵐ828). Ainsi le capitaine Richardson, dans ses dernières élucubrations sur cette branche de notre littérature du Sport, donne les conseils suivants : « Tenez-vous de-
» bout en face du pied gauche antérieur, placez la main gau-
» che sur le cou, près du garrot, le dos de la main tourné
» vers le tête du cheval et les rênes dans le creux de la main ;
» prenez les rênes avec la main droite, mettez le petit doigt
» de la main gauche entre les deux et tirez jusqu'à ce que vous
» sentiez la bouche du cheval ; tournez le bout des rênes le
» long de l'intérieur de la main gauche, laissez-le tomber au-
» dessus de l'index, du côté extérieur, et mettez le pouce sur
» les rênes ; tordez une mèche de la crinière autour du pouce
» ou de l'index et serrez fortement les rênes dans la main ;
» prenez l'étrier dans la main droite et engagez-y entièrement
» l'orteil gauche, appuyez le genou contre le panneau de la
» selle pour que la pointe du pied n'irrite point le flanc du
» cheval ; saisissez le troussequin de la selle avec la main
» droite, et vous élançant de l'orteil droit, jetez la jambe droite
» par-dessus le cheval sans le toucher, venant doucement en
» selle en retenant le poids du corps avec la main droite
» appuyée sur la partie droite du pommeau, mettez l'orteil

» droit dans l'étrier. » Ceci est en somme applicable à un homme de 5 pieds 10 pouces à 6 pieds (1^m77 à 1^m83); mais un homme moins grand, essayant de monter un cheval de 15 mains 3 pouces (1^m60), le trouvera impossible, simplement parce qu'il ne peut atteindre le troussequin, de la position qui lui permet de tenir l'étrier dans la main gauche. Dans mon opinion, le capitaine a également tort de prescrire que le corps soit jeté en selle directement de terre en un seul mouvement. Ceci mettra toujours le cavalier en selle avec une évolution assez gauche, et la vraie méthode consiste à lever le corps jusqu'à ce que les deux pieds soient de niveau avec l'étrier, c'est *alors* qu'en retenant la jambe gauche contre le quartier de la selle avec la main gauche sur le pommeau, la jambe droite est facilement jetée par-dessus le troussequin et le corps peut être maintenu dans la position première jusqu'à ce que le cheval soit tranquille, surtout s'il fait des courbettes ou se cabre. Un petit homme peut en général mettre le pied à l'étrier pendant qu'il le tient à la main, mais on ne doit pas ignorer que tous ne le peuvent faire, car j'ai vu de jeunes cavaliers très vexés de ne pouvoir y réussir quand on le leur prescrivait. La plupart de nos écrivains sur l'équitation sont dans les principes militaires et voudraient couper le drap de chacun sur le modèle de leurs habits. Ils sont en état de faire aisément certaines choses et leurs soldats aussi, parce qu'ils sont presque tous de la taille que nous venons de citer, mais comme les sportsmen et les cavaliers civils sont de toutes les tailles, j'essayerai d'approprier mes préceptes à toutes les tailles et à toutes les classes. Dans tous les cas, le cavalier doit se mettre à l'épaule, quoique pour un petit homme il soit beaucoup plus aisé de monter un grand cheval en se mettant à la hanche, mais le danger des coups de pieds est imminent et même en montant soutenu par la jambe dans le style des jockeys, j'ai vu la cuisse presque cassée d'un coup de pied. Si la main peut maintenir l'étrier, il faut en profiter, mais si la personne est trop petite, on peut mettre le pied à l'étrier sans s'aider de la main, et prenant alors les rênes entre les doigts, à peu près comme il a été prescrit plus haut, et saisissant une mèche de crins entre le pouce et le premier doigt, le corps s'enlève jusqu'à ce que le pied droit arrive au niveau du gauche, alors la main droite empoigne le troussequin et la gauche le pommeau, le corps est équilibré pour un moment, qui à l'ordinaire est presqu'imperceptible, mais qui avec un cheval remuant est quelquefois assez long. Alors on jette doucement la jambe par-dessus la selle, et l'on retire la main à l'approche de la jambe, après quoi le corps s'enfonce en selle d'une manière aisée et gracieuse. Le pied droit est alors mis dans l'étrier avec ou sans l'aide de la main droite.

121. — Pied à terre s'effectue en commençant par arrêter complétement le cheval, ensuite raccourcissez la position de la main gauche sur les rènes jusqu'à ce qu'elle repose sur le garrot en sentant bien la bouche du cheval, entortillez au doigt une mèche de crin et tenez-la avec les rênes, pesant aussi sur le pommeau avec le talon de la main. Puis jetez le pied droit hors de l'étrier et enlevez le corps assujeti par la main gauche et supporté par le pied gauche jusqu'à ce qu'il soit sorti de la selle, jetez doucement la jambe droite par dessus le troussequin ; dès qu'elle est passée, saisissez-le de la main droite, descendez ensuite légèrement le corps à terre à l'aide des deux mains et du pied gauche, ou si c'est un très-petit individu et un très-grand cheval, en élevant le corps sur les poignets hors de l'étrier et coulant à terre avec leur appui.

122. — Pour monter sans étriers le cheval étant tranquille l'on s'y prend de la façon suivante : « Le cavalier se met vis à vis de la selle, et saisissant à la fois le pommeau et le troussequin, gardant en même temps les rênes dans la main gauche et de la manière dont on les tient pour monter à l'ordinaire. Alors élancez-vous fortement de terre, et au moyen de l'élan aidé par les bras, élevez le corps au-dessus de la selle, ensuite passez la jambe par dessus pendant que la main droite arrive rapidement à la partie droite du pommeau, et le corps est fixé en selle à l'aide des deux mains.

123. — Les hommes très-agiles peuvent monter sans étriers pendant la marche du cheval, à peu près par les mêmes moyens que l'on voit tous les jours en pratique dans les cirques ; le cavalier court à côté du cheval tenant fortement le pommeau de la selle des deux mains et se laissant traîner en faisant deux ou trois pas très-longs, tout d'un coup il s'élance de terre et se trouve amené en selle. Ce tour est rarement fait par le cavalier ordinaire, mais il est plus aisé qu'il ne paraît, et à la queue des chiens il est quelquefois très-utile avec un cheval turbulent.

124. — Pour descendre sans étriers, le cheval doit d'abord être complétement arrêté, ensuite tenant les rênes dans la main

gauche l'on pose les deux mains sur le pommeau et l'on enlève le corps à la force du poignet, la jambe droite est encore jetée par dessus le troussequin, pendant ce mouvement la main droite le saisit, et avec l'aide de la gauche soutient le corps descendant à terre.

125. — Pour monter et descendre par *le dehors* il faut seulement faire des mouvements inverses et en lisant gauche pour droite et vice-versa, toutes les prescriptions ci-dessus deviennent applicables. Il est quelquefois très-utile de savoir exécuter ces mouvements, puisque des chevaux à la vue défectueuse se laissent quelquefois mieux monter par la droite.

Section IV. — De l'assiette et des rênes.

126. — L'assiette est la première chose à assurer et doit toujours être fixée avant de faire tout autre chose, par conséquent dès que le corps entre en selle. Il y a quatre choses à observer : 1° De placer son poids suffisamment en avant dans la selle ; 2° De fixer bien les genoux sur la partie rembourrée du panneau ; 3° La juste longueur en position des étriers ; 4° L'attitude du corps, le poids du corps devrait être bien en avant parce que le centre du mouvement est proche du milieu de la selle, et comme le poids est en grande partie dans le siége, si l'on jette l'assiette en arrière, ce poids n'agit plus au centre, mais vers le troussequin. Mais en s'asseyant bien en avant, le poids est réparti entre le siége, les cuisses et les pieds, et là cheval peut se lever et s'abaisser dans son galop sans déranger son cavalier. Les genoux doivent être bien en avant pour prendre cette assiette, et aussi bien en avant des étrivières, car si on les met derrière, le corps est jeté trop en arrière et là tenue est mal assurée. Le but de tous les nouveaux cavaliers doit être d'aller le plus possible vers l'avant de la selle tant que le genou ne la dépasse pas, et il n'y a guère d'effort de leur part qui leur fasse dépasser le but de ce précepte. Etre à cheval bien sur l'enfourchure avec les genoux sur la partie rembourrée du quartier, assurera une bonne position si les étriers ne sont pas trop courts. Ceux-ci doivent être à peu près de longueur à toucher la cheville du pied quand les jambes sont comme il a été indiqué, mais hors des étriers, et quand elles sont dedans, le talon devrait être environ un pouce et demi au-dessous de la plante du pied (1). Cette partie presse sur l'étrier quand on

(1) En anglais la balle du pied, partie de la plante qui précède les doigts,

chemine sur les routes, mais à la chasse et à travers champs le pied est complétement enfoncé, l'étrier touche le coude-pied et la pression est faite sur la partie inférieure de l'arcade plantaire. La raison en est, qu'en sautant la pression sur l'étrier est presque perdue et si l'on n'y engage que l'orteil le pied sort continuellement. En outre, dans le galop l'attitude est telle que l'élan du coude-pied n'est pas nécessaire, le poids étant trop sur le pied (si l'on est debout sur les étriers), et si l'on est assis au fond de la selle, les pieds ne devraient presque pas presser sur les étriers, et par suite la meilleure place pour eux est celle où ils sont le mieux assujétis. L'attitude du corps doit être aisée, penchant à l'occasion en avant, en arrière ou même de côté, mais jamais à l'excès. L'instinct est le meilleur guide à cet égard, et le cavalier doit suivre ses inspirations plutôt qu'aucune règle préconçue. Si le cheval se cabre, la nature vous appellera à vous pencher en avant, vous pourrez saisir l'encolure s'il le faut, tout excepté la bride qui renverserait le cheval sur vous. Le corps ne doit pas être tenu raide, mais par contre il peut difficilement être trop fixe en creusant légèrement les reins en avant. Les jambes aussi doivent être aussi immobiles que possible, et en direction à peu près verticale à partir du genou ; si elles s'écartent de cette ligne ce doit être un peu en avant, le talon bas et les orteils très-légèrement en dehors. Les épaules devraient toujours être tenues carrément, c'est-à-dire à angles droits avec la route que l'on suit, et soit au trot, soit au galop, aucune ne doit être avancée plus que l'autre.

127. — Les rênes se prennent dès que l'assiette est fixée, et quand c'est un cavalier novice qui entre en selle, le cheval doit être tenu par le groom qui se tient à droite avec les deux rênes de bridon dans la main droite, ou, si le cheval se tracasse beaucoup, le groom peut se mettre en face avec une rêne de filet dans chaque main, et cette méthode fait tenir tranquille tous les chevaux qui ne sont pas absolument vicieux. Le groom doit tenir aussi l'étrier droit pour que le cavalier y mette facilement le pied ; en prenant les rênes, il faut d'abord les saisir de la main droite et les passer dans la gauche.

128. — Le bridon se tient en plaçant entre les rênes tous les doigts, moins l'index, puis en tournant les rênes par dessus ce doigt vers le dehors : on les tient ferme entre le pouce et le premier doigt ; de la sorte, l'on n'a qu'à ouvrir la main gauche en tenant l'extrémité des rênes de la main droite pour être à

même de les raccourcir. Quand la main est ainsi fermée sur les rênes, le pouce doit être dans la direction des oreilles du cheval, le petit doigt près du pommeau de la selle, le coude près du corps comme conséquence naturelle de la position de la main, de sorte que le cavalier n'a qu'à regarder pour s'assurer si le pouce est tourné vers les oreilles et le petit doigt vers le pommeau, et il sera tout à fait sûr que son coude est bien placé. Quand la main prend la position indiquée pl. II, fig. 3, il est à peu près certain que le coude s'écartera du corps ; l'attitude devient disgracieuse et le poignet a moins d'action sur la bouche. Avec la rêne séparée, la direction de la bouche est assez facile ; toutefois, il y a différentes manières de s'y prendre adoptées dans chaque école et reposant sur des principes contraires. Il n'est point de commençant qui ignore que le cheval tourne à gauche par la traction de la rêne gauche et à droite par le moyen opposé ; le problème à résoudre est de le faire d'une seule main ; avec une seule rêne, cela s'obtient facilement en levant le pouce vers l'épaule droite quand on veut tirer la rêne droite, et pour la gauche en rapprochant le petit doigt de l'enfourchure ; dans les deux cas, en tournant le poignet sans lever toute la main. Mais indépendamment de l'action de la main, il y a un mouvement qui, dans les chevaux dressés, est susceptible de bien plus de finesse et qui dépend de la sensibilité de la peau de l'encolure. On l'obtient en portant, *sans aucune action de poignet,* toute la main à droite ou à gauche, de façon à presser la rêne droite contre l'encolure pour faire tourner à gauche, et la rêne gauche pour l'autre côté, en relâchant en même temps les rênes, de sorte que la bouche ne sente aucune pression. C'est ainsi que l'on peut faire galoper un cheval autour d'une feuille de chou, comme disent les maquignons, avec beaucoup plus de finesse et de précision qu'en agissant sur les coins de la bouche. Mais les chevaux qui ont été beaucoup maniés, comme les chevaux de troupe, finissent par trop s'habituer à l'action du mors pour être sensibles à une aussi légère et délicate manipulation. Elle est, en conséquence, repoussée par le capitaine Richardson aussi bien que par le colonel Greenwood ; mais il est singulier que ce soit pour des raisons inverses et que chacun ait cherché à remplacer cette méthode par un procédé différent. Je sais qu'il y a des chevaux qui ne peuvent l'apprendre, mais veulent toujours pour tourner sentir l'appui du mors. Toutefois, quand le cheval peut l'apprendre, il devient si maniable et agréable à monter que cela devient une qualité fort à désirer, et je ne puis, en conséquence, me joindre à ceux qui condamnent cette pratique ; mais, au contraire, je serais heureux de la voir étendue à tous les chevaux.

129.—La double rêne peut se tenir de deux façons ; mais la meilleure, à mon avis, est la suivante : prenez d'abord les rênes de filet et placez-les comme ci-dessus, excepté que la rêne gauche doit être entre l'annulaire et le médius ; ensuite, levez les rênes de bride et accrochez-les au petit doigt, où on peut les laisser jusqu'à ce qu'elles deviennent utiles, à moins que l'on ne préfère les fixer avec le pouce au-dessus de l'index à leur point juste. Dans ce cas, toutes les rênes doivent retomber en dehors, du côté hors montoir. Les rênes de brides se trouvent ainsi toujours à portée de la main droite pour être allongées ou raccourcies à l'instant, circonstance qui se présente constamment dans la pratique journalière de l'équitation. L'on tient la main comme précédemment, le pouce dirigé vers les oreilles du cheval ; mais pour tourner l'on a bien moins de puissance de pression de chaque côté du mors en levant le pouce ou baissant le petit doigt, parce que la distance entre les rênes de bridon n'est que moitié de ce qu'elle était précédemment. Le mode de tourner par une pression sur l'encolure devient doublement désirable ; aussi l'a-t-on adopté dans tous les cas où l'on emploie ensemble la bride et le filet, soit à la chasse, soit pour faire route. Quelquefois l'on place les rênes de filet comme des rênes de bride, en dehors du petit doigt, et les rênes de bride sont alors accrochées sur l'annulaire, entre les rênes de filet, de façon à permettre à la main d'agir pleinement sur la bouche sans toucher l'encolure. L'objection qui se présente contre cette méthode, c'est que les rênes de bride ne peuvent se raccourcir sans lâcher le bridon, et alors le cheval doit être dirigé par la bride seule ou on doit le lâcher tout à fait, tandis que, dans l'autre méthode, la bouche est toujours sous l'action du bridon pendant que l'on allonge ou que l'on raccourcit la bride.

Section V.—Les allures ordinaires.

130. Le pas est une allure parfaitement naturelle pour le cheval, mais il s'altère un peu à la longue, devenant plus prompt et plus vif qu'avant le dressage, et chez le hack parfait les jambes de derrière avancent plus sous le cheval. Dans cette

allure la tête ne doit pas être trop maintenue, et cependant le cavalier ne doit pas l'abandonner absolument. Le point d'appui le plus léger suffit, de sorte qu'au moindre faux pas le cavalier soit informé par le mouvement de la tête. Alors, par un léger effet de rênes on reveille le cheval et on l'empêche de tomber. Ce n'est pas qu'on le soutienne en tirant la bride, mais elle le ramène et le force à faire son possible. Car, bien des chevaux semblent se soucier fort peu d'une chute, et s'abattraient vingt fois par jour s'ils n'étaient stimulés par les mains et les jambes. Dans la marche au pas, il est préjudiciable de trop tenir le cheval, cela cause plus de chutes que cela n'en évite. Le cheval qui marche bien s'avance en branlant la tête à chaque pas, plus ou moins suivant la longueur de l'enjambée, et si cette oscillation de la tête est gènée par la main lourde du cavalier, le pied de devant n'est pas bien porté en avant, l'allure est paralysée, et bien souvent la pince rencontre terre quand elle l'aurait évitée avec un peu de liberté de bouche. Pour les chevaux qui buttent, j'ai trouvé généralement que des rênes peu tendues avec la main prête à donner une légère saccade, était ce qu'il y a de mieux, et qu'alors le cheval découvre bien vite qu'on le punit à chaque faux pas, et en peu de temps il apprend à se remettre sur pied avant même de recevoir l'avertissement. Je n'aime pas autant l'usage de l'éperon ou de la cravache, parce que l'emploi de ces aides porte le cheval à s'élancer en avant et à broncher de nouveau dans son empressement à éviter le châtiment. D'un autre côté, la petite saccade de bride le fait relever sur place. par une espèce de demi-arrêt, et il se trouve dans la meilleure position pour éviter de tomber. Il est permis de suivre légèrement avec son corps le mouvement du cheval, mais il ne faut pas se dandiner d'un côté à l'autre, comme cela se voit quelquefois. Il y a des chevaux sur lesquels on ne bouge pas, d'autres qui vous secouent et vous fatiguent considérablement, on peut le prédire de la part des animaux dont la queue va de droite et de gauche pendant la marche. Ce mouvement est occasionné par l'extrème longueur d'enjambée, qualité fort désirable pour le cheval de course et le hunter, mais nullement pour le hack.

131. Le trot est à tout prendre une allure acquise, et dans l'état de nature on ne le remarque que pour quelques mètres. Dans cette allure les bipèdes diagonaux se meuvent à la fois, les pieds se relèvent et se posent au même instant.

132. Pour faire partir un cheval au trot, prenez les rênes de bridon et sentez la bouche avec fermeté et justesse, penchez vous légèrement en avant, prenez les jambes contre les flancs du cheval et faites l'appel de langue, qui en toute occasion sert à encourager le cheval. Si le cheval est bien dressé, il se mettra tout de suite au trot, mais s'il part au galop, il faut le retenir et le mettre au pas ou au tout petit trot de curé. Il y a des chevaux qui peuvent prendre un galop raccourci aussi lent que le pas, dans ce cas il est difficile de les passer au trot, car aucun arrêt s'il n'est pas définitif, ne peut empêcher ce galop. Dans cette occasion l'on réussira souvent en saisissant une oreille, ce qui fait baisser la tête, mouvement qui gêne le galop, et amène ordinairement le trot.

133. — On s'élève sur les étriers pendant le trot dans l'équitation civile pour épargner de la fatigue au cheval et au cavalier, mais dans les manéges militaires l'on enseigne le principe opposé, parce que dans une troupe de cavalerie il n'y a rien de plus laid que de voir les hommes s'agiter de bas en haut en dehors de toute cadence. Si tous pouvaient se lever à la fois, peut-être leur pardonnerait-on cette dérogation à la précision militaire, mais comme les chevaux ne veulent pas faire des pas cadencés, les hommes ne peuvent pas se lever à la fois, en conséquence on les condamne à cogner sur la chabraque d'une façon désagréable, aussi fatigante pour l'homme que pour le cheval. Voici la méthode civile : Au moment précis où les jambes de devant et de derrière font leur effort pour mettre le cheval en mouvement, le corps du cavalier est jeté en l'air avec force ; avec quelques chevaux il y a de quoi faire croire à un novice qu'il ne redescendra jamais. Après avoir atteint une certaine hauteur, le corps n'en revient pas moins et atteint la selle juste à temps pour recevoir l'impulsion suivante et ainsi de suite, tant que le trot dure ; de cette façon, pendant la moitié du temps, le cheval ne porte absolument aucun poids, l'action et la réaction se combinent de façon que ce poids accélère l'allure plutôt qu'il ne la retarde. Aucun cheval ne peut trotter franchement plus de 12 ou 13 milles (1) à l'heure sans cette méthode, quoiqu'il puisse courir et traquenarder avec un cavalier toujours assis. Ce n'est donc pas seulement pour ménager le cavalier, mais pour soulager le cheval, que l'on a introduit

____

(1) 12 milles, 19,311 mètres 77. — 13 milles, 20,921 mèt. 09.

cette habitude, et elle a tenu bon sans être sanctionnée par l'autorité militaire. Comme pour l'assiette, ces messieurs sacrifient l'utilité à l'apparence, et ce n'est que quand la faible assiette sur longs étriers de la caserne l'emportera sur l'assiette solide des particuliers, que je m'attends à voir abandonner l'appui sur les étriers pour le trot. La longueur des étriers des militaires n'est pas aussi exagérée qu'il y a trente ans, et peut-être un jour adopteront-ils l'élévation sur l'étrier, mais j'ai bien peur que ce ne soit après avoir rognonné plusieurs milliers de chevaux qui seraient restés sains sous des cavaliers bourgeois. Dans le trot le pied doit appuyer fortement sur l'étrier, le talon bas, la balle du pied doit peser sur la base de l'étrier, de sorte que l'élasticité de la cheville détruit le choc et empêche qu'on ne soit enlevé deux fois par le temps du trot, ce qui arrive souvent avec quelques chevaux durs. Les genoux doivent se maintenir en place sans laisser voir ces déplacements si fréquents de la part des mauvais cavaliers, et les jambes doivent tomber perpendiculairement à partir du genou. La poitrine bien en avant, la ceinture rentrée, l'élévation presque verticale, mais légèrement en avant avec autant d'aisance que possible, en restreignant plutôt qu'en augmentant l'impulsion que le cheval communique au corps.

134. — La méthode militaire, sans s'élever sur l'étrier, s'obtient en laissant le corps chercher le plus possible son équilibre. Les genoux ne doivent pas presser la selle, le pied ne doit pas peser sur l'étrier, les mains ne doivent pas tirer sur la bride. En observant ces préceptes négatifs, le cavalier n'a qu'à se pencher un peu en arrière de la verticale et conserver son équilibre, la pratique fera le reste.

135. — Le galop cadencé, en anglais *canter*, est encore plus que le trot une allure artificielle et peu naturelle. On ne peut guère l'enseigner sans mettre beaucoup le cheval sur ses hanches, et bien rarement sans employer la bride. Dans cette allure, chaque jambe est levée et posée dans l'ordre le plus méthodique, la jambe droite ou gauche antérieure posant la première, suivant les cas, mais il y a toujours un pied par terre.

136. — *Pour partir au galop cadencé sur une jambe ou sur l'autre* il faut tirer la rêne opposée et presser le talon du même côté. La raison en est assez évidente, tout cheval partant au galop canter (et plusieurs fois dans le courant du galop) se met un

peu de côté sur sa ligne de progression, afin de pouvoir mettre en avant la jambe sur laquelle il galope. Supposons un cheval qui va galoper sur le pied droit antérieur, il tourne la tête à gauche et la croupe à droite et se trouve fort à l'aise pour avoir en avant la jambe droite hors montoir et la jambe gauche en arrière. Pour le forcer de continuer cette allure, il suffit de le tourner de la même façon en portant la tête à gauche en le touchant du talon gauche, après quoi on le fait galoper en l'excitant de la voix ou du fouet, tout en le contenant avec la bride. Quand une fois cette direction est donnée, la tenue de la bride et la pression des jambes peut rester constante, mais si pendant le *canter* l'on veut changer la jambe directrice, le cheval doit être rassemblé par l'action du mors et de la voix, et l'on change l'action de la rêne et la pression de la jambe de façon à tourner le cheval dans le sens opposé à celui de son départ ; il changera généralement l'attitude de son galop, ce que l'on appelle changer de pied.

137. — L'assiette pour le *canter* est fort aisée, les genoux pressant légèrement la selle, les pieds pesant peu sur l'étrier et le corps assez droit sur la selle. À cette allure, les mains ne doivent pas être trop bas, mais elles doivent conserver une pression légère mais constante du mors. S'il y avait la moindre tendance à cesser le canter, il faudrait se faire légèrement sentir sur la bouche et exciter la crainte par la voix ou le fouet.

138. — Le galop est la plus naturelle des allures ; on la voit chez tous les chevaux en liberté, depuis le poney du Shetland et le cheval de camion, jusqu'au cheval de course de pur sang. C'est une répétition de sauts, et il diffère du canter par un trait essentiel qui fait la vraie distinction de ces deux allures. En décrivant le canter, j'ai dit qu'il y avait toujours un pied en contact avec la terre, tandis que dans le galop lent ou rapide il y a toujours un intervalle pendant lequel l'animal tout entier est suspendu en l'air sans toucher terre. Il n'est donc pas vrai de dire que le canter est un galop lent, ni que le galop est un canter rapide : ce sont deux allures parfaitement distinctes, qui diffèrent autant que la marche et la course chez l'homme. On trouve, il est vrai, les mêmes alternatives pour la jambe dirigeante, et on emploie la même méthode pour faire partir le cheval sur un pied désigné ou pour changer de pied, quoique

tout cela soit beaucoup plus difficile à effectuer dans l'allure du galop que dans celle du canter.

139. — Dans l'allure du galop, l'assiette du cavalier doit être, suivant les circonstances, au fond de la selle ou debout sur les étriers. La première est la position habituelle, et ce n'est que dans les courses et le galop très-rapide que l'on a recours à la deuxième manière. En conservant le fond de la selle, les pieds peuvent reposer sur la balle (1), comme dans les autres allures, ou bien avec l'étrier complétement enfoncé, comme on le fait ordinairement en courant à travers champs. Le corps doit être à l'aise, légèrement en arrière, les genoux tenant bien, mais en prenant soin de ne pas serrer au point d'incommoder le cheval, faute que j'ai souvent vu commettre à des hommes d'une grande force musculaire. Les mains doivent être basses, avec assez d'action sur la bouche pour retenir le cheval, mais sans le porter à se défendre. S'il est porté à s'encapuchonner ou à mettre le nez au vent, les mains doivent être levées ou baissées en conséquence. Quand il faudra se mettre debout sur les étriers, c'est à eux à porter le poids, mais il faut l'assujettir avec les genoux, qui doivent bien tenir les quartiers de la selle. L'assiette est jetée bien en arrière, pendant qu'en même temps le rein se creuse. Par cette action combinée, on évite de faire peser le corps sur l'épaule du cheval, ce qui arriverait et ce qui se remarque souvent lorsque l'assiette qui a quitté la selle est apportée presque jusque sur le pommeau, les yeux du cavalier ayant l'air de regarder le long du chanfrein de son cheval, ou quelque chose d'approchant. Si l'on examine un jockey qui sait se tenir, l'on verra que sa jambe ne tombe pas droit à partir du genou, mais qu'elle est jetée légèrement en arrière de cette ligne ; que, conséquemment, le centre de gravité se trouve aussi en arrière, de sorte qu'en raidissant l'articulation il peut porter le corps en arrière, jusqu'à la ligne de l'étrier, sans cesser de peser dessus. Cette attitude ne peut se conserver longtemps sans fatigue pour le cavalier ; elle n'est usuelle que dans les courses ou dans un temps de galop sur mauvais terrain, comme à la chasse, quand on rencontre un champ labouré un peu profond, ou une montée rapide, ou tout autre terrain susceptible de fatiguer le cheval.

(1) Les Anglais appellent balle du pied la partie qui précède les orteils.

Section VI. — *Mouvements extraordinaires.*

141. — Outre les allures nécessaires au cheval pour l'emploi qu'en fait l'homme, il y a encore certains mouvements que l'on rencontre fréquemment sans les désirer, il y en a d'autres que l'homme lui enseigne pour des cas extraordinaires. Les premiers sont des vices, les seconds sont plus ou moins le résultat du manège ou école de dressage. Les vices sont 1° de butter ; 2° de se couper et de se cabrer ; 3° de se dérober ; 4° de ruer ; 5° de faire des bonds ; 6° de se coucher ; 7° de cogner l'épaule au mur ; 8° de s'emporter. Les airs de manège sont le recul, le passage, etc.

142. — Le défaut de butter est dans tous les cas occasionné par une action défectueuse des muscles, bien qu'il soit hors de doute que, chez plusieurs chevaux, ce défaut s'aggrave par la boiterie soit des pieds, soit des jambes ou par une ferrure défectueuse. Il y a des chevaux que l'on ne peut monter en sûreté pour une longue course, quoiqu'en sortant de l'écurie ils aient les mouvements fort beaux. La cause en est dans la fatigue rapide des muscles qui relèvent et étendent la jambe, à la suite de laquelle la pince ne franchit pas le terrain, et quand elle le rencontre il n'y a pas la puissance musculaire nécessaire pour réparer la faute. Beaucoup d'animaux paresseux et rasant le terrain sont toujours à rencontrer quelque pierre ; mais ayant de forts extenseurs, ils retirent leur pied de l'obstacle et se remettent facilement. Ceux qui ont de mauvais extenseurs ont beau rencontrer avec moins de force, ils n'ont pas la vigueur nécessaire pour se tirer d'affaire, et tombent. Ceux qui bronchent de la première façon peuvent être maintenus sur leurs jambes par la sévérité en les réveillant constamment ; mais ceux qui pèchent par faiblesse ne sont jamais sûrs. Quand le cheval butte par suite de boiterie et de douleur, le plus humain et le plus sûr est ou bien de descendre en menant le cheval en main, ou bien de le tenir éveillé par l'usage du fouet et de l'éperon. L'humanité, qui ferait prendre un terme moyen, le mènerait à mordre la poussière ; il ne faut jamais essayer de ce système ; mais il y a plusieurs manières de faire des faux pas de paresse, comme, par exemple, quand la pince rencontre, quoique bien jetée en avant ; cela provient de ce que l'action du genou étant basse, le pied ne franchit pas l'obstacle. Ce n'est point un faux pas dangereux ; il est rare que le cheval ne se relève pas. Il y en a une autre qui provient de ce que

le pied est posé trop en arrière et trop sur la pince, de sorte que le paturon au lieu de se fixer à sa place, derrière la verticale du pied, plie en avant et fait ainsi perdre à la jambe la faculté de supporter le poids; dans ce cas, le cheval ne tombe généralement pas, à moins que l'autre jambe ne se comporte pas mieux; mais c'est un accident très-désagréable, et l'on ne doit jamais considérer comme sûr un animal qui y est sujet. Ces animaux trompent souvent les jeunes et les inexpérimentés, parce que généralement ils lèvent bien le genou et paraissent marcher avec aisance et sûreté. Mais si on les surveille, on leur verra poser le pied derrière la verticale partant du devant de leurs genoux, et, quand les choses en sont là, l'on doit toujours s'attendre à ce genre de faux pas. Il y a encore celui qui provient d'une pierre roulante qui s'échappe au moment où elle supporte le poids de la jambe. Le cheval perd ainsi l'équilibre au point de faire une faute avec l'autre jambe. Elle sera plus ou moins grande, suivant la bonne ou mauvaise allure du cheval. Enfin, il y a des faux pas qui résultent de la sensibilité de la sole ou de la fourchette; lorsque les pieds tombent sur une pierre tranchante, la douleur est telle que le genou cède et il se produit le même effet que dans le cas de la pierre roulante et à un plus haut degré.

143.—Le remède aux faux pas dépendra, dans tous les cas, de la cause qui les produit. S'ils proviennent de faiblesse, ni soins ni équitation n'empêcheront de butter, bien que l'on puisse éviter une chute complète en s'asseyant bien en arrière et en prenant garde de ne pas être tiré par dessus l'épaule en cas de faute sérieuse. En pareil cas, il est inutile de rêner beaucoup le cheval; il faut le tenir éveillé, mais non le presser, parce que plus vous le fatiguez, plus il a de chances pour s'abattre. Il faudra donc beaucoup de jugement pour le dorloter jusqu'à l'accomplissement de sa tâche, et le meilleur moyen pour cela est de soulager ses reins en marchant à côté. Personne ne devrait monter habituellement un pareil cheval; mais si malheureusement l'on se trouve dessus et à quelques milles de chez soi, le conseil précédent est bon à suivre. Toutefois, quand les faux pas proviennent de paresse décidée, la seule méthode à suivre est de s'emparer de la tête du cheval et d'employer vigoureusement la cravache ou l'éperon ou même les deux à la fois. Bien des chevaux sont sûrs au grand trot sans que l'on puisse se fier à eux au petit trot. Le cavalier expérimenté sait découvrir l'allure où son cheval travaille avec aisance et sûreté et le maintient à cette allure. Il y a des chevaux qui peuvent descendre une côte avec sûreté et sont toujours à trébucher sur terrain ordinaire (ce sont ceux qui rasent, mais ont une bonne épaule); d'autres encore buttent en descendant, parce qu'ils jettent les pieds trop en avant; chacun de ces chevaux doit être monté différemment, en tenant compte de son défaut particulier. Quand la faute provient de claudication, le remède consiste à déferrer et à rectifier la ferrure si elle laisse à désirer. Si la boiterie dépend des articulations, ligaments ou muscles, on a recours au repos et à l'art vétérinaire.

144. — Le cheval se coupe quand une jambe est atteinte par le fer ou le pied de l'autre jambe ; cela peut être au boulet ou à l'intérieur de la jambe, ou juste sous le genou (1), ce que nous appelons l'atteinte de vitesse. Elle provient de ce que les jambes se meuvent de travers, de sorte que l'action n'est pas régulière. Ce défaut s'aggrave par la faiblesse ou le mauvais état de l'animal. Ainsi, un cheval qui a dépéri pourra très bien se couper, quoiqu'exempt de ce défaut quand il est en bonne chair. Le cheval peut se couper à la jambe de derrière comme à celle de devant.

145. — Le remède consiste à modifier la ferrure ou à mettre une botte.

146. — L'habitude de se cabrer est un mauvais tour de poulain qui se perd ordinairement en vieillissant, mais il n'est pas maintenant aussi commun qu'autrefois, et on ne voit pas souvent de chevaux dangereux par ce motif. C'est un horrible vice quand il s'aggrave, et il peut être fatal à un cavalier inexpérimenté. Quand le défaut est léger, le cheval s'enlève un peu du devant et retombe aussitôt comme pour jouer; mais il y a circonstance aggravante quand le cheval cherche systématiquement à désarçonner le cavalier; quelquefois la brute va jusqu'à se jeter en même temps elle-même sur le dos.

147. — Le remède à ce défaut est la martingale, qui peut être employée avec des anneaux coulants dans lesquels s'engagent les rênes de filet, ou on peut l'attacher directement au mors de filet à l'aide de la boucle ordinaire, ou encore à l'aide d'une rêne coulante qui commence au poitrail de la martingale

(1) Speedy cut, coupure qui arrive quand le cheval est forcé. (Note du traducteur.

et passe à travers de l'anneau du filet, avec un effet de poulie ; on la ramène en main et on la serre selon les circonstances, de façon que l'on peut ramener le nez du cheval sur le brechet, ou on peut le laisser en pleine liberté sans être obligé de descendre. C'est un fort bon système pour un cavalier expérimenté, mais les autres ne doivent pas y avoir recours. Avec un cheval déterminé à se cabrer, il n'y a que ce moyen qui réussisse, et encore pas toujours, puisqu'il y a des animaux qui ont trouvé le moyen de se dresser debout avec la tête entre les jambes de devant ; ce sont heureusement de rares exceptions, et avec la majorité des chevaux il y a toujours un genre de martingale qui réussit. Jamais, avec des chevaux qui se cabrent, on ne doit en mettre sur les rênes de bride, et même l'on ne doit guère mettre de bride aux animaux affectés de ce vice, le moindre contact du mors les porte à se cabrer, et, à moins qu'ils ne soient aussi enclins à s'emporter, il vaut mieux se fier à un pelham ou à un bridon qui, ne produisant pas d'irritation à la bouche, les engagera souvent à marcher franchement, tandis que le mors de bride pourrait bien les disposer à montrer en se cabrant leur mauvais caractère. On peut essayer de casser une bouteille d'eau entre les oreilles ou d'appliquer un coup violent dans la même région, mais l'usage répété de la martingale suffira ordinairement. L'on a essayé quelquefois de guérir les cabreurs en les laissant s'enlever, ensuite en glissant de côté et les tirant en arrière ; mais c'est un tour dangereux pour le cheval et le cavalier, qui a souvent cassé les reins au cheval et causé à l'homme de graves accidents. Il est inutile d'ajouter que dans tous les cas le cavalier doit bien se pencher en avant et lâcher la bride pendant que le cheval est en l'air.

148. Les écarts proviennent quelquefois de peur et quelquefois de vice, plusieurs chevaux commencent par les premiers et se livrent ensuite aux seconds par suite de mauvais traitements. Le poulain est presque toujours plus ou moins peureux, surtout si on l'amène brusquement dans les rues d'une ville bruyante en sortant des prairies isolées où il a été élevé. Il y a toutefois des variétés sans fin de chevaux peureux, quelques-uns s'effraient outre mesure d'un objet qui n'a rien de formidable pour un autre. Quand un cheval s'aperçoit qu'il obtient gain de cause en tournant le dos à ce qui lui déplaît, il répètera ces demi tours sans cause feignant l'alarme et cherchant des prétextes. Cela n'est pas rare, et avec les cavaliers timides, cela

mène à mettre pied à terre, alors le cheval ayant atteint temporairement son but, saisit la première occasion de recommencer. Quand les écarts proviennent naturellement de la peur,
les yeux sont généralement plus ou moins défectueux, mais
quelquefois la cause est dans une irritabilité générale du système nerveux. Ainsi il y en a qui abordent de confiance les
chariots et autres objets qu'ils rencontrent sur la route et qui
tombent presque de terreur quand un petit oiseau s'envole
d'une haie ou que tout autre bruit les prend en sursaut. Ils sont
aussi plus dangereux parce qu'ils n'avertissent pas, tandis que
celui qui est simplement sur l'œil montre presque toujours par
le mouvement de ses oreilles qu'il médite un demi tour.

149. Pour les chevaux peureux, le seul remède est d'y faire
aussi peu d'attention que possible, de mépriser leurs frayeurs,
de leur parler d'une façon encourageante et cependant sévèrement, et *d'une manière ou d'autre de ramener* l'animal à l'objet
qui l'effraie. S'il est nécessaire, il faut avoir recours au fouet et
à l'éperon, mais jamais comme châtiment. Tant mieux si on peut
ramener l'animal à l'objet qui l'effraie sans user de rigueur;
mais en cas de nécessité c'est le moyen à employer. Quand la
peur occasionne les écarts, le châtiment ne fait qu'ajouter à sa
peur, mais quand la mauvaise volonté a remplacé l'effroi, il
faut employer la sévérité pour le détruire. Comme règle générale le fouet ne devrait pas être employé, à moins que le cheval
ne fasse son demi tour complet, et encore dans cette circonstance faut-il avoir des motifs de croire que la crainte est simu-
lée. S'il veut se rapprocher de l'objet même fort au large,
avec l'aisance des coudes, on peut lui laisser continuer son
chemin avec impunité. Rien n'est pire que la sévérité absurde
déployée par certains cavaliers après que le cheval a vaincu sa
répugnance et dépassé l'objet. Dans ce moment on devrait
l'encourager autant que possible de la main et de la voix, et
sous aucun prétexte on ne devrait lui faire faire ces lançades
que nous observons sur les routes et qui proviennent des
moyens de rigueur employés mal à propos. Le châtiment, au
contraire, devrait être appliqué d'avance; mais il arrive souvent
que le cavalier n'est en mesure de frapper que quand l'écart
est terminé, et dans sa colère il ne réfléchit pas qu'il n'est plus
temps de punir.

150. La ruade est un défaut très désagréable à la selle et à
l'attelage, mais il est moins dangereux dans le premier cas; il

est trop connu pour qu'il faille le décrire. Souvent il provient de gaieté, mais tout aussi souvent il est occasionné par un désir vicieux de se débarrasser du cavalier.

151. La meilleure méthode avec un rueur est de bien tenir la tête aussi haute que possible et alors de frapper fortement l'épaule avec la cravache. Si la tête n'est pas bien en main il n'en ruera souvent que plus, mais si au moment où le coup arrive l'on se tient bien, le cheval renoncera ordinairement à ruer. Avec des rueurs décidés le *gag snaffle* (filet baillon) est fort utile, parce que ce mors maintient la tête haute mieux que tout autre.

152. Les sauts de mouton sont une suite de bonds et cabrioles que le cheval emploie évidemment dans l'espoir de se débarrasser de sa charge ; généralement il voûte l'épine dorsale et souvent fera le saut des bêtes à cornes, verticalement au-dessus de terre, qui désarçonne sûrement un faible cavalier.

153. Le remède est de rester fixé en tenant bien la tête, sans trop la confiner ; souvent les sauts sont suivis d'une quinte de ruades auxquelles le cavalier doit être préparé. Si vous êtes fondé à croire que le cheval veut se livrer à ces tours, on trouvera beaucoup d'aide en bouclant sur le devant de la selle une pièce de drap roulée comme le manteau d'un soldat ; souvent quand l'assiette n'est pas très-bonne, c'est le moyen d'éviter une chute.

154. Le défaut de se coucher est seulement pratiqué pour les poneys du pays de Galles et autres brutes obstinées, et il est bien rare dans les chevaux de provenance anglaise. Quelquefois à coups d'éperon on fait relever ces méchantes rosses, mais dans les mauvais cas il faut prendre son parti de céder.

155. On ne trouve aussi que dans des chevaux de race inférieure, le vice de frotter l'épaule au mur, bien que dans toutes les races il y en ait qui par suite d'éducation vicieuse adopteront cette pratique dans l'espoir d'écraser le genou du cavalier contre les murs et palissades. Si l'on étend fortement en dehors la main et le pied, le cheval ne peut exercer une pression latérale assez forte pour vaincre leur résistance, et il ne s'en suit aucun mal.

156. Un cheval qui s'emporte est celui qui pousse à l'extrême l'habitude de tirer sur la main au galop, mais quelquefois cela arrive de la façon la plus vicieuse, et l'animal court comme si l'excitation le rendait fou. C'est un vice dangereux en ce que le

cheval en fait ordinairement usage quand il est le plus gênant, comme dans les rues les plus fréquentées, etc.

157. — Pour les chevaux qui s'emportent, l'on a inventé plusieurs mors d'une grande dureté, mais l'on n'a encore rien inventé qui réussisse aussi bien que la muserolle à la bucéphale, à laquelle j'ai déjà fait allusion à la page 197. C'est un bon système pour les animaux acharnés que de les faire galoper jusqu'à ce qu'ils s'arrêtent, en les poussant à la montée, ce que l'on trouve souvent occasion de faire. Il y en a toutefois que ce traitement ne fait que rendre pires. En général, il réussit et un semblable effort rend les chevaux tranquilles pour quelque temps. En dépit de la leçon, ils recommencent aussitôt qu'ils se sentent frais, et il est rare que l'on puisse les confier à des cavaliers ordinaires. Il ne sert à rien de tirer droit sur la bouche de ces animaux, mais il est plus avantageux de les laisser aller quand il y a de l'espace, et puis d'essayer ce que produira sur la bouche une pesée vive et sévère ; il ne faut pas la prolonger si elle ne réussit pas, mais on doit rendre la main pour quelque temps et puis essayer une autre fois. Quelquefois il n'y pas d'espace pour cela, et alors le seul plan à suivre est d'essayer de plier la tête de côté, soit pour galoper en cercle, soit pour pousser la tête du côté d'une palissade, ou même d'une muraille ou d'une forte grille. Quelquefois tout vaut mieux qu'une course directe, comme dans une rue encombrée où il y aurait à peu près certitude d'accident. Dans ce cas, tout est bon à faire plutôt que persévérer dans la direction prise par le fugitif. Dans ces occasions il faut mener le cheval contre tout ce qui peut l'arrêter, comme une haie épaisse ou une muraille de parc, ou tout autre obstacle insurmontable, et il faut courir tous les risques d'endommager la brute et même le cavalier. Celui-ci échappera toutefois avec des contusions généralement légères, si le cheval est dirigé droit et de plein élan contre l'obstacle et non obliquement, ce qui serait loin de remplir le but.

158. — La marche en arrière devrait être enseignée à tous les chevaux, bien qu'on la demande beaucoup moins à la selle qu'à la voiture. C'est toujours une **des** premières choses qu'enseigne au poulain celui qui est **chargé** de le dresser, et le cheval bien mis, obéira naturellement à la main du cavalier qui le tire légèrement en arrière; l'action ne doit avoir que le degré de dureté nécessaire à la bouche de l'animal en particulier, car il y a des

chevaux qui s'irritent d'être trop sévèrement retenus. Si le cheval refuse obstinément de bouger, l'on peut légèrement scier de côté et d'autre, ce qui manque rarement de le mettre en mouvement.

Quand un cheval recule par malice et malgré son maître, cela s'appelle s'acculer (jibbing). C'est un tour fort embarrassant et contre lequel il n'y a guère d'autre remède que la patience. Le châtiment est inutile et fait fuir le cheval davantage, mais en attendant tranquillement qu'il se lasse, l'animal renoncera généralement à cette défense et reprendra sa marche vers la direction demandée.

159. — Le passage est un exercice d'équitation dont on ne se sert que dans les écoles militaires. C'est l'allure du cheval se mouvant en côté en se servant à la fois des deux jambes latérales et apportant ensuite les deux autres en cadence.

Section VII. — L'équitation de promenade.

160. — Cette équitation est la mise en pratique de tous les préceptes qui ont déjà été donnés plus haut. Quand on a ordonné de préparer un cheval, il est amené à la porte sellé et bridé. C'est le devoir du groom de bien mettre la selle, mais il est bon que le maître sache où et comment il faut la poser. La règle ordinaire est de mettre la selle une main (4 pouces) derrière le scapulum, mais c'est trop en arrière, et peu de selles peuvent y rester. Il vaut mieux la mettre tout de suite où elle va bien que de lui laisser de la place pour revenir en avant, parce que les sangles ne font que se relâcher quand elle glisse et lui permettent alors de venir trop en avant. Si on la met tout d'abord à l'endroit où elle arriverait en glissant par suite du mouvement, les sangles restent serrées et la selle bien fixe. La meilleure règle est de placer la selle là où elle *s'ajuste bien*, en ayant soin que ce soit aussi en arrière qu'il est possible de le faire, sans qu'elle cesse d'être ajustée ; la bride doit être mise de sorte que le mors ne soit ni trop haut ni trop bas, et que la sous-gorge soit au point convenable, choses que l'expérience seule enseigne. Après avoir quitté l'écurie, l'on fait marcher le cheval pendant quelques minutes, alors les sangles se relâchent ordinairement un peu et le groom doit s'occuper de resangler. Au moment de monter, le cavalier qui n'a pas dans son groom une confiance absolue, doit regarder les sangles,

l'ajustement de la bride, la façon dont la gourmette est serrée, s'il a mors de bride et de filet.

Dès que tout cela est arrangé, le groom conduit le cheval contre la porte, le tenant de la main gauche par les rênes de filet et pesant sur l'étrier droit pour empêcher la selle de tourner, lorsque le cavalier est d'un poids un peu fort. Alors celui-ci monte d'après les principes donnés au § 120, et met son cheval au pas ; c'est toujours par là qu'il faut commencer une promenade d'agrément. A cette allure, ainsi que je l'ai déjà expliqué, on peut donner à la tête de son cheval beaucoup de liberté et l'on n'aura pas de difficulté à le tourner à droite ou à gauche, soit avec une main, soit avec les deux, soit par la pression des rênes sur l'encolure suivant la manière dont le cheval est dressé. Après avoir parcouru une certaine distance, le cavalier peut s'exercer aux diverses allures, et s'il a envie d'apprendre à bien monter, il peut de temps en temps, jeter les étriers sur le pommeau et pratiquer le canter sans étriers. En apprenant à se passer d'étriers, il est bon d'avoir l'intérieur de son pantalon doublé en basane noire à la manière française, cela adhère bien à la selle, tandis qu'avec du drap et une selle lisse, il y a bien peu de tenue et l'équilibre seul vous maintient en selle. Avec cette précaution, l'on peut bientôt marcher à toutes allures, mais il ne faudra essayer le trot qu'en dernier lieu, car c'est le plus difficile. L'on ne peut plus s'enlever sur l'étrier et on doit laisser le corps chercher sa chance sur la selle en se penchant un peu en arrière de la perpendiculaire, et ne faisant rien que se mettre en équilibre. Quand on est sans étriers, les pieds doivent être portés comme si on en avait, les talons bas et les orteils relevés par la puissance musculaire de la jambe.

161.—Pour les principes à observer en sautant, voyez le chapitre de l'équitation à la suite d'une meute.

Section VIII.—De l'équitation des dames.

L'équipement du cheval à l'usage des dames est semblable *en principe* à celui que l'on fait pour l'équitation des hommes ; si ce n'est que le mors et les rênes de bride sont plus légers et plus élégants, et la selle est garnie de fourches pour pouvoir monter en côté. Les rênes, excepté la partie tenue en main, sont généralement arrondies pour les alléger, et les montants sont ornés de rosettes et d'une muserolle.

La selle doit être bien adaptée au cheval, et il devrait toujours y avoir une troisième fourche, dont nous expliquerons plus loin l'usage. Il y a, en outre, un surfaix pour maintenir les quartiers de la selle. L'étrier peut être comme celui d'un homme, avec une doublure de cuir ou de velours; ou il peut être en forme de pantoufles, ce qui est plus sûr et plus commode pour le pied. La cravache des dames est quelque chose de fort léger, mais comme les chevaux de ce genre doivent rarement mériter châtiment, on la porte plutôt pour menacer que pour punir. L'on peut ajouter un éperon, et pour les dames qui chassent il est quelquefois nécessaire pour stimuler à un moment donné. Si on l'emploie, il doit être bouclé sur la bottine, et l'on fait une petite ouverture dans l'amazone avec un cordon à l'intérieur, que l'on attache autour de la cheville, et de la sorte l'éperon ne sort pas toujours au-delà des plis du vêtement. Ordinairement pour ornement on met une martingale; mais tout cheval qui porte au vent est impropre à porter une dame.

163. — Le cheval de dame devrait être le plus parfait des hack, au lieu d'être, comme cela arrive souvent, une brute inutile, bonne à fusiller. Beaucoup d'hommes croient que tout cheval qui a de l'extérieur portera une dame; mais c'est une grande méprise, et si les dames choisissaient elles-mêmes leurs chevaux, elles auraient bien vite décidé le contraire. La seule considération qui soient en leur faveur, c'est que généralement elles ont peu de poids à faire porter, et que par conséquent un cheval qui les porte est rarement bon pour un homme, à cause de la supériorité de poids du sexe masculin sur la dame cavalière. Il y en a bien peu qui pèsent plus de 9 stones (1); la plupart sont au-dessous, et un cheval fait pour porter 10 stones avec la selle, fera triste figure sous 12 stones et au-delà; mais au point de vue de la netteté, de l'action de la bouche et du caractère, le hack d'une dame devrait être irréprochable : du reste, ce sont là les conditions qui font le hack parfait pour n'importe quel sexe. Le hack d'un gentleman peut encore être bon sans avoir été dressé au canter, et être assez formé pour ne plus pouvoir apprendre d'allures nouvelles. Il ne vaut donc rien pour une dame, et d'un autre côté un cheval de dame devrait avoir toutes les allures bonnes. Il est vrai que beaucoup

(1) 9 Stone, 57 k. 05.
　10　Id.　　63　46.
　12　Id.　　76　15.

de dames ne trottent jamais ; mais il ne faut pas leur laisser pour excuse la mauvaise volonté du cheval. La taille du cheval de dame doit être de 15 mains (1) ou de 14 mains 1/2 à 15 mains 1/2 ; au-dessous l'amazone traîne dans la boue, au-dessus le cheval est trop haut et trop peu maniable pour un cheval de dame.

164. — Pour dresser le cheval de dame, s'il a un bon caractère et la bouche fine, il n'y a guère à lui enseigner que le canter sur le pied droit. Cela doit être ainsi, parce qu'en raison de l'attitude de côté que les dames ont sur la selle, le galop sur la jambe gauche leur est désagréable. L'écuyer doit donc dresser le cheval sur le pied droit par les moyens que nous avons déjà indiqués, et persévérer jusqu'à ce que le cheval soit rompu à cette allure et porte habituellement sur le pied droit. Il faut aussi que le cheval soit bien mis et galope bien sur les pieds de derrière, et non avec l'allure désunie que l'on voit si souvent. Il faut pour cela employer la bride, mais sans trop peser dessus ; le cheval doit apprendre ce qu'il doit faire par la finesse du doigté et non par force, par des pressions de mors légères et intermittentes, sans se pendre aux rênes. C'est ainsi et graduellement, sans aller trop loin, que l'on s'empare de la tête, que les jambes de derrière sont poussées en avant, de manière à régler la bouche sans ces pressions qui l'égarent, quand le cheval a été mis sur les hanches. On peut boucler une couverture du côté droit pour habituer le cheval au ballottement du vêtement. J'ai néanmoins trouvé que dans tous les chevaux de bon caractère, quand les allures et la bouche ne laissent rien à désirer, l'on peut être sûr que l'animal supportera les ballottements de l'amazone. Les messieurs ont trop souvent l'habitude de dire que leurs chevaux n'ont jamais porté une dame ; mais s'ils portent tranquillement un gentleman, ils auront le même caractère sous une lady, bien qu'ils ne soient pas encore faits à son assiette et à sa main.

165. — Les règles pour tenir les rênes et pour s'en servir sont applicables, telles que nous les avons données, à l'équitation des dames, avec cette différence que le genou empêche de baisser la main jusqu'au pommeau de la selle. Voilà une des raisons pour que l'encolure doive être plus pliée que sous un homme, parce que si elle est droite ou renversée, les mains des

(1) 15 mains, 1^{m}52.
   14 mains 1/2 à 15 mains 1/2 = de 1^{m}47 à 1^{m}57.

dames qui se trouvent hautes, amènent le cheval à regarder les étoiles. Beaucoup de dames tiennent leurs rênes comme en conduisant une voiture ; nous dirons comment au chapitre prochain. Sous quelques rapports cela vaut mieux, parce que cela permet à la main d'être plus basse qu'à la manière des hommes, et l'extrémité des rênes tombe mieux sur l'amazone.

166. — Pour monter, le cheval est amené à la porte par le groom et tenu ferme comme pour un gentleman, en ayant soin de le tenir bien à côté de l'endroit où se trouve la dame dont il cherche souvent à se dérober par le côté. Le gentleman qui accompagne la dame met alors sa main droite sur le genou droit ou un peu au-dessus, et y reçoit le pied gauche de la dame. Avant cela elle doit avoir pris les rênes dans la main droite, qui est placée sur la fourche du milieu, alors avec la main gauche sur l'épaule du monsieur et le pied dans sa main, elle prend son élan de terre, raidit immédiatement sa jambe gauche et s'appuie par un second élan sur sa main raffermie par le genou. L'on peut aisément alors la lever en suivant avec la main et finissant son élan avec la force minime qui se trouve nécessaire. En s'élevant, la main continue à tenir la fourche, ce qui jette le corps de côté sur la selle, c'est alors que la dame passe le genou droit par-dessus la fourche du milieu. Puis elle se met en selle et le gentleman retire l'amazone jusqu'à ce qu'il n'y ait plus de replis. Quand il a mis le pied gauche de la dame dans l'étrier avec un pli de l'amazone, l'assiette est complète, elle doit prendre les rênes et s'en servir comme il a été prescrit pour le gentleman au paragraphe 129. La faute qui se commet le plus souvent en montant est l'absence de tension de jarret de la part de la dame ; si le genou reste plié, il faut une grande force pour la mettre en selle, tandis qu'avec un bon élan et le jarret tendu, elle doit peser peu de livres dans la main.

167.—La tenue en selle des dames passe en général pour faible et reposant entièrement sur l'équilibre ; mais il n'y a pas de plus grande erreur, et d'après ce que l'on voit en particulier tout aussi bien qu'au Cirque, il faut un aussi grand effort du cheval pour déloger une bonne cavalière que pour projeter le gentleman. Même avec la vieille fourche toute seule, la jambe tenait bien : maintenant qu'il y en a une troisième, la dame est solidement accrochée. Quand on n'emploie pas la troisième fourche, l'on tient à la paire qui reste par la jambe droite, on serre la fourche entre la cuisse et le mollet et l'on ob-

tient une tenue ferme et solide, surtout en se servant de l'é-
trier. Mais ce dernier support n'est que pour l'équilibre et est
également utile en trottant, ce n'est pas lui qui assujettit l'assiette, quoiqu'il vienne en aide à la solidité obtenue par le genou. Quand on emploie la fourche supplémentaire, la jambe
n'est pas retirée en arrière pour saisir comme auparavant,
mais on tient bien des deux genoux sur les fourches ; la fourche supérieure se trouvant sous le genou droit, et la fourche inférieure sur le genou gauche ; le genou droit, ac-
croché sur la fourche, empêche le corps de glisser en
arrière, tandis que le gauche l'empêche de tomber en avant, et
la position se maintient juste. Dans tous les cas, le pied droit
doit être tenu en arrière, la pointe du pied à peine visible. Toutes les dames cavalières ne doivent jamais perdre ces principes
de vue, et elles doivent apprendre aussi promptement que possible à se fixer en selle en pressant sur les fourches sans avoir
recours à l'étrier. Quoiqu'assises de côté, elles doivent faire
face en avant, le coude plié avec aisance et maintenu en position relativement au pouce par les principes décrits minutieu-
sement au paragraphe 128 pour l'équitation des hommes. Généralement la cravache se tient dans la main droite, la mèche
en avant et vers la gauche. A l'aide de cette position, on peut
s'en servir sur toutes les parties du corps du cheval en croisant vers la gauche, en fouettant en avant ou en arrière de la
selle, ou, avec encore plus de facilité, sur le flanc droit. L'on
peut donc, dans tous les cas, substituer son action à la pression
de la jambe pour les changements de pied, pour tourner à gauche ou à droite, pour galoper sur un pied ou sur l'autre. Avec
cette substitution et le soin d'éviter la dureté des mouvements,
ce qui est plus facile avec la main fine et le tact délicat d'une
dame, toutes les prouesses faites par les hommes peuvent être
imitées par elles.

168.—Pour descendre, le cheval est arrêté court ; sa tête, tenue par un serviteur, la dame retire les genoux de la fourche
supérieure, sort le pied de l'étrier et s'assied complétement de
côté. Elle pose ensuite la main sur l'épaule du cavalier qui
l'accompagne, qui passe le bras droit autour de sa taille et la
soutient légèrement jusqu'à terre.

Chevaux d'attelage.

181.—Les chevaux de harnais se divisent en poneys, che-

vaux de gig, de Brougham ou de carrosse et suivent en taille
et en force la même gradation, depuis le petit poney jusqu'au
carrossier de dix-sept mains. L'on trouve des poneys dans toute
l'Angleterre, l'Irlande et l'Ecosse. Il y en a de plusieurs races,
dont quelques-unes se font remarquer par un fonds extraordinaire, avec de la symétrie et des allures, des membres et des
pieds qui ne manquent jamais. Pour la santé et la solidité générale, ils l'emportent beaucoup sur les espèces plus grandes,
et il est difficile de s'en rendre compte, car ils sont bien plus
négligés et souvent même fort maltraités. Rien de plus rare
qu'un poney poussif ou cornard, et il n'arrive pas tous les
jours d'en trouver un boiteux. Nous avons toute raison de supposer que le sang arabe a été infusé à larges doses dans les races de poneys de nos bruyères et de nos forêts; leurs jolies
têtes, leur résistance à la misère et à la fatigue, la petitesse de
leurs os sont autant de preuves de cette assertion. Parmi les
poneys du pays de Galles, il y a un fort croisement avec le cheval normand (1), et plusieurs d'entre eux ont le long du dos la
marque foncée particulière à cette race et aussi la vigueur de
constitution qui lui est inhérente. Les chevaux de gig (*gigsters*)
sont le rebut des écuries de chasse et de course, d'après l'habitude prise d'atteler tout ce qui est trop maladroit ou trop lent
pour ces destinations. Il y en a qui, bien que mauvais galo-
peurs, trottent fort bien et conviennent par conséquent au harnais, bien que déplacés à la chasse. Un grand nombre de
gigsters sont aussi des carrossiers au-dessous de la taille voulue. On sait que le carrossier se produit en croisant la jument
de Cleveland ou celle de Clydesdale avec des étalons ayant du
sang ou même tout à fait purs. Jusqu'à une époque récente, la
jument de Cleveland était presque la seule origine du côté maternel pour nos meilleurs carrossiers; mais dernièrement l'on a
commencé à employer sur une grande échelle la jument de
Clydesdale, et avec beaucoup plus de succès, dans le sens de la
résistance, car, quoique peut-être moins réguliers, les produits
ont plus de race apparente, et leurs jambes et extrémités sont
plus fermes et plus résistantes. C'est, je crois, le meilleur croisement pour obtenir des carrossiers en général, et ils l'emporte-
ront sous tous les rapports sur la race de Cleveland. M. Apperley le premier a recommandé l'adoption de l'alliance directe

____

(1) Probablement le bidet d'allure.   (*Note du traducteur.*)

entre le cheval de pur sang et la jument de Cleveland, et l'autorité de son nom a toujours depuis maintenu cette habitude; mais on a fini par découvrir que, sous le rapport des membres, c'est une race peu profitable et qu'elle supporte le travail de la route presque plus mal que toute autre, à moins que vous ne preniez le cheval de course *taré*. Je fonde de grandes espérances sur la substitution de la jument de Clydesdale à celle de Cleveland, et j'attends de ses produits non-seulement d'utiles carrossiers, mais des poulinières destinées à donner des chevaux de route et des hunters de trois quarts et de sept huitièmes de sang. Il y a une belle et spacieuse charpente pour s'installer, des membres nets et plats et de *jolies têtes*, avec cela des caractères disposés à tout apprendre. Leur constitution est bonne, et, sous tous les rapports, cette race me paraît calculée pour faire des carrossiers, et, d'après nombreux spécimens que j'ai vus résultant du premier croisement, je suis porté à croire que les vœux des patrons de cette espèce seront complétement exaucés.

HABITUDES GÉNÉRALES, ET VARIÉTÉS D'ESPÈCES
PARMI LES CHEVAUX.

Section Ire. — Habitudes générales.

67. — Le cheval *(equus caballus)* vient immédiatement après le chien pour les plaisirs de la campagne, et se trouve rivaliser avec lui, puisque non-seulement il sert à la chasse, mais aux courses, aux promenades et à la voiture. Il appartient à l'ordre *vertebrata*, classe des *mammalia;* mais la section des *ungulata*, dont il fait partie, est fort éloignée du chien, puisque c'est la dernière des *mammalia*, tandis que les *feræ* viennent immédiatement après les *primates*, dont l'homme est le chef et le premier. Parmi les *ungulata*, le cheval forme la seconde famille avec l'âne, le dzigguetai, le zèbre et le quagga.

68. — L'histoire primitive et l'origine du cheval est, comme celle du chien, enveloppée d'obscurité et de fables, et en réalité nous n'en savons presque rien. Nous avons seulement lieu de supposer que, de même que l'homme, il provient d'Asie, comme d'ailleurs tous les animaux, selon le récit de Moïse, et nous savons qu'on s'en servait en Egypte plus de 1600 ans avant Jésus-Christ. Je ne veux pas encombrer ce livre d'une histoire du cheval qui pourrait prendre une énorme extension, si on abordait pleinement ce sujet. Nous nous bornerons donc à établir

quelle est la condition présente du cheval dans la Grande-Bretagne , avec son origine récente, et ses habitudes générales.

69.— *Les habitudes du cheval*, dans tous les pays et dans toutes les espèces, se ressemblent à peu près. Partout où il est en liberté il est hardi , mais circonspect , et s'apercevant facilement de l'approche de l'homme, auquel il aime à tourner les talons. De nos jours, on trouve des chevaux sauvages dans l'intérieur de l'Asie et dans l'Amérique du Sud. Mais les chevaux des Tartares et ceux de la Plata descendent d'animaux domestiques et peuvent à peine être qualifiés de sauvages dans toute l'acception du mot. Toutefois, les chevaux de Californie, qui descendent encore plus récemment du cheval espagnol, sont tout aussi sauvages que ceux qu'a décrits le capitaine Head. Par suite de l'état de liberté et de leurs habitudes errantes pour se procurer de la nourriture et de l'eau, ils sont endurcis à la fatigue et peuvent supporter avec succès une énorme quantité de travail aux grandes allures, sans cet entraînement qui devient nécessaire à l'animal domestique. Le pas et le galop sont leurs allures naturelles ; toutes les autres sont des allures acquises ; mais rien ne peut égaler l'animation , le feu et l'élégance de mouvements du cheval à l'état de nature, et l'art est impuissant à perfectionner sa forme , si ce n'est en donnant un peu plus de vitesse à l'allure du galop. Dans tous les pays et à toutes les époques, le cheval se nourrit d'herbe ou de grain, bien que l'on prétende qu'en Arabie on le soutient à l'occasion avec du lait de chamelle quand la nourriture ordinaire vient à manquer.

Section II. — Variétés actuelles de l'espèce chevaline.

70. — L'arabe est encore une des variétés les plus distinctes de ce noble animal et l'un des plus estimés ; Turcs et chrétiens le recherchent en Asie, en Russie méridionale, dans l'Inde et même en Australie. Dans les déserts d'où il tire son origine, on le voit quelquefois à l'état demi-sauvage, bien que, selon toute probabilité, il ne cesse pas d'appartenir aux habitants des tentes qui peuplent ces régions. Mais l'espèce que nous rencontrons ordinairement et la plus domestique, est celle que les chefs de tribu maintiennent dans toute sa pureté, bien qu'elle ne soit pas aussi immaculée qu'autrefois. La tête du cheval arabe est le plus beau modèle que l'on trouve dans la nature, donnant l'idée du courage tempéré par la docilité et la soumission à l'homme encore mieux que chez le chien. Le croquis plein d'a-

nimation d'un cheval arabe, par M. Well's, en donne parfaitement la preuve ; il n'a pas moins bien rendu la légèreté et l'élégance de l'encolure, l'élévation de l'avant-main et la légèreté du coffre. Il est rare de rencontrer d'aussi belles formes, mais cependant on rencontre souvent des exemples de cette élégance d'ensemble avec des détails irréprochables. La longueur et la musculature de l'avant-bras sont aussi remarquables, et la queue est attachée très-haut, formes qui se sont transmises à nos chevaux de pur sang, qui descendent des arabes. Beaucoup de chevaux de cette race sont méchants et pleins de défauts, surtout dans l'Inde, où l'expression de cheval arabe est synonyme de rueur, mordant et faisant le saut de mouton ; on en fait toutefois grand cas, parce qu'il est toujours bon hack et supporte sans inconvénient la chaleur des étés dans les Indes. Il a aussi du prix pour le sportsman moderne, parce qu'il affronte mieux que toute autre race l'éléphant et le tigre. En hauteur, il a généralement un peu moins de quinze mains, et sa robe est le plus souvent baie, noire ou grise. Dans le chapitre de l'élève pour le turf, nous avons fait connaître les divers chevaux arabes d'où dérive le pur sang moderne. L'on dit que, même de nos jours, l'on compte trois races distinctes, les *attechi*, race tout-à-fait supérieure ; les *kadischi*, alliés aux précédents, mais sans grande valeur, et les *kochlani*, fort estimés et très-difficiles à trouver. S'il en est réellement ainsi, l'on peut facilement expliquer par cet état de choses les résultats que l'on obtient par le croisement avec les arabes modernes, si inférieurs à ceux que donnaient les arabes du 18e siècle.

71.—Le Barbe est un cheval africain de plus petite taille, mais plus fortement établi que l'Arabe, et évidemment nourri plus substantiellement. Ainsi que l'indique son nom, il est originaire de Barbarie, mais il y a toujours du doute sur la race à laquelle appartient précisément un cheval importé, parce qu'on les envoie à des distances considérables de leurs plaines natales, et que d'ailleurs toutes ces races sont très croisées entre elles. Il est généralement admis que le cheval Barbe a produit l'une des principales racines de notre arbre généalogique, savoir l'Arabe de Godolphin, qui aurait été un Barbe. L'on ne peut décider sûrement cette question et il paraît que l'on ne donne d'autre raison pour cette supposition que l'extrême élévation de son encolure, tandis que sa taille supérieure (quinze mains) argue tout aussi bien en faveur d'une origine arabe.

Mais le cheval espagnol descend incontestablement du Barbe venu sous les cavaliers maures qui ont conquis le pays, et comme en apparence les chevaux espagnols sont tout l'opposé des descendants de Godolphin, il y a là un argument en faveur de son origine arabe ou au moins contre son origine barbe.

72.—Le cheval du Dongola est une autre variété africaine de beaucoup plus grande taille que l'Arabe ou le Barbe, mais plus haut sur jambes. J'ignore si jamais cheval de cette race a été amené dans ce pays.

73.—Le Persan est un cheval de petite taille, et tout aussi élégant que l'arabe, mais qui résiste beaucoup moins.

74.—Le Turkoman est une race plus grande, mais qui n'a pas l'élégance de formes de l'Arabe et du Persan. Le corps est léger, les jambes longues, les têtes communes avec des encolures de brebis, mais ils ont des qualités de fonds et de durée et font de très longues distances sans en souffrir. Voilà encore une application de l'adage : « Sous toutes les formes le cheval peut marcher. »

75.—Les chevaux cosaques sont élevés en liberté en grands troupeaux et l'on a longtemps cru que cette éducation leur donnait une vitesse et un fonds sans égaux ; mais dans la fameuse course qui eut lieu en Russie en 1825, ils furent complétement battus à tous égards par un cheval anglais de seconde qualité et leur rendant du poids. Ils sont petits et d'aspect rude, mais ont du cœur et peuvent faire tout ce que l'on attend d'un poney.

76.—Le cheval Turc passe pour être presque pur arabe, avec un croisement avec le Persan et le Turkoman. C'est maintenant un cheval très beau, très vif et très élégant, mais l'on n'a fait aucune épreuve récente de ses qualités contre les chevaux Anglais, malgré bien des défis portés de part et d'autre. Le cheval de course Anglais descend de plusieurs chevaux Turcs importés en Angleterre, tels que les Turcs de Byerley, Helmsley et Belgrade, mais il est douteux qu'ils aient ressemblé en rien aux races que l'on trouve actuellement à Constantinople, et comme la Turquie d'Europe et la Turquie d'Asie couvrent une vaste partie de l'Orient, le nom de cheval Turc n'explique bien ni la naissance ni la parenté.

77.—Les chevaux des Indes orientales et de l'Australie sont de races diverses et croisées Arabes, Persans, Turcs et Barbes ; d'autres encore sont du sang anglais, mais ils dégénèrent rapidement, et quoiqu'ils soient utiles pour des croisements avec l'Arabe et le Barbe, cependant on ne peut les conserver long-temps sans dégenérescence dans leur pureté originelle.

78.—Les chevaux Belges ou Hollandais s'importent maintenant dans notre pays en quantités considérables et rendent de bons services pour le travail lent. Ils sont presque tous trop lourds et trop gauches pour faire autre chose que de tirer par leur poids, et même dans ce rôle il faut prendre garde de les surmener. Presque tous les chevaux noirs des pompes funèbres ont cette origine, ainsi que beaucoup des chevaux noirs de la cavalerie.

79.—Le *cheval Normand* est un animal beaucoup plus vigoureux et plus compact, mais qui a encore de la lenteur, relativement à nos races. Il est toutefois doué d'une excellente constitution et avec des jambes et des pieds qui peuvent rouler sur le grand chemin tant qu'on veut. Généralement ils ont moins de taille et sont plus près de terre que les Belges.

80.—Le *cheval Espagnol* est très croisé avec le Barbe et possède la jolie tête et l'encolure de ce dernier, mais avec une croupe trop avalée et un coffre trop léger. Mais les épaules et les membres sont bien, et il rend plus de services qu'un Anglais ne pourrait le croire possible, en comparant son aspect avec celui de nos chevaux.

81.—Les races *Américaines* et *Canadiennes* varient beaucoup et proviennent des chevaux Espagnols, venus dans le principe, avec des Arabes, Anglais et Barbes importés. Toutefois le climat a beaucoup fait pour eux, et bien qu'ils n'aient pas une beauté remarquable, ils ont la charpente de fer et l'élasticité de muscles de leurs maîtres. Ils sont sans rivaux comme trotteurs et, comme résistance, ils peuvent se classer très haut, mais ils n'ont pas des formes bien distinguées, sans pécher complétement sur aucun point. Quelques-uns de nos meilleurs chevaux ont été exportés en Amérique, surtout en Viginie, où Tranby, Priam et autres ont rendu de bons services. Ceux qui ont dirigé ces importations ont eu soin de choisir un sang franc de tares en même temps que plein de fonds, et n'ont pas hésité à consacrer de fortes sommes pour se le procurer.

82.—Quant au *cheval de pur sang Anglais*, je l'ai décrit fort au long dans les chapitres consacrés aux courses, j'ai décrit la manière de les élever et je dois y renvoyer le lecteur. J'ai donné une description des diverses espèces de hunters, et au chapitre de la promenade à cheval, je me suis occupé des hacks en usage en ce pays et des races d'où ils dérivent.

83. — Les diverses espèces de chevaux de charrette sont extrêmement nombreux ; mais elles ressortissent beaucoup plus au commerce qu'au sport. Presque toutes nos races les plus grandes et les plus lourdes sont croisées avec les chevaux flamands, qui ont augmenté leur poids et les ont rendues plus propres au transport des fardeaux, travaux auxquels les prédispose leur volume et leur aptitude à donner *à mort* dans le collier. Le croquis ci-dessus donne bien l'idée de l'un de ces animaux énormes dont la taille dépasse souvent dix-sept mains et demie. Le Clydesdale, le Cleveland, le cheval noir du Midland et le bidet du Suffolk sont les quatre espèces les plus estimées de cette race. Elles ont maintenant presque partout évincé le vieux cheval de charrette anglais de robe noire avec sa grosse tête et son air commun et gauche. L'on a essayé à bien des reprises de croiser ces quatre espèces avec le cheval oriental ; mais bien qu'au premier croisement on ait souvent réussi en raison de la pureté supérieure de l'étalon, cependant dans les croisements suivants le sang du cheval de trait se rencontrait, et puis il y a toujours eu manque de résistance et une tendance aux épanchements de matière osseuse, sous forme d'éparvins, de formes et de suros.

84. — Le cheval de carrosse se trouve décrit à la page 352.

85. — Le cheval de cavalerie peut être considéré sous trois destinations : 1° le *charger*, ou cheval d'officier ; 2° le cheval de troupe de grosse cavalerie, et 3° le cheval de troupe de cavalerie légère. Le *charger* est presque toujours de pur sang ou à peu près. On l'a presque toujours élevé pour les courses ; mais il s'est trouvé trop peu de vitesse tout en ayant de jolies formes et l'*action* belle, ce qui est nécessaire pour les évolutions du manége. Il lui faut de bonnes épaules pour être adroit du devant ; son arrière-main doit être proportionnée au poids qu'il doit transporter, en d'autres termes, il doit être bien sur ses hanches. La plupart des *chargers* ont 16 mains d'élévation, quelquefois davantage. Le cheval de troupe de grosse cavalerie est un hunter réformé faute de vitesse, c'est-à-dire un cheval élevé pour la chasse, mais resté trop lourd pour bien suivre les chiens. On l'obtient alors au prix du cheval de troupe, qui à la paix était de 24 livres, mais qui est maintenant un peu plus élevé. Les trou-

Le Poney du Shetland.
Le galloway.

pes de la maison de la reine sont montées en chevaux noirs, dont les uns ont été produits pour ce service par des éleveurs du Yorkshire, les autres viennent de Belgique. Les chevaux de cavalerie légère sont de toute provenance, et actuellement, comme on doit s'y attendre, d'après leur bas prix, beaucoup d'entre eux sont des animaux très-inférieurs, à ranger dans la catégorie des chevaux de bois. La somme que l'on consacre à leur acquisition est insuffisante pour se procurer un bon cheval de service avec une assez jolie apparence ; or, comme les colonels recherchent surtout cette dernière qualité, ils sont obligés de lui en sacrifier de plus utiles. Très-peu de ces chevaux sont aptes à porter plus de 14 stones, et ils en doivent avoir dix-huit sur le dos ; il n'est pas étonnant qu'ils succombent quand la troupe veut faire campagne.

86. — Le Galloway est une race très-encouragée par les agriculteurs du pays de Galles et de quelques autres districts où l'herbe est maigre et ne conviendrait pas à des animaux plus grands et moins rustiques. Le croquis d'un Galloway que nous joignons ici, donne la forme très-commune dans le pays de Galles d'un cheval de très-bon service, mais qui a rarement une grande vitesse au galop. Ces animaux passent pour être de sang Normand en raison du grand emploi que l'on a fait dans le pays il y a quelques années d'un étalon qui provenait de ce pays. Ils sont sûrs et vigoureux, mais un peu entêtés et indociles. Ceux de la partie Nord n'ont pas tout à fait d'aussi belles épaules, mais ils ont beaucoup plus de vitesse au galop et donnent par ce motif de meilleurs covert-hacks. Les plus petits échantillons de cette race donnent nos poneys ordinai· res. Ceux qui n'excèdent pas 13 mains se qualifient ainsi, tandis que le Galloway s'élève au-dessus de cette taille jusqu'à 14 mains ou 14 1/2.

87. — Le poney du Shetland est le plus petit de cette race dans notre pays, il est souvent au-dessous de 11 mains. Ils ont de la prestesse et de l'activité, et ont une action très-franche au pas, au canter et au galop, mais rarement ils trottent bien. (V. la gravure.)

SOINS GÉNÉRAUX A DONNER AU CHEVAL.

Section I.— Ecuries et accessoires.

91. — Les écuries pour un service général ne diffèrent guère de celles des hunters que nous avons décrites en detail aux pag.

207 et 208 où nous avons donné un plan calculé pour un nom·
bre de 12 à 18 chevaux. Une écurie comme celle-là conviendra à toute installation de particulier qui veut avoir ce nombre
d'animaux, et s'il en veut moins, une ou deux écuries à trois
stalles établies sur le même plan se trouveront plus saines
qu'une seule écurie à six stalles. Pour le travail ordinaire elles
conviennent mieux que des box, en ce sens qu'elles ont tout autant d'air et que d'un autre côté les chevaux se trouvent bien
d'être en société, mais elles sont plus spacieuses que ne le désirent la plupart des gentlemen, qui, surtout à la ville, sont obligés d'épargner l'espace. Dans tous les cas, il ne faut pas mé·
nager la lumière, excepté quand on doit exiger du cheval beau·
coup de travail, comme dans les écuries des loueurs, où la nécessité de donner du repos à toute heure aux chevaux non attelés
fait une loi d'avoir des écuries ténébreuses ou au moins très
peu éclairées. Mais dans les écuries des gentlemen, il est rare
que l'on exige des chevaux un semblable travail, et il arrive
plus souvent que l'on garde ces animaux sans un exercice suf·
fisant. La lumière et la ventilation deviennent en conséquence
obligatoires dans les écuries particulières, excepté celles destinées aux chevaux de course, dont nous avons déjà donné une
description spéciale. Le meilleur système pour l'admission de la
lumière et pour la ventilation a été décrit page 207, mais quand
on ne peut pas construire sur ce plan, il faut toujours ouvrir
une ou plusieurs fenêtres sur le côté ou derrière les stalles,
mais toujours de façon à éclairer efficacement l'écurie. Même
quand on ne peut pratiquer des ouvertures à la tête des chevaux, l'on peut toujours établir des manches à vent au-dessus
de leur tête de façon à leur donner de l'air frais. Dans tous les
cas, même dans les écuries les plus basses, l'on peut faire passer dans le grenier à foin un tube carré de fer ou de zinc sortant en dehors de la toiture et contribuant à maintenir la pureté
et la salubrité de l'air. Il faut éviter les courants latéraux tout
en renouvelant l'air, et cela peut se faire en pratiquant à la porte
et aux fenêtres des ventilateurs semblables à ceux en usage
dans les chenils de lévriers. Les égoûts devraient toujours être
recouverts et aboutir à la fosse au fumier. exactement comme
on l'indique à la page 208.

92.—L'on peut construire des écuries *moins dispendieuses*
avec des stalles ouvertes, mais il faudrait les avoir au moins
larges de six pieds et profondes de quatorze pieds. Si l'on con-

struit sur cette base, l'on obtiendra pour chaque cheval 840 pieds cubes d'air, ce qui n'est pas la moitié de ce que m'a donné le calcul basé sur le mécanisme de la respiration. Mais une longue expérience personnelle et chez autrui, m'a convaincu que des chevaux qui *travaillent régulièrement*, peuvent se conserver en santé avec cette ration de 840 pieds cubes, ce qui ne peut s'expliquer que par le renouvellement qui s'opère en ouvrant et fermant les portes, par les ouvertures en-dessous de ces portes, et autres endroits. Un cheval de course ou un hunter s'enferme après le repas et on évite de le déranger pendant plusieurs heures. L'air de son écurie ne se renouvelle que par les fentes des portes ou quelques ouvertures ménagées à cet effet. Mais pour le hack ou le cheval de voiture, il y a généralement pendant toute la journée des portes ouvertes ou refermées pendant que l'on sort les chevaux frais ou que l'on introduit ceux qui sont fatigués. Il y a encore toute la besogne d'écurie qui ne s'accomplit pas avec la régularité que l'on apporte dans les écuries de course et de chasse. Mais à tout prendre, quel que soit le motif, l'expérience nous a appris que le minimum d'air respirable pour un cheval de taille convenable se trouvait à la limite précitée.

93.—Il faut toujours un plafond, surtout au-dessous d'un magasin de foin, et tant qu'on le peut, il faut éviter d'avoir une ouverture en haut pour garnir le ratelier supérieur, ce qui était autrefois d'usage si général. Cette ouverture tend à jeter constamment de la poussière sur la tête du cheval, cause continuelle d'irritation pour les naseaux, les yeux et les poumons ; le foin du grenier peut aussi par là s'imprégner d'air expiré par le cheval, ce qui est un dommage réel. Le sol doit être pavé, avec des sillons bien creusés, pour éviter les glissades, ou avec des briques bien dures ou un cailloutage menu.

94.—Le ratelier et la mangeoire doivent être dans le système moderne donnant trois compartiments latéraux pour la nourriture du cheval. On les établit ordinairement maintenant en fer fondu galvanisé et avec un bord assez large pour que le cheval ne puisse le saisir avec les dents et ne contracte pas le tic de mangeoire ou le tic de l'air. Le foin se place d'un côté dans un compartiment ordinairement ouvert par en haut et grillé dessous et en avant pour permettre à la poussière de tomber. L'on a inventé dernièrement un mécanisme ingénieux pour faire arriver constamment le foin au sommet du ratelier. Il y a d'abord un couvercle s'ouvrant à charnière et grillé, assez large pour laisser passer le museau du cheval ; puis, il y a un double fond, qui remonte à l'aide d'un poids et d'une poulie ; enfin, l'on introduit le foin dans le ratelier par le couvercle et poussant en bas le double fond. Quand le ratelier est plein, sans presser le foin, l'on ferme le couvercle. Le cheval retire son foin au travers des barreaux supérieurs et le poids suspendu relève le reste à sa portée au fur et à mesure qu'il le mange. On cite cette méthode comme économique, mais je ne puis en parler par expérience. Dans le ratelier ordinaire construit un peu bas, je n'ai jamais vu perdre plus du vingtième de la ration et souvent moins. Il y a certainement une économie d'un-sixième en faveur du ratelier bas sur celui que l'on établissait si haut que le cheval faisait tomber plus qu'il ne mangeait ; mais je ne m'explique guère que le nouveau système soit très supérieur au ratelier ordinaire bas et ouvert.

La mangeoire pour l'avoine se construit généralement dans l'ancien système, mais il y en a un nouveau qui fait arriver, par une petite ouverture, le grain d'un magasin situé derrière et tenu jusqu'au moment nécessaire à l'abri de l'haleine du cheval. Je n'en ai pas vu sur ce modèle, mais j'imagine que cela convient parfaitement aux chevaux délicats sur leur nourriture, qui en laissent toujours une partie, soit parce qu'elle est imprégnée de leur haleine, ou mouillée au contact des lèvres. L'on ajoute presque toujours maintenant un troisième compartiment pour l'eau et les barbotages. Si on ne s'en sert pas toujours pour faire boire, ce sera toujours commode pour le son et les gruaux, qui souvent font sentir l'aigre à la mangeoire pour le grain. Toutefois le fer galvanisé a presque complétement remédié à ce dernier inconvénient.

Les anneaux pour les longes doivent être au nombre de deux, un de chaque côté, de façon à ce que le cheval ne puisse se retourner dans sa stalle ni facilement se frotter la queue. En effet, lorsque la longe droite permet au cheval de s'écarter de cinq pieds de la stalle, il ne peut non plus porter sa tête à plus de cinq pieds sur la gauche ; si la longe gauche est à même longueur, il ne pourra pas aller plus loin vers la droite, et ne peut par suite se mettre en travers dans la stalle. Au contraire avec une seule longe de même dimension attachée à un anneau au milieu de la mangeoire, le cheval peut, en se retirant, passer la tête par-dessus la travée ou compartiment de séparation et se mettre en travers et peut-être tourner la queue à la mangeoire, comme cela se voyait dans les écuries à l'ancienne mode. Les anneaux doivent s'ouvrir au moyen d'un ressort disposé de façon à ne pouvoir s'ouvrir si on les tire d'en haut ou vers le cheval, mais à céder à une petite pression vers le bas, de manière à délivrer l'animal qui se prendrait la jambe dans la longe. Il y a une précaution à cet égard qui suffit généralement : elle consiste à établir derrière la mangeoire un tube dans lequel la longe a assez de jeu pour que la litière qui s'y mettrait ne puisse l'arrêter ; car l'enchevêtrure la plus commune a lieu quand la longe prend en avant de la mangeoire. Cependant quelquefois le cheval se prend le pied de derrière en l'avançant pour se gratter la tête. Ici l'accident peut arriver avec une longe disposée de façon à couler librement, mais encore cela arrivera rarement. Il faut aussi dans toutes les écuries une chaîne de ratelier disposée de façon qu'en l'accrochant au licol on empêche le cheval d'atteindre la mangeoire ou de se coucher. L'anneau doit se fixer dans le mur à environ sept pieds de terre et la chaîne doit avoir trois pieds avec facilité de la réduire à deux.

96. La travée est la séparation entre les stalles qui a généralement huit ou neuf pieds d'élévation du côté de la tête, et quatre pieds et demi ou cinq pieds du côté du pied. Les poteaux de stalle allant jusqu'au plafond devraient toujours être fixés solidement, car s'ils viennent à manquer, c'est une source d'accidents dans lesquels deux chevaux peuvent se blesser grièvement. Souvent ces séparations s'établissent d'une manière dispendieuse, quand on fait couper le barreau supérieur tout d'une pièce dans un cœur de chêne. Mais si l'on se contente de fixer à mortaise trois barreaux allant du poteau au mur et d'y clouer des planches d'ormeau coupées à la partie supérieure selon la courbe voulue, l'on n'a plus besoin que de clouer en dessus une bande d'un diamètre d'un demi pouce aussi en ormeau : cela vaudra tout autant que le barreau supérieur le plus cher. A chaque poteau de stalle on fixe un anneau à huit pieds de terre environ, pour y attacher les longes et les chaînes, quand on retourne les chevaux pour les seller ou les harnacher pour la voiture. Dans les écuries particulières, l'on a des barres qui glissent dans de mortaises allant du poteau au mur pour empêcher les chevaux de se faire du mal pendant la nuit.

97. Souvent l'on se sert de barres au lieu de travées, surtout dans les écuries militaires et celles des lieux publics. L'on sus-

pend une forte barre de chêne allant du poteau de stalle à la mangeoire, en l'arrangeant de façon à pouvoir facilement se dé·crocher de chaque bout et tomber à terre. Avec des barres, l'on peut beaucoup plus serrer les chevaux que dans les travées, parce qu'elles cèdent quand les animaux se tournent, se lèvent ou se couchent, de façon qu'on ne peut prendre que quatre pieds six pouces par cheval et même moins, mais il y a de grands risques à courir par les coups de pied du cheval voisin.

98. Le magasin à foin et celui de la paille peuvent se mettre au rez-de-chaussée ou au-dessus de l'écurie ; il vaut mieux qu'ils ne communiquent pas, puisqu'il n'y a aucun avantage à mettre les deux denrées en contact. Si on met le foin au-dessus du plafond, la même ouverture par laquelle on fait passer la denrée du chariot au magasin, sert à le sortir pour l'usage journalier et même en temps de pluie, quelques gouttes d'eau sur le foin au moment de le donner ne peuvent en rien nuire au cheval. On peut le porter à la main jusqu'au ratelier après l'avoir jeté du haut du grenier ou directement si le grenier est au rez-de-chaussée. Dans presque toutes les écuries, l'on fait provision d'une charge de foin, ce qui à la campagne fait deux tonnes, et à la ville une tonne et demie. Pour emmagasiner cette quantité, il faut une pièce de la grandeur d'une box bien spacieuse ; quand on prend le foin par petites quantités chez un marchand de grains il suffirait de pouvoir emmagasiner la provision d'une semaine ; mais dans des vues économiques, l'on devrait avoir à sa disposition un magasin pour une charge de foin et un autre pour la même quantité de paille.

99. Le magasin à avoine doit toujours être autant que possible au rez-de-chaussée, parce qu'il faut y entrer quatre fois par jour et qu'il est incommode de toujours monter et descen·dre les escaliers ; mais il doit être élevé au-dessus du sol pour tenir le grain sec et à l'abri de la vermine, et il faut pour cela des supports en pierre ou en fer et une pièce bien close et bien couverte. Si l'on vise à l'économie et que l'on ait un bon magasin, on peut acheter le grain par cent ou deux cents boisseaux à la fois, à plus bas prix que chez le grainetier, mais si l'on ne prend pas des dispositions préventives contre les rats et contre l'humidité, l'on dissipe plus de grain et l'on en gâte plus que l'on n'en gagne par la réduction des prix. Pour tenir cent boisseaux, la chambre doit avoir à peu près douze pieds

sur huit, et si la consommation n'est pas rapide, il faut plus d'espace, afin de pouvoir retourner l'avoine tous les mois ou tous les deux mois. La pièce doit être bien aérée et naturellement il faut qu'elle se ferme à clef.

100. — Les écuries humides doivent s'éviter avec soin, que cela provienne de leur construction trop récente ou souterraine, ou de la mauvaise disposition des égoûts ou conduites d'eau. Quelle que soit la cause de l'humidité, elle nuit à la santé du cheval, qui sera toujours exposé au rhume, à la toux, etc. Il faut donc combattre les causes du fléau, ce qui peut se faire même sous terre, au moyen d'un drainage convenable. Si *l'on est obligé* de construire une écurie au-dessous du sol, il vaut mieux réduire les dimensions en bâtissant une muraille intérieure établissant un courant d'air entre les deux murs, et c'est ordinairement le procédé le plus économique. Si, en effet, l'on voulait ajouter à l'extérieur de la muraille, il y aurait du terrain à acquérir ou à envahir, et encore faudrait-il autant de maçonnerie que pour la muraille intérieure, à laquelle il suffira de donner neuf pouces d'épaisseur, et en laissant trois pouces entre les deux murs, l'on ne perdra que deux pieds sur la longueur et un sur la profondeur, parce qu'il est rare que l'on ait à mettre double muraille à la tête des chevaux. Ordinairement cette partie a été mieux construite et mieux enduite que le reste; cependant, s'il en était autrement, il faudrait se résigner à perdre encore un pied dans la profondeur.

101. — La sellerie doit avoir des dimensions proportionnées au nombre des chevaux; mais même pour un seul cheval, elle doit être disposée pour sécher la selle, ou les harnais, ou pour chauffer de l'eau. Il faut des placards pour les ustensiles d'écurie avec des crochets, des chevalets ou des tasseaux pour les selles ou les harnais. Quelquefois, dans les petites installations, cela se met dans la chambre du groom ou dans la cuisine, et partout où l'on fait du feu on a de bonnes chances de conservation; mais il est préjudiciable de les mettre dans l'écurie elle-même, où les doublures ne sèchent point et où le métal se rouille. Dans les grandes selleries, où l'on a un soin convenable des attirails, on les garantit après le nettoyage au moyen d'un rideau ou d'une porte à coulisses. Dans la plupart de ces selleries l'on fait du feu tout l'hiver pour sécher les selles et harnais et chauffer l'eau pour l'usage de l'écurie; mais si on peut construire derrière la cuisine, on a rarement besoin d'allumer

du feu, excepté les jours de grande pluie, on aura ordinairement assez de chaleur et d'eau chaude à économiser sur la cuisine. Il faut toujours que la sellerie soit bien éclairée, et si on peut l'éviter, elle ne doit pas avoir avec l'écurie de communication directe.

102. — La cour de l'écurie doit être assez spacieuse pour y laver une voiture et *a fortiori* un cheval. On se trouve bien d'en faire couvrir une partie tout en laissant les côtés ouverts, de façon à pouvoir laver un cheval à l'abri de la pluie, sans faire de gâchis dans sa stalle. Quand on a assez de chevaux pour pouvoir avoir ses écuries en carré, un hangar autour de la cour, comme on le voit à la page 208, devient de la plus grande utilité, parce qu'en été on peut promener au frais les chevaux couverts de sueur, jusqu'à ce qu'ils soient secs, et en hiver on leur donne un peu d'exercice sans les exposer; pour les lavages il suffira d'un coin de ce hangar.

103. — Les accessoires d'écurie les plus indispensables sont les balais en baleine, les fourches, les brosses de tout genre, les étrilles, les peignes, les bandes en flanelle et en cuir, les époussettes (rubbers), les éponges, les cure-pieds et les ciseaux. Pour les chevaux d'attelage et pour les voitures, des brosses pour les rayons, des fauberts, des chevalets, des brosses pour les harnais et pour la doublure de la voiture.

104. — Le logement du groom ou cocher se trouve ordinairement au-dessus ou à côté de l'écurie, et dans tous les cas, il doit être assez près pour entendre tout bruit extraordinaire, car il arrive de perdre un cheval enchevêtré ou atteint de la colique, tandis qu'un peu d'aide l'aurait sauvé.

Section II. — Cochers et grooms.

105. — Les différences de grade et d'emploi parmi les gens qui soignent les chevaux sont fort nombreuses, même en dehors de ceux qui s'occupent des chevaux de course et des hunters de première classe. On peut cependant les diviser en cochers, grooms et aides-palefreniers (helpers). Les deux premiers prennent soin des chevaux de carrosse, de selle ou de gig, tandis que le dernier ne fait que boucler des courroies, sous la surveillance de l'un ou l'autre des deux premiers. Il y a des hommes de cette classe très-intelligents, honnêtes et humains, mais il y en a malheureusement beaucoup qui sont prêts à voler leurs maîtres et se soucient peu des conséquences de leurs

négligences et de leurs fraudes, pourvu qu'ils puissent boire et se livrer à la débauche. Souvent cela provient de l'ignorance ou de l'apathie du maître, car s'il ne sait pas ce qu'il faut à ses chevaux, ou ne s'occupe pas de leur bien-être, il ne peut guère espérer que le domestique soit plus zélé que lui-même pour ses intérêts. Bien des serviteurs seraient honnêtes, s'ils pensaient que leurs fraudes seraient découvertes ou s'ils espéraient que leurs bons soins leur vaudraient l'approbation du maître, mais quand le domestique découvre que, soit qu'il mette ses chevaux en bon état ou bien qu'il ne leur donne que la moitié de leur avoine, on a tout juste de lui la même opinion, ce serait trop présumer de la nature humaine que de le supposer insensible à cette façon d'agir. Tous les maîtres devraient être au courant de tous les secrets honnêtes de l'écurie et en état de s'apercevoir si l'on fait tort à leurs chevaux. Qu'ils fassent des reproches en pareil cas, mais qu'ils donnent des éloges à leurs gens, quand tout va bien. Encouragez les bons et honnêtes serviteurs et expulsez les mauvais le plus tôt possible.

106. — Le coachman d'un gentleman doit être un bon groom, aussi bien qu'un bon conducteur ; mais dans beaucoup de familles on lui donne un aide pour la grosse besogne, tel que mettre le harnais et le nettoyer. Bien des hommes, cependant, contractent l'engagement de prendre soin d'une voiture et de deux chevaux et de faire tout l'ouvrage, mais pour le bien faire et pouvoir aussi conduire, un homme doit être dans la fleur de l'âge, ou bien l'on peut être sûr qu'il ne pansera pas bien ses chevaux. Quand on considère que chaque cheval, *qui a été dehors*, demande deux heures de pansage, que la voiture et les harnais en emploieront deux ou trois de plus, l'on verra qu'il ne reste pas grand loisir en comptant le temps consacré à mener la voiture, à s'habiller et se nettoyer. Il faut remarquer que tout ce temps est employé à un travail rude qui fait venir la sueur, et que peu de gens peuvent ainsi travailler plus de sept à huit heures par jour, bien qu'il y en ait qui prétendent y mettre douze ou quatorze heures. L'art de mener est la plus importante des qualités du cocher, puisque la sûreté des maîtres et maîtresses en dépend, et cela passe évidemment encore avant la santé des chevaux. Il faut donc, dans l'intérêt des chefs de maison, que le cocher mène bien et reste sobre, pour son propre intérêt, et pour le bon état des chevaux ; il doit être habile aux soins d'écurie, honnête et industrieux. Il

doit connaître le traitement des petites indispositions du cheval, être en état d'administrer une boule, de préparer et d'administrer les barbotages, d'empêcher les jambes d'enfler, de panser les blessures légères et de se livrer à tous les soins que demande un cheval malade. La politesse est pour lui une vertu nécessaire dont l'absence d'ailleurs se reconnaît et se punit facilement.

107. — Le groom est l'homme qui se charge de soigner et de monter, pour la promenade, les chevaux de selle ou les chevaux d'attelage, que le maître conduit lui-même et qu'il n'est appelé à mener que quand on le lui prescrit ou pour les amener devant la porte. Il doit être aussi en état de soigner les chevaux que le cocher, mais il n'est pas indispensable qu'il soit passé maître dans l'art de mener, bien qu'il doive savoir tenir les guides, puisqu'il a souvent à conduire en l'absence de son maître. Sous tous les autres rapports, il doit avoir les mêmes qualités que le cocher. Deux chevaux et un gig ou trois chevaux sans voiture fournissent ses occupations ordinaires, d'autant plus qu'il a généralement à sortir avec son maître pendant une partie du temps.

108. — Le garçon d'écurie (helper) est ordinairement un bon travailleur ou un garçon de dix-huit ans, sachant bien garnir un cheval et faire le gros ouvrage de l'écurie, mais incapable de diriger, et d'extérieur trop rustique pour qu'on lui donne une livrée. Cette circonstance fait que beaucoup de garçons ne s'élèvent jamais au-dessus de leur position où ils sont fort utiles, mais leur démarche est si décousue qu'ils feraient tort à une jolie livrée, et s'assiéraient à côté de leurs maîtres avec la mine de lourdaud qu'ils tiennent de la nature. Néanmoins, s'ils sont honnêtes, polis et industrieux, ils deviennent très-précieux dans une grande écurie, et souvent y font tout l'ouvrage un peu pénible. Souvent ils soignent convenablement quatre chevaux, et chez les loueurs de chevaux et voitures, un nombre double; mais dans ce dernier cas, les chevaux ne peuvent pas être pansés avec le soin qu'exigent les particuliers.

109.—Les gamins d'écurie doivent se former quelque part, parce que c'est un métier qui ne s'apprend guère plus tard; mais je m'étonne que ceux qui peuvent faire autrement viennent jamais à les employer en raison de leur négligence et des mauvais tours qu'ils jouent aux chevaux. Avec un cocher régulier et sévère on peut en tirer bon parti; mais il ne faut guère se fier à leur commander rien d'important à faire hors de sa présence. Il commencera par leur enseigner d'exemple tout ce qu'il y a à faire, et, s'ils ont de la facilité, ils ne tarderont pas à remplir utilement tous les devoirs d'écurie.

Section III.—Le Pansage (grooming).

110.—Nous entendons par *grooming* l'arrangement manuel du cheval et l'art de préparer sa litière, et nous divisons ces soins en trois catégories : la première comprend le pansage proprement dit ; la seconde, la nourriture, et la troisième, l'exercice. Le pansage commence de bonne heure le matin ; mais l'heure dépend beaucoup de celle de la fermeture de l'écurie la nuit précédente ; car si l'on garde dehors une paire de chevaux jusqu'à minuit, il ne faut pas les déranger le lendemain avant sept ou huit heures. Dans le cours ordinaire des choses chez les particuliers, on commence la besogne à six heures en été et à sept en hiver. La première chose à faire est de donner au cheval quelques gorgées d'eau et de lui donner à manger ; le groom, pendant ce temps-là, retourne la litière, enlève toute celle qui est mouillée, ainsi que le crottin tombé pendant la nuit. Dès que le cheval a mangé on le panse ou on le sort pour le promener ; en revenant on lui donne à boire à discrétion et on le panse à fond. Pour les détails de cette opération, qui devrait être la même dans toutes les écuries, mais qui souvent se fait très-incomplétement (voyez page 36 du texte). Après le pansage, le cheval reste ordinairement tranquille jusqu'à dix ou onze heures. Alors on lui donne un second repas d'avoine, et, si on ne s'en sert pas dehors, on le laisse jusqu'à quatre ou cinq heures, moment où il faut donner un peu d'eau et un repas d'avoine. A six ou sept heures on le bouchonne, on retourne la litière, on lui met une couverture de nuit par-dessus celle de jour, qu'il faut préserver de la malpropreté, ou même on retire tout à fait celle de jour et on ferme l'écurie pour la nuit, après avoir donné la dernière ration d'avoine avec du foin qui doit se mettre an ratelier ordinairement entre sept et huit heures. Voilà les occupations ordinaires de la journée, sans compter celles qui résultent de l'emploi du cheval qui se couvre de sueur ou de boue et quelquefois des deux, la selle ou les harnais deviennent aussi malpropres.

111.—Le pansage après le travail se fait de la façon suivante , mais il faut beaucoup tenir compte de la nature du travail et de l'état des routes. Dans tous les cas, il faut laver les jambes et les pieds au moyen d'une brosse et d'un seau d'eau tiède. L'on se met du côté du montoir et l'on opère sur les deux jambes sans changer de côté. Si le temps est très-chaud, l'on peut promener le cheval de long en large jusqu'à ce qu'il soit frais, ou, s'il est couvert de boue, l'on peut laver rapidement à l'eau chaude le ventre, les flancs, la queue et les membres. Bien des grooms se servent du balai pour ce nettoyage ; mais il n'y a aucun inconvénient à laver un cheval en cet état, puisque le corps est déjà mouillé par la boue, et puis l'on peut faire l'opération plus à fond et en moins de temps, parce que le cheval ne s'irrite pas comme au contact du balai. Dès que le lavage est terminé, l'on met la couverture et l'on pose des bandes de flanelle autour des membres. On rentre l'animal à l'écurie et on lui donne l'avoine. Pendant qu'il la mange on soulève la couverture par un bord, on essuie le dessous du ventre, l'intérieur des membres et la queue. A la fin de cette opération, il aura mangé sa ration, et l'on pourra le panser en le retournant dans sa stalle en commençant par la tête, mais laissant toujours les bandes sur les jambes. Enfin, on les retire l'une après l'autre et l'on sèche et frotte bien chaque jambe, puis on habille complétement l'animal et on le laisse, comme à l'ordinaire, dans sa stalle.

Section IV. — Nourriture à l'écurie et au dehors.

112. — La nourriture du cheval, dans la Grande-Bretagne, consiste, dans presque tous les cas, en foin ou en fourrage vert pour le fond, en y ajoutant une ou plusieurs des denrées suivantes : l'avoine, le son, les fèves, les carottes, les navets ou les pommes de terre. Dans ce pays, l'on ne donne d'orge qu'aux chevaux de labour, bien qu'à l'étranger, on substitue souvent ce grain à l'avoine. Comme fourrage vert, on donne généralement l'herbe ordinaire, les vesces, la luzerne et le seigle ordinaire ou celui d'Italie. Il faut distinguer le vert à l'écurie du vert en liberté.

113. — Le foin que l'on donne aux chevaux employés aux grandes allures, soit sur la grande route, soit à la chasse, devrait, dans tous les cas, être du foin de prairies élevées. Celui des plaines ou le trèfle ne conviennent qu'aux chevaux de charrette qui demandent une matière grasse, qui ne suent ja-

mais beaucoup et dont l'haleine n'est pas mise à l'épreuve. *Le foin vert* n'est pas bon ; il contient moins de substances alimentaires que celui qui a bien fermenté, et qui a, par suite, une couleur brune. La couleur verte ne prouve pas, comme on le suppose généralement, que le foin soit nouveau ; mais il n'est pas aussi sain que le foin brun, tant que celui-ci n'est pas moisi ou brûlé par excès de chaleur. Le foin doit se choisir dans l'intérieur d'une grande meule ; il doit avoir au moins un an, être très-doux et très odorant. Il est préférable de le lier en bottes, qui dans la plupart des comtés ont un poids de 56 livres, de sorte que l'on peut facilement évaluer une charge de voiture en les comptant. L'on ne devrait jamais emmagasiner à la fois plus que la consommation de deux ou trois mois, parce que cette denrée est sujette à prendre un goût de rance et de moisi qui la fera refuser par les chevaux, ou bien leur fera mal s'ils consentent à en manger. Un cheval de bonne taille, travaillant beaucoup mais modérément vite, consommera à peu près 84 livres par semaine, et jusqu'aux 98 livres que quelques grands animaux lymphatiques demandent absolument pour conserver leur santé. Les chevaux diffèrent beaucoup entre eux relativement à la quantité de foin nécessaire pour les maintenir en bon état. Il y en a qui mangeront près de deux fois autant de cette denrée sans être moitié aussi forts, aussi charnus et aussi en santé. Bien qu'il soit indispensable dans les écuries de cavalerie et autres grands établissements d'avoir une ration fixe pour chaque cheval ; c'est parce qu'autrement il n'y aurait aucune garantie contre la fraude et le gaspillage, et l'on est loin de croire que l'on peut rationner de la sorte sans qu'il y ait des animaux qui en souffrent. J'ai eu souvent dans mon écurie deux chevaux de taille moyenne, qui à eux deux ne consommaient pas plus qu'un grand cheval qui n'était pas en meilleur état. L'on peut néanmoins fixer la moyenne à 12 livres pour les chevaux de bonne taille ; mais personne ne doit s'imaginer d'avance que cette ration suffira pour un cheval en particulier, car il peut bien se trouver du nombre de ces gros mangeurs auxquels il faudra au moins 100 livres par semaine, surtout si le râtelier est haut et si le groom n'a pas soin de remettre le foin qui s'échappe. Dans tous les râteliers, il faut poser légèrement le foin et non pas le presser au fond, car il est certain que, dans ce dernier cas, le cheval tirera plus d'une bouchée à la fois, et si son attention est attirée vers le bas de la stalle, en tournant la tête il arrachera un énorme paquet, même si le râtelier est aussi bas qu'il devrait l'être.

114. — Le chaff est du foin hâché avec de la paille dans une machine, qui peut être, comme autrefois, une boîte où l'on fait agir un couteau à la main où bien l'une des machines que les fabricants vendent aujourd'hui pour être mues à la main, par un cheval ou à la vapeur. Le foin que l'on fait hacher consiste principalement dans les portions les plus grossières de la provision, que l'on serait sans cela disposé à rejeter. On y met jusqu'aux liens qui ont ficelé les bottes. On le met dans l'auger de la machine avec des couches alternatives de paille, de façon à former un composé de parties à peu près égales de paille et de foin hachés à une longueur d'environ un pouce. Bien des chevaux ne reçoivent que ce fourrage avec leur avoine ; mais je ne regarde pas ce système comme bon, et je crois que le véritable emploi du chaff est de faire mélange avec l'avoine pour décider le cheval à la bien mâcher. Si on en donne davantage, le cheval a plus de peine à mâcher ce fourrage que le foin véritable, et par suite la digestion ne s'opère pas aussi bien. Quand les chevaux sont soumis à un travail rude et ne mangent guère que des fèves, comme certains chevaux de voiture, et quand on a en vue de les faire manger promptement pour avoir plus de temps pour se coucher, le chaff vaut je crois mieux que le foin ; mais dans les écuries ordinaires des particuliers, je ne saurais en recommander l'usage, après avoir fort longtemps expérimenté avec soin les deux systèmes.

115. L'avoine et les fèves, réunies ou séparées, servent à engraisser les chevaux, et presque tous ceux qui feront un travail rude pendant l'hiver se trouveront bien de manger des deux, surtout s'ils ne sont pas très-jeunes. Dans les écuries particutières l'on donne souvent l'avoine aux chevaux, et c'est le meilleur accessoire que l'on puisse donner au foin ; mais quelquefois peu de temps après que le cheval a pris son poil d'hiver, il devient très-abattu et ne peut plus suffire à son travail ordinaire surtout s'il a été très-exposé au froid ou à l'humidité. Dans ce cas une addition d'un demi quarteron à un quarteron de fèves par jour à la ration d'avoine renouvellera sa force et son ardeur et le remettra en chair. Pour les jeunes chevaux l'on peut discontinuer ce supplément en janvier, mais pour les vieux l'on peut continuer jusqu'en mai; plus tard peu de chevaux se trouvent bien de l'effet extra stimulant des fèves. Il faut tou-

jours les briser, et l'avoine gagne à être écrasée ou concassée, comme l'on dit ; il y a pour ces opérations un moulin qui fonctionne alternativement pour chacune de ces denrées par un changement de vis. L'avoine et les fèves devraient être récoltées depuis un an ou au moins depuis six mois, époque où elles seront sèches, si la récolte s'est faite par un temps favorable. L'on suppose généralement que toute bonne avoine doit peser au moins trente-neuf livres le boisseau impérial, mais c'est une méprise, car la qualité *relativement au prix* ne dépend pas toujours du poids. Tout cheval a besoin d'une certaine quantité de de la farine contenue dans l'avoine, et tant qu'il aura cette quantité peu importe s'il y a un peu plus de cosse. Il s'en suit que, *comme en proportion* les avoines légères sont toujours meilleur marché que les lourdes, l'on aura souvent plus d'avantage à donner au cheval pour une livre sterling d'avoines légères que la quantité d'avoine lourde que l'on se procurerait au même prix. Dans un travail ordinaire sur la route, où l'on donne rarement aux chevaux autant d'avoine qu'ils en voudraient manger, j'ai fait une douzaine de fois cette expérience, et j'ai trouvé qu'une livre sterling dépensée en avoine inférieure, pourvu qu'elle fût fraîche, allait plus loin que la même somme consacrée à l'acquisition d'avoine de première qualité. Avec les chevaux de course et les hunters de première classe, le cas est très-différent. Chez ces animaux on ne mesure l'avoine qu'à leur appétit, et comme presque tous les chevaux peuvent en consommer le même volume, qu'elle soit lourde ou légère, on les nourrit mieux avec de bonne lourde avoine de la vieille Angleterre, quel que soit le prix de mercuriale. Mais les hacks et les carrossiers ont rarement par jour plus de trois ou quatre quarts d'avoine anglaise, et si telle est leur ration, on aurait avantage à donner au lieu de ces avoines lourdes un quart de plus d'avoine irlandaise ou du pays de Galles. La différence est encore plus considérable entre un demi-peck d'anglaise et trois quarts d'irlandaise, parce que presque tous les chevaux aiment à se remplir un peu l'estomac avec leur avoine, ce qu'un demi quart par repas ne fera qu'imparfaitement. Maintenant, quand les avoines anglaises sont à trois schellings six pence le bushel (boisseau), les avoines irlandaises sont ordinairement à deux schellings ; l'on peut donc donner trois quarts d'irlandaise au prix de deux d'anglaise, ce qui concorde parfaitement avec mes premières évaluation. En achetant des avoines irlandaises, il faut avoir soin de les choisir exemptes de pierres, ou en les examinant au tamis exiger qu'on enlève les pierres avant de livrer le grain. C'est le plus grand défaut de cette denrée et quelquefois il existe à un degré fâcheux. Il y a des fèves de toute qualité, depuis les meilleures anglaises jusqu'aux égyptiennes; mais en règle générale, pour les écuries particulières, je crois que les anglaises sont préférables. On les emploie plutôt à cause de leurs qualités stomachiques que comme une nourriture régulière, et pour cet objet il faut surtout s'attacher à la qualité. Dans les écuries de chevaux de charrette, ou pour les carrossiers ou chevaux de trait légers, on peut employer les fèves étrangères, mais dans mes écuries je n'ai jamais eu à m'en louer. Si l'on achète les avoines irlandaises à ceux qui les importent à Liverpool, Londres ou Gloucester, on peut obtenir une immense réduction de prix, et il est facile de les envoyer ensuite par les chemins de fer à un ou deux pence par boisseau. Le *gruau* pour barbotage se fait par le mélange de la farine d'avoine avec de l'eau froide, et une pinte de farine fera quatre quarts de barbotage. Cela suffit dans les occasions ordinaires, mais pour un cheval très-fatigué, l'on devrait mêler deux pintes de farine au lieu d'une à la même quantité d'eau, et faire bouillir ce mélange pendant dix minutes et le remuant avec soin en tournant. On doit le donner quand il est presque entièrement froid.

116. Le son est l'enveloppe de la farine que l'on retire après la mouture. Dans les écuries particulières l'on ne s'en sert que pour des barbotages et des cataplasmes, bien que quelquefois on en donne à l'instar des écuries de chevaux de gros trait, en ration régulière, mélangé avec des fèves. Avec cette addition il réussit assez bien pour l'animal qui travaille aux allures lentes, mais jamais il ne vaut l'avoine, et son bas prix est le seul motif de son usage.

Le barbotage au son est une des nourritures les plus utiles aux chevaux malades ou à ceux que l'on veut préparer à une médecine ou pour rafraîchir ceux que l'on a le projet de mettre au vert en liberté. On le prépare froid ou chaud, le premier en mêlant le son à la quantité d'eau froide qu'il est susceptible d'absorber. Le chaud s'obtient en saturant le son d'eau bouillante, puis on le recouvre jusqu'à ce qu'il soit assez refroidi pour être donné au cheval. Comme le son gonfle considérablement, un tiers de seau de son suffit pour faire un demi-seau de barbotage, qui est la quantité à donner. Presque tous les chevaux qui ont une nourriture dure et sèche se trouvent bien de prendre un de ces barbotages par semaine, et cela le soir qui précède le jour de repos que l'on devrait donner à tous. On peut le substituer au repas d'avoine du soir; mais quand on fait barboter plus souvent un cheval constipé, cela doit être en supplément des rations d'avoine.

117.—Les carottes, les navets et les pommes de terre font du bien aux chevaux qui travaillent aux allures lentes et qu'on veut remettre en chair; mais ces légumes ne sont pas bons pour ceux qui sont menés aux grandes allures ni pour ceux qui sont sujets à se dévoyer. Des trois le premier est celui qui convient le mieux, et quand on veut vendre un animal et le rendre très-frais, comme disent les marchands, quelques carottes bouillies avec de la graine de lin rempliront le but mieux que toute autre chose, surtout au printemps, quand on ne peut se procurer de vesces. Ce genre d'aliment convient aussi pour la toux chronique et quelquefois effectue une cure; mais il ne faut pas le donner quand le cheval travaille, parce que cela pousse à la transpiration et fait perdre à l'animal autant qu'il a gagné. Les navets de Suède ou les pommes de terre remplacent les carottes, mais ne réussissent pas aussi bien. Il faut les cuire à la vapeur plutôt que de les bouillir, et si on a recours à ce dernier moyen il faut jeter toute l'eau, qui est malsaine pour les chevaux.

118.—L'orge se donne quelquefois aux chevaux qui vont aux allures lentes, crue, bouillie ou brassée. L'on mêle aussi ses grains avec du chaff, et cela réussit bien aux chevaux de charrette. Je ne vois aucun avantage à se servir de ce régime dans les écuries particulières, excepté quelquefois par économie quand l'orge est à bas prix relativement à l'avoine et aux fèves; et encore suis-je porté à croire qu'à la longue, en raison des prédispositions aux maladies que communique ce régime, on le trouverait moins profitable que l'avoine ordinaire.

119.—Le maïs, ou blé de Turquie, a été très-peu expérimenté dans ce pays; mais en Amérique on trouve qu'il convient à toute espèce de chevaux. Il convient si bien aux chiens, à la volaille et aux bestiaux, que je pense qu'on devrait l'essayer pour les chevaux quand on en a vu l'économie.

120.—La graine de lin est un bon supplément de nourriture à donner au cheval, mais en petite quantité et pour peu de temps. Employée de la sorte, elle rend la peau douce et unie et guérit souvent, comme nous l'avons dit, une toux chronique invétérée. La quantité à administrer est une demi-pinte ayant bouilli lentement pendant quelques heures et mêlée avec du son ou des carottes, ou quelquefois avec la quantité habituelle d'avoine.

121.—La répartition des rations entre les repas se fait ainsi qu'il suit : On donne les deux tiers du foin le soir, un tiers le matin et chaque fois un repas d'avoine, à onze heures du matin ou midi, et à trois ou quatre du soir un repas d'avoine ; dans tous les cas, celle-ci se répartit en portions égales pour ces quatre repas.

122.—Le vert à l'écurie est un régime déjà décrit, pour les hunters, à la page 215, à laquelle le lecteur est prié de se reporter.

123.—Le vert en liberté est utile quand la santé du cheval a été altérée par le travail excessif longtemps continué et par la nourriture sèche, ou bien quand les jambes sont endolories ou les pieds enflammés. Afin de remettre de la fatigue, l'été est la meilleure saison pour mettre le cheval dans une prairie, parce que les herbes sont plus douces et plus nourrissantes, et le tempérament de l'animal n'est pas mis à l'épreuve par le froid et l'humidité. Il faut choisir une prairie où il y ait abondance de bonne herbe fraîche, et il faut préparer graduellement le cheval à ce changement de régime, à moins que l'on ne soit au cœur de l'été. Cela se fait en lui retirant ses couvertures à l'écurie, laissant la crasse s'accumuler sur sa peau et réduisant la température de sa box. En été, il sera prudent de lui mettre aux pieds de devant une demi-ferrure (*tips*) ; mais en hiver, quand la terre est souvent molle, on en a rarement besoin. Si ce sont les jambes et les pieds qui souffrent, un séjour dans la prairie pendant l'hiver vaudra mieux que pendant l'été, parce que l'on a en vue non-seulement d'éviter les chocs du pied contre la terre dure, mais aussi de rafraîchir tout le système par un régime pauvre et débilitant. L'herbe d'hiver sera donc plus propre à cet effet que la grosse nourriture que l'on trouve dans les prairies pendant l'été et l'automne. En lâchant le cheval boiteux en décembre et le reprenant en mai, l'on peut espérer une grande amélioration dans l'état de ses membres. L'on ne peut espérer avant le mois de mai de trouver l'animal assez en chair et avec une robe présentable. Eté ou hiver, le cheval habitué à l'écurie devrait dans le pré avoir une cabane pour se réfugier contre les mouches pendant les chaleurs et contre le vent et la neige dans les froides nuits d'hiver. Si on veut le conserver un peu en chair pendant l'hiver, il faut lui donner de l'avoine et du foin, et il faut toujours lui accorder ce supplément si on veut le faire travailler au commencement du printemps; mais pour une grande claudication, il n'y a rien de tel que deux mois de famine comparative, et l'herbe d'hiver produit bien cet effet sur le cheval habitué au régime de l'écurie.

124.— *La cour d'une ferme* offre un autre moyen de remettre les membres du cheval surmené, et il faut l'y mettre pendant l'hiver, avec un abri pour se réfugier, et le laisser marcher dans la cour couverte de fumier et de litière. L'on donne du foin, mais tout juste ce qu'il faut pour maintenir l'estomac en bon ordre, et ordinairement le fond de la nourriture se compose de paille d'orge, quelquefois on donne un peu de mélange haché (paille et foin), dans certaines circonstances, un ou deux repas d'avoine par jour. Quand on ne peut se procurer un pâturage d'hiver convenable, la cour à fumier est très-bonne pour les jambes et les pieds enflammés, et en raison de son peu d'étendue, qui empêche le cheval de galoper, elle est même préférable à un pré. L'on se passe de toute espèce de ferrure, et quand les pinces ont été parées, comme dans certaines maladies de la corne, ou que le cheval est dessolé après une maladie inflammatoire du pied, la cour d'une ferme offre les meilleures chances pour faire recroître la corne, surtout si on est en mesure d'y faire régulièrement appliquer de la poix.

Section V. — L'eau.

125. — *L'eau douce* est, dans tous les cas, meilleure pour le cheval que l'eau dure, ce qui fait mener à l'abreuvoir dans un ruisseau ou dans une mare, plutôt que de boire à l'écurie dans un seau qui se remplit ordinairement d'eau de puits. Si donc l'eau douce est à portée, il faut la donner au cheval; mais je ne crois pas qu'avec nos écuries chaudes de l'époque actuelle, il soit prudent de laisser le cheval aller en toute saison boire à la mare ou au ruisseau. Les chevaux de charrette peuvent le faire impunément, parce que leur travail n'est guère de nature à les échauffer beaucoup, et puis que leurs écuries sont comparativement fraîches. En faisant bouillir l'eau on la débarrasse d'une grande partie de la chaux, et quand il y a beaucoup de cette matière, il faut prendre la précaution de ne donner que

de l'eau qui ait bouilli. La *température* de l'eau, au moment où on la donne, doit être celle de l'écurie ou à bien peu de degrés au-dessous. Ainsi, dans une écurie chaude il faut élever la température de l'eau au moins jusqu'à 70 degrés Fahrenheit, en mêlant un peu d'eau chaude ou en laissant le seau rempli constamment dans l'écurie, et ne le mettant en usage que quand l'eau a bien pris la température régnante. Si l'on donne de l'eau froide à un cheval habitué à la recevoir tempérée dans une écurie chaude, aussitôt le poil se pique, et souvent l'on voit venir des coliques ou des frissons précurseurs du rhumatisme ; l'on doit surtout s'y attendre quand le cheval a pris un exercice violent *et est en train de se rafraîchir graduellement ;* il y a infiniment moins de danger à donner de l'eau froide à l'animal ruisselant de sueur, que quand il est en train de se refroidir. Si l'on a l'habitude de dégourdir l'eau, il faut toujours prendre ce soin quand le cheval est en route, car l'animal habitué à l'eau dégourdie a bien plus de chances d'attraper du mal en buvant de l'eau froide, que celui qui avec ses repas est habitué à boire à une température basse.

126. — *La quantité d'eau* nécessaire à chaque cheval varie beaucoup, selon sa tendance à se dévoyer, selon la quantité de sueur qu'il perd en travaillant et selon la nature de ce travail. Dans les écuries particulières, la moyenne est de un et demi à deux seaux par jour, suivant la taille de l'animal et l'exercice qu'il prend. En laissant de l'eau en permanence dans la stalle, peu d'animaux en santé boivent plus de deux seaux par jour. Généralement l'on donne la moitié d'un seau le matin, une autre moitié dans l'après-midi et une troisième tout à fait à la fin de la soirée. Même dans les jours les plus chauds, l'on ne devrait pas donner plus d'une couple de *quarts* sur la route au cheval qui voyage, mais on peut avec avantage répéter la dose tous les cinq ou six milles, avec ou sans un peu de farine d'avoine, quand la chaleur est intense. Il est rarement bon de donner la totalité de la ration d'eau immédiatement avant ou après la ration d'avoine ; le meilleur est de laisser le cheval boire deux *quarts*, et une demi-heure après le repas, de lui donner le reste. Mais si l'avoine ne doit pas se donner avant une demi-heure, l'eau peut sans inconvénient être bue toute à la fois.

Section VI. — Les couvertures et les bandes.

127. — Les couvertures dans les écuries d'un particulier peuvent être faites en une serge forte fabriquée à cet effet et coupée et cousue en pièces diverses, comme pièces de croupe, capuchon, poitrail et pièce de dos, ou bien la couverture peut être tout d'une pièce, grande et chaude, et si on veut qu'elle dure, bordée d'un galon. Dans tous les cas il faut un surfaix avec double courroie, et même avec la simple couverture il faudrait coudre une pièce pour couvrir la poitrine. Dans beaucoup d'écuries l'on met, pendant le jour, un habillement complet de la meilleure serge, et la nuit une couverture chaude et même deux pour maintenir la belle couverture propre et n'avoir pas continuellement à la laver. Un palefrenier soigneux veillera à ce que ces objets dispendieux soient raccommodés dès qu'ils paraîtront en avoir besoin, car c'est là qu'on reconnaît la vérité du vieil adage, un point fait à propos en épargne neuf. Il y a des personnes qui pendant l'été mettent des couvertures légères en toile écrue avec un galon, mais j'ai si souvent vu mes che·vaux s'enrhumer sous ce costume que je n'essaierai plus d'en faire usage. Les chevaux se passent très bien de couverture; mais si on leur met de la toile de lin, le froid les saisit, la toux survient et le poil se pique, c'est du moins ce que l'expérience m'a enseigné. Si le temps est très chaud, il faut enlever toutes les couvertures, ce qui est le meilleur système, ou bien mettre une demi-couverture de laine très légère comme on en trouve chez tous les selliers. Il y a deux espèces de bandes, celles en flanelle et celles en calicot. Les unes et les autres doivent avoir environ trois yards et demie de longueur et huit pouces de largeur. La flanelle est un tissu croisé fait exprès pour être vendu aux selliers, le calicot se prend de l'espèce la plus forte et non soumise au blanchiment. L'un des bouts est coupé carrément, l'autre a les coins repliés pour se terminer en une pointe à laquelle sont fixés deux cordons. Cette dernière extrémité se replie à l'intérieur avec les cordons, de sorte que quand on a fini de rouler on les trouve pour attacher solidement la bande à la jambe. On se sert de bandes de flanelle après avoir lavé les membres ou quand les extrémités sont froides comme dans certaines maladies, quelquefois on trempe les bandes dans l'eau chaude pour faire une espèce de fomentation. Les bandes en calicot s'emploient pour exercer une pression ou produire du

froid en les trempant dans l'eau ou dans des lotions préparées à cet effet.

Section VII. — Tondre, brûler et faire les crins.

128. — L'art de tondre constitue un métier à part dans toute la Grande-Bretagne, et, faute de pratique, peu de palefreniers peuvent chez les particuliers faire concurrence au tondeur de profession. Ces gens travaillent avec une persévérance extraordinaire en raison de la brièveté de leur saison profes-sionnelle, et j'ai vu deux hommes continuer cette besogne fatigante pendant vingt heures sur vingt-quatre tout un mois, les dimanches exceptés. Après avoir tondu, on brûle légèrement, et puis l'on donne une suée, qui passe pour prévenir les rhumes ; dans tous les cas elle permet d'enlever par le frottement les extrémités carbonisées des poils. Un bon lavage à l'eau et au savon produit le même effet sans le moindre danger, pourvu que l'on lave rapidement et que l'on fasse sécher de même. L'on brûle maintenant presque toujours au gaz, et par cette méthode tout groom adroit peut tenir la robe du cheval dans l'état voulu, pourvu qu'il ne se presse pas trop, qu'il brûle régulièrement et pas trop à la fois. Quand on n'a pas de lampe à gaz, il vaut mieux envoyer le cheval là où il s'en trouve, car la robe brûlée par ce système paraît beaucoup plus unie que si l'on emploie la lampe de naphte. Les ciseaux s'emploient peu aujourd'hui pour faire les crins, mais il y a des chevaux aux jambes velues pour lesquels on est obligé d'employer ce moyen sous peine de les voir ressembler à des chevaux de charrette. Toutefois, tout ce que l'on pourra enlever avec un peu de résine dans la main doit s'ôter ainsi, et l'on rase le reste de près avec les ciseaux. Il faut aussi l'aide des ciseaux pour couper carrément l'extrémité de la queue. A cet effet il faut bien la peigner et la tenir dans la position où elle doit être portée habituellement, car on a beau la couper carrément dans toute autre attitude, elle ne sera plus en forme dès qu'elle en changera, et l'opération sera à recommencer. Bien des grooms se croient capables d'exécuter cette opération et peu la font réellement bien, ils sont sujets à laisser l'extrémité trop pleine au milieu ou trop creuse, ou ils en coupent plus d'un côté que de l'autre. Il faut arracher les longs poils qui se trouvent autour de la gauche et tondre ceux que l'on ne pour-

rait arracher, mais pour les chevaux de sang les doigts suffisent.

Section VIII.— Vices d'écurie.

129.— Les vices d'écurie peuvent être définis par la longue
liste suivante de transgressious au code imposé au cheval à
l'écurie, et dont l'exécution est exigée par les palefreniers. Les
voici : 1. Se délicoleter ; 2. Tirer au renard ; 3. Sauter dans la
mangeoire ; 4. Se retourner dans la stalle ; 5. Se coucher sous
la mangeoire ; 6. S'enchevêtrer ; 7. La culbute dans la stalle ;
8. Ruer contre le poteau de stalle ; 9. Le tic de l'ours ; 10. Gratter du pied ; 11. Manger la litière ; 12. Ruer contre l'homme ;
13. Mordre ; 14. Tiquer sur la mangeoire ; 15. Tiquer en l'air.

130.— C'est un grand embarras qu'un cheval qui se déli-
colète ; il y en a d'assez malins pour mettre presque au défi le
talent du groom et du sellier. Si cependant on adapte au licol
une forte sous-gorge et qu'on la boucle serré, il n'y a pas de
cheval qui puisse se lâcher, parce que la circonférence de la
tête à la mâchoire est toujours plus grande que celle du cou
prise de la gorge à la naissance des oreilles. Si le cheval mord
sa longe, il faut y substituer une chaîne ; mais comme cela cause
un bruit continuel, il faut tâcher d'éviter d'être obligé d'en
venir là, parce que le sommeil des chevaux voisins en est souvent troublé.

131.— Tirer au renard consiste en un effort pour briser la
sous-gorge ou la longe, et dans certains cas le cheval y met
une force extrème, si bien que plusieurs animaux se sont brisé
les hanches à la suite de la rupture soudaine du licol, qui les
fait tomber en arrière de façon à s'abîmer pour toujours. Le
seul remède est une bonne chaîne et un licol que rien ne puisse
briser ; après quelques efforts, le cheval cèdera ordinairement. Si
la mangeoire n'est pas très-solidement fixée, l'on peut passer
un anneau dans la muraille, en la perçant et rivant l'anneau
au dehors. Le groom doit aussi surveiller les tentatives que
fait le cheval, et dès qu'il le voit commencer, le bien fouetter
par derrière.

132.— L'habitude de sauter dans la mangeoire se contracte
quand le cheval reste trop longtemps à l'écurie sans exercice
ou quand on le menace trop du fouet chez les marchands. Si
un cheval en prend l'habitude, il faut le retenir par une longe
très-courte, qui l'empêche de lever la tête assez haut pour

pouvoir monter. Quelquefois l'on éprouve quelque difficulté à faire descendre un cheval qui a pris cette position; mais en allant tranquillement vers la tête de l'animal, et le poussant vers l'autre côté de la stalle, et en même temps en arrière, on peut généralement le dégager sans qu'il se blesse ou fasse mal au palefrenier.

133.— On empêche l'animal de se *retourner* par l'emploi de deux longes, décrit au paragraphe 95 du chapitre consacré aux soins à donner à l'écurie.

134. — Se coucher sous la mangeoire est un mauvais tour que jouent quelques jeunes chevaux, probablement en essayant de se dérober et de se cacher. Quelquefois ils ne peuvent plus se relever, parce que leur tête se frappe contre le dessous de la mangeoire, et on est obligé pour les dégager de leur passer une sangle autour de la poitrine; on a vu même cet accident produire des conséquences fatales. Le râtelier moderne, construit très-bas, est un remède préventif; mais il y a des poulains qui trouvent encore moyen de mettre leur tête dessous; dans ce cas, il faut fermer la cavité par une boiserie, et c'est le système à adopter toutes les fois que le défaut est invétéré.

135.— L'enchevêtrure résulte du passage d'une jambe par dessus la longe, ce qui fait tomber le cheval et l'empêche de se relever. Avec une longe en corde ou avec une chaîne, l'animal se fait souvent de graves blessures dans ses efforts pour se relever; souvent les tendons sont mis à nu, et leurs enveloppes affreusement déchirées. Cet accident arrive quand le cheval gratte avec le pied de devant ou quand il essaie de se gratter la tête avec le pied de derrière, pendant que le billot attaché à la longe ne fait pas son jeu et la laisse pendre flottante. L'anneau à ressort décrit au paragraphe 95 est une sauvegarde contre cet accident, en ce sens que sans le prévenir il en empêche les conséquences, surtout quand on se sert de deux longes, parce qu'il est rare que dans la même nuit le cheval passe la jambe par dessus les deux, et que quand la première est lâchée, le cheval n'en demeure pas moins attaché dans la stalle.

136.— La culbute dans la stalle résulte de la tendance qu'ont presque tous les chevaux à se rouler sur eux-mêmes, ce qui est sans danger pour le cheval en liberté, bien que j'aie vu dans le pré, quand le terrain était dur, le garrot souffrir par la répétition de cet exercice. Mais quand le cheval essaie de s'y livrer dans sa stalle, souvent il se trouve jeté sur le dos contre la muraille ou la travée de stalle, et ne pouvant plus se retourner, il gît dans son impuissance, tout en faisant de terribles efforts qui souvent mènent à la rupture du colon et par suite à une mort prompte.

Quelquefois on trouve le matin le cheval en travers de la stalle replié de la façon la plus gauche, et les jambes tournées vers la mangeoire; d'autres fois il est couché en arrière, aussi loin que va sa longe, avec les jambes en partie dans la stalle voisine et toujours dans l'impuissance de se relever. Il n'y a pas de moyen de prévenir cet accident, mais il est facile d'y remédier dès qu'on s'en aperçoit, ce qui fait voir l'avantage de faire coucher le groom dans un endroit où il entende bien ce qui se passe à l'écurie. Deux ou trois étrivières bouclées ou une longe jetée par dessus les deux jambes suffiront pour remettre le cheval sur le côté, et alors il peut se relever sans aide.

137. — Le vice de ruer contre le poteau de stalle est dangereux pour le rueur et pour son voisin immédiat, qui, souvent, reçoit le coup destiné à frapper le bois. Ce défaut provient de l'oisiveté, et souvent le cheval s'y livre incessamment nuit et jour, excepté naturellement quand il est couché ; le meilleur remède est de faire travailler durement l'animal, mais quand cela n'est point praticable, une branche ou deux de genêt épineux cloué au poteau, mettront fin à la mauvaise habitude, quoique j'aie eu sous les yeux l'exemple d'une jument que cela exaspéra jusqu'à la folie et qui se mit à ruer jusqu'à ce qu'elle fut presqu'aveugle de fureur. L'on accuse les juments d'être plus adonnées à ce vice que les chevaux hongres, mais d'après mon expérience il n'y a pas grande différence. L'on attache souvent des buches à la jambe, mais elles ne sont ni assez lourdes ni assez dures et si l'on veut avoir un résultat, le poids attaché au membre doit être en fer ou en plomb. Le morceau de fer d'environ 4 livres, qui sert à chauffer les urnes pour le thé, est aussi bon que toute autre chose, mais il ne faut pas le mettre avant d'avoir fait porter au cheval quelque chose de plus léger pendant une heure ou deux, car si le cheval vient à s'effrayer, il peut se faire beaucoup de mal. Mais quand il a l'habitude d'une petite buche et est revenu de sa première alarme, on peut lui boucler le poids en fer qui le cognera assez fort pour le faire renoncer à ses farces. Il faut l'attacher au moyen d'une large courroie, bouclant bien serré autour de la jambe au-dessus du

paturon, assez haut pour épargner la couronne qui s'enflam-
merait d'une manière fâcheuse, si elle venait à être meurtrie.
Quelquefois on est obligé d'attacher un poids à chaque
jambe, si le cheval rue contre les deux poteaux de stalle.

138. — Le tic de l'ours est une manie incessante de balancer
la tête d'une façon rapide et toute particulière d'un côté à
l'autre de la stalle, comme font les bêtes sauvages dans leurs ta-
nières. Ce n'est qu'un symptôme d'inquiétude naturelle, et par
suite peu de chevaux, affectés de ce défaut, se nourrissent bien
et travaillent de même. Ce vice est sans remède, et pourtant, il
est souvent désagréable pour les chevaux voisins, en raison du
bruit que font les longes.

139. — Le cheval qui gratte est toujours à remuer sa litière
avec les pieds de devant ; c'est un défaut qui a les mêmes causes
que le précédent. Le meilleur remède est une paire d'entraves
qui tient les deux pieds de devant réunis. Ces entraves doivent
consister en deux courroies rembourrées, pouvant entourer le
paturon, et réunies par une chaîne longue de 10 à 12
pouces.

140. — L'on empêche de manger la litière au moyen d'une
muselière qu'il faut mettre dès que le foin est mangé et laisser
toute la nuit. Cependant un morceau de sel en roche jeté dans
la mangeoire souvent allèchera le cheval et le détournera de la
litière, son action tonique peut aussi faire disparaître l'appétit
maladif et insatiable.

141. — Tout le monde doit aborder avec de grandes précaution un *rueur déterminé*, il faut même quelquefois en employer
d'extraordinaires, et à cet effet, on fait passer une chaîne dans
une poulie au poteau de stalle, et on la fixe ensuite au licol, de
sorte qu'en tirant dessus, on tourne la tête du côté de ce poteau,
et par suite on en éloigne les talons de façon à permettre au
groom de gagner la tête, où il sera à l'abri des coups. Toutefois, presque tous les bons grooms savent se garantir eux-
mêmes, et la pratique leur enseigne à se tenir à une distance
convenable, assez près pour que la ruade ne soit qu'une poussée,
ou assez loin pour être hors d'atteinte.

142. — Le cheval qui mord doit être traité comme celui qui
rue, seulement la chaîne doit tirer la tête vers l'anneau du râtelier, au lieu du poteau de stalle. Pour panser un cheval qui
mord, il faut mettre une muselière.

143. — Le tic de mangeoire est généralement une habitude,

bien qu'il puisse devenir une maladie, mais il est tellement
contagieux qu'on peut le classer ordinairement dans la catégorie des mauvaises habitudes. On y remédie, soit par une mangeoire faite à bords assez larges pour que les dents ne puissent la
saisir, soit par un collier bien serré, soit par une muselière en
fer ouverte, qui empêche les dents d'arriver jusqu'au bord de la
mangeoire. On y adapte quelquefois une rangée de pointes,
de façon que le cheval se pique sévèrement, quand il veut presser dessus. Il n'y a pas de remède sûr contre ce vice ou cette
habitude, et quand un cheval la contracte, il perd généralement son embonpoint et devient maigre et exténué. La muselière même ne suffit pas pour faire disparaître entièrement ces
apparences, bien qu'avec son emploi, le tiqueur conserve meilleure mine que si on n'en fait pas usage.

144. — Le tic en l'air (1) ressemble beaucoup à celui que
nous venons de décrire et on le guérit par les mêmes remèdes.
Il diffère en ce que le cheval ne fait pas le même bruit et ne
saisit pas la mangeoire, mais il avale tranquillement l'air en
pressant son museau contre la mangeoire. Les pointes cachées
dans la muselière sont ici bien plus utiles et constituent le seul
remède efficace contre ce vice.

Section IX. — Degré de température nécessaire au cheval
à l'écurie.

145. — L'on a fait dans ce pays un *tolle* général contre les
écuries trop chaudes, et il est certain qu'il est résulté beaucoup
de bien des discussions soulevées à cet égard ; mais comme
toutes les réformes, celle-ci peut avoir été poussée trop loin, et
je suis porté à croire que cela a eu lieu dans bien des cas. Il
faut toujours un peu de chaleur pour maintenir en santé le
cheval de pur sang, car, quoique le poney du pays de Galles ou
encore le Galloway soient organisés pour résister au froid, le
cheval d'origine orientale n'a pas cette qualité. Par suite d'une
longue expérience, je demeure convaincu qu'une écurie modérément chaude, même un peu renfermée, vaut mieux qu'une
écurie spacieuse et bien ventilée, mais froide en conséquence.
Si à cette dernière, vous pouvez donner une chaleur artificielle,
alors il n'y aura jamais trop d'espace et de ventilation. **Mais
est modus in rebus, chacun doit se baser sur la longueur de sa**

______

(1) Les Anglais disent *wind sucking* (suçage de l'air).

bourse, et si vos moyens ne vous permettent pas d'avoir des écuries vastes et spacieuses, avec un poêle toujours allumé, vous trouverez que vos chevaux se porteront mieux, si l'écurie est bien nettoyée et bien drainée, et en même temps maintenue chaude, en fermant tout par les temps rigoureux. En été, les portes et fenêtres peuvent toujours rester ouvertes, excepté pendant les nuits fraîches, mais pendant les froids de l'hiver on peut n'introduire qu'une quantité minime d'air frais dans les vingt-quatre heures. Pendant un espace de vingt ans, avec une moyenne de trois ou quatre chevaux dans mon écurie, je n'ai pas eu en tout plus d'une demi-douzaine de cas de maladie, à part quelques boiteries résultant des voyages, et cela avec une grande variété de chevaux de tous les âges et de toutes les classes. Eh bien, en général, j'ai eu une écurie petite et renfermée, tenue chaude, mais propre, avec une ventilation assez libre, mais ne dépassant pas la moyenne des écuries d'un particulier. La plus saine que j'aie eue était même celle qui paraissait la plus restreinte et la plus mal ventilée, mais ce qu'elle recevait d'air frais, c'était à la tête des chevaux, et j'ai remarqué, dans d'autres écuries, combien cette circonstance était favorable. J'en ai vu de grandes et bien ventilées, notoirement malsaines, tandis que d'autres renfermées, sombres et petites, offraient tout avantage sous le rapport sanitaire. Je suis arrivé à conclure que les chevaux tenus chaudement à l'écurie, et *bien soignés au dehors*, se portaient mieux en moyenne que ceux tenus froids et qui, en raison de la dureté qu'on leur suppose, sont exposés pendant leur travail à toutes les intempéries de l'air. Si on tient ses animaux chaudement, il faut ensuite beaucoup de soin, mais la santé se conserve assez bien, et j'arrive à la conclusion que ce n'est pas l'écurie chaude, mais le manque de soin au dehors qui occasionne des maladies. Si l'on veut exposer ses chevaux aux intempéries, il vaut mieux les tenir au frais, comme dans les écuries de chevaux de louage, mais si on veut les bien soigner, il n'y a aucun inconvénient à combiner la chaleur à l'écurie avec la propreté et les précautions pendant le travail.

Section X. — *Soins pour les pieds.*

146. — Souvent le groom, soigneux sous d'autres rapports, néglige considérablement cette partie. Si le maître n'est connaisseur que pour le bon état de la robe et la condition du che-

val, le palefrenier est très-porté à laisser les pieds à eux-mêmes.

147. — Tous les matins, quand le cheval revient de la promenade, *il faut examiner avec soin la ferrure*. Si les fers commencent à se lâcher, si les rivets sont trop hauts, s'il y a de l'usure, il faut renouveler ou relever immédiatement la ferrure.

148. — Tous les soirs, il faut bien brosser les pieds, passer le curepied autour du fer, puis remplir la cavité de bouse de vache et de goudron, dans la proportion de 3 à 1, mélange que le groom tient dans une boîte exprès (stopping-box).

FIN.

TABLE DES MATIÈRES.

Livre VII. — Hippiatrique et équitation.

Paris.—Imp. française et anglaise de E. Brière, rue Saint-Honoré, 257.